液压与气动维修工必读

YEYA YU QIDONG WEIXIUGONG BIDU

李新德◎编著

中国电力出版社
CHINA ELECTRIC POWER PRESS

内 容 提 要

全书采用一问一答的形式，通过对液压与气动技术中常见的基本概念和可能遇到的一些问题进行解释和说明，介绍了液压与气动技术的基本知识、安装调试及使用维护中实际问题的处理。全书共14章，内容包括：液压传动与气压传动的基础知识、液压辅助元件、气动辅助元件、液压泵与空气压缩机、气源处理系统组件、液压缸与气缸、液压马达与气动马达、液压控制阀、气动控制阀、真空元件、气动基本回路、液压基本回路、气动系统实例分析、液压传动系统实例分析。附录中给出了液压与气动元件图形符号，可供查找。

本书可供液压与气动设备管理、操作和维修人员学习或参考，也可作为本科院校、职业院校、中等专业学校的专业培训教材或参考用书。

图书在版编目（CIP）数据

液压与气动维修工必读/李新德编著. —北京：中国电力出版社，2016.11（2018.5 重印）

ISBN 978-7-5123-9788-0

Ⅰ. ①液… Ⅱ. ①李… Ⅲ. ①液压系统-维修-问题解答 ②气动设备-维修-问题解答 Ⅳ. ①TH137-44 ②TH138-44

中国版本图书馆 CIP 数据核字（2016）第 219653 号

中国电力出版社出版、发行

（北京市东城区北京站西街 19 号 100005 http：//www.cepp.sgcc.com.cn）

三河市航远印刷有限公司印刷

各地新华书店经售

*

2016 年 11 月第一版 2018 年 5 月北京第二次印刷

787 毫米×1092 毫米 16 开本 17 印张 401 千字

印数 1501—2500 册 定价 **49.80** 元

前 言

液压与气动技术渗透到很多领域，不断在机床、冶金、工程机械、矿山机械、塑料机械、农林机械、汽车、船舶、航空航天、建筑机械、食品机械、医疗机械等行业得到很大幅度的应用和发展，而且发展成为包括传动、控制和检测在内的一门完整的自动化技术。可见液压与气压传动技术在国民经济和国防建设中的地位和作用十分重要。为了保证液压与气动设备在使用过程中能够正常运行，减少故障率，缩短停机时间，降低维修成本，提高生产效率。提高使用和维修人员的专业素质就显得非常重要了。

本书是编者在长期从事液压与气动设备教学、科研、维修和工程实践经验的总结基础上，结合同行们共同交流中获得的宝贵经验，同时广泛搜集资料编著而成的。书中采用一问一答的形式，通过对液压与气动技术学习和使用中常见的基本概念和可能遇到的一些问题进行解释和说明，介绍了液压与气动技术的基本知识、安装调试及使用维护中实际问题的处理。本书内容丰富、新颖实用、设问合理、回答简明，具有系统性、先进性、知识性和实用性的特点。

本书由李新德编著。李芳、吴卫刚、黄蓓、张志鹏、代战胜、牛晓敏、王振、王丽、郭君霞、韩祥凤、马红梅、祖彦勇、苏丹、王桂林、任军等参与了本书的编写、文献资料的搜取、文稿录入和部分插图绘制等工作。

本书在编写过程中，参考了大量的资料和文献，未能全部一一注明，深表歉意。尽管编者在编写过程中做出了很多的努力，但是限于编者水平，书中难免有疏忽和不当之处，恳请各位读者批评指正。

目 录

液压传动与气压传动的基础知识

1-1 液压传动的基本原理是什么？

液压千斤顶是机械行业常用的工具，常用液压千斤顶顶起较重的物体。下面以液压千斤顶为例简述液压传动的工作原理。图1-1所示为液压千斤顶的工作原理图。有两个液压缸1和6，内部分别装有活塞，活塞和缸体之间保持良好的配合关系，不仅活塞能在缸内滑动，而且配合面之间又能实现可靠的密封。当向上抬起杠杆时，液压缸1活塞向上运动，液压缸1下腔容积增大形成局部真空，排油单向阀2关闭，油箱4的油液在大气压作用下经吸油管顶开吸油单向阀3进入液压缸1下腔，完成一次吸油动作。当向下压杠杆时，液压缸1活塞下移，液压缸1下腔容积减小，油液受挤压促使压力升高，关闭吸油单向阀3，液压缸1下腔的压力油顶开排油单向阀2，油液经排油管进入液压缸6的下腔，推动液压缸6活塞上移顶起重物。如此不断上下扳动杠杆就可以使重物不断升起，达到起重的目的。如杠杆停止动作，液压缸6下腔油液压力将使吸油单向阀2关闭，液压缸6活塞连同重物一起被自锁不动，停止在举升位置。如打开截止阀5，液压缸6下腔通油箱，液压缸6活塞将在自重作用下向下移，迅速恢复到原始位置。设液压缸1和6的面积分别为A_1和A_2，则液压缸1单位面积上受到的压力$p_1=F/A_1$，液压缸6单位面积上受到的压力$p_2=W/A_2$。根据流体力学的帕斯卡定律“平衡液体内某一点的压力值能等值地传递到密闭液体内各点”，则有

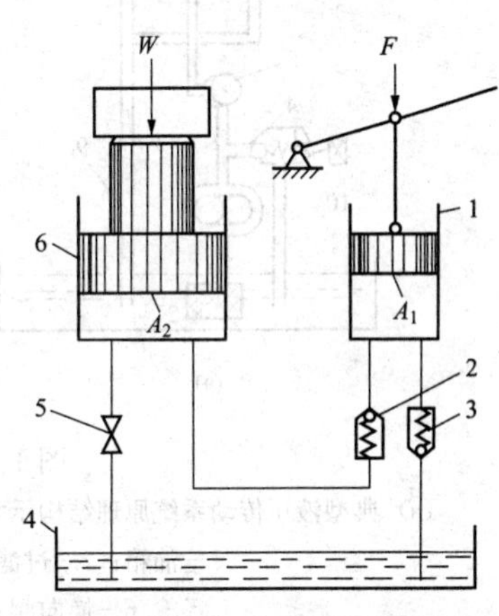

图1-1 液压千斤顶工作原理图

1—小液压缸；2、3—单向阀；4—油箱；5—截止阀；6—大液压缸

$$p_1=p_2=\frac{F}{A_1}=\frac{W}{A_2}$$

由液压千斤顶的工作原理得知，液压缸1与单向阀2、3一起完成吸油与排油，将杠杆的机械能转换为油液的压力能输出。液压缸6将油液的压力能转换为机械能输出，抬起重物。有了负载作用力，才产生液体压力。因此就负载和液体压力两者来说，负载是第一性的，压力是第二性的。液压传动装置本质是一种能量转换装置。在这里液压缸6、液压缸1组成了最简单的液压传动系统，实现了力和运动的传递。

从液压千斤顶的工作过程，可以归纳出液压传动工作原理如下：

(1) 液压传动是以液体（液压油）作为传递运动和动力的工作介质。

(2) 液压传动经过两次能量转换，首先把机械能转换为便于输送的液体压力能，然后把液体压力能转换为机械能对外做功。

(3) 液压传动是依靠密封容积（或密封系统）内容积的变化来传递能量的。

工程机械中的起重机、推土机、汽车起重机、注塑机以及机床行业的组合机床的滑台、数控车床工件的夹紧、加工中心主轴的松刀和拉刀等都应用了液压系统传动的工作原理。

1-2　液压传动系统有哪些组成部分？图形符号如何表示？

以图 1-2 所示组合机床工作台液压传动系统为例说明其组成。

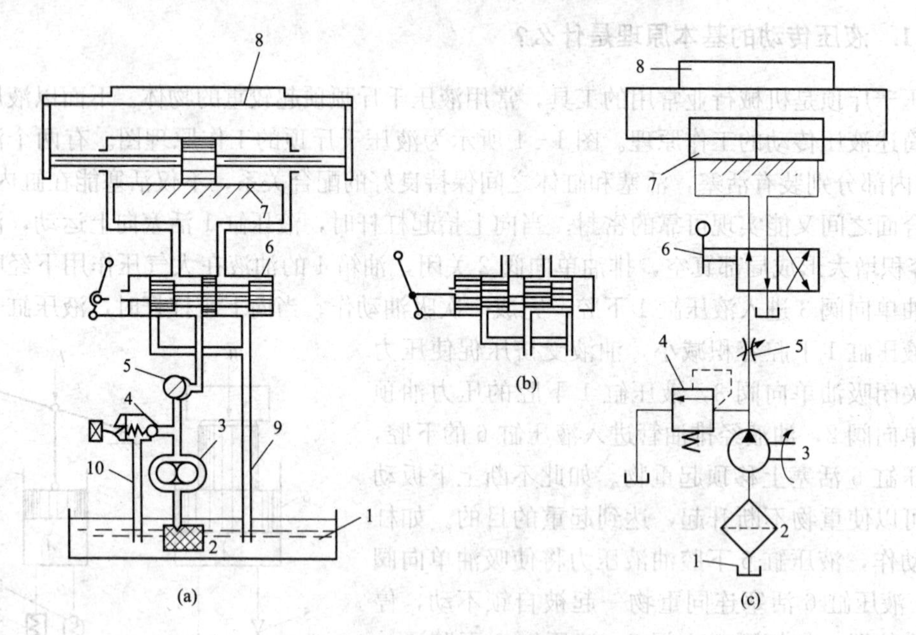

图 1-2　典型液压传动系统原理图

(a) 典型液压传动系统原理结构示意图；(b) 阀 6 阀芯位置的改变；(c) 典型液压传动系统原理图

1—油箱；2—过滤器；3—液压泵；4—溢流阀；5—流量控制阀；

6—换向阀；7—液压缸；8—工作台；9、10—管道

液压泵 3 由电动机驱动旋转，从油箱 1 中吸油，经过滤器 2 后被液压泵吸入并输出给系统。当换向阀 6 阀芯处于图 1-2 (a) 所示位置时，压力油经流量控制阀 5、换向阀 6 和管道进入液压缸 7 的左腔，推动活塞向右运动。液压缸右腔的油液经管道、换向阀 6、管道 9 流回油箱。改变换向阀 6 阀芯工作位置，使之处于左端位置［见图 1-2 (b)］时，液压缸活塞反向运动。

工作台的移动速度是通过流量控制阀来调节的。阀口开大时，进入缸的流量较大，工作台的速度较快；反之，工作台的速度较慢。为适应克服大小不同阻力的需要，泵输出油液的压力应当能够调整。工作台低速移动时，流量控制阀开口小，泵输出多余的油液经溢流阀 4 和管道 10 流回油箱。调节溢流阀弹簧的预压力，就能调节泵输出口的油液压力。

从上面的例子可以看出，液压传动系统主要由以下五部分组成：

① 动力元件。动力元件是指将机械能转换成流体压力能的装置。常见的是液压泵，为

系统提供压力油液，如图 1-1 中的液压缸 1。

② 执行元件。执行元件是指将流体的压力能转换成机械能输出的装置。它可以是做直线运动的液压缸，也可以是做回转运动的液压马达、摆动缸，如图 1-1 中的液压缸 6 和图 1-2 中的液压缸 7。

③ 控制元件。控制元件是指对系统中流体的压力、流量及流动方向进行控制和调节的装置，以及进行信号转换、逻辑运算和放大等功能的信号控制元件，如图 1-2 中的溢流阀、流量控制阀和换向阀。

④ 辅助元件。辅助元件是指保证系统正常工作所需的上述三种以外的装置，如图 1-2 中的过滤器、油箱和管件。

⑤ 工作介质。工作介质用于能量和信号的传递。液压系统以液压油液作为工作介质。

图 1-2（a）和图 1-2（b）中的各个元件是以半结构式图形画出来的，直观性强，易理解，但难于绘制，元件多时更是如此。在工程实际中，除某些特殊情况外，一般都用简单的图形符号绘制，如图 1-2（c）所示。图形符号只表示元件的功能，不表示具体结构和参数。我国制定的液压与气动图形符号见 GB/T 786.1—2009《流体传动系流及元件图形符号和回路图第 1 部分：用于常规用途和数据处理的图形符号》。以后每介绍一类元件，都会介绍其图形符号，要求熟记。

1-3　液压传动有哪些优缺点？

与机械传动和电力拖动系统相比，液压传动具有以下优点：

① 液压元件的布置不受严格的空间位置限制，系统中各部分用管道连接，布局安装有很大的灵活性，能构成用其他方法难以组成的复杂系统。

② 可以在运行过程中实现大范围的无级调速，调速范围可达 2000∶1。

③ 液压传动和液气联动传递运动均匀平稳，易于实现快速启动、制动和频繁的换向。

④ 操作控制方便、省力，易于实现自动控制、中远程距离控制以及过载保护。与电气控制、电子控制相结合，易于实现自动工作循环和自动过载保护。

⑤ 液压元件属机械工业基础件，标准化、系列化和通用化程度较高，有利于缩短机器的设计、制造周期和降低制造成本。

除此之外，液压传动突出的优点还有单位质量输出功率大。因为液压传动的动力元件可采用很高的压力（一般可达 32MPa，个别场合更高）。所以在同等输出功率下具有体积小、质量小、运动惯性小、动态性能好的特点。

液压传动的缺点如下：

① 在传动过程中，能量需经两次转换，传动效率偏低。

② 由于传动介质的可压缩性和泄漏等因素的影响，不能严格保证定比传动。

③ 液压传动性能对温度比较敏感，不能在高温下工作，采用石油基液压油作传动介质时还需注意防火问题。

④ 液压元件制造精度高，系统工作过程中发生故障不易诊断。

总的来说，液压传动的优点是主要的，其缺点将随着科学技术的发展会不断得到克服。例如，将液压传动与气压传动、电力传动、机械传动合理地联合使用，构成气液、电液（气）、机液（气）等联合传动，以进一步发挥各自的优点，相互补充，弥补某些不足之处。

1-4 什么是气压传动?

气压传动以压缩气体为工作介质，靠气体的压力传递动力或信息的流体传动。传递动力的系统是将压缩气体经由管道和控制阀输送给气动执行元件，把压缩气体的压力能转换为机械能而做功；传递信息的系统是利用气动逻辑元件或射流元件以实现逻辑运算等功能，亦称气动控制系统。

气压传动像液压传动一样，都是利用流体为工作介质来实现传动的。气压传动与液压传动在基本工作原理、系统组成、元件结构及图形符号等方面有很多相似之处，所以在学习气动技术时，对于有液压传动知识基础的同行，有很大的参考和借鉴作用。

1-5 气压传动的工作原理是什么?

现以剪切机为例，介绍气压传动的工作原理。图 1-3 (a) 所示为气动剪切机的工作原理图，图示位置为剪切机剪切前的情况。空气压缩机 1 产生的压缩空气经空气冷却器 2、分

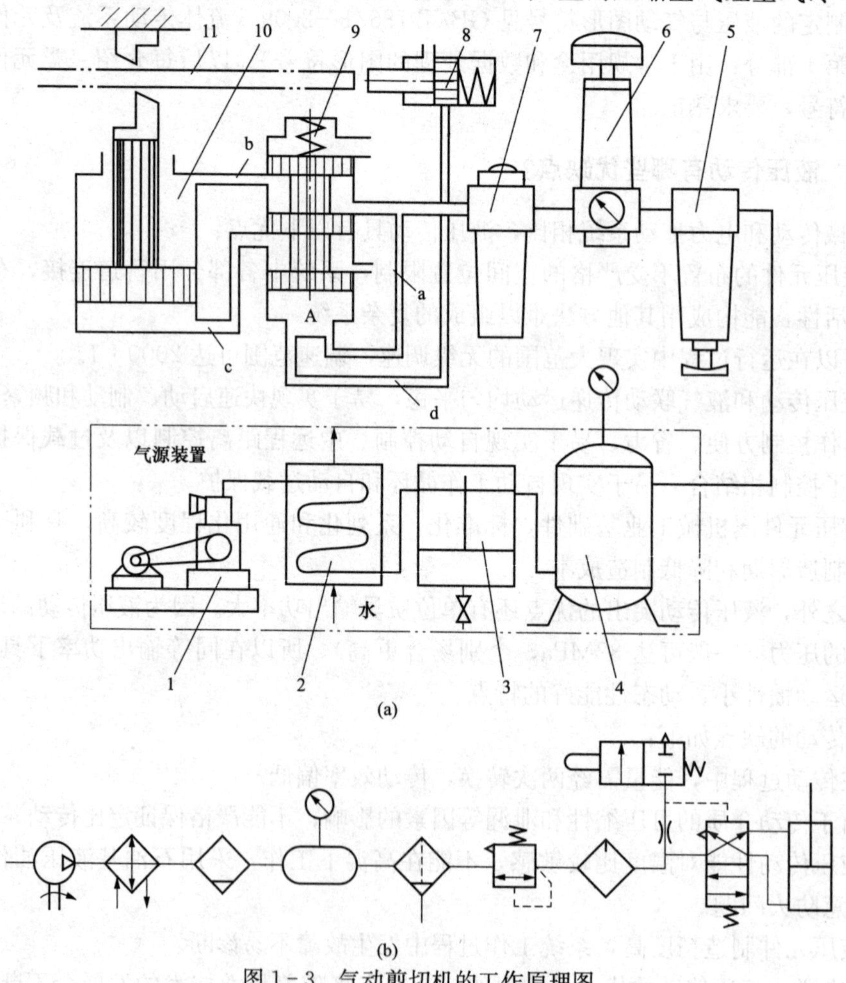

图 1-3 气动剪切机的工作原理图

(a) 结构原理图；(b) 图形符号图

1—空气压缩机；2—空气冷却器；3—分水排水器；4—储气罐；5—空气滤清器；6—减压阀；7—油雾器；8—行程阀；9—换向阀；10—气缸；11—工料

水排水器3、储气罐4、空气过滤器5、减压阀6、油雾器7到达换向阀9，部分气体经节流通路a进入换向阀9的下腔，使上腔弹簧压缩，换向阀阀芯位于上端；大部分压缩空气经换向阀9后由b路进入气缸10的上腔，而气缸下腔经c路、换向阀与大气相通，故气缸活塞处于最下端位置。当上料装置把工料11送入剪切机并到达规定位置时，工料压下行程阀8，此时换向阀阀芯下腔压缩空气经d路、行程阀排入大气，在弹簧的推动下，换向阀阀芯向下运动至下端；压缩空气则经换向阀后由c路进入气缸下腔，上腔经b路、换向阀与大气相通，气缸活塞向上运动，剪刃随之上行剪断工料。工料剪下后，即与行程阀脱开，行程阀阀芯在弹簧作用下复位，d路堵死，换向阀阀芯上移，气缸活塞向下运动，又恢复到剪断前的状态。

由以上分析可知，剪刃克服阻力剪断工料的机械能来自于压缩空气的压力能，提供压缩空气的是空气压缩机；气路中的换向阀、行程阀起改变气体流动方向、控制气缸活塞运动方向的作用。图1-3（b）所示为用图形符号（又称职能符号）绘制的气动剪切机系统原理图。

1-6 气压传动系统由哪些部分组成？

根据气动元件和装置的不同功能，可将气压传动系统分成以下五部分。

(1) 气源装置。气源装置是获得压缩空气的装置和设备，如各种空气压缩机。它将原动机供给的机械能转换成气体的压力能，作为传动与控制的动力源。气源装置包括空气压缩机、后冷却器和气罐等。

(2) 执行元件。执行元件把空气的压力能转化为机械能，以驱动执行机构做往复或旋转运动。执行元件包括气缸、摆动气缸、气马达、气爪和复合气缸等。

(3) 控制元件。控制元件控制和调节压缩空气的压力、流速和流动方向，以保证气动执行元件按预定的程序正常工作。控制元件包括压力阀、流量阀、方向阀和比例阀等。

(4) 辅助元件。辅助元件指解决元件内部润滑、排气噪声、元件间的连接以及信号转换、显示、放大、检测等所需要的各种气动元件。辅助元件包括油雾器、消声器、压力开关、管接头及连接管、气液转换器、气动显示器、气动传感器、缓冲器等。

(5) 工作介质。在气压传动中起传递运动、动力及信号的作用。气压传动的工作介质为压缩空气。

1-7 气压传动有哪些特点？

1. 气压传动的优点

气压传动与其他传动相比，具有如下优点：

① 工作介质是空气，来源方便，取之不尽，使用后直接排入大气而无污染，不需设置专门的回气装置。

② 空气的黏度很小（只有液压油的万分之一），流动阻力小，所以便于集中供气和中远距离输送。

③ 输出力及工作速度的调节非常容易。气缸动作速度一般为50～500mm/s，比液压和电气方式的动作速度快。

④ 工作环境适应性好。在易燃、易爆、多尘埃、辐射、强磁、振动、冲击等恶劣的环境中，气压传动系统工作安全可靠。外泄漏不污染环境，在食品、轻工、纺织、印刷、精密检测等环境中采用最为适宜。

⑤ 成本低，过载能自动保护。

⑥ 气动装置结构简单、紧凑、易于制造，使用维护简单。压力等级低，故使用安全。

2. 气压传动的缺点

气压传动与其他传动相比，具有如下缺点：

① 空气具有可压缩性，不易实现准确的速度控制和很高的定位精度，负载变化时对系统的稳定性影响较大。采用气液联动方式可以克服这一缺陷。

② 空气的压力较低，只适用于压力较低的场合（一般为0.4～0.8MPa）。

③ 气压传动系统的噪声大，尤其是排气时需要加消声器。

④ 由于空气无润滑性能，故在气路中应设置给油润滑装置（如需要加油雾器进行润滑）。

液压辅助元件

2-1 对硬管的安装技术有哪些要求?

对硬管安装的技术要求主要有:

① 硬管安装时，对于平行或交叉管道，相互之间要有100mm以上的空隙，以防止干扰和振动，也便于安装管接头。在高压大流量场合，为防止管道振动，需每隔1m左右用标准管夹将管道固定在支架上，以防止振动和碰撞。

② 管道安装时，路线应尽可能短，应横平竖直，布管要整齐，尽量减少转弯，直角转弯要尽量避免。若需要转弯，其弯曲半径应大于管道外径的3～5倍，弯曲后管道的圆度小于10%，不得有波浪状变形、凹凸不平及压裂与扭转等不良现象。金属管连接时必须有弯，图2-1列举了一些配置实例。

③ 在安装前应对钢管内壁进行仔细检查，看其内壁是否存在锈蚀现象。一般应用20%的硫酸或盐酸进行酸洗，酸洗后用10%的苏打水中和，再用温水洗净、干燥、涂油，并进行静压试验，确认合格后再安装。

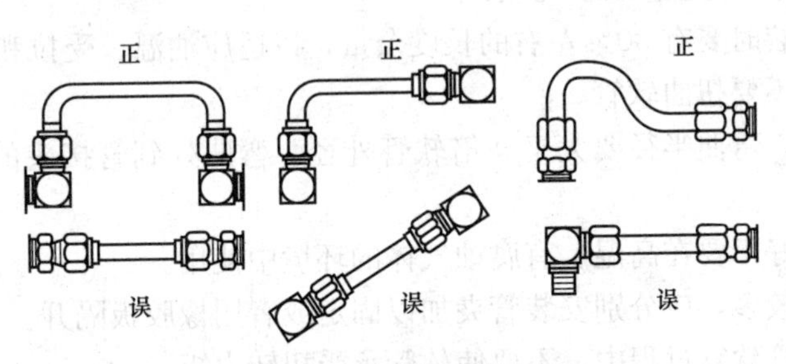

图2-1 金属管连接实例

2-2 对软管的安装技术有哪些要求?

对软管安装的技术要求主要有:

① 软管弯曲半径应大于软管外径的10倍。对于金属波纹管，若用于运动连接，其最小弯曲半径应大于内径的20倍。

② 耐油橡胶软管和金属波纹管与管接头成套供货。弯曲时耐油橡胶软管的弯曲处距管接头的距离至少是外径的6倍，金属波纹管的弯曲处距管接头的距离应大于管内径的2～3倍。

③ 软管在安装和工作中不允许有拧、扭现象。

④ 耐油橡胶软管用于固定件的直线安装时要有一定的长度余量（一般留有30%左右的余量），以适应胶管在工作时−2%～+4%的长度变化（油温变化、受拉、振动等因素引起）的需要。

⑤ 耐油橡胶软管不能靠近热源，要避免与设备上的尖角部分相接触和摩擦，以免划伤管子。

2-3 液压软管常见故障有哪些？故障原因是什么？应采用哪些措施？

液压软管在使用过程中，由于使用与维护不当、系统设计不合理和软管制造不合格等，经常出现渗漏、裂纹、破裂、松脱等故障。

1. 使用不合格软管引起的故障

（1）故障原因

在维修或更换液压管路时，如果在液压系统中安装了劣质的液压软管，由于其承压能力低、使用寿命短，使用时间不长就会出现漏油现象，严重时液压系统会产生事故，甚至危及人机安全。如果鼓泡出现在软管的中段，多为软管生产质量问题，应及时更换合格软管。

（2）措施

在维修时，对新更换的液压软管，应认真检查生产的厂家、日期、批号、规定的使用寿命和有无缺陷，不符合规定的液压软管坚决不能使用。

2. 违规装配引起的故障

（1）故障原因

软管安装时，若弯曲半径不符合要求或软管扭曲等，皆会引起软管破损而漏油。

（2）措施

在液压软管安装时应注意以下几点：

① 软管直线安装时要有30%左右的长度余量，以适应油温、受拉和振动的需要。

② 安装过程中不要扭曲软管。

③ 软管弯曲处，弯曲半径要大于9倍软管外径，弯曲处到管接头的距离至少等于6倍软管外径。

④ 橡胶软管最好不要在高温、有腐蚀气体的环境中使用。

⑤ 如系统软管较多，应分别安装管夹加以固定或者用橡胶板隔开。

⑥ 在使用或保管软管过程中，不要使软管承受扭转力矩。

⑦ 为了避免液压软管出现裂纹，要求在寒冷环境中不要随意搬动软管或拆修液压系统，必要时应在室内进行。如果需长期在较寒冷环境中工作，应换用耐寒软管。

3. 由于液压系统受高温的影响引起的故障

（1）故障原因

当环境温度过高、风扇装反或液压马达旋向不对、液压油牌号选用不当或油质差、散热器散热性能不良、泵及液压系统压力阀调节不当时都会造成油温过高，同时也会引起液压软管过热，会使液压软管中加入的增塑剂溢出，降低液压软管的柔韧性。另外过热的油液通过系统中的缸、阀或其他元件时，如果产生较大的压降会使油液发生分解，导致软管内胶层氧化而变硬。对于橡胶管路如果长期受高温的影响，则会导致橡胶管路在高温、高压、弯曲、扭曲严重的地方发生老化、变硬和龟裂，最后导致油管爆破而漏油。

(2) 措施

当橡胶管路由于高温影响导致疲劳破坏或老化时，首先要认真检查液压系统工作温度是否正常，排除一切引起油温过高和使油液分解的因素后更换软管。软管布置要尽量避免热源，要远离发动机排气管。必要时可采用套管或保护屏等装置，以免软管受热变质。为了保证液压软管的安全工作，延长其使用寿命，对处于高温区的橡胶管，应做好隔热降温措施，如包扎隔热层、引入散热空气等都是有效措施。

4. 由污染引起的故障

(1) 故障原因

当液压油受到污染时，液压油的相容性变差，使软管内胶材质与液压系统用油不相容，软管受到化学作用而变质，导致软管内胶层严重变质，软管内胶层出现明显发胀。若发生此现象，应检查油箱，因有可能在回油口处发现碎橡胶片。

此外，管路的外表面经常会沾上水分、油泥和尘土，容易使导管外表面产生腐蚀，加速其外表面老化。

(2) 措施

在日常维护工作中，不得随意踩踏、拉压液压软管，更不允许用金属器具或尖锐器具敲碰液压软管，以防出现机械损伤；对露天停放的液压机械或液压设备，应加盖蒙布，做好防尘、防雨雪工作，雨雪过后应及时进行除水、晾晒和除锈；要经常擦去管路表面的油污和尘土，防止液压软管腐蚀；添加油液和拆装部件时，要严把污染关口，防止将杂物、水分带入系统中。

2-4　如何正确安装过滤器？在安装过滤器时应注意哪些问题？

过滤器在液压系统中有以下几种安装位置：

① 安装在泵的吸油口。在泵的吸油口安装网式或线隙式过滤器，防止大颗粒杂质进入泵内，同时有较大通流能力，防止空穴现象，如图 2-2 中 1 所示。

② 安装在泵的出口。如图 2-2 中 2 所示，安装在泵的出口可保护除泵以外的元件，但需选择过滤精度高且能承受油路上工作压力和冲击压力的过滤器，压力损失一般小于 0.35MPa。此种方式常用于过滤精度要求高的系统及伺服阀和调速阀前，以确保它们的正常工作。为保护过滤器本身，应选用带堵塞发信装置的过滤器。

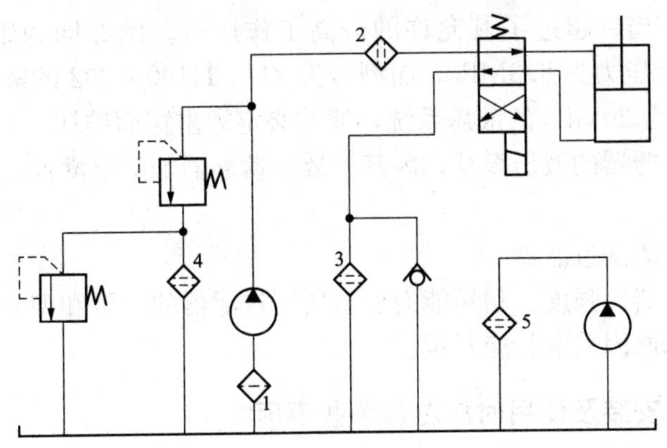

图 2-2　过滤器的安装位置

③ 安装在系统的回油路上。安装在回油路可滤去油液回油箱前侵入系统或系统生成的污物。由于回油压力低，可采用滤芯强度低的过滤器，其压力降对系统影响不大。为了防止过滤器阻塞，一般与过滤器并联一安全阀或安装堵塞发信装置，如图 2-2 中 3 所示。

④ 安装在系统的旁路上。如图 2-2 中 4 所示，与阀并联，使系统中的油液不断净化。

⑤ 安装在独立的过滤系统中。在大型液压系统中，可专设液压泵和过滤器组成的独立过滤系统，专门滤去液压系统油箱中的污物，通过不断循环，提高油液清洁度。专用过滤车也是一种独立的过滤系统，如图 2-2 中 5 所示。

使用过滤器时还应注意过滤器只能单向使用，按规定液流方向安装，以利于滤芯清洗和安全。清洗或更换滤芯时，要防止外界污物侵入液压系统。

到目前为止，液压系统还没有统一的产品规格标准。过滤器制造商按照各自的编制规则，形成各不相同的过滤器规格系列。

在安装过滤器时应注意以下几点：

① 过滤器在液压系统的安装位置主要依其用途而定。为了滤除液压油源的污物以保护液压泵，吸油管路要装设粗过滤器；为了保护关键液压元件，在其前面装设精过滤器；其余宜将过滤器装在低压回路管路中。

② 注意过滤器壳体上标明的液流方向，不能装反，否则将会把滤芯冲毁，造成系统的污染。

③ 在液压泵吸油管上装置网式过滤器时，网式过滤器的底面不能与液压泵的吸管口靠得太近，否则吸油将会不畅。合理的距离是 2/3 的过滤器网高。过滤器一定要全部浸入油面以下，这样油液可从四面八方进入油管，过滤网得到充分利用。

④ 清洗金属编织方孔网滤芯元件时，可用刷子在汽油中刷洗。而清洗高精度滤芯元件时，则需用超净的清洗液或清洗剂。金属丝编织的特种网和不锈钢纤维烧结毡等可以用超声波清洗或液流反向冲洗。滤芯元件在清洗时应堵住滤芯端口，防止污物进入滤芯腔内。

⑤ 当过滤器压差指示器显示红色信号时，要及时清洗或更换滤芯。

2-5 过滤器的滤芯破坏变形的原因有哪些？如何排除？

这一故障现象表现为滤芯的变形、弯曲、凹陷、吸扁与冲破等。产生原因如下：

① 滤芯在工作中被污物严重阻塞而未得到及时清洗，流进与流出滤芯的压差增大，使滤芯强度不够而导致滤芯变形破坏。

② 过滤器选用不当，超过了其允许的最高工作压力。例如同为纸质过滤器，型号为 ZU-100×202 的额定压力为 6.3MPa，而型号为 ZU-H100×202 的额定压力可达 32MPa。如果将前者用于压力为 20MPa 的液压系统，滤芯必定被击穿而破坏。

③ 在装有高压蓄能器的液压系统，因某种故障蓄能器油液反灌冲坏过滤器。

排除方法如下：

① 及时定期检查清洗过滤器。

② 正确选用过滤器，强度、耐压能力要与所用过滤器的种类和型号相符。

③ 针对各种特殊原因采取相应对策。

2-6 蓄能器在安装及使用时应注意哪些事项？

在安装及使用蓄能器时应注意以下几点：

① 气囊式蓄能器中应使用惰性气体或中性气体（一般为氮气）。蓄能器内绝对禁止充氧气，以免引起爆炸。

② 蓄能器是压力容器，搬运和拆装时应将充气阀打开，排出充入的气体，以免因振动或碰撞而发生意外事故。

③ 应将蓄能器的油口向下竖直安装，且有牢固的固定装置。

④ 液压泵与蓄能器之间应设置单向阀，以防止液压泵停止工作时，蓄能器内的液压油向液压泵中倒流；应在蓄能器与液压系统的连接处设置截止阀，以供充气、调整或维修时使用。

⑤ 蓄能器的充气压力应为液压系统最低工作力的25%～90%；而蓄能器的容量，可根据其用途不同以及参考相关液压系统设计手册来确定。

⑥ 不能在蓄能器上进行焊接、铆接及机械加工。

⑦ 不能在充油状态下拆卸蓄能器。

⑧ 蓄能器属于压力容器，必须有生产许可证才能生产，所以一般不要自行设计、制造蓄能器，而应该选择专业生产厂家的定型产品。

2-7 安装加热器的原因有哪些？液压系统油液预加热的方法主要有哪几种？

油箱的温度过低时（<10℃），因油液黏度较高，不利于液压泵吸油和启动，因此需要加热将油液温度提高到15℃以上。液压系统油液预加热的方法主要以下几种。

1. 利用流体阻力损失加热

一般先启动一台泵，让其全部油液在高压下经溢流阀流回油箱，泵的驱动功率完全转化为热能，使油温升高。

2. 采用蛇形管蒸气加热

设置一独立的循环回路，油液流经蛇形管经蒸气加热。此时应注意的是：高温介质的温度不得超过120℃，被加热油液应有足够的流速，以免油液被烧焦。

3. 利用电加热器加热

电加热器有定型产品可供选用，一般水平安装在油箱内（见图2-3）。电加热器的加热部分全部浸入油中，严防因油液的蒸发导致油面降低使加热部分露出油面。安装位置应使油箱中的油液形成良好的自然对流。

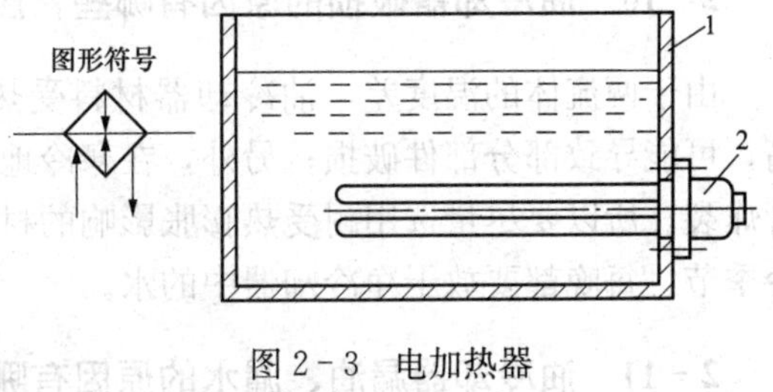

图2-3 电加热器
1—油箱；2—电加热器

采用电加热器加热时，可根据计算所需功率选用电加热器的型号。单个电加热器的功率不能太大，以免其周围油液过度受热而变质，建议尽可能用多个电加热器的组合形式以便于分级加热。同时要注意电加热器长度的选取，以保证水平安装在油箱内。

2-8 油冷却器被腐蚀的原因有哪些？应采取哪些解决办法？

产生腐蚀的主要原因是材料、环境（水质、气体）以及电化学反应三大要素。

选用耐腐蚀性的材料，是防止腐蚀的重要措施。而目前油冷却器的冷却管多用散热性好的铜管制作，其离子化倾向较强，会因与不同金属接触产生接触性腐蚀（电位差不同），例如在定孔盘、动孔盘及冷却铜管管口往往产生严重腐蚀的现象。解决办法：一是提高冷却水质，二是选用铝合金、钛合金制的冷却管。

另外，油冷却器的环境包含溶存的氧、冷却水的水质（pH 值）、温度、流速及异物等。水中溶存的氧越多，腐蚀反应越激烈。在酸性范围内，pH 值降低，腐蚀反应越活泼，腐蚀越严重；在碱性范围内，对铝等两性金属，随 pH 值增加则腐蚀的可能性增加。流速的增大，一方面增加了金属表面的供氧量；另一方面流速过大，产生紊流涡流，会产生汽蚀性腐蚀。除此之外，水中的砂石、微小贝类附着在冷却管上，也往往产生局部侵蚀。

还有，氯离子的存在增加了使用液体的导电性，使得电化学反应引起的腐蚀增大。特别是氯离子吸附在不锈钢、铝合金上也会局部破坏保护膜，引起孔蚀和应力腐蚀。一般温度增高腐蚀增加。

综上所述，为防止腐蚀，在油冷却器选材和水质处理等方面应引起重视，前者往往难以改变，后者可想办法进行解决。

对安装在水冷式油冷却器中用来防止电蚀作用的锌棒要及时检查和更换。

2-9　油冷却器冷却性能下降的原因有哪些？应采取哪些解决办法？

产生这一故障的原因主要是堵塞及沉积物滞留在冷却管壁上，结成硬块与管垢，使散热换热功能降低。另外，冷却水量不足、冷却器水油腔积气也均会造成散热冷却性能下降。

解决办法是：首先从设计上就应采用难以堵塞和易于清洗的结构，而目前似乎办法不多；在选用油冷却器的冷却能力时，应尽量以实践经验为依据，并留有较大的余地，一般增加10%～25%的容量；不得已时采用机械方法（如用刷子、压力、水、蒸汽等）进行擦洗与冲洗，或采用化学方法（如用 Na_2CO_3 溶液及清洗剂等）进行清扫；增加进水量或用温度较低的水进行冷却；拧下螺塞排气；清洗内外表面积垢。

2-10　油冷却器破损的原因有哪些？应采取哪些解决办法？

由于两流体的温度差，油冷却器材料受热膨胀的影响产生热应力，或流入油液压力太高，可能导致部分部件破损；另外，在寒冷地区或冬季，晚间停机时，管内结冰膨胀将冷却管炸裂。所以要尽量选用耐受热膨胀影响的材料，并采用浮动头之类的变形补偿结构；在寒冷季节，每晚都要放干净冷却器中的水。

2-11　油冷却器漏油、漏水的原因有哪些？应采取哪些解决办法？

漏水、漏油多发生在油冷却器的端盖与筒体结合面，或因焊接不良、冷却水管破裂等造成漏油、漏水。此时可根据情况，采取更换密封、补焊等措施予以解决。更换密封时，要洗净结合面，涂敷一层“303”或其他黏结剂。

2-12　分离式液压油箱的结构如何？在设计时有哪些要求？

图 2-4 所示为分离式液压油箱的结构示意图。要求较高的油箱还设有加热器、冷却器和油温测量装置。

油箱外形以立方体或长六面体为宜。最高油面只允许达到箱内高度的 80%。油箱内壁需经喷丸、酸洗和表面清洗。液压泵、电动机和阀的集成装置等直接固定顶盖上，亦可安装在专门设计的安装板上。安装板与顶盖间应垫上橡胶板，以缓冲振动。油箱底脚高度应为 150mm 以上，以便散热、搬运和放油。

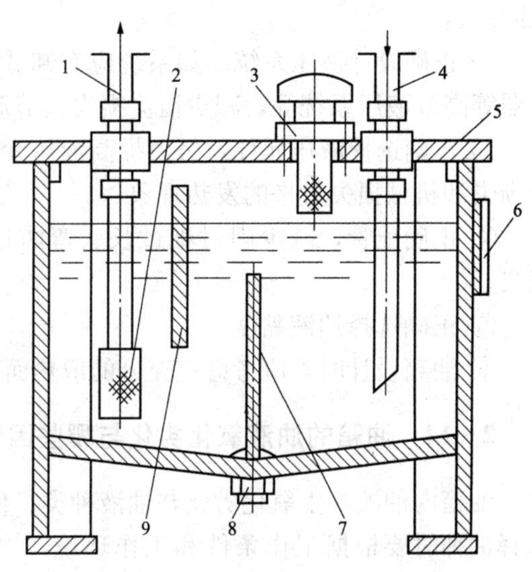

图 2-4　分离式油箱的结构示意图

1—吸油管；2—网式过滤器；3—空气滤清器；4—回油管；5—顶盖；6—油面指示器；7、9—隔板，8—放油塞

液压泵的吸油管与液压系统回油管之间的距离应尽可能远些，管口插入规定的最低油面以下，但离油箱底要大于管径的 2～3 倍，以免吸入空气和飞溅起泡。回油管口截成 45°斜角且面向箱壁以增大通流截面，有利于散热和沉淀杂质。吸油管端部装有过滤器，并离油箱壁有 3 倍管径的距离，以便从四面都能进油。阀的泄油管口应在液面之上，以免产生背压。液压马达和液压泵的泄油管则应插入液面以下，以免产生气泡。

设置隔板是将吸、回油区分开，迫使油液循环流动，以利散热和杂质沉淀。隔板高度可接近最高液面，如图 2-4 所示。通过设置隔板可以获得较大的流程，且与四壁保持接触，散热效果会更佳。

空气滤清器（又称空气过滤器）的作用是使油箱与大气相通，保证液压泵的吸油能力，除去空气中的灰尘兼作加油口，一般将其布置在顶盖靠近油箱边处。液位计用于监测油的高度，其窗口尺寸应能满足对最高液位和最低液位的观察。

油箱底面做成双斜面，或向回油侧倾斜的单斜面。在最低处设置放油口。大容量油箱为便于清洗，常在侧壁上设置清洗窗。

2-13　油箱温升严重的原因有哪些？应采取哪些解决办法？

油箱起着一个“热飞轮”的作用，可以在短期内吸收热量，也可以防止处于寒冷环境中的液压系统短期空转被过度冷却，但油箱的主要矛盾还是“温升”。严重的温升会导致液压系统多种故障。

1. 引起油箱温升严重的原因

① 油箱设置在高温辐射源附近，环境温度高。如注塑机为熔融塑料，用一套大功率的加热装置正提供了这种环境，容易导致液压油温度升高。

② 液压系统的各种压力损失（如溢流损失、节流损失、管路的沿程损失和局部损失等）都会转化为热量造成油液温升。

③ 油液黏度选择不当，过高或过低。

④ 油箱设计时散热面积不够等。

2. 解决温升严重的办法

① 尽量避开热源，但塑料机械（如注塑机、挤塑机等）因要熔融塑料，一定存在一个

"热源"。

② 正确设计液压系统，如系统应有卸载回路，采用压力、流量和功率匹配回路以及蓄能器等高效液压系统等，减少溢流损失、节流损失和管路损失，减少发热温升。

③ 正确选择液压元件，努力提高液压元件的加工精度和装配精度，减少泄漏损失、容积损失和机械损失带来的发热现象。

④ 正确配管，减少因过细过长、弯曲过多、分支与汇流不当带来的沿程损失和局部损失。

⑤ 正确选择油液黏度。

⑥ 油箱设计时，应考虑有充分的散热面积和容量容积。

2-14 油箱的油液氧化劣化与哪些因素有关？应采取的办法有哪些？

油箱内油液产生氧化劣化与油液种类、使用温度、休息时间以及氧化触媒的存在有关。选择油种时要根据工作条件和工作环境，选择性能符合的油种和黏度，使用温度在30～55℃。休息时间是指：

休息时间＝参与循环油量（L）：液压泵每分钟流量（L/min）

休息时间不要太短，否则会加快油液氧化劣化。

2-15 油箱内油液污染的原因有哪些？应采取哪些解决办法？

油箱内油液污物有从外界侵入的、有内部产生的，也有装配时残存的。

1. 装配时残存的

例如油漆剥落片、焊渣等。在装配前必须严格清洗油箱内表面，并且先严格去锈去油污，再在油箱内壁涂漆。

2. 由外界侵入的

油箱应注意防尘密封，并在油箱顶部安设空气滤清器和大气相通，使空气经过滤后再进入油箱。空气滤清器往往兼作注油口，现已有标准件（EF型）出售。可配装100目左右的铜网滤清器，以过滤加进油箱的油液；也有用纸芯过滤的，效果更好，但与大气相通的能力差些，所以纸芯滤芯容量要大。

为了防止外界侵入油箱内的污物被吸进泵内，油箱内要安装隔板，以隔开回油区和吸油区。通过隔板，可延长回到油箱内油液的停留时间，可防止油液氧化劣化；另一方面也利于污物的沉淀。隔板高度为油面高度的3/4，如图2-5所示。

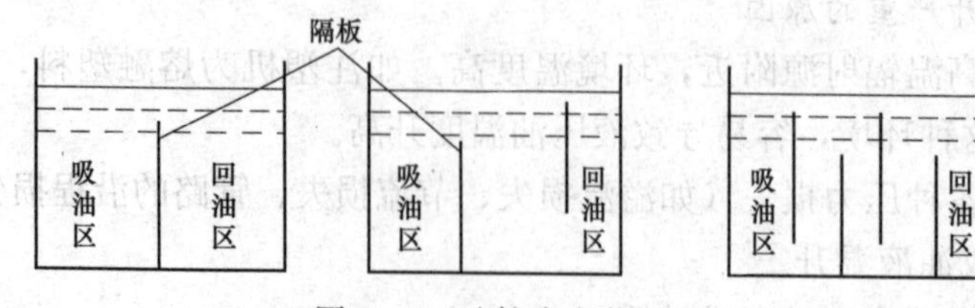

图2-5 油箱内安装隔板

油箱底板应倾斜，底板倾斜程度视油箱的大小和使用油的黏度决定，一般在油箱底板最低部位设置放油塞，使堆积在油箱底板部的污物得到清除。吸油管离底部最高处的距离要在

150mm 以上，以防污物被吸入，如图 2-4 所示。

3. 减少系统内污物的产生

① 防止油箱内凝结水分的产生。必须选择足够大容量的空气滤清器，以使油箱顶层受热的空气尽快排出，避免其在冷的油箱盖上凝结成水珠掉落在油箱内；另一方面大容量的空气滤清器或通气孔，可消除油箱顶层的压力与大气的差异，防止因顶层压力低于大气压时从外界带进粉尘。

② 使用防锈性能好的润滑油，减少磨损物的产生和防锈。

2-16 消除油箱振动和噪声的具体方法有哪些？

1. 减小和隔离振动

主要对液压泵电动机装置采用减振垫、弹性联轴器等措施，如 HL 型弹性柱销联轴器、ZL 型带制动轮弹性柱销联轴器和滑块联轴器等。注意电动机与泵的安装同轴度；油箱盖板、底板、墙板必须有足够的刚度；在液压泵电动机装置下部垫以吸声材料等；若液压泵电动机装置与油箱分设，效果更好。实践证明，回油管端离箱壁的距离不应小于 50mm，否则噪声振动可能较大。另外，可用油箱保护罩等吸声材料隔离振动和噪声。

2. 减少液压泵的进油阻力

泵有气穴时，系统的噪声级显著增大。而泵的气穴现象和输出压力脉动的发生，相当明显地受到进油阻力的影响。为了保证泵轴的密封和避免进油侧发生气穴，泵吸油口容许压力的一般控制范围是正压力 0.035MPa。另外，液压油所能溶解的空气量与液体压力成正比。在大气压下空气饱和的液体，在真空度下将成为过饱和液体而析出空气，产生显著的噪声和振动。所以，有条件时尽量使用高位油箱。这样既可对泵形成灌注压力，又使空气难以从油中析出。但是，增高油面的有效高度对悬浮气泡溢出油面会变得困难一些，因而不要随意加大。

3. 保持油箱比较稳定的较低油温

油温升高会提高油中的空气分离压力，从而加剧系统的噪声，故应使油箱油温有一个稳定的较低值范围（30～55℃）相当重要。

4. 隔离噪声

油箱加罩壳，隔离噪声，液压泵装在油箱盖以下（即油箱内），也可隔离噪声。

5. 在油箱结构上采用整体性防振措施

例如，油箱下地脚螺栓固牢于地面，油箱采用整体式较厚的电动机泵座安装底板，并在电动机泵座与底板之间加防振材料垫板；在油箱薄弱环节，加设加强筋等。

6. 努力减少噪声辐射

例如，注意选择声辐射效率较低的材料（如阻尼材料，包括阻尼涂层）；增大油箱的动刚度，以提高固有频率并减少振幅，如加筋等。

7. 采用低噪声油箱

如图 2-6 所示，这种油箱的油流经扩散器减速后，可避免一般没装扩散器时回油搅拌油液所产生大量气泡的现象；同时设置的消泡网又使回油经消泡网捕捉，形成大气泡后再上浮，经此消泡的油流又经隔板折流，最后进入吸油区已基本变为无悬浮气泡的平缓液流而被泵吸入系统，完全避免了空气被吸入系统内，因而是一种低噪声油箱。

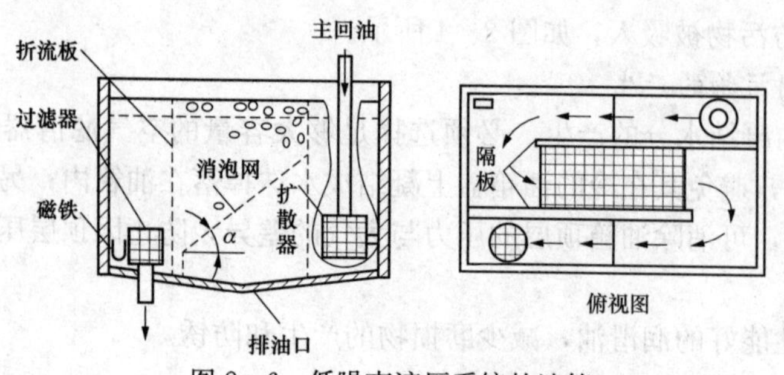

图 2-6　低噪声液压系统的油箱

2-17　如何选择密封元件?

密封件的品种、规格很多,在选用时除了根据需要密封部位的工作条件和要求选择相应的品种、规格外,还要注意其他问题,如工作介质的种类、工作温度(以密封部位的温度为基准)、压力的大小和波形、密封耦合面的滑移速度、"挤出"间隙的大小、密封件与耦合面的偏心程度、密封耦合面的粗糙度以及密封件与安装槽的形式、结构、尺寸、位置等。

按上述原则选定的密封元件应满足如下基本要求:在工作压力下,应具有良好的密封性能,即泄漏在高压下没有明显的增加;密封元件长期在流体介质中工作,必须保证其材质与工作介质的相容性好;动密封装置的动、静摩擦阻力要小,摩擦因数要稳定;磨损小,使用寿命长;拆装方便,成本低等。

2-18　密封装置产生漏油的原因是什么?

密封装置故障主要是密封装置损坏而产生的漏油现象。密封装置产生的漏油故障原因较为复杂,有密封本身产生的,也有其他原因产生的。

液压系统中许多元件广泛采用间隙密封,而间隙密封的密封性与间隙大小(泄漏量与间隙的立方成正比)、压力差(泄漏量与压力差成正比)、封油长度(泄漏量与长度成反比)、加工质量及油的黏度等有关。由于运动副之间润滑不良、材质选配不当及加工、装配、安装精度较差,就会导致早期磨损,使间隙增大、泄漏增加。其次,液压元件中还广泛采用密封件密封,其密封件的密封效果与密封件材料、密封件的表面质量与结构等有关。如密封件材料低劣、物理化学性能不稳定、机械强度低、弹性和耐磨性低等,则都会因密封效果不良而泄漏;安装密封件的沟槽尺寸设计不合理、尺寸精度及粗糙度差、预压缩量小而密封不好,也会引起泄漏。另外,结合面表面粗糙度差,平面度不好,压后变形以及紧固力不均,元件泄油、回油管路不畅,油温过高,油液黏度下降或选用的油液黏度过小,系统压力调得过高,密封件预压缩量过小;液压件铸件壳体存在缺陷等都会引起泄漏增加。

2-19　减少内泄漏及消除外泄漏的措施有哪些?

① 采用间隙密封的运动副应严格控制其加工精度和配合间隙。

② 采用密封件密封是解决泄漏的有效手段,但如果密封过度,虽解决了泄漏,却增加了摩擦阻力和功率损耗,加速密封件磨损。

③ 改进不合理的液压系统,尽可能简化液压回路,减少泄漏环节;改进密封装置,如将活塞杆处的 V 形密封圈改用 Yx 形密封圈,不仅摩擦力小且密封可靠。

④ 泄漏量与油的黏度成反比，黏度小，泄漏量大，因此液压用油应根据气温的不同及时更换，可减少泄漏。

⑤ 控制温升是减少内外泄漏的有效措施。压力和流量是液压系统的两个最基本参数，在液压系统中起着不同的作用，但也存在着一定的内在联系。掌握这一基本道理，对于正确调试和排除系统中所出现的故障是必要的。

2-20　压力表选择和使用时应注意哪些事项？

在压力表选择和使用时应注意以下几点：

① 根据液压系统的测试方法以及对精度等方面的要求选择合适的压力表，如果是一般的静态测量和指示性测量，可选用弹簧管式压力表。

② 选用的工作介质（各种牌号的液压油）应对压力表的敏感元件无腐蚀作用。

③ 压力表的量程的选择：若进行静态压力测量或压力波动较小，按测量范围为压力表满量程的1/3～2/3来选；若测量的是动态压力，则需要预先估计压力信号的波形和最高变化的频率，以便选用具有比此频率大5～10倍以上固有频率的压力测量仪表。

④ 为防止压力波动造成直读式压力表读数困难，常在压力表前安装阻尼装置。

⑤ 在安装时如果使用聚四氟乙烯带或黏结剂，切勿堵住油（气）孔。

⑥ 应严格按照有关的测试标准的规定确定测压点的位置，除了具有耐大加速度和振动性能的压力传感器外，一般仪表不宜装在有冲击和振动的地方。例如，液压阀的测试要求上游测压点距离被测试阀为$5d$（d为管道内经），下游测试点距离被测试阀为$10d$，上游测压点距离扰动源为$50d$。

⑦ 装卸压力表时，切忌用手直接扳动表头，应使用合适的扳手操作。

2-21　测压不准确，压力表动作迟钝或者压力表跳动大的原因及排除方法是什么？

故障产生原因和排除方法如下：

① 油液中污物将压力表开关和压力表的阻尼孔（一般为$\phi0.8$～$\phi1.0$mm）堵塞。部分堵塞时，压力表指针会产生跳动大、动作迟钝的现象，影响测量值的准确性。此时可拆开压力表进行清洗，用$\phi0.5$mm的钢丝穿通阻尼孔，并注意油液的清洁度。

② K型压力表开关采用转阀式，各测量点的压力靠间隙密封隔开。若阀芯与阀体孔配合间隙较大或配合表面拉有沟槽，在测量压力时会出现各测量点有不严重的互相串腔现象，造成测压不准确。此时应研磨阀孔，阀芯刷镀或重配阀芯，保证配合间隙在0.007～0.015mm的范围内。

③ KF型压力表开关为调节阻尼器（阀芯前端为锥面节流）。当调节过大或节流锥面拉伤严重时，会引起压力表指针摆动，测出的压力值不准确，而且表动作缓慢。此时应适当调小阻尼开口，节流锥面拉伤时可在外圆磨床上校正修磨锥面。

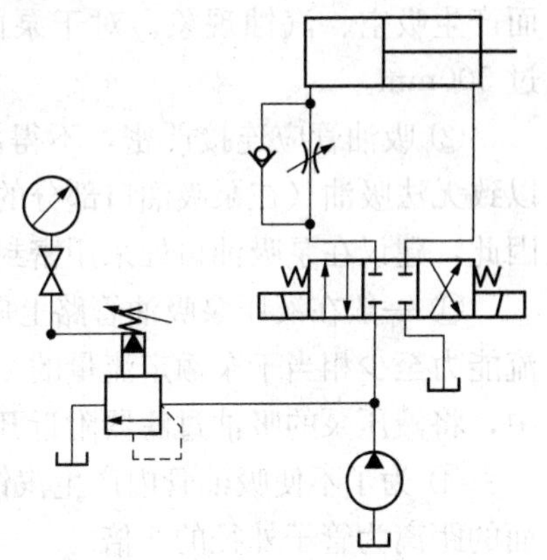

图2-7　电磁换向阀

④ 压力表安装的位置不对。笔者曾发现有人将压力表装在溢流阀的遥控孔处，如图2-7所示。由于压力表

的波登管中有残留空气，会导致溢流阀因先导阀前腔有空气而产生振动，压力表的压力跳动便不可避免。将压力表改装在其他能测量泵压力的地方，这种现象立刻消失。

2－22　测压不准甚至根本不能测压的原因及排除方法如何？

① K型压力表由于阀芯与阀孔配合间隙过大或密封面磨有凹坑，使压力表开关内部测压点的压力既互相串腔，又使压力油大量泄往卸油口，这样压力表测量出来的压力与实测点的实际压力值相差便很大，甚至几个点测量下来均是一个压力，无法进行多点测量。此时可重配阀芯或更换压力表开关。

② 对于多点压力表开关，当未将第一测压点的压力卸掉，便转动阀芯进入第二测压点时，测出的压力不准确。应按上述方法正确使用压力表开关。

③ 对于K型多点压力表开关，当阀芯上钢球定位弹簧卡住，定位钢球未顶出，这样转动阀芯时，转过的位置对不准被测压力点的油孔，使被测压点的油液不能通过阀芯上的直槽进入压力表内，测压便不准。

④ KF型压力表开关在长期使用后，由于锥阀阀口磨损，无法严格关闭，造成内泄漏量大；K型压力表开关因内泄漏特别大，则测压无法进行。

2－23　为什么要重视安装液压管路？管道安装一般分为几次？

液压系统元件的连接形式有集中式（液压站）和分散式。无论哪一种形式，欲连接成系统，都需要通过管路连接。管路连接时，管路接头一般直接与集成块或液压元件相连接，工作量主要体现在管路的连接上。管路的选择是否合理，安装是否正确，清洗是否干净，对液压系统的工作性能有很大影响。因此，液压管路的安装是液压设备安装的一项主要工程。管路安装质量的好坏是关系到液压系统工作性能是否正常的关键因素之一。

管道安装一般分为两次，第一次称预安装，第二次为正式安装。预安装是为正式安装做准备，是确保安装质量的必要步骤。

2－24　安装吸油管路时应满足哪些要求？

安装吸油管路时应符合下列要求：

① 吸油管路要尽量短，弯曲少，管径不能过细，以减少吸油管的阻力，避免吸油困难而产生吸空、汽蚀现象。对于泵的吸程高度，各种液压泵的要求有所不同，但一般不超过500mm。

② 吸油管应连接严密，不得漏气，以免使泵在工作时吸进空气，导致系统产生噪声，以致无法吸油（在泵吸油口部分的螺纹、法兰结合面上往往会由于小小的缝隙而漏入空气）。因此，建议在泵吸油口处采用密封胶与吸油管路连接。

③ 一般在液压泵吸油管路上应安装过滤器，过滤精度通常为100～200目，过滤器的通流能力至少相当于泵额定流量的2倍，同时要考虑清洗时拆装方便。一般在油箱的设计过程中，将液压泵的吸油过滤器附近开设手孔就是基于这种考虑。

④ 为了不使吸油管内产生汽蚀，应将吸油管的管口插入最低油面以下，一般离油箱底面的距离为管子外径的2倍。

2-25　安装回油管路时应满足哪些要求?

安装回油管路时应符合下列要求：

① 执行元件的主回油路及溢流阀的回油管应伸到油箱液面以下，以防止油飞溅而混入气泡，同时回油管应切出朝向油箱壁的45°斜口。

② 具有外部泄漏的减压阀、顺序阀、电磁阀等的泄油口与回油管连通时不允许有背压，否则应将泄油口单独接回油箱，以免影响阀的正常工作。

③ 安装成水平的油管，应有3/1000～5/1000的坡度。油管过长时，每500mm应固定一个夹持油管的管夹。

④ 压力油管的安装位置应尽量靠近设备和基础，同时又要便于支管的连接与检修。为了防止压力油管振动，应将管路安装在牢固的地方，在振动的地方要加阻尼来消除振动，或将木块、硬橡胶的衬垫装在管夹上，使金属件不直接接触管路。

2-26　安装管接头时应满足哪些要求?

在漏油事故中，因为管接头安装不良占较大比例，所以对管接头安装有一定要求。

① 必须按设计图样规定的接头进行安装。

② 必须检查管接头的质量，发现有缺陷应更换。

③ 接头用煤油清洗，并用气吹干。

④ 接头体拧入油路板或阀体之前，将接头体的螺纹清洗干净，涂上密封胶或用聚四氟乙烯塑料带顺螺纹旋向缠上，以提高密封性，防止接头处外漏。但要注意，密封带的缠向必须顺着螺纹旋向，一般为1～2圈。缠的层数太多，工作过程中接头容易松动，反而会泄漏油液。若用流态密封胶作为螺纹扣与扣之间的填料，温度不得超过60℃，否则会熔化，使液体从扣中溢出。拧紧时用力不宜过大，特别是锥管螺纹接头体，拧紧力过大会产生裂缝，导致泄漏。

⑤ 接头体与管子端面应对准，不准有偏斜或弯曲现象，两平面结合良好后才能拧紧，并应有足够的拧紧力矩（或达到规定值），保证结合严密。

⑥ 要检查密封质量，若有缺陷应更换。装配时应细心，不准装错或安装时把密封垫损坏。

2-27　安装法兰盘时应满足哪些要求?

① 按设计图样上规定和要求安装法兰。

② 检查法兰盘和密封垫质量，若有异常应更换。

③ 法兰盘用煤油清洗干净，并用气吹干。

④ 拧紧螺钉时，各螺钉受力应均匀，并要有足够的拧紧力矩（或达到规定值），保证结合严密。

⑤ 对高压法兰的紧固螺钉要抽查螺钉所用的材料和加工质量，不合要求的螺钉不准使用。

气动辅助元件

3-1 气动系统在使用不供油润滑时应注意哪些事项？

应注意以下几点：

① 要防止大量水分进入元件内，以免冲洗掉润滑剂而失去润滑效果。

② 大修时，需在密封圈的滞留槽内添加润滑脂。

③ 不供油润滑元件也可以供油使用，一旦供油，不得中途停止供油，因为油脂被润滑油冲洗掉就不能再保持自润滑。

此外，无油润滑元件使用自润滑材料，不需润滑剂即可长期工作。

3-2 油雾器在使用过程中应注意哪些事项？

油雾器在使用过程中应注意以下事项：

① 油雾器一般安装在分水滤水器、减压阀之后，尽量靠近换向阀，与阀的距离不应超过 5m。

② 油雾器和换向阀之间的管道容积应在气缸行程容积的 80%以下，当通道中有节流装置时上述容积比例应减半。

③ 安装时注意进、出口不能接错，必须垂直设置，不可倒置或倾斜。

④ 保持正常油面，不应过高或过低。

3-3 消声器是如何应用的？

1. 压缩机吸入端消声器

对于小型压缩机，可以装入能换气的防声箱内，有明显的降低噪声作用。一般防声箱用薄钢板制成，内壁涂敷阻尼层，再贴上纤维、地毯之类的吸声材料。现在的螺杆式压缩机、滑片式压缩机外形都制成箱形，不但外观设计美观，而且有消声作用。

2. 压缩机输出端消声器

压缩机输出的压缩空气未经处理前有大量的水分、油雾、灰尘等，若直接将消声器安装在压缩机的输出口，对消声器的工作是不利的。消声器安装位置应在储气罐之前，即按照压缩机、后冷却器、冷凝水分离器、消声器、储气罐的次序安装。对储气罐的噪声采用隔声材料遮蔽起来的办法也是经济的。

3. 阀用消声器

在气动系统中，压缩空气经换向阀向气缸等执行元件供气；动作完成后，又经换向阀向大气排气。由于阀内的气路复杂而又十分狭窄，压缩空气以近声速的流速从排气口排出，空气急剧膨胀和压力变化产生高频噪声，声音十分刺耳。排气噪声与压力、流量和有效面积等因素有关，阀的排气压力为 0.5MPa 时可达 100dB 以上。而且执行元件速度越高、流量越大、噪声也越大。此时就需要用消声器来降低排气噪声。

阀用消声器一般采用螺纹连接方式，直接安装在阀的排气口上。对于采用集装式连接的控制阀，消声器安装在底板的排气口上。在自动线中也有用集中排气消声的方法（见图 3-1），把每个气动装置的控制阀排气口用排气管集中引入用作消声的长圆筒中排放。

长圆筒用钢管制成，内部填装玻璃纤维吸声材料。这种集中排气消声的效果很好，能保持周围环境的宁静。

图 3-2 所示为阀用消声器的结构和排气方式。通常在罩壳中设置了消声元件，并在罩壳上开有许多小孔或沟槽。罩壳材料一般为塑料、铝及黄铜等。消声元件的材料通常为纤维、多孔塑料、金属烧结物或金属网状物等。

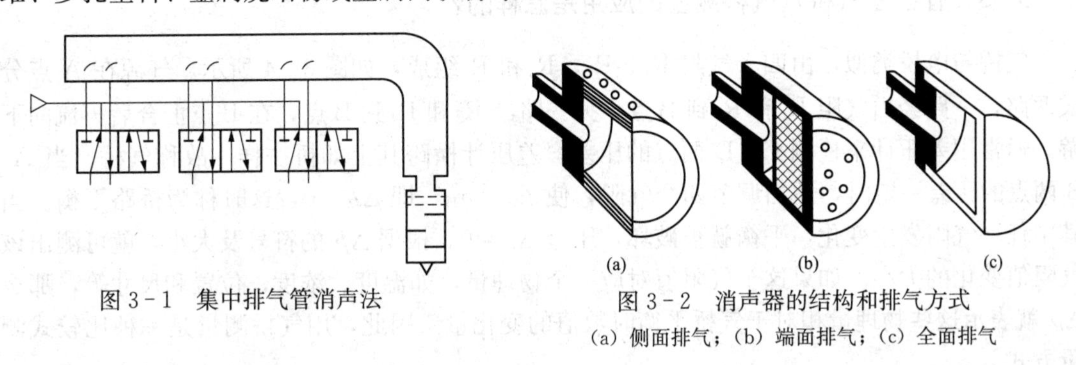

图 3-1　集中排气管消声法

图 3-2　消声器的结构和排气方式

(a) 侧面排气；(b) 端面排气；(c) 全面排气

3-4　气动传感器在液位控制中的应用是怎样的?

图 3-3 所示是液位控制原理图。

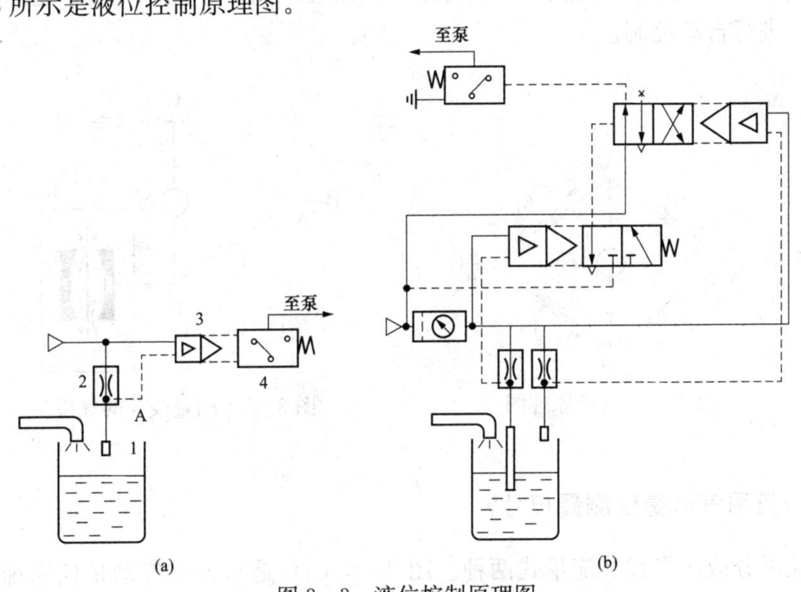

图 3-3　液位控制原理图

(a) 简易液位控制；(b) 最低-最高液位控制

1—浸没管；2—背压传感器；3—气动放大器；4—气电转换器

如图3-3（a）所示，浸没管1未被液面浸没时，背压传感器2的输出口A的输出压力太低，不足以使气动放大器3切换，故气电转换器4继续使泵处于工作状态。当液位上升到足以关闭浸没管的出口时，A口便产生一信号，此信号的压力与液面淹没浸没管的深度及液体的密度成正比，直至上升至与供给压力相同为止。只要浸没管的出口孔被液面淹没，信号压力将一直存在。当该信号压力达到某一值后，气动放大器3切换，气电转换器4使泵停止工作。

浸没管的材料根据液体性质及其温度高低等因素来选取。若液面有波动，可在浸没管底部加装一缓冲套。一般被测液体的泡沫对气动传感器不起作用，这比电测装置优越。

图3-3（b）所示的是用两套气动背压传感器组成的回路。当液位升到最高位置时，泵停转；当液位降至最低位置时，泵又启动。

3-5　什么是气桥？气桥测量的应用是怎样的？

气桥与电桥类似，由四个气阻R_1、R_2、R_3和R_4组成，如图3-4所示。气源在A点分成两路，一路经由气阻R_1和R_2到B点，另一路经R_3和R_4到B点，在B点汇合后再流向下游。通常用差压计来检测C、D两点的压差，差压计横跨其上如桥一样，故称气桥。当A、B两点的压差一定时，适当调节四个气阻，使$p_C=p_D$，即$\Delta p=0$，这时称为桥路平衡。当其中任一气阻发生变化，平衡就被破坏，压差$\Delta p\neq0$。根据Δp的符号及大小，就可测出该气阻值变化的大小。如果这个气阻值对应一个物理量，如温度、浓度、位置和尺寸等，那么Δp就表示这些物理量相对于气桥平衡时数值的变化量。因此，用气桥测量是一种比较式测量方式。

应用气桥法可以连续测量铜丝等的直径，如图3-5所示。测量时，将标准线径的工件送入探头，调节R_1或R_2，使$\Delta p=0$。当线径变化时，线和孔之间的间隙也随之变化，即R_4发生变化，$\Delta p\neq0$。根据Δp的大小，就可知所测线径的大小。压差值Δp也可直接送入后续系统处理，进行自动控制。

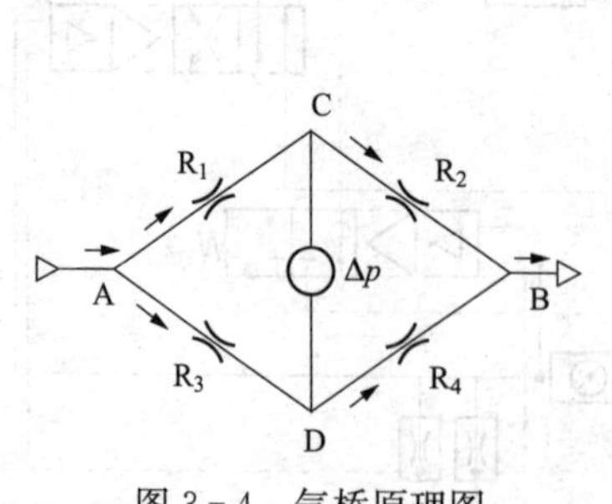

图3-4　气桥原理图

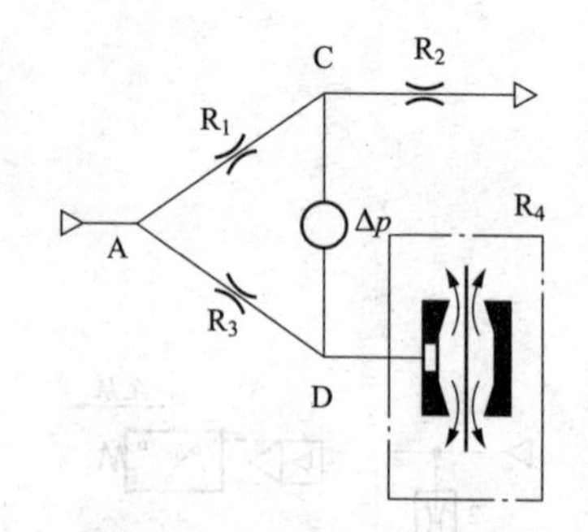

图3-5　测量线径的气桥

3-6　如何用气动量仪测量尺寸？

气动量仪可分成压力式和流量式两种。图3-6（a）是压力式气动量仪原理图。稳压后的压缩空气经恒气阻1流入气室2，经测量喷嘴4与工件5形成的气隙而流向大气。当工件尺寸变化时，间隙x变化，将引起气室中压力的变化。用压力表3测出气室压力的变化量，即可反映出工件的尺寸。图3-6（b）是流量式气动量仪原理图。当被测间隙x改变时，通过喷嘴的流量发生变化，用流量计6测出流量的变化量，即可测出工件的尺寸。

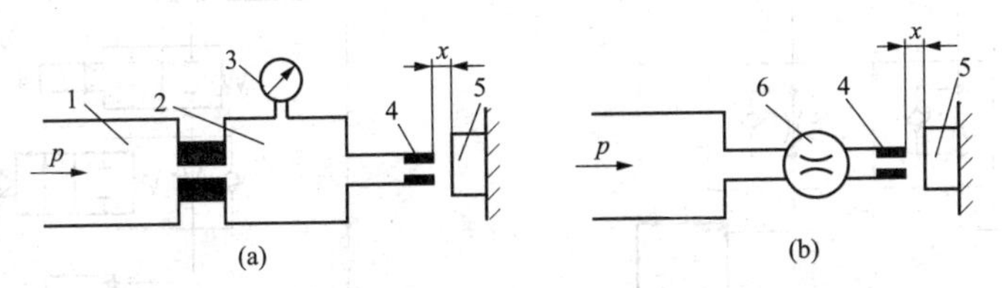

图3-6　气动量仪测量尺寸的工作原理图

（a）压力式气动量仪原理图；（b）流量式气动量仪原理图

1—恒气阻；2—气室；3—压力表；4—喷嘴；5—工件；6—流量计

3-7　低压气控放卷跑偏矫正装置是如何工作的？

气控放卷跑偏矫正装置在造纸机械、印刷机、刨花板生产线以及中密度纤维板生产线、单板干燥机、砂光机、塑料包装生产线上等都有广泛应用。放卷速度可达100m/min，跑偏矫正精度可达±0.1mm。

图3-7所示是低压气控放卷跑偏矫正装置的工作原理图。该矫正装置的作用是防止纸卷跑偏，保证收卷端面平齐，分切准确，降低消耗。

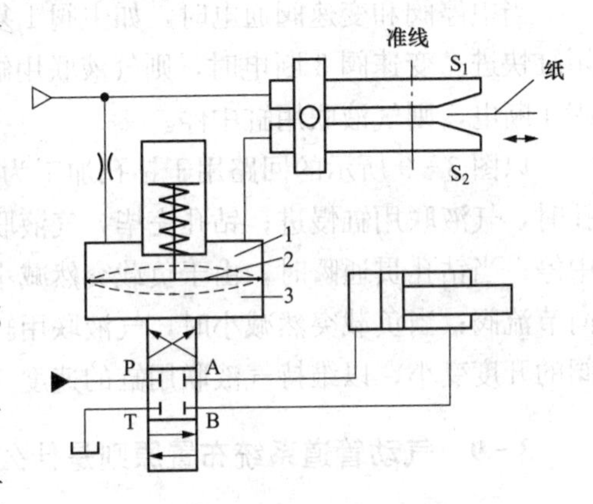

图3-7　低压气控放卷跑偏矫正装置的工作原理图

1—上气室；2—膜片；3—下气室

纸边部在传感器准线以外时，喷嘴S_1与S_2的气流相撞，因$p_{S1}>p_{S2}$，S_2气流受阻，使上气室1压力升高，膜片2下弯，带动阀芯下移，换向阀P、B接通，液压缸活塞杆缩回，带动纸边部向左移动，靠向传感器准线位置。

纸边部在传感器准线位置时，喷嘴S_1、S_2有一半被纸遮住，喷嘴S_2的气体一半受S_1气流阻挡，另一半沿纸面逸出，液压阀处于中位，保证纸边部仍处于准线位置。

纸边部在传感器准线位置以内时，喷嘴S_1的气流被纸膜挡住，S_2的气流便顺利逸出，上气室压力降低，下气室3与大气相通，弹簧力使膜片上弯，阀芯上移，换向阀P、A接通，液压缸活塞杆伸出，带动纸边部向右移动，靠向传感器准线位置。

3-8　气液转换器如何应用？

图3-8所示为采用两个气液转换器的气液回路，它可以控制液压缸获得低速平稳的运动，该回路适用于缸速小于40mm/min的场合。

图3-9所示为气液转换器和各类阀组合而成的气液回路，阀类组合元件有中停阀4、变速阀3和带压力补偿的单向节流阀（5和6）等。中停阀和变速阀使用外部先导式，先导压力为0.3～0.7MPa。

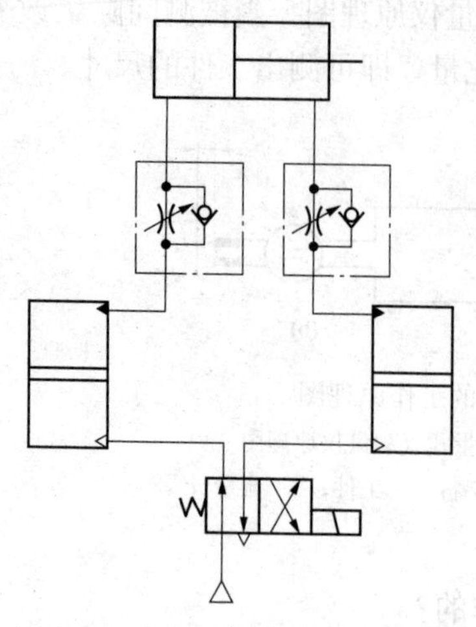

图 3－8　用气液转换器的气液回路

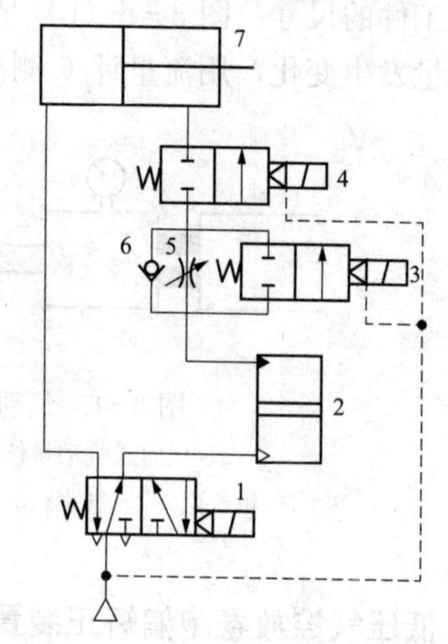

图 3－9　气液转换器的应用回路

1—主阀；2—气液转换器；3—变速阀；4—中停阀；5—节流阀；6—单向阀；7—气液联用缸

当中停阀和变速阀通电时，如主阀 1 复位，气液联用缸 7 快退；如主阀换向，则气液联用缸快进。变速阀 3 断电时，则气液联用缸慢进，慢进速度取决于节流阀 5 的开度。若中停阀 4 断电，则气液联用缸中停。

以图 3－9 所示的回路用于钻孔加工为例，气液联用缸快进，使钻头快速接近工件；钻孔时，气液联用缸慢进；钻孔完毕，气液联用缸快速退回；遇到异常，让中停阀断电，实现中停；当钻孔贯通瞬时，由于负载突然减小，为防止钻头飞速伸出，使用了带压力补偿的单向节流阀；当负载突然减小时，气液联用缸有杆腔的压力突增，控制带压力补偿的单向节流阀的开度变小，以维持气液联用缸的速度基本不变，防止钻头飞速伸出。

3－9　气动管道系统布置原则是什么?

1. 按供气压力考虑

在实际应用中，如果只有一种压力要求，则只需设计一种管道供气系统；如有多种压力要求，则其供气方式有以下三种。

(1) 多种压力管道供气系统

多种压力管道供气系统适用于气动设备有多种压力要求且用气量都比较大的情况。应根据供气压力大小和使用设备的位置，设计几种不同压力的管道供气系统。

(2) 降压管道供气系统

降压管道供气系统适用于气动设备有多种压力要求，但用气量都不大的情况。应根据最高供气压力设计管道供气系统，气动装置需要的低压利用减压阀降压得到。

(3) 管道供气与瓶装供气相结合的供气系统

管道供气与瓶装供气相结合的供气系统适用于大多数气动装置使用低压空气的情况，部分气动装置需用气量不大的高压空气的情况。应根据对低压空气的要求设计管道供气系统，而气量不大的高压空气采用气瓶供气方式来解决。

2. 按供气的空气质量考虑

根据各气动装置对空气质量的不同要求，分别设计成一般供气系统和清洁供气系统。若一般供气量不大，为了减少投资，可用清洁供气代替。若清洁供气系统的用气量不大，可单独设置小型净化干燥装置解决。

3. 按供气可靠性和经济性考虑

(1) 单树枝状管网供气系统

图 3-10 (a) 所示为单树枝状管网供气系统。这种供气系统简单、经济性好，多用于间断供气。阀门Ⅰ、Ⅱ串联在一起是考虑经常使用的阀门Ⅱ万一不能关闭，可关闭阀门Ⅰ。

(2) 单环状管网供气系统

图 3-10 (b) 所示为单环状管网供气系统。这种系统供气可靠性高，压力较稳定。当支管上有一阀门损坏需检修时，将环形管道上的两侧阀门关闭，整个系统仍能继续供气。该系统投资较高，冷凝水会流向各个方向，故应设置较多的自动排水器。

(3) 双树枝状管网供气系统

图 3-10 (c) 所示为双树枝状管网供气系统。这种系统能保证所有气动装置不间断供气，它实际上相当于两套单树枝状管道网供气系统。

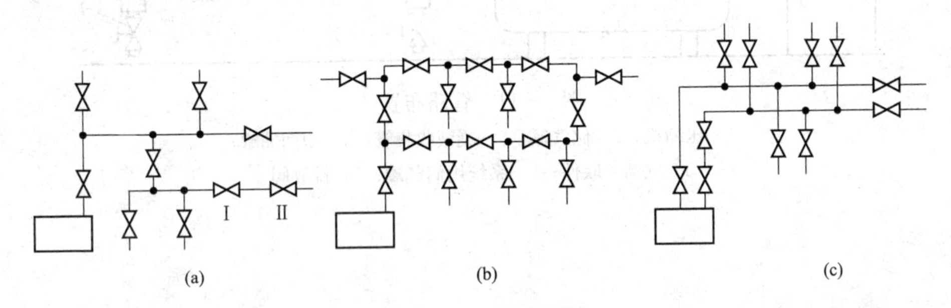

图 3-10 管路系统

(a) 单树枝状管网供气系统；(b) 单环状管网供气系统；(c) 双树枝状管网供气系统

3-10 气动管道布置应注意哪些事项?

气动管道布置时应注意以下事项：

① 供气管道应按现场实际情况布置，尽量与其他管线（如水管、煤气管、暖气管等）、电线等统一协调布置。

② 管道进入用气车间，应根据气动装置对空气质量的要求，设置配气容器、截止阀、气动三联件等。

③ 车间内部压缩空气主干管道应沿墙或柱子架空铺设，其高度不应妨碍运行，又便于检修。管长超过 5m，顺气流方向管道向下坡度为 1%～3%。为避免长管道产生挠度，应在适当部位安装托架。管道支撑不得与管道焊接。

④ 沿墙或柱子接出的分支管必须在主干管上部采用大角度拐弯后再向下引出。支管沿墙或柱子离地面 1.2～1.5m 处接一气源分配器，并在分配器两侧接分支管或管接头，以便用软管接到气动装置上使用。在主干管及支管的最低点，设置集水罐，集水罐下部设置排水器，以排放污水。

⑤ 为便于调整、不停气维修和更换元件，应设置必要的旁通回路和截止阀。

⑥ 管道装配前，管道、接头和元件内的流道必须清洗干净，不得有毛刺、铁屑、氧化皮等异物。

⑦ 使用钢管时，一定要选用表面镀锌的管子。

⑧ 在管路中容易积聚冷凝水的部位，如倾斜管末端、分支管下垂部、储气罐的底部、凹形管道部位等，必须设置冷凝水的排放口或自动排水器。

⑨ 主管道入口处应设置主过滤器。从分支管至各气动装置的供气都应设置独立的过滤、减压或油雾装置。

典型管路布置如图 3 - 11 所示。

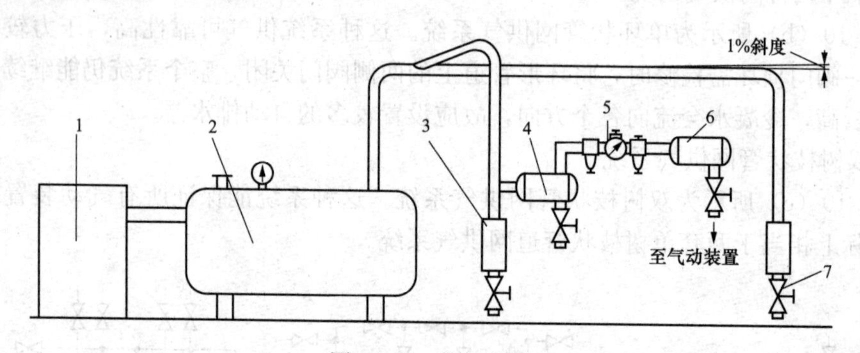

图 3 - 11　管路布置

1—压缩机；2—储气罐；3—凝液收集管；4—中间储罐；

5—气动三联件；6—系统用储气罐；7—排放阀

液压泵与空气压缩机

4-1 如何使用外啮合齿轮泵?

① 齿轮泵的吸油高度一般不得大于500mm。

② 齿轮泵应通过挠性联轴器直接与电动机连接，一般不可刚性连接或通过齿轮副或带轮机构与动力源连接，以免单边受力传力，容易造成齿轮泵泵轴弯曲、单边磨损和泵轴油封失效。

③ 应限制齿轮泵的极限转速。转速不能过高或过低。转速过高，油液来不及充满整个齿间空隙，会产生空穴现象，出现噪声和振动；转速过低，不能使泵形成必要的真空度，造成吸油不畅。目前国产齿轮泵的驱动转速在300～1450r/min的范围，具体情况参考齿轮泵的使用说明书。

④ CB-B型齿轮泵和其他一些齿轮泵多为单向泵，只能往一个固定方向旋转使用，反向使用时则不能上油，并往往使泵油封翻转冲破，为此在使用时一定特别注意。否则换一台新泵油封刚一运转便被翻转冲破。如果需要反向或双向回转，要专门订货。

4-2 外啮合齿轮泵产生噪声的原因有哪些?如何排除?(以CB-B型齿轮泵为例)

齿轮泵的噪声来源主要有：流量脉动产生的噪声、困油产生的噪声、齿形精度差产生的噪声、空气进入产生的噪声、轴承旋转不均匀产生的噪声等。具体原因主要如下。

1. 因密封不严吸进空气产生的噪声

① 压盖与泵盖因配合不好而进气。CB-B型齿轮泵使用的压盖目前有铸铁件、粉末冶金件和塑料件等，当因加工误差不能保证压盖外圆与泵盖孔合适的配合关系时，或者因塑料压盖破损时，空气就会进入。此时应换上合格的压盖。对于泵盖与塑料压盖处的泄漏，可采用涂敷环氧树脂等黏结剂进行密封。

② 从泵体与前后盖结合面处进气。泵体与前后盖之间靠用螺钉压紧的平面密封因是硬性接触，若接触平面加工不良导致平面度及表面粗糙度不好，气体容易进入。可拆开泵研磨泵体泵盖结合平面解决。当泵体或泵盖的平面度问题严重时，可以在平面磨床上磨削，同时还需要保证其平面与孔的垂直度要求。

③ 从泵后盖进油口(锥管螺纹)连接处进气。若锥管螺纹接头因配合不好管接头松动或因管接头处密封不好，有可能造成进气。此时可采用在管接头上缠绕一层聚四氟乙烯带密封、拧紧管接头或者更换合格的管接头予以解决。

④ 从泵轴油封处进气。泵轴上采用骨架式油封密封，当装配时卡紧唇部的弹簧脱落或

者油封装反，以及因使用造成唇部拉伤或者老化破损时，因油封后端经常处于负压状态，空气便会进气到泵内，一般可更换新油封予以解决。

⑤ 油箱内油量不够，过滤器或吸油管未插入油面以下，液压泵便会吸进空气，此时应往油箱补充油液至油标线。

⑥ 回油管露出油面，有时也会因系统内瞬间负压使空气反灌进入系统。所以回油管一般应插入油面以下。

⑦ 液压泵的安装位置距液面太高，特别是在泵转速降低时，不能保证泵吸油腔必要的真空度，造成吸油不足而吸进空气。但泵吸油时，真空度不能太大。当泵吸油腔内的压力低于该油液在该温度下的气体分离压时，空气便会析出；当泵吸油腔内的压力低于油液的饱和蒸汽压时，就会形成气穴现象，产生噪声与振动。

⑧ 吸油过滤器被污物堵塞或设计选用过滤器的容量过小，导致吸油阻力增大而吸进空气。另外进出油口通径过大有可能带进空气，此时可清洗过滤器。选用大容量的过滤器，并适当减小进出油口的通径加以排除。

2. 因机械方面产生的噪声及排除

① 因油中污物进入泵内导致齿轮等磨损、拉伤而产生的噪声。此时应更换油液并加强过滤，拆开泵清洗，齿轮磨损严重应研修或予以更换。

② 因泵与电动机连接的联轴器安装不同心，有碰擦现象而产生的噪声。出现此情况，一般除了要采用挠性连接外，在使用中如果发现联轴器的滚柱、橡皮圈损坏时应更新，并保证二者的同心度。

③ 因齿轮加工质量问题产生的噪声。如齿轮的齿形误差和周节误差大、两齿轮的接触不良、齿面表面粗糙度不好、公法线长度超差、齿侧隙过小、两啮合齿轮的接触区不在齿宽和齿高的中间位置等属于齿轮加工质量问题。此时作为齿轮泵生产厂家，可调换合格齿轮。作为用户单位则可对研齿轮。目前，大多液压件厂均采用修正齿轮作为齿轮泵，可降低噪声。

④ 因齿轮内孔与端面不垂直或前后盖上两泵轴轴承孔轴心线不平行，装配总成后两齿轮轴（上、短轴）斜交，造成齿轮转动不灵活，有轻重不均现象，齿轮泵运转时会产生周期性的振动和噪声。液压件生产厂应从工艺上确保齿轮、长短轴、前后盖轴承孔的垂直度和轴孔的平行度，不合格者不允许进入总装。

⑤泵内零件损坏或磨损产生的噪声。如轴承的滚针保持架破损、长短轴轴颈及滚针磨损等，导致轴承的旋转精度不好，产生径向不平衡力，从而产生机械噪声。此时需拆修齿轮泵，更换滚针轴承。

3. 困油现象产生的噪声

对齿轮泵消除困油现象产生的振动和噪声，主要是设计生产厂家应该设计加工理想的卸荷槽，使得困油空间到达最小位置时和排油腔相通，过了最小位置后和吸油腔相通，这样既可以消除困油现象，也可以减小噪声和振动。

4. 其他原因产生的噪声

① 进油过滤器被污物堵塞是常见的噪声大的原因之一，往往清洗过滤器后噪声可立即降下来。

② 油液黏度过高也会产生噪声，必须合理选择油液黏度。

③ 过大的海拔和过高的泵转速，造成泵进口真空度过大，导致噪声，必须作出合理选择。

④ 进出油口通径太大，也是噪声大的原因之一。经验证明，适当减小进出口通径，对降低噪声有较明显效果。

⑤ 齿轮泵轴轴向装配间隙过小，齿形上有毛刺。此时可研磨齿轮端面，适当加大轴向间隙，并清除齿形上的毛刺。

⑥ 溢流阀的噪声，误认为是油泵的噪声。出现此问题可参考溢流阀故障诊断的内容予以处置。

4-3　外啮合齿轮泵内外泄漏大、容积效率低的原因有哪些？如何排除？

CB型齿轮泵存在着较为严重的内泄漏，导致泵的容积效率下降。概括起来看，其内泄漏主要出现在以下三个部位：齿轮的端面泄漏、齿轮的径向泄漏和齿轮的啮合区泄漏。其中，内泄漏量最大的部位是齿轮的端面间隙所引起的端面泄漏。据实验统计，经齿轮的两端面所造成的泄漏量可占泵总内泄漏量的75%～80%，其根本原因是这部分泄漏的面积大，泄漏途径短。齿轮与端盖间的间隙越大，内泄漏量就越大，而过小的端部间隙又容易造成齿轮工作受热膨胀后挤死在两端盖之间，所以齿轮的轴向间隙与内泄漏是一对不可避免的结构矛盾。

齿轮的径向泄漏是指齿轮的齿顶与壳体内腔之间留有较大的径向间隙，它也是为防止齿体受热膨胀而预留出的膨胀空间。齿轮径向间隙的存在降低了各齿间的各个密封容积的相互密封的程度，但由于从压力腔到吸油腔，压力是逐渐递减的。泄漏的油液要经过多个密封的齿间才能到达吸油腔，再加上齿轮高速旋转的带动，能够泄漏到吸油腔的径向泄漏量所剩无几，一般情况下这一部分泄漏量只占泵总泄漏量的15%左右。

齿轮的啮合区泄漏是指高压区的油液通过齿的啮合面强行窜入到低压区，这往往是由于齿形误差和牙齿啮合的偏载所致，这部分泄漏量一般占到泵总泄漏量的5%左右。

对以上泄漏问题解决的基本思路是：严格控制齿轮泵各部分的配合间隙，保证齿轮和轴承的制造和装配精度，防止过大的间隙与偏载。但是，采用较严格的小间隙只能够解决新泵的端面泄漏，随着泵的使用和磨损，其端面间隙仍会很快增大。为提高齿轮泵的工作压力，减小端面的泄漏，有些泵采用齿轮端面间隙自动补偿的方法，利用压力油或者弹簧力减小或消除两齿轮的端面间隙。

如图4-1所示，在两齿轮的左、右两端分别设置了浮动轴套1和2，并利用特制的通道把泵内压油腔的压力油引导到浮动轴套1和2的外侧，借助于液压作用力，使两轴套压向齿轮端面，使轴套始终自动贴紧齿轮端面［见图4-2(b)、(c)］，从而减小了泵内齿轮端面的泄漏，达到减少泄漏、提高压力的目的。

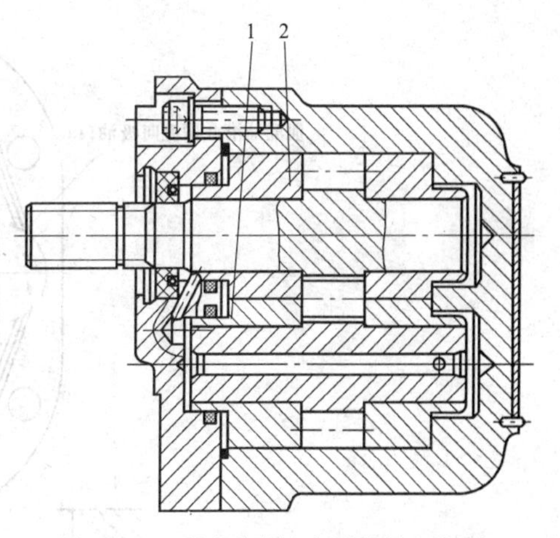

图4-1　采用浮动轴套消除端面间隙

1、2—浮动轴套

也有部分齿轮泵采用弹簧力压紧浮动轴套，

如图 4-2 (a) 所示。

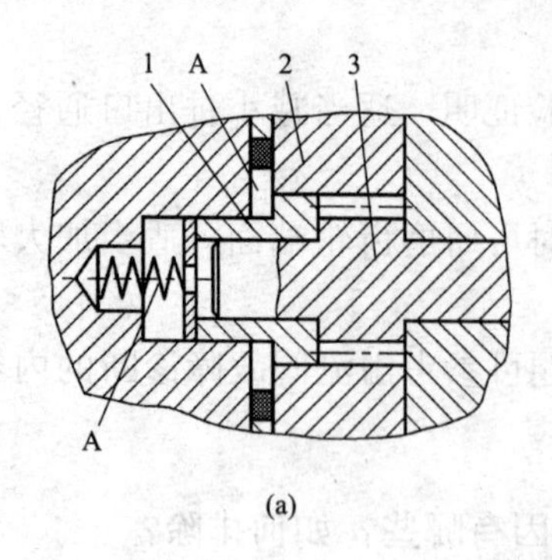

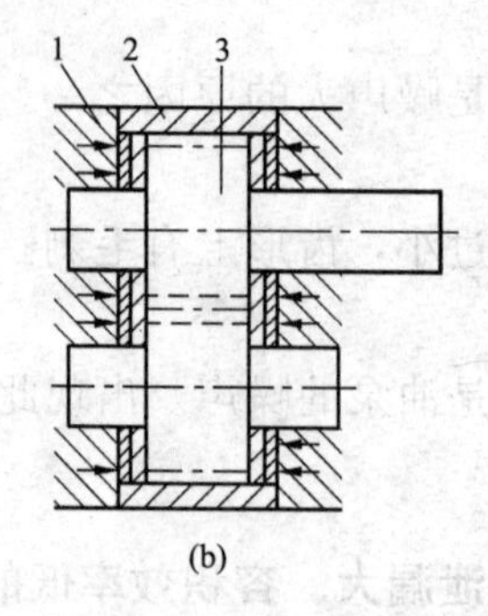

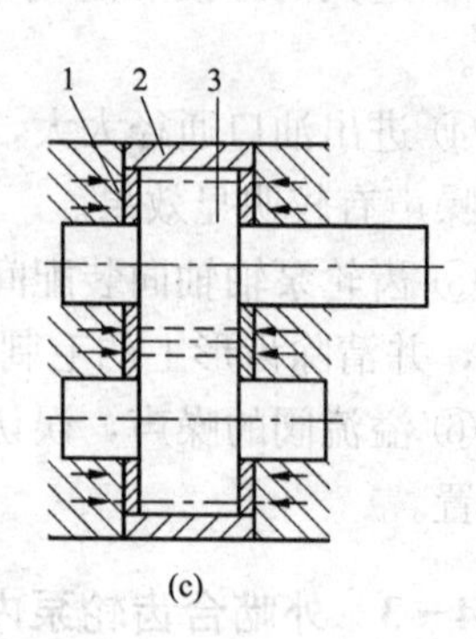

图 4-2　齿轮的端面间隙补偿装置

1—浮动轴套；2—泵体；3—齿轮

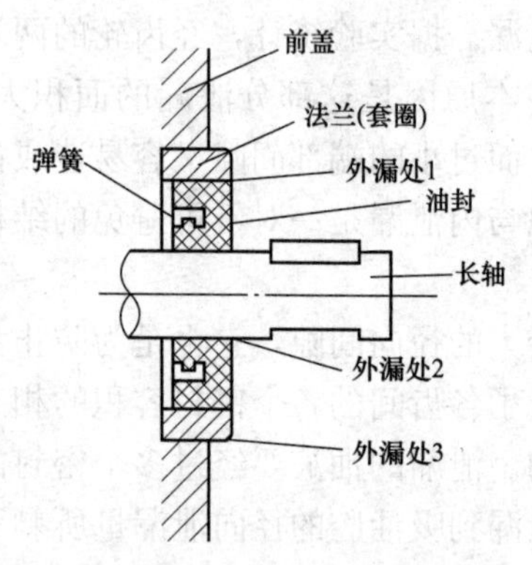

图 4-3　CB-B 型齿轮泵的漏油位置

对于 CB-B 型齿轮泵来说，所有的漏气位置往往均是漏油的位置，如图 4-3 所示。其产生原因和排除方法如下：

① 泵轴法兰油封处漏油（见图 4-3）。产生这一漏油原因是：

a. 油封与法兰配合过松（外漏处 1）。

b. 法兰与前盖配合过松（外漏处 3）。

c. 油封弹簧脱落或油封密封唇部拉伤（外漏处 2）。

d. 法兰加工误差过大，内孔与外圆不同心，使油封装配时单边。除了保证法兰加工精度与过盈外，装配时要用专门导向工具打入油封，防止弹簧脱落。

② 压盖尺寸过厚或压盖压入泵盖太深，盖住了前后盖的泄油通道，通过内流道泄往进油口，造成油封前腔困油，压力增高，冲翻密封圈。发现这种情况应将压盖敲出重配。

③ 泵体上的卸油槽 e 未完全开通，或者卸荷槽 e 被污物堵塞（见图 4-4），容易从图中

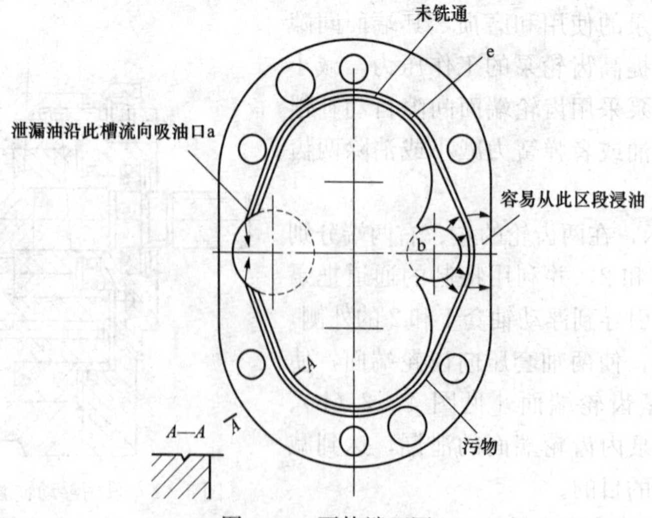

图 4-4　泵体端面图

靠近压油窗口区段往外浸油。加上前后盖及泵体端面的平直度和表面粗糙度不好，磨削时泵体上的a与b区域经磨削后往往下凹，也容易出现从b处往外浸油和从a处往泵内进气现象（见图4-4）。维修时可拆开泵，研磨泵体泵盖结合端面。有些齿轮泵厂家作了图4-5所示的改进，将6个螺钉增为8个，增加了CB-B型齿轮泵的紧固力，对解决从b处往外浸油和从a处往泵内进气问题有很大好处。

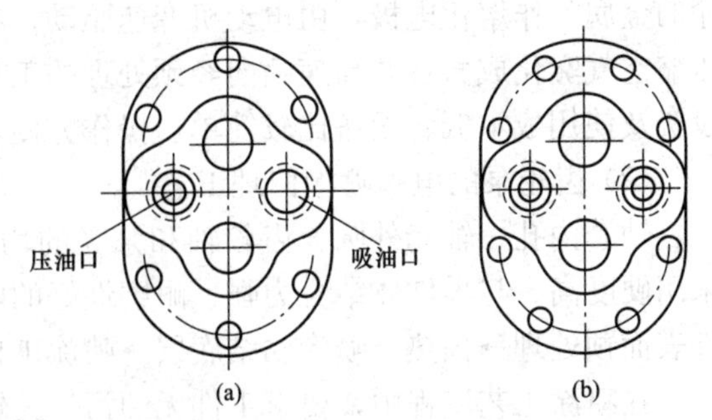

图4-5 改进后的泵体泵盖结合端面图

④ 泵体卸油槽e未铣通（见图4-4），这样不能连通进油腔，或卸油槽e深度过浅，也可能从b处往外漏油，需要重新铣通并适当加深卸油槽。

⑤ 压盖与前后盖孔配合过松，容易从结合处漏油，塑料压盖容易老化破裂而漏油。可重配铸铁件压盖压入。

5. 泵轴折断或磨损

① 因异物卡住齿轮，传动扭矩过大，折断泵轴。按泵轴图加工重新装配。

② 泵轴因材质不好或热处理不好，可能断裂。应选用40Cr材料制作泵轴，热处理硬度值为HRC52。

③ 滚针轴承烧死，泵轴磨损。应查明烧死的原因，重新配轴。

4-4 外啮合齿轮泵旋转不灵活或咬死的原因有哪些？如何排除？

① 齿轮泵轴向间隙过小。可检测泵体、齿轮，重配间隙。重配间隙时注意保证前后盖轴承孔对端面的垂直度。

② 杂质污物吸入泵内，被齿轮齿部毛刺卡住，可清洗并清除毛刺。

③ 齿轮泵装配不好，齿轮泵两销孔为加工基准而并非装配基准，当先打入销，再拧压紧螺钉便转不动。正确的方法是：首先一边转动齿轮一边拧紧螺钉，然后配钻铰销孔，最后打入销子。

④ 齿轮泵与电动机连接的联轴器同轴度差，同轴度应保证在0.1mm以内。

⑤ 前盖螺孔位置与泵体后盖通孔位置不对（位置度不好），拧紧螺钉后别劲而转不动。此时可用钻头或圆锉刀将泵体后盖孔适当修大再装配。

4-5 如何采用快速修复方法维修CB-B型齿轮泵？

CB-B型齿轮泵使用一段时间后，其性能就会下降。调查表明，齿轮泵损坏的主要形式是轴套、泵壳和齿轮的均匀磨损和划痕，均匀磨损量一般在0.02～0.50mm之间，划痕深度一般在0.05～0.50mm之间。由于受时间的限制，齿轮泵损坏后急需在短时间内修复，而且还必须考虑维修后齿轮泵的二次使用寿命以及维修成本与维修工作的现场可操作性。下面介绍快速修复方法中的电弧喷涂和粘涂技术。

1. 齿轮泵的电弧喷涂修复技术

(1) 电弧喷涂的原理及特点

电弧喷涂技术近20年来在材料、设备和应用方面发展很快，其工作原理是将两根被喷涂的金属丝作熔化电极，由电动机变速驱动，在喷枪口相交产生短路引发电弧而熔化，借助压缩空气雾化成微粒并高速喷向经预处理的工件表面，形成涂层。它具有喷涂效率高、设备投资及使用成本低、设备比较简单、操作方便灵活、便于现场施工以及安全等优点。

(2) 齿轮泵的电弧喷涂修理工艺

轴套内孔、轴套外圆、齿轮轴和泵壳的均匀磨损及划痕在0.02～0.20mm之间时，宜采用硬度高、与零件体结合力强、耐磨性好的电弧喷涂修理工艺。电弧喷涂的工艺过程：工件表面预处理→预热→喷涂黏结底层→喷涂工作层→冷却→涂层加工。

在喷涂工艺流程中，要求工件无油污、无锈蚀，表面粗糙均匀，预热温度适当，底层结合均匀牢固，工作层光滑平整，材料颗粒熔融黏结可靠，耐磨性能及耐蚀性能良好。喷涂层质量与工件表面处理方式及喷涂工艺有很大关系，因此选择合适的表面处理方式和喷涂工艺是十分重要的。此外，在喷砂和喷涂过程中要用薄铁皮或铜皮将与被喷涂表面相邻的非喷涂部分捆扎。

① 工件表面预处理。涂层与基体的结合强度与基体清洁度和表面粗糙度有关。在喷涂前，对基体表面进行清洗、脱脂和表面粗糙化等预处理是喷涂工艺中一个重要工序。首先应对喷涂部分用汽油、丙酮进行除油处理，用锉刀、细砂纸、油石将疲劳层和氧化层除掉，使其露出金属本色。然后进行粗化处理，粗化处理能提供表面压应力，增大涂层与基体的结合面积和净化表面，减小涂层冷却时的应力，缓和涂层内部应力，所以有利于黏结力的增加。喷砂是最常用的粗化工艺，砂粒以锋利、坚硬为好，可选用石英砂、金刚砂等。粗糙后的新鲜表面极易被氧化或受环境污染，因此要及时喷涂，若放置超过4h则要重新粗化处理。

② 表面预热处理。涂层与基体表面的温度差会使涂层产生收缩应力，引起涂层开裂和剥落。基体表面的预热可降低和防止上述不利影响。但预热温度不宜过高，以免引起基体表面氧化而影响涂层与基体表面的结合强度。预热温度一般为80～90℃，常用中性火焰完成。

③ 喷黏结底层。在喷涂工作涂层之前预先喷涂一薄层金属为后续涂层提供一个清洁、粗糙的表面，从而提高涂层与基体间的结合强度和抗剪强度。黏结底层材料一般选用铬铁镍合金。选择喷涂工艺参数的主要原则是提高涂层与基材的结合强度。喷涂过程中喷枪与工件的相对移动速度大于火焰移动速度，速度大小由涂层厚度、喷涂丝材送给速度、电弧功率等参数共同决定。喷枪与工件表面的距离一般为150mm左右。电弧喷涂的其他规范参数由喷涂设备和喷涂材料的特性决定。

④ 喷涂工作层。应首先用钢丝刷刷去除黏结底层表面的沉积物，然后立即喷涂工作涂层。材料为碳钢及低合金线材，使涂层有较高的耐磨性，且价格较低。涂层厚度应按工件的磨损量、加工余量及其他有关因素（直径收缩率、装夹偏差量、涂层直径不均匀量等）确定。

⑤ 冷却。喷涂后工件温升不高，一般可直接空冷。

⑥ 涂层加工。机械加工至图样要求的尺寸及规定的表面粗糙度。

2. 齿轮泵的表面粘涂修补技术

(1) 表面粘涂的原理及特点

近年来表面粘涂技术在我国设备维修中得到了广泛的应用，适用于各种材质的零件和设备的修补。表面粘涂的工作原理是将加入二硫化钼、金属粉末、陶瓷粉末和纤维等特殊填料的黏结剂，直接涂敷于材料或零件表面，使之具有耐磨、耐蚀等功能，主要用于表面强化和修复。它的工艺简单、方便灵活、安全可靠，不需要专门设备，只需将配好的黏结剂涂敷于清理好的零件表面，待固化后进行修整即可。常在室温下操作，不会使零件产生热影响和变形等。

(2) 粘涂层的涂敷工艺

轴套外圆、轴套端面贴合面、齿轮端面或泵壳内孔小面积的均匀性磨损量在0.15～0.50mm之间、划痕深度在0.2mm以上时，宜采用粘涂修补工艺。粘涂层的涂敷工艺过程：初清洗→预加工→清洗及活化处理→配制修补剂→涂敷→固化→修整、清理或后加工。

粘涂工艺虽比较简单，但实施施工要求是相当严格的，仅凭选择好的胶黏剂，还要严格地按照正确的工艺方法进行粘涂才能获得满意的粘涂效果。

① 初清洗。零件表面绝对不能有油脂、水、锈迹、尘土等。应首先用汽油、柴油或煤油清洗，然后用丙酮清洗。

② 预加工。用细砂纸打磨成一定沟槽网状，露出基体本色。

③ 清洗及活化处理。用丙酮或专门清洗剂进行，然后用喷砂、火焰或化学方法处理，提高表面活性。

④ 配制修补剂。修补剂在使用时要严格按规定的比例将本剂（A）和固化剂（B）充分混合，以颜色一致为好，并在规定的时间内用完，随用随配。

⑤ 涂敷。用修补剂先在粘修表面上薄涂一层，反复刮擦使之与零件充分浸润，然后均匀涂至规定尺寸，并留出精加工余量。涂敷中尽可能朝一个方向移动，往复涂敷会将空气包裹于胶内形成气泡或气孔。

⑥ 固化。用涂有脱模剂的钢板压在工件上，一般室温固化需24h，加温固化（约80℃）需2～3h。

⑦ 修整、清理或后加工。进行精镗或用什锦锉、细砂纸、油石将粘修面精加工至所需尺寸。

4-6　装配外啮合齿轮泵应注意哪些事项？

修理后的齿轮泵在装配时应注意下述事项：

① 用去毛刺的方法清除各零件上的毛刺。齿轮锐边用天然油石倒钝，但不能倒成圆角，经平磨的零件要退磁。所有零件经煤油清洗后方可投入装配。

② CB-B型齿轮泵的轴向间隙由齿轮与泵体直接控制，泵体厚度一般比齿宽0.02～0.03mm，安装时一般不允许在泵体与前后盖之间添加纸垫，否则就会引起轴向间隙过大，容积效率降低。轴向间隙过小容易发热，机械效率降低。

③ CB-B型齿轮泵前盖上装在长轴上的油封，其外端面与法兰应平齐，不可打入太深，以免堵塞泄油通道，造成困油，导致油封处漏油。

④ CB-B型齿轮泵两定位销孔，一般生产厂家作为加工工艺基准用。用户在齿轮泵维修装配时，如果在泵体、前后盖3个零件上先打入定位销，再拧紧6个压紧螺钉，往往会出现齿轮转不动的问题。正确的方法是先对角交叉地拧紧6个压紧螺钉，一面用手转动长轴，若无轻重不一，转动灵活后，再配铰两销孔，打入定位销。

⑤ CB-B型齿轮泵泵体容易装反，必须特别注意，否则吸不上油，也容易将骨架油封

冲翻。

⑥ 滚针轴承的滚针直径公差不能超过0.003mm，长度公差为0.1mm，滚针必须如数装满轴承座圈。最好购入整套外购件，或采用铜套加工的轴承。

⑦ 齿轮泵装配后，有条件的可在台架上按规定的技术标准要求进行试验，如无条件也一定要在主机上进行有关试验，方可投入使用。

4-7 内啮合齿轮泵的常见故障有哪些？其故障原因是什么？如何排除？

1. 压力波动大

① 泵体与前后盖因加工不好，偏心距误差大，或者外转子与泵体配合间隙太大。此时应检查偏心距，并保证偏心距误差在±0.02mm 的范围内。外转子与泵体配合间隙应在0.04～0.06mm 的范围内。

② 内外转子（摆线齿轮）的齿形精度差。内外摆线齿轮大多采用粉末冶金用模具压制而成，模具及其他方面的原因会影响到摆线齿轮轮的齿形精度等。用户可对其对研修正。损坏严重的必须更换。

③ 内外转子的径向及端面跳动大。修正内外转子，使各项精度达到技术要求。

④ 内外转子的齿侧隙偏大。更换内外转子，保证侧隙在 0.07mm 以内。

⑤ 泵内混入空气。排除系统的空气，采取防止空气从泵吸油管路进入泵内的措施。

2. 吸不上油或吸油不足

① 内转子不转动。检查油泵驱动系统蜗杆、蜗轮或齿轮、内转子紧固螺钉或定位销是否松动，以及蜗轮与主轴蜗杆啮合是否正常。

② 内转子的旋转方向与原动机不符导致进出油口对调。确认机器是否按工作方向旋转。

③ 出油口管路堵塞。检查出油口油管是否有弯折或破损等堵塞。

④ 进油口滤网堵塞。清洗滤网，除去堵塞物。

⑤ 内外转子磨损严重导致封闭腔无法形成。更换内外转子。

⑥ 进油管端面与油槽底面接触导致进油不畅。保证进油管端面与油槽底面有一定的距离，使进油顺畅。

⑦ 从泵的吸入口处吸入空气。确保泵吸入通道各连接件紧密连接不得漏气，且吸入口浸没在一定深度的油液中。

⑧ 油箱中油面过低。保证油箱中油面至一定高度。

3. 压力升不高

① 从泵的吸入口处吸入空气。确保泵吸入通道各连接件紧密连接不得漏气，且吸入口浸没在一定深度的油液中。

② 内转子转速太低。检查主轴到内转子动力传递连接是否有松动或滑移。

③ 吸油口部分堵塞。检查吸油口面积是否足够有效。

④ 蜗轮、蜗杆或齿轮啮合状态不好，时好时差，导致内转子速度时高时低。检查液压泵驱动系统蜗杆、蜗轮或齿轮、内转子紧固螺钉或定位销是否松动，以及蜗轮与主轴蜗杆啮合是否正常。

4. 摆线转子泵噪声太大

① 油面过低吸入空气，或过滤网局部堵塞导致吸油不足。加油或清洗过滤网，使吸油

顺畅。

② 零件磨损严重。更换新泵或磨损严重的零件。

③ 泵动力传递啮合点位置发生了改变。在调整时，注意保持机器传动齿轮原有的啮合点。

5. 摆线转子泵外渗油

① 泵体紧固螺钉或接头松动。拧紧螺钉或接头。

② 密封件损坏。更换密封件。

③ 出油口法兰密封不良。清除污物、毛刺，重新安装。

④泵体、泵盖等变形或破损。修复或更换摆线转子油泵。

4-8　如何使用内啮合齿轮泵?

① BB-B型摆线泵的流量、压力、泵轴及连接安装参数与CB-B型齿轮泵相对应，二者互换和通用。

② BB-B型摆线泵采用外泄漏的结构，使用时要确保泄油通路畅通，泄油管要直接单独引回油箱。

4-9　螺杆泵的常见故障有哪些？其故障原因是什么？如何排除？

1. 输出流量不够，压力上不去

(1) 产生原因

① 主动螺杆外圆与泵体孔的配合间隙 δ_1 因磨损增大。

② 从动螺杆外圆与泵体孔的配合间隙 δ_2 因加工不好或使用磨损增大，如图4-6所示。

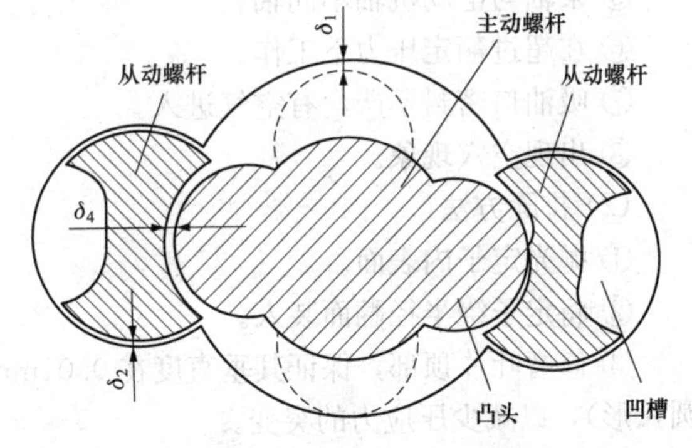

图4-6　螺杆泵的螺杆外圆与泵体孔横截面图

③ 主动螺杆凸头与从动螺杆凹槽共轭齿廓啮合线的啮合间隙因加工不好或使用磨损间隙增大，严重影响输出流量的大小。

④ 主动螺杆顶圆与从动螺杆根圆、从动螺杆外圆与主动螺杆根圆啮合线的啮合间隙不符合要求。

⑤ 三根螺杆啮合中心与泵体三孔中心存在偏差，从而使三根螺杆在泵体三孔内的啮合处于不对称状态，即一边啮合紧一边啮合松，紧的一边啮合型面咬死，而松的一边则泄漏明显增大。

⑥ 其他原因：电动机转速不够（因功率选得不够）、吸油不畅（如过滤器堵塞、油箱中油液不足、进油管漏气等）。

(2) 排除方法

① 采用电刷镀的方法保证主动螺杆外圆与泵体孔的配合间隙一定在0.03~0.05mm以内。

② 采用电刷镀的方法保证从动螺杆外圆与泵体孔的配合间隙一定在0.03~0.05mm以内，或者换新。

③ 用三根螺杆对研跑合的方法提高螺杆齿形精度，并保证三根螺杆啮合开档尺寸在规

定的公差范围内。

④ 采用电刷镀的方法保证三根螺杆啮合开档尺寸在规定的公差范围内。

⑤ 泵体三孔中心对称度应在0.02mm以内，并且将泵体的主动螺杆孔研到上偏差(H7)主动螺杆外圆(g6)做成下偏差，这样主动螺杆与泵体孔的配合间隙保证在0.03～0.05mm的范围，这样可使主动螺杆在泵体孔内自由校正与两从动螺杆的啮合间隙达到对称，即不会产生一边啮合紧一边啮合松而漏油严重，从而造成流量不够的现象。

⑥ 清洗过滤器，防止吸空。若电动机功率不足应加大功率。

2. 油封漏油

产生原因与排除方法参考内啮合齿轮泵的故障及排除。

4-10 叶片泵的常见故障有哪些？其故障原因是什么？如何排除？

叶片泵在工作时，抗油液污染能力差，叶片与转子槽配合精度也较高，因此故障较多。叶片泵常见故障产生的原因分析及排除方法如下。

1. 叶片泵噪声大

(1) 原因分析

① 定子内表面拉毛。

② 吸油区定子过渡表面轻度磨损。

③ 叶片顶部与侧部不垂直或顶部倒角太小。

④ 配油盘压油窗口上的三角槽堵塞或太短、太浅，引起困油现象。

⑤ 泵轴与电动机轴不同轴。

⑥ 在超过额定压力下工作。

⑦ 吸油口密封不严，有空气进入。

⑧ 出现空穴现象。

(2) 排除方法

① 抛光定子内表面。

② 将定子绕半径翻面装入。

③ 修磨叶片顶部，保证其垂直度在0.01mm以内；将叶片顶部倒角成1×45°（或磨成圆弧形），以减少压应力的突变。

④ 清洗（或用整形锉修整）三角槽，以消除困油现象。

⑤ 调整联轴器，使同轴度小于ϕ0.01mm。

⑥ 检查工作压力，调整溢流阀。

⑦ 用涂脂法检查，拆卸吸油管接头，然后清洗干净，涂密封胶装上拧紧。

⑧ 检查吸油管、油箱、过滤器、油位及油液黏度等，排除气穴现象。

2. 叶片泵的容积效率低、压力提不高

(1) 原因分析

① 个别叶片在转子槽内移动不灵活，甚至卡住。

② 叶片装反。

③ 定子内表面与叶片顶部接触不良。

④ 叶片与转子叶片槽配合间隙过大。

⑤ 配油盘端面磨损。

⑥ 油液黏度过大或过小。

⑦ 电动机转速过低，离心力无法使叶片从转子槽中抛出，形不成可变化的密封空间。

⑧ 吸油口密封不严，有空气进入。

⑨ 出现空穴现象。

(2) 排除方法

① 检查配合间隙（一般为0.01～0.02mm），若配合间隙过小应单槽研配。

② 纠正装配方向。

③ 修磨工作面（或更换配油盘）。

④ 根据转子叶片槽单配叶片，保证配合间隙。

⑤ 修磨配油盘端面（或更换配油盘）。

⑥ 测定油液黏度，按说明书选用油液。

⑦ 检查转速，排除故障根源。一般叶片泵转速低于500r/min时，吸不上油。但转速高于1500r/min时，也吸不上油。

⑧ 用涂脂法检查，拆卸吸油管接头，清洗干净，涂密封胶装上拧紧。

⑨ 检查吸油管、油箱、过滤器、油位及油液黏度等，排除气穴现象。

3. 油温高，异常发热

(1) 原因分析

① 因装配尺寸链不正确，导致滑动配合的间隙过小，使表面拉毛或转动不灵活，从而在工作时产生的摩擦阻力过大和转动扭矩大而发热。

② 各滑动配合面的间隙过大，或因磨损后内泄漏过大，压力和流量损失变成热能。

③ 电动机轴与泵轴安装不同心而发热。

④ 泵长时间在接近或超过额定压力的工况下工作，或因压力控制阀有故障，不能卸荷而发热导致温度升高。

⑤ 油箱回油管与吸油管靠得太近，回油来不及冷却又马上吸进泵内导致温度升高。

⑥ 油箱油量不足或油箱设计容量过小，或冷却器冷却水量不够。

⑦ 环境温度过高。

(2) 排除方法

① 当出现装配尺寸链不正确时，可拆开重新去毛刺抛光并保证配合间隙，重新装配。若有关零件磨损严重，必须更换。

② 检查各滑动配合面的间隙是否合乎要求，若因磨损后内泄漏过大，应及时修复或更换相应零件。

③ 检查并校正电动机轴与泵轴安装同心度。

④ 避免泵长时间在接近或超过额定压力的工况下工作。若压力控制阀有故障，应及时检查并排除。

⑤ 检查并调节油箱回油管与吸油管位置。

⑥ 检查并添加液压油至规定位置或更换重新设计的大容量油箱，检查冷却器冷却水量并按要求添加冷却水。

⑦ 缩短在高温环境工作的时间。

4. 压力波动大

① 噪声大的原因往往是压力波动大的原因。

② 限压式变量叶片泵的调压弹簧弯曲变形或太软，必须更换合格的弹簧。

③ 其他阀不正常（如溢流阀）均能引起压力波动。

5. 外泄漏

(1) 从油封（泵轴）外漏

油封未装好，如密封唇部卡紧弹簧脱落，装入时被轴头毛刺刮伤，使用中因污物拉伤或泵轴磨损等造成泄漏，或因油封处的油液因泄漏受阻压力突然升高，冲破油封（属低压密封圈）而产生泄漏。对此，除了注意油封处的加工装配质量（例如泵轴与电动机连接处的同心度控制）外，还要注意疏通油封处的泄油通道，避免此处困油时压力升高而导致油封冲破。另外，国外已经研制密封压力可达 20MPa 左右的油封，可酌情选用。

值得一提的是：YB 型叶片泵的泵轴油封安装方向实际上是不对的，YB_1 型叶片泵的泵轴油封则作了安装方向的改进，靠轴承的一个油封用来防止油液的外渗漏，靠轴头的一个油封用来防止液压泵吸入空气。换言之 YB 型叶片泵的泵轴油封处向外泄漏油和进气是必然的，必须予以纠正。

(2) 泵体泵盖结合面的漏油

YB 型叶片泵的右泵体与泵盖之间靠纸垫密封，容易泄漏；而 YB_1 型叶片泵的右泵体与泵盖之间改为 O 形密封圈，使密封的可靠性得到明显提高。

(3) 左右泵体结合面处的外漏

可检查相应的 O 形密封圈的沟槽质量及 O 形密封圈的破损情况，对症处理；另外，还需检查压紧螺钉拧紧的情况。

6. 短期内叶片泵严重磨损和烧坏

(1) 定子内表面和叶片头部严重磨损

定子内表面和叶片头部严重磨损是导致叶片泵寿命短的主要原因。YB 型叶片泵的定子采用 GCr15 作材料，对于小流量的叶片泵尚可，但对于大流量的叶片泵则由于定子和叶片的相对运动速度比较高，甚至在运转几小时后，定子内表面就被刮毛。这时如果仔细拆开液压泵，取出叶片，在强光下可以看到有丝状物粘在 W18Cr4V 材料的叶片头部。此时可将定子改为 38CrMoAlA 并经氮化至 HV900，定子和叶片的磨损情况有很大改善。

(2) 转子断裂

转子断裂常发生在液压泵叶片槽的根部。造成转子断裂的原因有：转子采用 40Cr 材料，这种材料淬透性较好，淬火时转子的表面和心部均被淬硬，受到冲击载荷时容易断裂；叶片根部小孔之间的危险断面受力较大，又经常由于加工不良造成应力集中，特别是有些厂家采用先铣叶片槽、后钻叶片槽根部圆孔的工艺，情况更差；另外，异物被吸入泵内，将转子别断，有时出现（YB 型叶片泵）泵轴左端滚针轴承端部压环脱开，轴承滚针就经常被吸入泵内，造成转子断裂。

此时可采取下述措施：将转子材料由 40Cr 淬火 HRC52 改为 20Cr 渗碳淬火，可大大提高转子的抗冲击韧性，一般不会出现断裂现象；适当缩小叶片根部小孔直径并适当放大叶片槽根部小孔的分布圆直径，以加大危险断面的强度；坚持先钻叶片根部小孔、后铣叶片槽的工艺，避免应力集中；防止异物吸入泵内；改滚针轴承为滚珠轴承（YB_1 型叶片泵）。

(3) 叶片泵运转条件差

如叶片泵长期在超载、高温、有腐蚀气体、漏油漏水、液压油氧化变质等条件下工作，易发生异常磨损和气蚀性磨损。此时只要改变叶片泵的工作条件方能奏效。

(4) 拆修后叶片泵装配不良

如转子与泵体轴向厚度尺寸相差过小，强行装配压紧螺钉，在泵不能用手灵活转动的情况下便往主机上装，短时间内叶片泵便会烧毁。所以拆修时应参阅叶片泵的工作原理和结构图，把握好彼此之间的尺寸间隙，仔细清洗，认真装配，转动灵活后方可装到主机上。

(5) 泵轴断裂破损

① 污物进入泵内，卡入转子和定子、转子与配油盘（又称配流盘）等相对运动滑动面之间，使泵轴传递扭矩过大而断裂，因而应严防污物进入泵内。

②泵轴材质选错，热处理又不好，造成泵轴断裂。另外 YB 型叶片泵设计用 40Cr 制作泵轴，轴端与滚针轴承配合处进行局部淬火，这有两个问题，一是选用的滚针轴承是无内圈轴承，要求轴与轴承配合处淬硬到 HRC61，而 40Cr 是局部淬火达不到这么高的硬度，因而泵轴磨损加剧，间隙增大摇动别劲断裂；二是泵轴局部淬火，导致泵轴花键部分变形，使转子与花键轴的配合关系变坏，从而引起配油盘易刮毛、液压泵容易烧死等故障，将轴承改为滚珠轴承，轴便不需局部淬火改为调质处理，可克服上述弊端（YB_1 型叶片泵）。

③ 系统内其他阀类元件，例如溢流阀动作失灵，系统产生异常高压，如果没有其他安全保护措施，使泵超载而断轴。发生这种情况，应排除系统产生异常高压的故障，必要时对泵的液压系统改进，增加安全保护措施。

值得一提的是：YB_1 型叶片泵不仅将泵轴左端的滚针轴承改为滚珠轴承，而且将支撑轴承的位置从配油盘移至左泵体上，使左轴承的同心度得到保证，从而对防止泵轴断裂、降低泵压力脉动和噪声等起到了很好作用。

4-11　拆修后叶片泵是如何装配与使用维护的?

① 装配前首先清除零件上的毛刺，然后清洗干净，方可投入装配。

② 装配在转子槽内的叶片应移动灵活，手松开后由于油的张力叶片一般不应下掉，否则说明装配过松。定量泵配合间隙为 0.02～0.025mm，变量泵配合间隙为 0.025～0.04mm。

③ 定子和转子与配油盘的轴向间隙应保证在 0.045～0.055mm，以防止泄漏增大。

④ 叶片的长度应比转子厚度小 0.05～0.01mm。同时，叶片与转子在定子中应保持正确的装配方向，不得装错。

⑤ 注意紧固螺钉的方法：应交叉对称均匀受力，分次拧紧，并一边用手转动泵轴，保证转动灵活平稳，无轻重不一的阻滞现象。

⑥ 有条件时装好的叶片泵可在台架上按规定的技术标准要求进行试验，如此无条件也一定要在主机上进行有关试验，方可投入使用。否则必须重新修理或予以更换。

4-12　轴向柱塞泵的常见故障有哪些? 其故障原因是什么? 如何排除?

1. 不能排油或流量不足，压力偏低

(1) 原因分析

① 转向不对或进出口接反。

② 吸油管过滤器堵塞。
③ 油箱内液压油面过低。
④ 油温太高或油液黏度太低。
⑤ 配油盘与缸体之间有脏物或配油盘与缸体之间接触不良。
⑥ 配油盘与缸体结合面拉毛、拉有沟槽。
⑦ 柱塞与柱塞孔之间磨损拉伤，有轴向沟槽。
⑧ 中心弹簧损坏，柱塞不能伸出。
⑨ 吸入端漏气。
⑩ 变量泵的变量机构出现故障，使斜盘倾角固定在最小位置。
⑪ 配油盘孔未对正泵盖上安装的定位销。

(2) 排除方法

① 按泵体上标明方向旋转，检查并核对吸油口和压油口。
② 卸下过滤器仔细清洗。
③ 加注至规定刻度线。
④ 检查油温升高的原因或检查液压油质量，酌情更换。
⑤ 拆卸清洗，重新装配或检查弹簧是否失效，酌情更换。
⑥ 研磨并抛光配油盘与缸体结合面。
⑦ 若配合间隙过大，可研磨缸孔，电镀柱塞外圆并配磨。
⑧ 更换中心弹簧。
⑨ 检查拧紧管接头，加强密封。
⑩ 调整或重新装配变量活塞及变量头，使之活动自如，纠正调整误差。
⑪ 拆修装配时应认准方向，对准销孔，定位销绝对不准露出配油盘。

2. 泵不能转动

(1) 原因分析

① 柱塞因污物或油温变化太大卡死在缸体内。
② 滑履与柱塞球头卡死或滑履脱落。
③ 柱塞球头因上述原因折断。

(2) 排除方法

① 查明污染物产生原因并更换新油。
② 更换或重新装配滑履。
③ 更换柱塞。

3. 变量机构或压力补偿变量机构失灵

(1) 原因分析

① 单向阀弹簧折断。
② 斜盘与变量壳体上的轴瓦圆弧面之间磨损严重，转动不灵活。
③ 控制油管道被污物阻塞。
④ 伺服活塞或变量活塞卡死。
⑤ 伺服阀芯对差动活塞内油口遮盖量不够。
⑥ 伺服阀芯端部拉断。

（2）排除方法

① 更换弹簧。

② 磨损轻微可刮削后再装配，若严重则应更换。

③ 拆开清洗，并用压缩空气吹干净。

④ 应设法使伺服活塞或变量活塞灵活，并注意装配间隙是否合适。

⑤ 检查伺服阀芯对差动活塞内油口遮盖量并调整合适。

⑥ 更换伺服阀芯。

4. 泵噪声大和压力波动（振动）大

（1）原因分析

① 泵吸油管进空气，造成泵噪声大和压力波动（振动）大。

② 伺服活塞或变量活塞不灵活，出现偶尔或经常性的压力波动。

③ 对于变量泵，可能由于变量机构的偏角太小，使流量减少，内泄漏相对增大，因此不能连续对外供油，流量脉动引起压力脉动。

④ 柱塞球头与滑靴配合松动。

⑤ 经平磨修复的配油盘，三角槽变短，产生困油引起比较大的噪声和压力波动。

（2）排除方法

① 检查拧紧管接头，加强密封；检查排除进油处的密封不良。检查滤油器，清洗滤油器，防止滤油器堵塞。检查吸油管等处，防止由于吸油管过长、弯曲过多引起的泵吸空气和进气。

② 应设法使伺服活塞或变量活塞灵活，并注意装配间隙是否合适。如果是偶然性的压力波动，多因液压油污染太脏，污物卡住活塞所致，污物冲走又恢复正常，此时可清洗并更换液压油。如是经常性脉动，可能是配合件拉伤或别劲，此时应拆下零件研配或予以更换。

③ 检查变量泵的变量机构，此时可适当增大变量机构的偏角，消除内泄漏。

④ 检查柱塞球头与滑靴配合关系，可适当铆紧。

⑤ 仔细检查平磨修复的配油盘，要用什锦三角锉将三角槽的尺寸进行修复。

5. 泵发热油液温度升之过高

（1）原因分析

① 柱塞泵的柱塞与缸体孔、配油盘与缸体结合面之间因磨损和拉伤，导致内泄漏增大，转化为热能造成温度升高。

② 柱塞泵内的运动副严重磨损拉毛，或毛刺没有清除干净，机械摩擦大，松动别劲，产生热造成油液温度高。

③ 当柱塞泵经常在零偏心或系统工作压力低于 8MPa 下运转，使泵的漏损过小而引起泵体发热。

④ 油液黏度大、油箱容量过小、液压泵或液压系统泄漏过大等导致发热温升。

⑤ 泵轴承磨损严重，传动别劲，传动扭矩增大而发热。

（2）排除方法

① 检查并修磨柱塞泵的柱塞与缸体孔、配油盘与缸体结合面，使之密合，同时保证柱塞与缸体孔的配合间隙。

② 检查修复或更换磨损零件。

③ 在液压系统阀门的回油管分流一根支管通入与泵回油口下部的放油口内，使泵体产生强制循环冷却。

④ 当油液黏度大、油箱容量过小、液压泵或液压系统泄漏过大等导致发热温升时，可根据实际情况采取相对应措施。如选用合适黏度的液压油、重新设计或更换较大容量的油箱，检查内泄漏增大的原因并采取措施。

⑤ 检查原因，更换轴承，同时保证电动机轴与泵轴同心。

6. 液压泵泄油管漏油严重（内、外漏）

① 缸体与配油盘、柱塞与缸体孔等零件磨损，导致内泄漏增大，从泄油管漏出，可根据实际情况进行修复。

② 变量活塞或伺服活塞磨损导致泄漏，磨损严重时可电刷度后再磨削加工，或予以更换。

③ 各结合处O形密封圈失效损坏或破坏，以及缸盖螺钉松动，可更换密封圈、拧紧螺钉解决外漏。

④ 泵轴油封处外漏，可根据情况作出处置。

4-13 如何装配轴向柱塞泵？

① 装配前，应将所有待装配的零件或部件全面再检查一次，作好记录。

② 清除各个部位特别是尖角部分的毛刺。

③ 各零件在装配前应仔细清洗，谨防杂质、灰尘、污物等混进泵内各配合间的表面间，以免划伤各配合件的光洁表面。

④ 装配时勿敲打，必须敲打时不能直接用榔头敲打零件，要通过中间物（如纯铜棒）垫着。

⑤ 装配时要谨防定心弹簧的钢球脱落，可先将钢球涂抹清洁黄油，使钢球粘在弹簧内套或回程盘上，再进行装配。否则若装配时钢球落入泵内，则运转时必然将泵内其他零件打坏，使泵无法再修理，对此务必注意。

⑥ 泵体与配油盘的结合面上有一定位销，在一般情况下不要拔出。如因修磨配油盘端面拔出后，重新装配时应注意定位销对泵体上销孔的正确位置，装错则不能正常吸油。如图4-7所示，若液压泵正常运转（按A向），则定位销必须装在孔1内；若液压泵反向运转（按B向），则定位销必须装在孔2内；若需将液压泵改做成液压马达使用，则无论正传或反转，定位销必须装在孔3内。

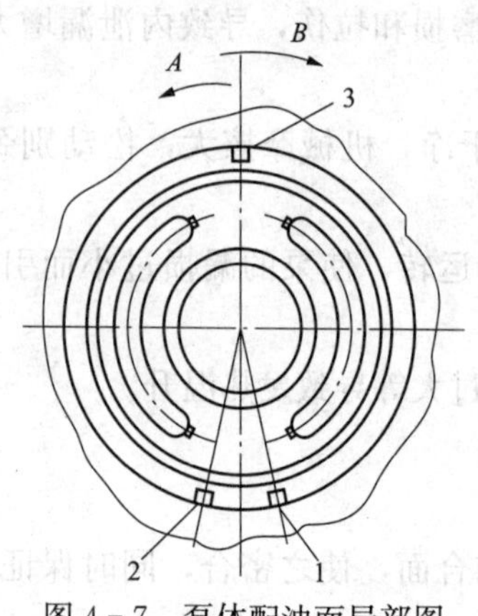

图4-7 泵体配油面局部图

⑦ 变量头装好后，应在0°～21°内调节自如，最后调定变量头斜角应为20°30′，并在粗糙度符合要求的表面上涂上一层干净的机械油。

⑧ 拧紧螺钉时，应交叉对称均匀受力，分次拧紧，并一边用手转动泵轴，保证转动灵活平稳，无轻重不一的阻滞现象。

4-14　如何安装轴向柱塞泵?

① 液压泵可用支座或法兰安装，液压泵和电动机应采用有共同的基础支座；法兰和基础支座都应具有足够的刚性，以免液压泵运转时产生振动。对于流量大于 160L/min 的液压泵，由于电动机功率大，建议不要安装在油箱上。

② 液压泵的转动轴与电动机输出轴安装时，必须保持同心度。找正方法如下：

a. 支座安装：电动机输出轴与支座安装精度和检查方法如图 4-8 所示。振摆公差≤0.10mm，半联轴器磁性千分表座安装断面对联轴器孔垂直度的原始误差≤0.10mm；驱动轴（电动机）与泵轴偏心量不得超过 0.05mm，泵轴上不能受垂直方向的力，一般应是水平安装。

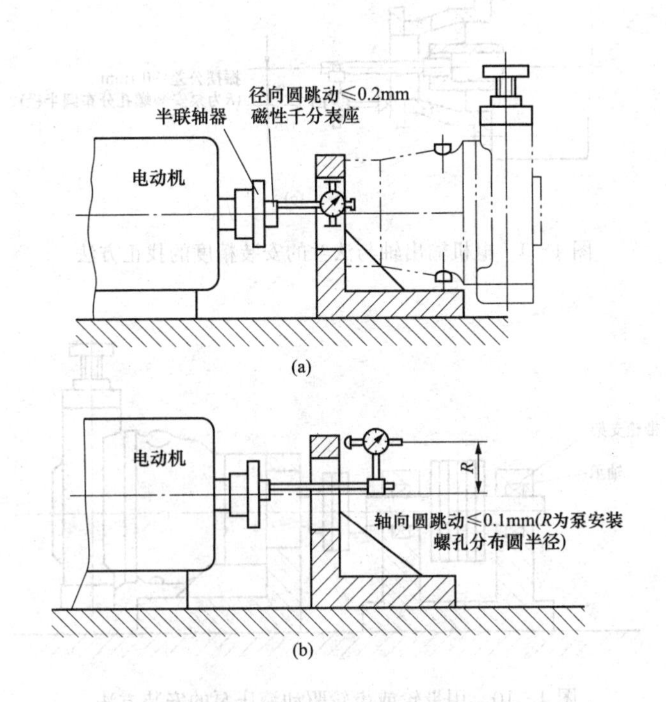

图 4-8　电动机输出轴与支座安装精度的找正方法

b. 法兰安装：液压泵与电动机采用联轴器连接，其安装精度和方法同上（支座安装）。如将泵轴直接插入原动机输出轴内，则安装精度与检查方法如图 4-9 所示。

③ 液压泵和电动机传动轴之间应尽可能采用弹性联轴器连接。由于液压泵传动轴不能承受弯曲力矩，因此严禁在液压泵轴上安装带轮或齿轮驱动液压泵。如果一定需要采用带轮或齿轮与液压泵连接，建议加一个支架来安装带轮或齿轮，如图 4-10 所示（该支座与液压泵支座安装同心度的找正方法与前述相同）。

④ 液压泵的旋转方向，按液压泵上的箭头（标牌）所示，订货时可提出要求。否则液压件生产厂按顺时针方向（从轴端看）供货。如提出要求，生产厂会按正转时用正转配油盘，反转时用反转配油盘，作液压马达时采用专用配油盘满足用户要求。

⑤ 安装时应考虑到维修方便，应使液压泵容易拆卸和调节。

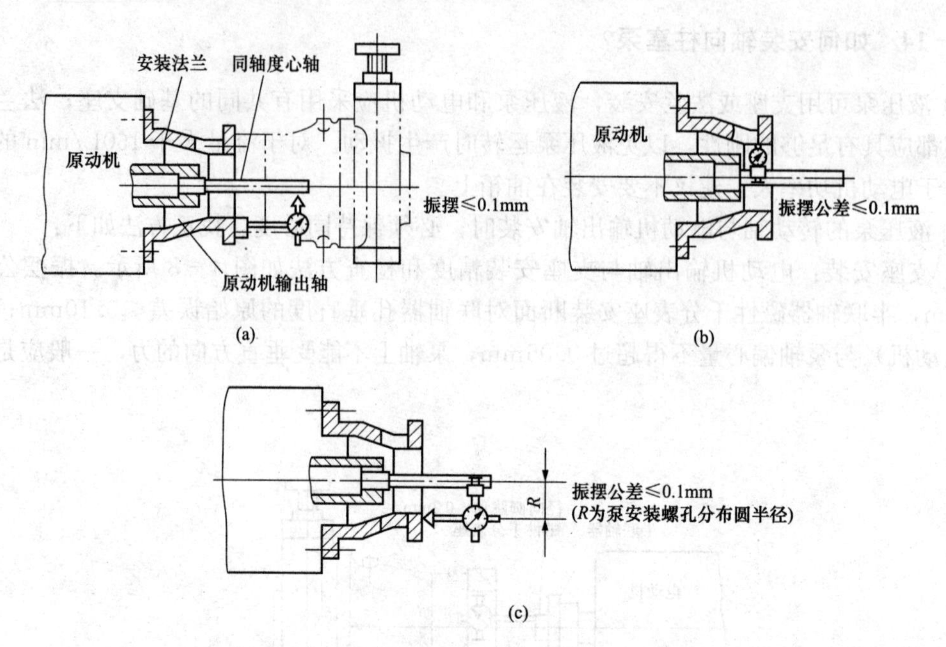

图 4－9 电机输出轴与法兰的安装精度的找正方法

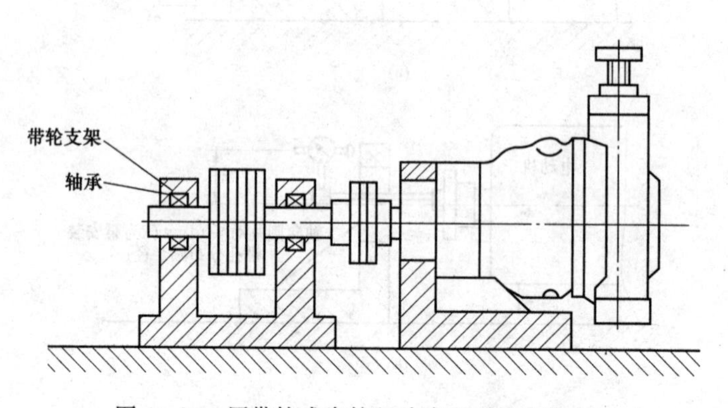

图 4－10 用带轮或齿轮驱动液压泵的安装方法

4－15 轴向柱塞泵是如何使用的？

① 在安装试车之前，必须将油箱、管道、执行元件（如液压缸）和液压控制阀等清洗干净，灌入油箱的新油必须用滤油机滤清，防止由于油桶不清洁而引起的油液污染。

② 新液压泵在使用一周之后，首先应将油箱内全部油液过滤一次，并认真清洗油箱和过滤器；然后根据液压系统的工作环境和工作负载等情况 3～6 个月更换一次液压油，清洗一次油箱。

③ 使用过程中严禁因系统发热而掀掉油箱盖，可以采取其他措施来散热，如设置冷却器。

④ 关于自吸的有关问题如下：

a. 液压泵的中心高度至油面的距离≤500mm，吸入压力应在－16.665kPa 以内，否则发生气蚀，造成零件破坏、噪声、振动等故障，如图 4－11 所示。

b. 在吸油管路上安装 150 目的吸油过滤器，有些柱塞泵生产厂规定在吸入管路上不允许安装过滤器，但这对油箱内的清洁度应有严格要求。在泵出口侧装过滤精度为 25μm 的管路滤油器。

c. 泵的转速不可大于额定转速。

d. 吸入管道通径不小于推荐的数值（见安装外形尺寸产品目录），吸入管道最多一个弯管接头。

e. 配油盘如需减小斜盘偏角启动时，则不能保证自吸。用户如需小流量时，应在泵全偏角启动后，再用变量机构改变流量。

⑤ 倒灌自吸（见图 4－12）注意事项如下：

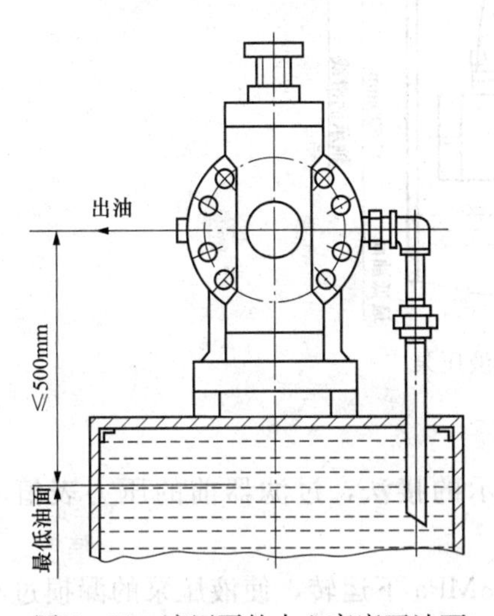

图 4－11　液压泵的中心高度至油面的距离要求示意图

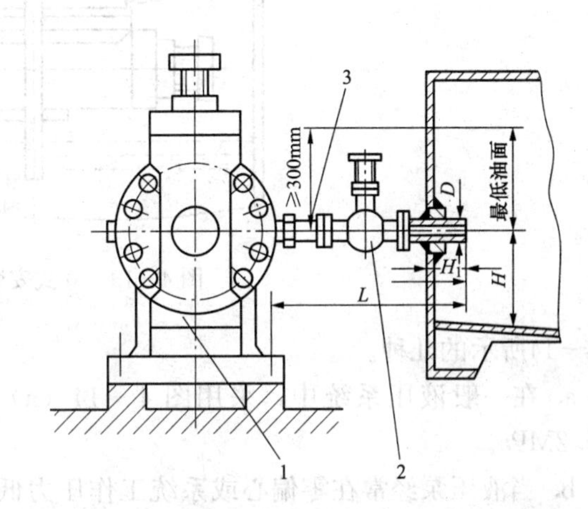

图 4－12　安装在油箱旁边（倒灌自吸）的液压泵

1—液压泵；2—截止阀；3—吸入管道

a. 油箱的最低油面比液压泵的进油口中心高度高出 300mm 时，液压泵可以小偏角启动自吸。

b. 吸入管道 3 的通径不小于推荐的数值，截止阀 2 的通径应比吸入管道 3 的通径大一倍。

c. 液压泵的吸入管道长度 $L<2500$mm，管道弯头不得多于两个，吸入管道至油箱壁的距离 $H_1>3D$，吸入管入口至油箱底面距离 $H\geqslant 3D$。

d. 对于流量大于 160L/min 的泵，推荐采用倒灌自吸。

⑥ 立式安装液压泵的自吸（见图 4－13）注意事项如下：

a. 液压泵吸油口至最低油面的距离≤500mm。

b. 回油管上的灌油接头应高于液压泵的轴承润滑线（轴端法兰盖端面）。

⑦ 壳体内压力和泄油管的接法：使用中，液压泵的壳体内有时要求承受一定的压力，由于油封（回转密封）和压力补偿变量泵的变量机构上法兰密封垫的限制，壳体内的压力不宜超过 0.2MPa，并且泄油管不能与其他回路连通，要单独回油箱。泄油管的接法有

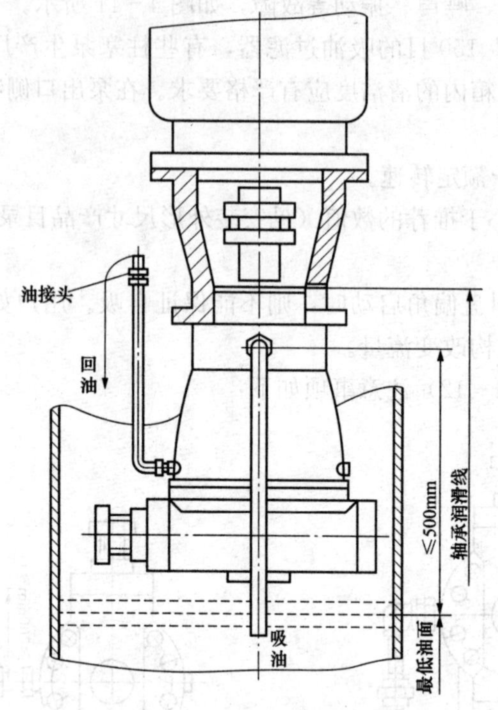

图 4-13　立式安装的液压泵

图 4-14所示的几种。

a. 在一般液压系统中，采用图 4-14（a）所示的接法，过滤器前的压力表值不超过 0.2MPa。

b. 当液压泵经常在零偏心或系统工作压力低于 8MPa 下运转，使液压泵的漏损过小而引起泵体发热时，可采用图 4-14（b）所示的油路强制循环冷却。

c. 当由于液压系统的需要而采用增压油箱时，其压力≤0.2MPa，如图 4-14（c）所示。

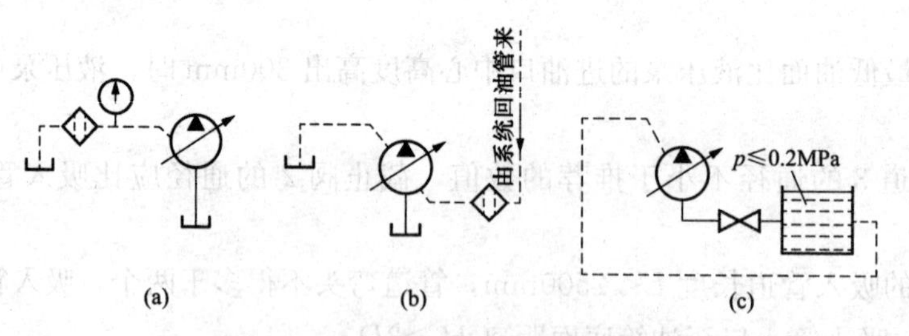

图 4-14　壳体压力和回油管的接法

⑧ 工作介质的选用：一般情况下正常的工作温度推荐为 10～65℃。当工作温度在 5～40℃时，推荐采用 L-HM32 或 L-HM68 液压油；当工作温度在 40～80℃时，推荐采用 L-HM68 或 L-HM100 液压油。选用液压油的运动黏度最佳值为 16～47（$10^{-6}\times m^2/s$），黏度指数应在 90 以上，液压油内的水分、灰分、酸值必须符合有关液压油的规定。

⑨ 液压泵的启动注意事项如下：

a. 液压泵安装好后，在第一次启动前必须通过泵壳上的泄油口向泵内灌满清洁的液压油，否则不可启动。

b. 用手转动联轴器，检查泵轴在旋转中受力是否均匀，安装是否牢固可靠，两联轴器是否同心等。

c. 检查带动泵运转的电动机旋向是否符合规定。对于流量可变的轴向柱塞泵，还应检查其刻度盘的指示方向是否与规定的进出油口方向相符。例如伺服变量泵就应该检查此项，检查时当进出油按泵上标牌所示时，则指针应在刻度盘的正向，反之为反向。

d. 液压系统中应有空负载循环回路，防止液压泵在满载启动或停车，否则会缩短液压泵的使用寿命并引起电动机过载。液压系统的安全阀调整压力不得超过 35.0MPa。

e. 液压泵启动时先将启动按钮启停数次，确认油流方向正确与液压泵声音正常后再连续启动。

⑩ 负载运转包括低负载运转和满负载运转。

a. 低负载运转：在上述准备工作完成后，先使液压泵在 1.0～2.0MPa 压力下运转 10～20min。

b. 满负载运转：低负载运转后，逐渐调整溢流阀、安全阀的压力至液压系统的最高压力运转 15min，检查系统是否正常。如有泄漏，液压泵和液压系统声音正常，泵壳上的最高温度一般比油箱内液压泵入口处的油温高 10～20℃，尚属正常。例如当油箱内油温达 65℃，泵壳上的最高温度≤70℃。

c. 上述负载运转完毕后，液压泵方可进入正常工作。

d. 在最高使用压力下运转时，其运转时间不得超过一个循环时间的 10%，一般在 6s 以内完成。

4-16　如何选用空气压缩机？

首先按空气压缩机的特性要求确定空气压缩机类型，然后根据气动系统所需要的工作压力和流量两个参数选取空气压缩机的型号。在选择空气压缩机时，其额定压力应等于或略高于所需要的工作压力。一般气动系统需要的工作压力为 0.5～0.8MPa，因此选用额定压力为 0.7～1MPa 的低压空气压缩机。此外还有中压空气压缩机，额定压力为 1MPa；高压空气压缩机，额定压力为 10MPa；超高压空气压缩机，额定压力为 100MPa。空气压缩机的流量以气动设备最大耗气量为基础，并考虑管路、阀门泄漏以及各种气动设备是否同时连续用气等因素。一般空气压缩机按流量可分为微型空气压缩机（流量小于 $1m^3/min$）、小型空气压缩机（流量在 $1\sim10m^3/min$）、中型空气压缩机（流量在 $10\sim100m^3/min$）、大型空气压缩机（流量大于 $100m^3/min$）。

4-17　如何保养和检查往复式空气压缩机？

1. 日常保养

(1) 日常维护

日常维护是操作人员必须履行的工作，也是确保空气压缩机正常运转的条件之一。日常维护主要有以下内容。

① 看。勤看各指示仪表，如各级压力表、油压表、温度计、油温表等，注意润滑情况，如注油器、油箱和各润滑点以及冷却水流动的情况。

② 听。勤听机器运转的声音，如气阀、活塞、十字头、曲轴及轴承等部分的声音是否正常。

③ 摸。勤摸各部位，感觉空气压缩机的温度变化和振动情况，如冷却后排水温度、油温、运转中机件的温度和振动情况等，从而及早发现不正常的温升和机件的坚固情况，但要注意安全。

④ 查。勤检查整个机器设备的工作情况是否正常，发现问题及时处理。

⑤ 写。认真负责地填写机器运转记录表。

⑥ 保洁。认真搞好机房安全卫生工作，保持空气压缩机的清洁接班工作。

(2) 三级维护

① 一级维护。一级维护是每天必须进行的工作。一般在班前、班后及当班时间进行。目的是保证设备正常运转和工作现场文明整洁。

a. 每天或每班应向空气压缩机各加油点加油一次，有特殊要求的，如电动机轴承的润滑，应按说明书的规定加油。总之，一切运动的摩擦部位，包括附件在内都要定时加油。

b. 按操作规程使用机器，勤检查，勤调查，及时处理故障并记入运行日记。

c. 工作时，保持机器和地面的清洁。交班前应将设备擦干净。

②二级维护。

a. 每800h清洗气阀1次，清除阀座、阀盖的积炭，清洗润滑油过滤器、过滤网，对运动机构作1次检查。

b. 每1200h清洗空气滤清器1次，以减少气缸磨损。

c. 运行2000h将机油过滤1次，以除去金属屑及灰尘杂质。如果油不干净，应换油。轴瓦应刮调1次，对整台机器的间隙进行一次全面的检查。

③ 三级维护。三级维护的目的，是提高设备中修间隔期内的完好率，工作内容与小修基本相同。

(3) 长期闲置设备的维护

如果长期不使用机组，则应做好机组的封存、维护工作。

① 机组封存前，按要求加注规定数量的润滑油，超过6个月的闲置期，应重新加注润滑油，在开车前必须重新加入润滑油。

② 在机组重新投运之前，将油封的油脂清除，用煤油或汽油洗净，随后加入新油。

(4) 空气压缩机维护完好的标准

① 运转正常，效果良好。

a. 设备出力能满足正常生产需要或达到铭牌能力的90%以上。

b. 压力润滑和注油系统完整好用，注油部位（轴承、十字头、气缸等处）油路畅通。油压、油位、润滑油选用均符合规定。

c. 运转平稳无杂音，机体振动符合规程的规定。

d. 运转参数（温度、压力）符合规定。各部轴承、十字头等温度正常。

② 内部机件无损，质量符合要求。各零部件的材质选用、磨损极限以及严密性均符合颁布规程的规定。

③ 主体整洁，零附件齐全好用。

a. 安全阀、压力表、湿度计、自动调压系统应定期校验，保证灵敏准确。安全护罩、对轮螺钉、锁片等要齐全好用。

b. 主体完整，稳钉、安全销等齐全牢固。

c. 基础、机座坚固完整，地脚螺栓、各部螺钉应满扣、齐整、紧固。

d. 进出口阀门及润滑、冷却管线安装合理，横平竖直，不堵不漏。

e. 机体整洁，油漆完整，符合颁布规程的规定。

2. 计划检修

往复式空气压缩机的计划检修是在计划规定的日期内对其进行维护和修理。空气压缩机的检修工作，是确保空气压缩机正常运行的科学规则和空气压缩机的完善状态，其能否正常工作，在很大程度上取决于对空气压缩机能否坚持正常合理的检修。空气压缩机检修工作包括四个内容：大修、中修、小修和日常修理。

(1) 大修

大修是将空气压缩机全部解体拆开，更换全部磨损的零件，检查空气压缩机所有部件，排除空气压缩机所有故障。大修周期：一般空气压缩机运行 20000～26000h 进行 1 次大修，每次大修需 7～15 天，大型空气压缩机运行 14000h 大修 1 次，每次 15 天左右。大修的主要内容如下：

① 检查曲轴是否有裂纹，曲轴主轴颈的圆锥度、圆度，平衡铁与曲轴的连接情况。

② 检查或更换十字头销和活塞销。

③ 检查所有轴承的磨损情况，更换磨损严重的轴瓦。

④ 检查连杆与活塞、曲轴的相对位置是否有偏斜的现象。

⑤ 检查连杆螺栓是否有拉伸变形、裂纹、磨损等现象。

⑥ 检查活塞与活塞杆的固定情况，活塞杆在运动中是否有跳动偏差。

⑦ 清洗气缸和活塞，检查其磨损，进行修理。

⑧ 更换空气压缩机所有易损零件，如活塞环、阀片等。

⑨ 检查所有安全阀，调整其开启压力，使其达到规定的要求。

⑩ 检查所有仪器、仪表的检定日期、灵敏度和工作情况。

(2) 中修

空气压缩机每运行 4500～6000h 进行 1 次中修，需要 4～5 天。中修的检修范围比大修小，其拆卸程度也较小。中修的主要内容为检修易损零部件，校验压力表、安全阀及其他阀门的密封性。在中修过程中，如发现下列零件磨损应更换：填料的密封元件、刮油器中的密封元件、气阀、减荷阀小活塞、活塞环、连杆轴瓦、十字头衬套及无润滑的各种零部件。

(3) 小修

空气压缩机一般运转 2100～3000h 可进行 1 次小修，检修内容根据实际情况而定，可在下列内容中选取一项或几项：

① 清洗储气罐、空气滤清器、排气管路、阀门、空气压缩机的冷却水套、中间冷却器的冷却水管、油过滤器、油管、压力调节器及减荷阀装置等。

② 检查空气压缩机运动机构的曲轴、连杆、十字头等部分的配合间隙。

③ 检查各连接部位的螺栓、垫片的紧固情况，必要时更换。

④ 检查试验安全阀、压力调节阀、减荷阀的动作是否灵敏。

⑤ 检查气缸活塞环的磨损情况，磨损严重者予以更换。检查气阀各零件，如阀片、阀

座、弹簧等，如有损坏、变形、扭曲等则要更换。

(4) 日常修理

为了保证空气压缩机的正常运行，在空气压缩机运行中出现的一些小故障要及时排除和修理。如冷却水系统、润滑油系统出现漏水和漏油现象，螺栓的松动、气阀的故障等以及不正常的振动、响声、过热等。实践证明，只要严格遵守操作规程，增强空气压缩机日常维护意识，适时进行检修管理，就能保证空气压缩机在最佳工况下运行，延长空气压缩机的使用寿命，达到较满意的使用效果。

4-18 往复式空气压缩机爆炸产生原因有哪些？应采取哪些预防措施？

通过大量实际经验证明易出现故障和发生爆炸损坏的空气压缩机，主要体现在往复式空气压缩机上。所以，对往复式空气压缩机的防爆应当引起人们的重视。

1. 形成空气压缩机爆炸的三要素

根据空气压缩机的工作特性，把空气经过一级或二级以上压缩，制成压缩空气。缸体和活塞需要润滑油润滑必然会生成积炭，空气压缩会大幅升温，空气中含有氧气，这就形成了空气压缩机爆炸的三要素：积炭、温度、空气。

(1) 积炭

积炭产生量的大小与润滑油的氧化安定性、加油量、润滑油质量及检修有关。积炭和局部过热是爆炸的主要起因，而碳化氢气体与空气的混合物气体是爆炸的主要介质。

据试验证明：排气阀上生成积炭的发热反应是在 154～250℃范围的温度下发生的。其过程为雾状或粘在金属表面上的润滑油，在高温高压下尤其是在有金属接触的条件下，迅速被空气氧化，生成氧化聚合物（胶质油泥等）沉积在金属表面上，继续受热作用发生热分解脱氢反应，而形成氢质类的积炭。积炭厚度到了 3mm 以上时，就会有自燃的危险。另外，积炭影响蓄积其散热效率，蓄积热量而形成火点，一部分润滑油粘在积炭火点上，被蒸发和分解，产生裂化轻质碳化氢和游离炭，当和高温高压空气混合达到爆炸极限时即发生爆炸。

① 基础油的质量差。空气压缩机活塞润滑所需的润滑油是在精制基础油的基础上添加各种添加制成的。基础油的好坏直接影响残炭量的大小，基础油好抗热氧化安定性好，残炭值就小，润滑油生成积炭的速度就低，不易形成大量积炭，所以选好压缩机油很重要。

② 注油器加油量过多。操作工的意识存在偏差，认为注油量大的设备不至于烧缸，所以在操作上比较保守；再者在设备运行时，由于振动等使注油器的锁母松动，比原来锁定的注油量大。空气压缩机缸体注油器加油量的大小，直接导致积炭、油泥、油气的生成量。例如 $40m^3$ 二级压缩的空气压缩机，标准规定一级缸注油 12～18 滴/min，二级缸注油 12～15 滴/min，超过此规定过量的润滑油就会吸附在凹陷处和管道壁上，生成油泥和积炭，只有一部分随压缩气体排出。

③ 检修不及时、清炭效果不好。检修不及时、清炭效果不好，也是促使积炭累计生成量大的原因。据调查，中间冷却箱、后冷却器及管道是不易清炭的部位，此处一般生成积炭、油泥的量也较大。

(2) 温度

压缩气体温度升高是促使爆炸的一个重要条件，据统计空气压缩机超过 170℃的 50%发生爆炸，因而各国均规定排气温度不得超过 150℃。

① 冷却水量不足或水质差。冷却水量不足、结垢严重会造成压缩空气冷却不好，导致温升偏高。冷却水质差，硬度高且含有杂质，使冷却系统逐渐结垢堵塞，造成通道面积减小导热差，影响冷却效果。

② 排气阀漏气。排气阀积炭引起阀漏气，也会造成排气升温。例如，700kPa 的空气压缩机正常排气温度为 130℃，而阀漏气时会产生 270℃温度，很容易发生爆炸事故。

③ 进气量不足。进气量减少 10%，则排气温度会上升 20℃，因而要求进口要有足够的进气量。

2. 防爆措施

见于上述针对复式空气压缩机爆炸三要素和起因的说明，可加强以下几方面的工作。

(1) 加强润滑油管理

为了控制积炭的生成速度，应选用基础油好、残炭值小、适宜的黏度、良好的抗热氧化安定性、燃点高的润滑油。气缸供油量不能太大，最大不得超过 $50g/m^3$，以防止油气量增大和结焦积炭增多。严禁开口储油方式，防止润滑油杂质超标堵塞注油器。另外，空气压缩机油要有产品合格证和油品化验单。

(2) 加强设备检修维护管理

空气压缩机各部件的状况，要定期验证，要制订完整的检修计划，项目要具体，有验收标准。尤其是定期清炭工作要有专人负责验收。吸气口不应设在室内，并保证规定的吸入量，防止空气滤清器堵塞而减少进气量，造成排气温度升高。加强水冷却，保证冷却槽进出口水温差不高于 10℃，即使夏季时冷却槽出口水温也不得超过 50℃。定期清除空气压缩机内部积炭，一般每 600h 检查清扫排气阀，每 4000h 换新排气阀。

(3) 加强操作管理

空气压缩机可作为危险源点来对待，因此要求操作人员经培训后持证上岗：操作人员在严格按操作规程操作的同时，能够对一般空气压缩机故障进行判定和处理。要求操作人员对空气压缩机工作原理、爆炸起因、合理注油、定时排污、严格执行开停机制度等有明确的认识。

(4) 提高空气压缩机运行状态的监控能力

在保证空气压缩机空气冷却、温度压力仪表显示、安全阀等基本安全设施的基础上，还应在排气阀出口管线接连处装自动温度报警器，严格控制温度不超过规定的 150℃。

4-19 活塞式空气压缩机常见的故障有哪些？产生的原因有哪些？

1. 排气量不足

排气量不足是指空气压缩机的实际排气量不能达到额定数值，主要原因可以从以下几个方面分析。

(1) 气缸、活塞、活塞环过度磨损，使相互配合的间隙过大产生漏气，影响到排气量属于正常磨损的就需要更换老化部件。活塞和气缸之间的间隙有一定的技术要求，对于铸铁活塞间隙值为气缸直径的 0.06% ～0.09%，对于铝合金活塞间隙值为活塞直径的 0.12% ～

0.18%。钢活塞可取铝合金活塞的最小值。

(2) 进气道故障

这其中包括空气滤清器阻塞，使进气量不足和进气管道结垢，增加进气阻力。因此要定期清洁进气道部件，更换滤芯。

(3) 吸排气阀故障

在吸排气阀的阀片间掉有异物或阀口、阀片磨损，使阀口封闭不严，产生漏气也会影响排气量。仔细检查，分析具体问题后排除故障。

(4) 填料不严产生漏气

这其中有填料本身尺寸有问题和活塞杆运行磨损填料而产生漏气。一般在填料处都加注有润滑油，它起到润滑、密封和冷却的作用。

2. 压力不足

空气压缩机的排气压力不能满足使用需要时，在排除设备本身机械故障的前提下，如果是达不到额定压力，则是排气压力不够。当实际排气量大于设计排气量时，实际压力就达不到额定压力，此时就要考虑更换或增加设备。

3. 排气温度不正常

温度不正常指运行温度高于设计温度。从理论上讲，影响排气温度的原因有进气温度、压力比、压缩指数。而实际情况有室温过高、机体散热不好、冷却水压不足以及冷却水道结垢，影响到换热效率。另外，机器的长时间运行或超负荷运行也能使机体温度和排气温度升高。

4. 声音不正常

当空气压缩机某些部位发生故障时，会发出异常声音。一般来讲，工作人员可以根据声音性质和发出部位判断故障位置。活塞与气缸间隙过小直接撞击缸盖、活塞连杆与活塞连接螺母松动或脱落、活塞向上窜动碰撞气缸盖、气缸中掉入金属物以及气缸中积水均可在气缸中发出敲击声。曲轴箱内轴瓦螺栓、螺母、连杆螺栓、十字头螺栓松动、脱扣、折断以及曲轴轴瓦磨损严重等可在曲轴箱发出敲击声。排气阀折断、阀片弹簧损坏可在阀体部位听到异常声音。

5. 其他注意事项

对于水冷式空气压缩机，在启动前要保证冷却水通畅，否则在运行过程中由于温度过高出现粘缸，那就成事故了。在北方冬季要做好防冻工作。机器停机在没有保温措施时要放完冷却水，以防止冷却水结冰撑破缸体。

总之，为保障空气压缩机的正常运行，避免事故发生，必须做到勤检查，有当班和交班记录，以便随时发现空气压缩机机体温度、排气温度、压力和声音的异常变化，及时有序地作出维护计划，避免大的事故发生。

4-20 空气压缩机排量不足的原因有哪些？应采取哪些措施？

1. 密封部位泄漏

空气压缩机的工作压力很高，因此对各连接部分的密封性要求也很高。如果各连接部分的密封性差，势必会造成漏泄，降低压缩机的排量。密封部位泄漏主要有以下两个原因。

（1）装配不当

主要是各级气缸体、气缸盖之间，由于装配中螺母的拧紧不均匀、不适度，产生漏气，降低空气压缩机的排量；各密封件在安装时装配不当，也会引起漏气，降低空气压缩机排量。

（2）零件超差

活塞与气缸的间隙配合要求非常紧密，若二者之间的间隙配合超过公差所规定的范围，将会使气体漏泄增加，降低空气压缩机的排量。如四级活塞无活塞环，只是在活塞上设有曲颈槽，磨损严重时造成活塞与气缸间隙过大，四级压缩气体漏入一级，降低空气压缩机的排量。

在管理维修中，要及时测量配合间隙，必要时更换四级活塞；安装时对角拧紧各级气缸体、气缸盖之间的螺母；严格按照有关技术规定装配各密封件，消除漏泄，保证空气压缩机的排量。

2. 气缸、活塞故障

气缸和活塞是制造压缩空气的主要部件，它们之间的配合要求非常严密。如果气缸和活塞发生故障，造成气体漏泄，也会导致空气压缩机的排量降低。

（1）余隙增大

随着空气压缩机工作时间的增长，由于机械磨损等导致余隙容积增大，容积效率就会降低。但由于各级活塞的行程容积和各级间管路及冷却器的容积不变，所以会造成每一级吸气量都会减小，空气压缩机的排量就降低了。

（2）气缸镜面严重磨损

气缸受活塞连杆组件的侧推力作用，造成气缸磨损不均匀，出现椭圆，增大活塞与气缸之间的间隙，增大了漏泄的可能性。同时，由于每级气缸的排气温度都很高，如果冷却效果和润滑效果不好，易造成滑油积炭，导致气缸镜面擦伤或拉毛，使气体漏泄，降低空气压缩机的排量。

（3）活塞环的故障

活塞环在高温高压下工作，润滑条件差，这样就使活塞环外表面加快磨损，活塞环的宽度减小，弹力减弱，开口间隙及活塞与缸壁的间隙增大，漏气量增加。这导致下级吸气量减小，降低空气压缩机的排量。

在管理维修中，要使压缩空气和气缸保持良好的冷却，使气缸与活塞、活塞环保持良好的润滑，及时调整余隙容积在规定的范围内，及时更换受损的活塞环，以保证空气压缩机的排量。

3. 气阀漏泄

气阀是空气压缩机吸排管路上非常重要的部件。如果气阀出现漏泄，可能会引起排量的显著下降。气阀漏泄的主要原因有以下几点。

（1）气阀组件损坏

① 由于空气压缩机的转速很高，有的达 22r/min 甚至更高，其吸气阀和排气阀每秒要开启和关闭 22 次甚至更多，并且阀片两侧有一定压差，因此容易造成气阀的弹簧失去弹力和阀片击碎，导致气体倒流，使空气压缩机的实际排量减小。

② 即使气阀是新的，气阀组件也可能有残次品。不合格的气阀安装在空气压缩机上，

就会发生漏泄，造成气体倒流，使空气压缩机的实际排量减小。

(2) 气阀装配不当

① 由于各级气阀受压不同，各级气阀的弹簧钢丝直径和阀盘厚度不同，所以各级气阀不能装错，否则就会造成气阀漏泄，使空气压缩机排量不足。

② 阀壳与安装孔的接触平面上的紫铜垫圈，安装时一定要退火，压紧程度要合适，否则就会造成气阀漏泄，使空气压缩机排量不足。

在管理维修中，要严格按照有关技术规定，对气阀仔细检查、精心装配，以保证空气压缩机的排量。

4. 吸气受阻

外界空气被吸入气缸，经过吸入过滤网、吸入管道及吸气阀时受到阻力，吸气终止时气缸内的空气压力就会低于大气压力，使气缸内实际吸入的空气质量减小，空气压缩机的吸气能力下降，造成空气压缩机因吸气压力损失而降低排气量。

在管理维修中，要注意清洁吸入过滤网，防止吸气阀卡住，并要选择适当弹力的气阀弹簧，以保证空气压缩机的排量。

5. 转速降低

因为空气压缩机由电动机带动，所以电动机的转速也是影响空气压缩机排量的因素之一。电动机转速降低的主要原因如下。

(1) 电动机故障

由于电动机磁场线圈发生局部短路和电动机轴承磨损严重，因此电动机转速达不到规定要求，降低空气压缩机的排量。

(2) 电控系统故障

电控系统各触点接触不良，增大电阻，使压降增大，供电电压过低。因此电动机转速达不到规定要求，降低空气压缩机的排量。

在管理维修中，要及时清洗各触点，测量线圈，检查轴承，发现问题迅速修理更换部件，使电动机转速恢复到额定值内，保证空气压缩机的排量。

6. 空气湿度影响

空气压缩机吸入的空气都含有水蒸气，吸入空气的湿度越大，空气中含有的水蒸气就越多，这些水蒸气经过压缩和空气冷却器冷却后，一部分冷凝成水分排除掉了，那么空气压缩机排入气瓶的实际空气量就减少了，并且空气湿度越大，对空气压缩机的排量影响就越大。

因此，在管理中要经常测量空气湿度。一般空气湿度在 80%以上时，尽量不使用空气压缩机充气。

7. 吸气温度影响

由理想气体的状态方程式 $p_1V_1/T_1=p_2V_2/T_2$ 热力学第一定律可知，在同等压缩条件下，空气压缩机的吸气温度在很大程度上影响着空气压缩机的排量：吸气温度越低，空气压缩机吸入的空气越多，则排量越大；反之，吸气温度越高，则排量越小。

① 气体流过吸气阀时的压力损失转变成热量加给气体，也使吸入气体温度升高。所以气体吸入过程中，因气体加热而造成吸气能力下降，也会使空气压缩机排量不足。

② 外界空气被吸入气缸时，由于被高温的活塞、气缸、气阀等零件加热，吸气终止时缸内空气温度比大气温度高，使吸入空气的比重减小，实际吸入气体的质量减小，从而造成

空气压缩机排量降低。

在管理维修中，要保证有足够的冷却水和保持冷却水套清洁，以使空气压缩机保持良好的冷却；装配吸入阀时不要选用弹力过大的气阀弹簧，以免增大吸气压力损失、提高进气温度，从而保证空气压缩机的排量。

4-21　分析 25000m³/h 空分空气压缩机效率下降的原因？应采取哪些措施？

型号为 RIK90-4 型，额定功率为 12000kW，额定电流为 1291A，设计排气量为 12800m³/h。运行时间已过两年，现在发现空气压缩机的效率有所下降，主要运行数据产生明显变化，相同条件下与以前相比，进口导叶开度明显增大，空气量达不到设计要求，电流经常处于超额定电流报警状态，不仅使能耗显著升高，而且对电动机的使用寿命产生较大影响。下面就 25000m³/h 空分空气压缩机效率下降的原因进行分析，并提出了对策。

1. 原因分析

(1) 中间冷却器的冷却效果下降

查阅一年前的使用日志，发现空气压缩机 6 个中间冷却器（每级 2 个）出口冷却后的空气温度与冷水池给水温度之差，最高 9.3℃、最低 3.5℃。而又运转一年后这个温差扩大为最高 15.7℃、最低 5.9℃，而且各冷却器前后空气温差也缩小了不小。很明显由于中间冷却器的冷却效果下降，使空气压缩机的等温效率下降了。影响中间冷却器冷却效果的因素有冷却水量不足、冷却水温过高、冷却水管内水垢多或被泥沙及有机杂质堵塞、冷却器气侧冷凝水未及时排放影响传热面积或传热工况。检查冷却水量及冷却水温都处于正常；冷却器气侧各疏水旁通阀长期稍开，不存在冷凝水积聚现象。所以判断中间冷却器可能结垢或有堵，必须找机会对中间冷却器进行检查清洗。

(2) 空压机自洁式空气滤清器阻力过大

空气滤清器阻力过大，使吸入压力降低，造成空气压缩机排气量及能耗增加。在使用期间空气滤清器阻力曾达到 1300Pa（正常小于 900Pa），检查滤筒已经积灰严重；由于雨天及大雾天气使滤筒潮湿，灰尘吸入黏结无法反吹掉，造成阻力增加。后来组织人员对滤清室上下 216 个滤筒全部进行了更换。运行阻力下降至 360Pa。查看当前阻力为 650Pa，属正常范围。更换滤筒后的空气压缩机运行情况有所好转，但与新机相比效率仍然相差较大。

(3) 密封不好，气体产生内泄漏和外泄漏

① 内泄漏。内泄漏是指级间窜气使压缩过的气体倒回，再进行重复压缩。严重的内泄漏会使空气压缩机能量损失增加，级效率和空气压缩机效率下降，排气量减少，整个空气压缩机偏离设计工况。如果有内泄漏，从各级的压比和进排气温度可以反映出来，将会使低压级压比增加，高压级压比下降；该级的进排气温度升高。查看各级的压比及温升情况无明显变化，因此可以排除内泄漏的影响。

② 外泄漏。外泄漏是从轴端密封处向机壳外漏气。吸气量虽变，但压缩气体漏掉一部分，自然会使排气量减少。检查机壳外没有发现漏气现象。

(4) 空气压缩机导流叶片、叶轮叶片磨损或积灰多

如果空气压缩机导流叶片、叶轮叶片磨损或积灰过多，会影响到空气压缩机的排气量。查看振动、位移等运行参数都比较平稳，期间也没有出现误操作引起的喘振等现象。并且坚持每半月用蒸馏水对叶轮水冲洗一次。因此，这方面的影响基本可以排除。

（5）中间冷却器泄漏

RIK90－4 型空气压缩机为 4 级压缩 3 级中间冷却，运行时三级进气压力 0.36MPa，低于 0.40MPa 的水泵供水压力。如果一、二、三级冷却器泄漏，冷却水将进入气侧通道，被气流夹带进入叶轮及扩压器。时间一久造成结垢、堵塞，使排气量减少，甚至会损坏叶轮，破坏动平衡，危及空气压缩机的安全运行。检查机组振动正常，检查各级冷却器的疏水口没有大量排水现象。因此基本可以排除中间冷却器泄漏的可能。

2. 中间冷却器的酸洗

停空气压缩机，留一个给水泵运行；关空气压缩机进回水总阀，排冷却器及管内余水。因进回水总阀都不能完全关死，关闭了中间冷却器 6 个支管回水阀，进冷却器前水管无分支管阀门，需打盲板。拆开冷却器前法兰，发现每个冷却器前都有三四个 ϕ35mm 药水桶内盖及部分冷水池填料碎片冲出。原来，药水盖是因为当时冷水池加药由空分操作人员负责，用药桶定期、定量往冷水池倒。加好药后有些药桶盖不小心掉进了冷水池，或丢在冷水池边被吹入或踢入冷水池。至于填料碎片，是由 1 年前冷水池改造时掉落的。这些东西被水泵吸入后，聚集在泵后总管的过滤器前。最近由于过滤器阻力偏大，先后多次对过滤器进行抽芯清洗。当时水路切换走了一部分旁通，这样聚集在过滤器前的桶内盖及部分填料碎片被带入设备冷却器中。而由于空气压缩机水路最近且水流量最大，所以这些东西大部分进入了空气压缩机冷却器前，堵塞了部分通道。这应该是影响换热的主要原因之一。

盲板打好后，冷却器与水系统完全断开。在每个冷却器冷却水的进口和出口管处都新焊接 ϕ25mm 管、DN25 截止阀。由专业清洗公司套好皮管，接好循环液体泵，备好药水、药水槽。使用稀盐酸加除垢剂和适量抑制剂（3%～5%）、氧化剂（3%～5%）进行清洗。清洗时化验分析人员守在现场，严格控制盐酸浓度和温度。6 个冷却器逐个进行酸洗，每个冷却器清洗 3h。为确保酸洗效果，用起重机将回液皮管吊起，使其高于冷却器上端，保证清洗过程中冷却器内始终浸满药水。

3. 冷却器处理后的效果

酸洗结束，接着用清水冲洗冷却器。用完的药水用适量碱中和后排入地沟。抽盲板、复位法兰连接导通水路。启动水泵，发现空气压缩机水量比之前增加了 460t/h。空气压缩机启动运行正常后，出中间冷却器后空气温度与水池给水温度之差：最高 9.4℃，比清洗前降低了 6.3℃；最低 3.2℃，比清洗前降低了 2.7℃；各冷却器的换热效果比清洗前大有好转，同样负荷下空气压缩机电流比清洗前减少了 65A。节约电 622kW·h，可年降低电耗 545 万 kW·h。按目前工业用电 0.61 元/(kW·h) 计算，折合人民币 332.45 万元，经济效益明显。

4. 入口导叶开度校对、导叶叶片及滤清室的检查

空气压缩机启动前的入口导叶开度，一直以来规定启动 DCS 上为 15%，核对后发现实际开度达 25%。这样会造成空气压缩机启动时的负荷过大，因而需重新设定 DCS 上空气压缩机导叶启动开度为 5%（即现场 15%）。打开空气滤清室入孔，钻入空气压缩机吸入管内检查内部导叶情况，叶片完好，只是积灰严重。为何有空气滤清室的过滤及每半个月的叶轮水冲洗，还有这么厚积灰呢？经分析检查，发现 1 年前更换滤筒时，有 1/3 滤筒没有安装到位、留有空隙，致使一部分空气未经过滤筒，直接走短路吸入空气压缩机，造成导叶叶片积灰严重，后进行了调整、重装。

5. 加强日常维护工作

空气压缩机是制氧系统最关键、最重要的设备，也是主要能耗所在。在日常运行中，一定要经常查看空气压缩机各运行参数的变化，加强维护工作，确保其安全、高效、经济运行。其中，水系统的安全保供是设备维护的一个关键环节。补充水要确保干净、循环水加药要确保水质既不易结垢又不能起泡、水过滤器要定期清洗确保正常运行，而且还要注意经常检查清理冷水池内及冷水池边上的杂物、垃圾，如树叶、塑料袋等。

4-22 防止活塞式空气压缩机排气温度过高应注意哪些问题?

活塞式空气压缩机以效率高、便于维修、价格成本低等优点广泛应用于矿山、机械制造、铁路、医院等各个行业，但是由于活塞式空气压缩机排气温度过高，从而造成后冷却器积炭过多，在夏季引起着火、爆炸，冬季则送风管网积水结冰造成生产线停产等故障现象也时有发生。通过分析问题主要出现在三个方面，即设备类型、安装工艺、运行与维护。为了保证空气压缩机运行的安全性和生产效率，不断在设备选型、安装、运行、检修等方面进行探索，最终达到了降低排气温度的目的。

1. 设备选型与安装应注意的问题

(1) 中间冷却器的选择

中间冷却器一般在购买主机时已经确定的，为了使主机结构紧凑，一般均为抽屉式的翅片式结构（小型除外）。这种结构的冷却器的优点是体积小、换热面积大、重量轻，适合于安装在主机的机身上。但它的缺点是当换热面积满油污和尘土时，换热能力迅速下降；随着通风截面的堵塞，压缩空气便经破损的密封毡通过形成空气短路，压缩后的气体得不到深度的冷却；另外，翅片上的油污和尘土是很难清洗掉的，造成备件费用增加。为了解决这个问题，可以有以下两种方法：

① 加强冷却器的检修，定期检查密封毡的破损情况和请专业清洗厂家清洗中间冷却器上的油污、尘土和水垢，这一点至关重要。

② 将中间冷却器改为列管式，水走管程，压缩空气走壳程。

(2) 设备平面布组

进行设备平面布置时，应充分考虑到设备及附属管道的散热问题。

① 应考虑到主机与后冷却器的相对位置关系，调整好通风扇的位置和角度，应使尽可能多的通风扇能够同时吹到同一台设备的各个部位上，有利于设备的降温。

② 吸气管道与排风管道不应设在同一地沟内，且排风管道越短越好。

(3) 空气滤清器的选择

在选择空气滤清器时，主要考虑到与主机配套的空气滤清器所能达到的清除效果能否达到用风品质的要求。若不符合，可以考虑从空气滤清器专业生产厂家订购或自行加以改造。在安装吸风管道时吸风头的高度应尽量高一些，但以不超过厂房顶部为好，这样做既可以使吸入的空气比较干净和减轻气流脉动所造成的振动，又避免了在夏季因阳光直射屋顶而造成吸入空气预热。

(4) 后冷却器的选择

后冷却器在主机生产厂一般均为选购件，而大多主机厂家选用的后冷却器均为立式。立式后冷却器固然有占地面积小、结构紧凑的优点，但它的缺点也是显而易见的。因此，作为使用方，在订购设备时可以考虑从专业生产冷却器的厂家订购。

在选择后冷却器时，应以列管式、双壳程为好。后冷却器的优点是：

① 强度好，耐振动，清除管内水垢和管间的油污和积炭相对较容易。

② 因为是双管程，换热较充分。

③ 换热面积大（可以根据场地面积确定），即使有些油污，换热能力降低有限。

但后冷却器也存在一些不足，其缺点是：

① 备件困难且费用高。

② 一次投资费用大，占地面积大。

2. 建站时应注意的问题

（1）设备的平面布置

在进行设备平面布置时，应避免阳光直接照射在设备上，吸气管道与储风罐也应避免阳光直射，同时还应考虑到最好在东西两侧开大门及屋顶开天窗，保持设备间距，便于在设备间形成穿堂风，有利于设备散热。

（2）站址的选择

选择站址时，除了要考虑到应尽量靠近用风点外，还应远离尘土大、雾气大、热源等地方。

（3）厂房的立柱要配有通风扇

在厂房的立柱最好配有通风扇，这样做可以使空气压缩机和电气柜的通风效果更好。

（4）冷却水系统的设计

在设计冷却水系统时，冷却塔的能力应为循环水量的两倍。平时冷却塔一开一备，在夏季高温时，冷却塔全部投入使用，使循环水得到更好的冷却。另外，冷却塔应放置于风口处，同时远离空气压缩机的吸气管道，这样做可以使空气流动畅通和避免冷却塔喷出的水雾经吸风管道进入空气压缩机，造成油水负荷加重。

3. 运行与维护时应注意的问题

（1）做好除垢工作

中间冷却器芯子、后冷却器芯子应每 2 年做一次除垢，同时清除换热器表面的油污和积炭，气缸水套内的淤泥、水垢的清除，油冷却器的清洗也应每 2 年进行清洗，用酸洗法除垢的部位必须进行水压试验。

（2）冷却塔和冷却水池维护

应加强对冷却塔和冷水池的清扫工作，同时定期投放水质稳定剂和补充新水。

（3）加强巡回检查

加强巡回检查，对于设备运行中出现的压力异常、温度异常、声响异常应及时查找原因，并且有效地排除。

（4）空气滤清器的维护

空气滤清器的性能好坏直接影响到换热器能否正常工作，因此应定期进行清洗。可以根据设备维护使用说明书进行，也可以根据具体情况自行制订。

（5）加强气阀的维护与更换

对于再用设备，每半年必须统一更换新气阀。在设备运行中，坚决杜绝吸气阀漏气的现象。每半年对阀室的积炭进行清扫，这项工作应结合中、后冷却器的检修同时进行。设备进行大中修时，以上项目应重新进行。

（6）正确地选用润滑油的牌号

正确地选用润滑油的牌号，气缸用润滑油和曲轴箱用润滑油不能混用，油水应定时排放，以免在风的夹带作用下带到下一级，这样可以有效地降低积炭的生成，是确保设备安全运行的关键。

创造一个最佳的运行效果是从设备选型、工艺平面设计开始的，也就是说在建站设备安装之前，就应该充分考虑到设备运行时可能出现的问题，通过适当的调整，则可以避免一些在设备投产后难以解决的问题。必须改变“轻运行，重维修”的错误观念，只有做到设备操作人员的精心操作和设备维护人员的认真维护的有机结合，才是空压设备安全、高效的根本保证。因此，从设计、安装到运行、维护人员的三方共同努力，互相取长补短，才能做到投资小、效益高，安全运行。

4－23　分析NPT5型空气压缩机故障产生的原因有哪些？检修时有哪些要求？如何保养？

NPT5型空气压缩机是三缸、立式、两级压缩活塞式，由直流电动机直接驱动。电动机通过联轴器将动力输入，带动空气压缩机曲轴按指定的方向旋转。经过连杆的作用，使装在连杆小端的活塞在气缸内做往复运动。活塞的不停运动使活塞顶部与气缸之间形成进气→压缩→排气的空气压缩过程。

1．故障现象及原因分析

（1）空气压缩机工作风压不正常

空气压缩机开始工作，但观察总风缸压力表（正常压力范围为750～900kPa）压力始终达不到正常范围，打风时间远远超过空气压缩机最大允许运行时间（5min），检查空气系统的管路和阀件没有泄漏现象。空气压缩机工作风压不正常的主要原因有以下几点：

① 活塞环开口过大或磨损。当活塞环开口过大或磨损时，活塞环起不到压气的作用，空气经过活塞环进入到机体内，风压就上不来。

② 空压机转速低。空气压缩机转速低直接影响着打气效率，正常空气压缩机转速为1000r/min。转速低有可能轴瓦抱死或者两端轴承有损坏，这时应立即停止空气压缩机运行。

③ 气阀泄漏或一级进气阀失灵。

当气阀泄漏时，气缸盖下部与气缸之间有大量空气流出，并伴有刺耳的响声；当低压缸的气阀阀片和阀体在高温高压的环境下黏连在一起时，一级进气阀失灵，空气就难以进入空气压缩机。

（2）排气温度过高

有时空气压缩机打出来的压缩气体温度很高，可以通过触摸空气压缩机的出气管来判断。排气温度过高的主要原因有以下几点：

① 一级排气阀卡死或损坏。当一级排气阀卡死或损坏时，排气受阻，空气在气缸内被高速压缩，能量增加，温度升高。

② 散热器阻塞或过脏。空气压缩机是高速旋转的机器，在高速高压的状态下，必须要有冷却风扇对其进行冷却，但是机车工作环境恶劣，油污和灰尘都会导致散热器阻塞或过脏。当散热器被阻塞后，散热风扇就起不了散热作用，打出来的压缩空气得不到冷却，温度就很高。

(3) 气缸内有异音

空气压缩机运行时，靠近仔细听，有时会发现气缸内有异音传出，大多是金属的敲击声。气缸内有声音的主要原因有以下几点：

① 活塞销与连杆小端铜套间隙过大。活塞销和铜套间隙过大就会导致空气压缩机在工作时频繁地摆动，从而产生异音。

② 气缸余隙容积小，活塞冲击阀底。当气缸余隙容积小或者活塞顶部和气阀底部接触时，空气压缩机工作会有金属敲击声。正常情况下，要求在活塞顶部和气阀底部之间垫上铜垫，以调整其内部合适高度。

③ 气缸内有异物。气缸内有异物主要是组装时疏忽大意造成，异物遗留在气缸内，工作时活塞压迫异物和气阀撞击，产生声响。

(4) 气缸过热

当触摸气缸很烫手时，表示气缸工作异常。气缸过热的主要原因有以下几点：

① 气阀故障。气阀发生故障就不能正常进排气，这时活塞不停地工作，给内部气体增加能量，就会导致气缸过热。

② 气缸镜面拉伤。气缸镜面拉伤则摩擦系数增加，活塞和镜面频繁接触，产生高温。

③ 润滑不良。活塞上有气环和油环，主要作用是压气和润滑。当油脂不良或活塞环损坏时，会导致摩擦系数增加，温度升高。

(5) 呼吸孔排气多

主要是因为内部活塞环磨损失效，不起压气和密封作用。当气体进入气缸后，窜入机体内，从呼吸口排出。

(6) 润滑油温度高

正常情况下润滑油油温不超过 80℃，触摸油面观察口，当超过 80℃时就要引起注意了。润滑油温度高的主要原因有以下几点：

① 连杆瓦烧损。

当连杆瓦因装配、油道堵塞或润滑油导致连杆瓦“抱死”时，都会使连杆瓦烧损，温度急剧上升，传递到油中使其温度升高。

② 气缸镜面拉伤。气缸镜面拉伤，情况同 (3)、(4)。

(7) 油压表压力低

空气压缩机启动后，通过观察油压表来判断空气压缩机工作是否正常，当压力低于 440kPa±44kPa 时，表示空气压缩机工作不正常。油压表压力低的主要原因有以下几点：

① 液压泵间隙过大。空气压缩机液压泵是齿轮泵，齿轮泵两齿轮间隙过大会导致油泵泵油能力差，压力低。

② 压力表损坏。此种情况较常见，只要更换新表即可。

③ 液压泵旋转方向不对。装配时发生故障，这时压力表为零。

④ 过滤网堵塞。及时对过滤网进行清洗。

⑤ 吸油管堵塞。当吸油管有异物堵塞时，会出现低压现象。

(8) 机油乳化

机油乳化是空气压缩机经常出现的问题，发现油质不正常时应及时检验，避免乳化机油严重损害空气压缩机。机油乳化的主要原因有以下几点：

① 呼吸器不畅通。呼吸器起平衡空气压缩机内外部压差的作用。当呼吸器发生堵塞时，机油就处在一个相对密封的环境下不停使用，内部压力大、温度高，这样容易破坏机油的性能。

② 冷却器集水太多。冷却器集水多时，水就会进入气缸从而流入机体内，使机油乳化，所以应经常对冷却器排水。

③ 润滑油使用时间过长。润滑油使用时间过长，机油性能指标改变。

④ 活塞环密封失效。当活塞环密封失效时，高温高压气体就会窜入机体内和机油接触，影响机油的性能。

(9) 保安阀开启

保安阀和高压缸连在一起，主要防止高压缸压力过大造成损伤。保安阀的开启压力是450kPa±10kPa，当压力超过这个范围时就会自动开启排气。保安阀开启的主要原因有以下几点：

① 二级气阀垫损坏。二级气阀垫损坏时，空气压缩机压缩室容积减小，压力升高，保安阀开启。

② 二级气阀卡死或损坏。气阀卡死或损坏会导致气体排不出去，压力升高，超过其开启压力。

2. 检修要求

检修时空气压缩机必须全部解体，清洗、检查曲轴轴颈及气缸，不许有拉伤；气缸、气缸盖、机体及各运动件不许有裂纹；连杆头衬套不许有剥离、碾片、拉伤和脱壳等现象；衬套与轴颈接触面积不小于80%，衬套背与连杆头孔的接触面积不小于70%；曲轴连杆轴颈允许等级修理，连杆衬套按等级配修，在磨修中发现铸造缺陷时必须按原设计铸造技术条件处理；进排气阀必须清洗干净，阀片弹簧断裂必须更正，阀片与阀座必须密贴，组装后进行试验不许泄漏；清洗冷却器各管路的油污，冷却器必须进行0.6MPa的压力试验，保持3min不许泄漏，或在水槽内进行0.6MPa的风压试验，保持1min不许泄漏；压缩室的余隙高度为0.6～1.5mm；机油泵检修后必须转动灵活，并做性能试验。

3. 维护保养

为延长空气压缩机的使用寿命，应注重日常维护：每班（或每运行8h）应检查润滑油油位并及时补充；空气压缩机启动后润滑油压力应在440kPa±44kPa范围内；每次辅修（或每运转100h）时，打开冷却器排水阀排除积水，并检查呼吸器；空气压缩机初次运转50h后，更新一次润滑油，以后每次小修（或每300h）更新润滑油，同时清洗空气滤清器、检查和清洗气阀，如果使用环境恶劣，应适当缩短换油周期；中修时检查和清洗油泵；每次拆装空气压缩机后必须更换相应的密封件。

气源处理系统组件

5-1 气源系统是由哪些装置组成的？

气源系统就是由气源设备组成的系统，气源设备是产生、处理和储存压缩空气的设备。如图5-1所示，就是一个典型的气源系统。

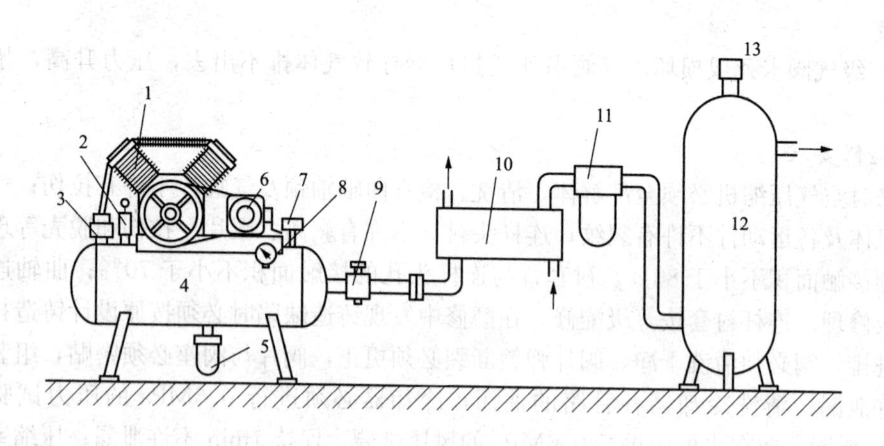

图5-1 气源系统的组成

1—空气压缩机；2—安全阀；3—单向阀；4—小气罐；5—自动排水器；6—电动机；7—压力开关；8—压力表；9—截止阀；10—后冷却器；11—油水分离器；12—大气罐；13—安全阀

通过电动机6驱动的空气压缩机1，将大气压力状态下的空气压缩到较高的压力状态，输送到气动系统。压力开关7根据压力的大小控制电动机的启动和停止。当小气罐4内压力上升到调定的最高压力时，压力开关发出信号让电动机停止工作；当小气罐内压力降至调定的最低压力时，压力开关又发出信号让电动机重新工作。当小气罐4内压力超过允许限度时，安全阀2自动打开向外排气，以保证空气压缩机的安全。当大气罐12内压力超过允许限度时，安全阀13自动打开向外排气，以保证大气罐的安全。单向阀3是在空气压缩机不工作时，用于阻止压缩空气反向流动。后冷却器10通过降低压缩空气的温度，将水蒸气及油雾冷凝成液态水滴和油滴。油水分离器11用于进一步将压缩空气中的油、水等污物分离出来。在后冷却器、油水分离器、空气压缩机和气罐等的最低处，都需设有手动或自动排水器，以便于排除各处冷凝的液态油、水等污物。

5-2 后冷却器使用维护时应注意哪些事项?

启动前检查所有附件与仪表并查看各连接处是否紧密。在使用时，应注意后冷却器有无异常声音和异常发热现象。若后冷却器因故障或正常停止工作，应及时检查并排除故障。

为提高热交换性能，防止水垢形成，冷却水温度尽可能要低些，水流量要大些。在寒冷季节，且后冷却器不工作的情况下，要采取措施以免冻裂后冷却器。后冷却器长期工作时，管壁表面逐渐积垢，热交换性能下降，以致不能保证冷却要求，此时必须停用清洗。清洗周期视水质情况而定，一般每6～12个月应进行一次内部的检查和清洗。

5-3 从空气压缩机输出的压缩空气为什么要净化?

从空气压缩机输出的压缩空气中含有大量的水分、油分和粉尘等杂质，必须采用适当的方法清除这些杂质，以免它们对气动系统的正常工作造成危害。

变质油分会使橡胶、塑料、密封材料等变质，堵塞小孔，造成元件动作失灵和漏气；水分和尘土还会堵塞节流小孔或过滤网；在寒冷地区，水分会造成管道冻结或冻裂等。

如果空气质量不良，将使气动系统的工作可靠性和使用寿命大大降低，由此造成的损失将会超过气源处理装置的成本和维修费用，故正确选用气源处理系统显得尤为必要。

5-4 从空气压缩机输出的压缩空气中杂质是如何产生的?

① 由系统外部通过空气压缩机等吸入的杂质，如大气中的各种灰尘、烟雾等。

② 由系统内部产生的杂质，如湿空气被压缩、冷却而出现的冷凝水，高温下空气压缩机油变质而产生的焦油物，管道中产生的铁锈，运动件之间磨损产生的粉末，密封过滤材料的粉末等。

③ 系统安装和维修时产生的杂质，如安装维修时未清除掉的螺纹牙铁屑、毛刺、纱头、焊接氧化皮、铸砂、密封材料碎片等杂质。

5-5 空气滤清器在使用维护时应注意哪些事项?

空气滤清器在使用维护时应注意以下几点：

① 装配前，要充分吹掉配管中的切屑、灰尘等，防止密封材料碎片混入。

② 滤清器必须垂直安装，并使放水阀向下。壳体上箭头所示方向为气流方向，不得装反。

③ 应将空气滤清器安装在远离空气压缩机处，以提高分水效率。使用时，必须经常放水。滤芯要定期进行清洗或更换。

④ 应避免日光照射。

5-6 气动自动排水器工作原理是什么?使用维护时应注意哪些事项?

1. 工作原理

图5-2所示为自动排水器的一种。被分离出来的水分流入自动排水器内，水位不断升

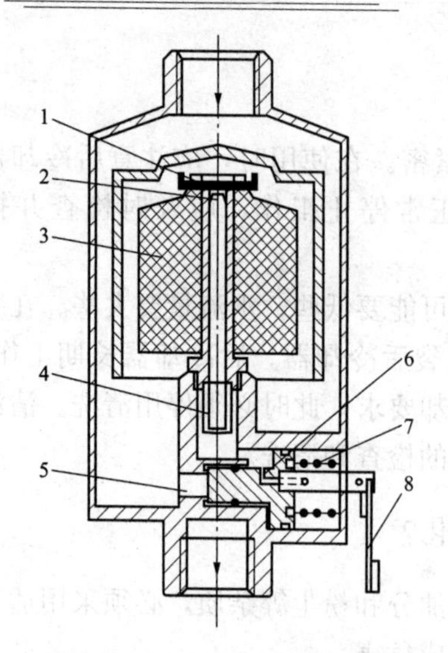

图 5-2　浮筒式自动排水器

1—盖板；2—喷嘴；3—浮子；4—滤芯；5—排水口；6—溢流孔；7—弹簧；8—操纵杆

高，当水位升高至一定高度后，浮筒的浮力大于浮筒的自重及作用在上孔座面上的气压力，使喷嘴开启，气压力克服弹簧力使活塞右移，打开排水阀座放水。排水少许后，浮筒下降，上孔座又被关闭。活塞左腔气压力通过设在活塞及手动操作杆内的溢流孔泄压，迅速关闭排水阀座。在使用过程中，如自动排水阀出现故障，可通过手动操作杆打开阀门放水。

2. 使用维护

① 自动排水器排水口必须垂直向下安装。

② 阀口及密封件处要保持清洁，弹簧不得断裂，O 形密封圈不能划伤，以防漏气漏水。

③ 若不能自动排水，先利用手动操作杆排除积水，再利用工作间隙停机拆卸，检查喷嘴小孔及溢流孔是否被堵塞，并清洗滤芯。

5-7　电动自动排水器工作原理是什么？有哪些特点？使用维护时应注意哪些事项？

1. 工作原理

图 5-3 所示为电动自动排水器的结构原理图。电动机驱动凸轮旋转，拨动杠杆，使阀芯每分钟动作 1～4 次，即排水口开启 1～4 次。按下手动按钮同样也可排水。

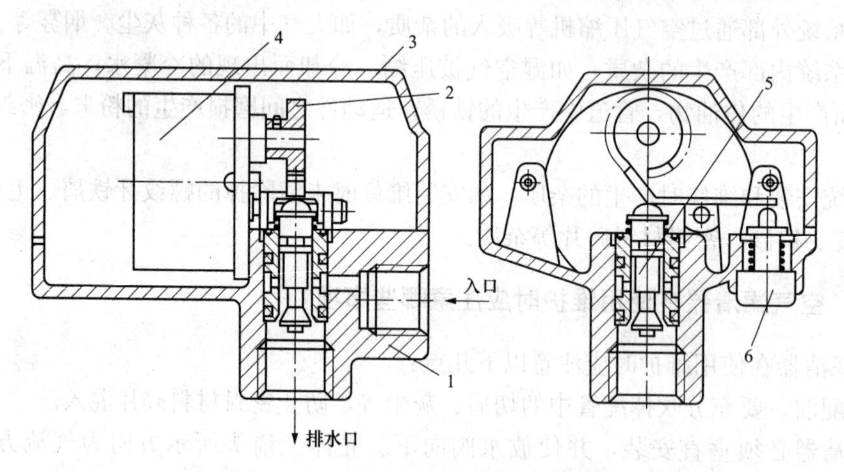

图 5-3　电动自动排水器结构原理图

1—主体；2—凸轮；3—外罩；4—电动机；5—阀芯组件；6—手动按钮

2. 特点

① 可靠性高，高黏度液体也可以排出。

② 排水能力大。

③ 可将气路末端或最低处的污水排尽，以防止管道锈蚀及污水干后产生的污物危害下游的元件。

④ 抗振能力比浮子式强。

3. 使用维护

① 安装前，必须清除储气罐内的残余水。

② 排水口必须垂直向下。自动排水器的进口处应装截止阀，以便检查维护。

③ 阀芯组件内积有灰尘时，可按手动按钮进行清洗。

5-8　冷冻式干燥器在使用维护时应注意哪些事项?

进入干燥器的进气温度高、环境温度高，都不利于充分进行热交换，也就不利于干燥器性能的发挥。当环境温度低于 2℃时，冷凝水就会开始冻结，故进气温度应该控制在 40℃以下，可在前面设置后冷却器等。环境温度宜低于 35℃，可装换气扇降温；环境温度过低，应用暖气加热。

干燥器的进气压力越高越好（在耐压强度允许的条件下）。空气压力高，则水蒸气含量减少，有利于干燥器性能的发挥。

干燥器前应设置过滤器和分离器，以防止大量灰尘、冷凝水和油污等进入干燥器内，黏附在热交换器上，使效率降低。

空气处理量不能超过干燥器的处理能力，否则干燥器出口的压缩空气达不到应有的干燥程度。

干燥器应安置在通风良好、无尘埃、无振动、无腐蚀性气体的平稳地面或台架上。周围应留足够空间，以便通风和维护检修。安放在室外的，要防日晒雨淋。分离器使用半年便应清洗一次。

冷冻式干燥器适用于处理空气量较大、露点温度不要太低的场合。它具有结构紧凑、占用空间较小、噪声小、使用维护方便和维护费用低等优点。

目前广泛使用的制冷剂是 R－12、R－22 氟利昂族制冷剂，它对大气臭氧层有破坏作用，国际上已限制其使用量。

5-9　冷冻式干燥器如何选择?

不管选择多大尺寸、具有何种特征的空气干燥器，都必须研究确定所需露点、处理空气量、入口空气压力、入口空气温度、环境温度。根据其条件和制造厂的产品目录就可进行机种选择了。例如，有内装后冷却器可直接连接到空气压缩机上的空气干燥器、有内装过滤器和调节器力求节省空间的空气干燥器，还有考虑节能、可靠性好且采用微处理机控制的空气干燥器等。必须根据各个目的进行选择。

1. 所需的露点

要根据其用途确定所需的露点。如果低露点在所需的以上，要选择很大的机型是不经济的，这一点必须注意。

2. 处理空气量

一般来讲，取空气压缩机的排出量为标准就行了。空气干燥器的处理空气量要大体与其配合。但是由于处理空气量还随着所需露点、入口空气压力、入口空气温度和环境温度等条件而变化，因此必须根据各制造厂的选择条件确定处理空气量的变化。仅在工厂一部分使用空气干燥器这样的定点场合，必须充分掌握其末端使用的空气量。

3. 入口空气压力

入口空气压力也与处理空气量一样，只要以空气压缩机排出压力为标准就行了。但是，当空气压缩机与空气干燥器之间装有过滤器或者空气压缩机与空气干燥器之间距离很长而有压力降时，考虑到这种情况而降低入口空气压力是比较安全的。空气干燥器的入口空气压力越高，效率越好，因此最好尽量设置在空气压缩机附近。像往复式空气压缩机那样排出压力变化很大，螺杆式空气压缩机也有压力变化，当所需露点要求不太严时，压力变化幅度取中间值为宜。当露点要求高时，入口空气压力必须取最低时的压力，且应考虑达到空气干燥器的压力降。入口空气压力超过990kPa时，会成为高压气体管理的对象，因此要注意各制造厂的最高使用压力。

4. 入口空气温度

入口空气温度根据后冷却器的种类不同而异，大体上是30～50℃，还有接近80℃的情况，因此要充分调查空气压缩机和后冷却器的制造厂和方式。入口空气温度高，所包含的水蒸气含量就多，空气干燥器的处理能力就下降。因此尽可能将入口空气温度限制最低为宜。

5. 环境温度

一般来讲，环境温度范围为6～40℃。从空气干燥器的原理来看，0℃以下使用基本上是不可能的。从空气干燥器的性能来看，环境温度最好在其范围内处于最低值。但是如果低到0℃以下，则除湿的水滴在管内冻结而堵塞管道，使空气不能流通。即使水滴在自动排水管中积留，也由于冻结而排不出去。这种空气干燥器即使在寒冷地区也可使用，但必须采取各种冬季防寒措施。例如，将空气干燥器设置于环境温度6℃以上的地方；或者工厂内的管路采用口径尽可能粗的管子，即使水蒸气冻结也不致堵塞管道；或者将空气干燥器埋在地下使其不致太冷。有些地方将进行空气净化所产生的水滴白天排出，这样即使夜间冻结也不会堵塞管路。总之，在寒冷地区的冬季作业场，按原来状态进行除湿工作，其善后处理也是比较容易的。

5-10 如何使用维护吸附式干燥器?

1. 设置空气滤清器及油雾分离器

干燥器入口前应设置空气滤清器及油雾分离器，以防油污和灰尘等黏附在吸附表面而降低干燥能力，缩短使用寿命。

2. 更换吸附剂

吸附剂长期使用会粉化，应在粉化之前予以更换，以免粉末混入压缩空气中。

3. 吸附干燥器易损部件

传统上将吸附剂、程序控制器和控制阀合称为吸附干燥器三大易损件。

① 吸附剂作为干燥器工作主体，吸附剂大部分时间里承受着压力、水汽和热量频繁冲击，容易遭受机械性破碎和水介质污损，使吸附性能劣化。自从活性氧化铝取代硅胶成为主选吸附剂后，各种性能都大为改善，尤其抗压强度及抗液态水浸泡性方面达到了很高水准，不出现“再生能耗不足”等操作因素；经活性氧化铝处理后，压缩空气露点稳定达到－40℃技术是能保证的，且工作寿命也可达2年以上。

② 程序控制器是吸附干燥器指挥中心。随着电子技术发展及单片机和PLC技术推广应用，控制精度与可靠性方面均比早期机械-电气控制有了长足进步。加热再生干燥器用功率

器件抗过载性和抗干扰性方面还需提高外，极大部分用程序控制器已经不属于易损部件。

③ 控制阀是吸附干燥器中比较易损零部件。尽管厂家都将密封性和使用寿命作为阀门选择（其空载寿命往往都几十万次以上）主要依据，但是仍免不了应用时过早损坏。阀片破裂、密封泄漏和电磁线圈烧毁是控制阀常见故障。频繁切换（无热再生）和长期遭受水分及吸附剂脱落物混合侵袭（特别是加热再生）是阀门损坏重要原因。阀门故障是多发性故障，选型时应将阀门现场快速维修可能性考虑进去。

④ 控制阀外消声器也是一个容易出现故障部件，其主要表现形式是消声排气通道堵塞。在吸附干燥器中，消声器用来降低再生排气噪声外，几乎没有其他实质性功能，但一旦消声器故障（特别是“堵塞”），给整机运行带来损伤却是致命的。对这个部件进行日常维修不能忽视。

4. 常见故障及排除

吸附干燥器最常见故障可分为器质性、负载性和再生性三类，现简述之。

① 器质性故障时，干燥器上某一零部件损坏所引起，如阀门损坏、消声器故障和控制器失灵等。工作寿命终了和遭外力破坏是发生器质性故障主要原因。这类故障往往是无先兆或先兆不明情况突然发生，但较容易判断，也较容易处理。

② 负载性故障主要原因是设备超负荷运行，其主要表现为出口排气露点升高。压缩空气处理量增大、进气温度升高或进气压力降低等是造成吸附干燥器超负荷工作常见原因。多数情况下，负载性故障不较容易被觉察，但后果会太严重，且较容易处理。

③ 再生性故障是由“再生能耗不足”引起的。再生性故障显性表征有再生尾气排放温度过低、尾气带水、消声器或排气阀外表结露、再生塔外表温度低于环境温度或出现“外壁结露”等；而隐性弊症则是“塔内结露”——即能量载体（干燥气）供给不足，解吸出来水汽不能在规定时间里全部排出，冷却时剩余水汽就会吸附床内凝聚成液态水（这是极端有害的）。实践表明：吸附干燥器运行中所发生的许多“疑难杂症”几乎都与“再生能耗不足”有关。

再生性故障隐蔽性强、潜伏时间长，往往还掺杂有人为因素（如“惜耗”心理）或先发因素（如选型不当），处理起来比较困难。这类故障对吸附干燥器运行及整体性能都有较大危害。增加再生能耗是解决这类故障最直接有效方法。

5-11　吸附式空气干燥器应如何选择?

吸附式空气干燥器选择的要求与冷冻式空气干燥器基本相同。因此只重点叙述吸附式空气干燥器与冷冻式空气干燥器不同的地方以及必须特别注意之处。

1. 所需露点

吸附式空气干燥器的露点范围很广，其加压露点为10～70℃。其中比较高的露点适用于加热式，比较低的露点适用于不加热式。

2. 处理空气量

吸附式空气干燥器如图5-4所示。为了干燥剂的再生，需将入口空气量的一部分净化后排放大气中。净化空气量根据所需露点而异：对不加热式为

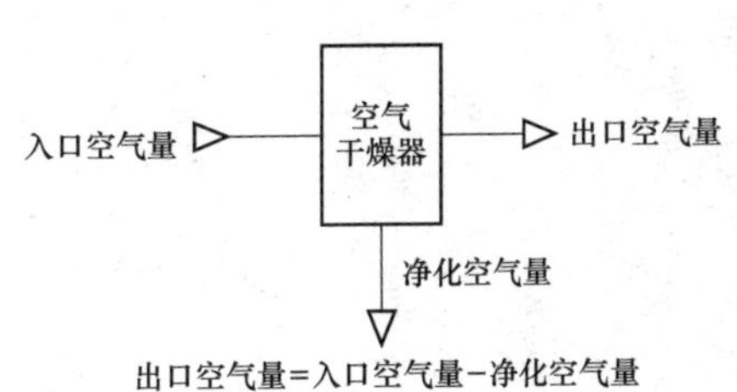

图5-4　吸附式空气干燥器的出口空气量

10%～20%，对加热式为6%～8%。因此，如果不很好地了解实际希望使用的空气量和空气压缩机的排出量，就会产生事故。

3. 入口空气压力

条件与冷冻式空气干燥器相同。这种空气干燥器被定点使用的情况比较多，因此必须正确掌握实际的入口空气压力。

4. 入口空气温度、环境温度

条件与冷冻式空气干燥器相同，温度越低越好。

5－12　干燥器使用维护应注意哪些事项?

① 使用空气干燥器时，必须确定气动系统的露点温度，然后才能选用干燥器的类型和使用的吸附剂等。

② 决定空气干燥器的容量时，应注意整个气动系统流量以及输入压力、输入端的空气温度。

③ 若用有润滑油的空气压缩机作为气压发生装置时，需注意空气中混有油粒，油能黏附于吸附剂的表面，使吸附剂吸附水蒸气能力降低。对于这种情况，应在空气入口处设置除油装置。

④ 干燥器最好远离空气压缩机安装，以稳定进气温度。从空气压缩机出来的管路应平缓倾斜伸进空气干燥器，这是因为管路垂直沉落可能积聚水分，从而引起冻结问题。干燥器一般安装在室内。

⑤ 干燥器无自动排水时，需要定期手动排水，否则一旦混入大量冷凝水后，干燥器的效率就会下降，影响压缩空气质量。

⑥ 干燥器日常维护必须按生产厂商提供的产品说明书进行。

液压缸与气缸

6-1 液压缸的常见故障有哪些？其故障原因是什么？如何排除？

1. 爬行

(1) 原因分析

① 混入空气。
② 运动密封件装配过紧。
③ 活塞杆与活塞不同轴。
④ 导向套与缸筒不同轴。
⑤ 活塞杆弯曲。
⑥ 液压缸安装不良，其中心线与导轨不平行。
⑦ 缸筒内径圆柱度超差。
⑧ 缸筒内孔锈蚀、拉毛。
⑨ 活塞杆两端螺母拧得过紧，使同轴度降低。
⑩ 活塞杆刚度差。
⑪ 液压缸运动件之间间隙过大。
⑫ 导轨润滑不良。

(2) 排除方法

① 排除空气。
② 调整密封圈，使之松紧适当。
③ 校正、修整或更换。
④ 修正调整。
⑤ 校直活塞杆。
⑥ 重新安装。
⑦ 镗磨修复，重配活塞或增加密封件。
⑧ 除去锈蚀、毛刺或重新镗磨。
⑨ 调整螺母的松紧度，使活塞杆处于自然状态。
⑩ 加大活塞杆直径。
⑪ 减小配合间隙。
⑫ 保持良好润滑。

2. 冲击

(1) 原因分析

① 缓冲间隙过大。

② 缓冲装置中的单向阀失灵。

(2) 排除方法

① 减小缓冲间隙。

② 修理或更换单向阀。

3. 推力不足或工作速度下降

(1) 原因分析

① 缸体和活塞的配合间隙过大，或密封件损坏，造成内泄漏。

② 缸体和活塞的配合间隙过小，密封过紧，运动阻力大。

③ 运动零件制造存在误差和装配不良，引起不同心或单面剧烈摩擦。

④ 活塞杆弯曲，引起剧烈摩擦。

⑤ 缸体内孔拉伤与活塞咬死，或缸体内孔加工不良。

⑥ 液压油中杂质过多，使活塞或活塞杆卡死。

⑦ 液压油温度过高，加剧泄漏。

⑧ 液压泵输油量不足，液压缸进油路油液泄漏。

(2) 排除方法

① 修理或更换不合乎精度要求的零件，重新装配、调整或更换密封件。

② 增加配合间隙，调整密封件的压紧程度。

③ 修理误差较大的零件重新装配。

④ 校直活塞杆。

⑤ 镗磨、修复缸体或更换缸体。

⑥ 清洗液压系统，更换液压油。

⑦ 分析温升原因，改进密封结构，避免温升过高。

⑧ 排除管路泄漏；检查溢流阀锥阀与锥阀座密封情况，如密封不好而产生泄漏，使油液自动流回油箱。

6-2 液压缸漏油的原因有哪些？应采取的对策有哪些？

在实际生产中，液压缸往往因密封不良、活塞杆弯曲、缸体或缸盖等有缺陷、产生拉缸、活塞杆或缸内径过度磨损等引起液压缸漏油。当出现漏油时，液压缸的工作性能急剧恶化，将造成液压缸产生爬行、出力不足、保压性能差等问题，严重影响了液压设备的平稳性、可靠性和使用寿命。

1. 液压缸漏油的部位及原因

总的来说，液压缸的泄漏一般分为内泄漏和外泄漏两种情况。外泄漏较容易发现，只要仔细观察即可作出正确判断。液压缸的内泄漏检修较为困难，一方面内泄漏的部位因不能直接观察而难以判断其准确位置，另一方面对修理后的效果也难以作出准确的评判。

(1) 液压缸外泄漏的部位及原因

液压缸外泄漏一般有以下几种情况：

① 活塞杆与导向套间相对运动表面之间的漏油。这种漏油现象是不可避免的。若液压缸在完全不漏油的条件下往复运动，活塞杆表面与密封件之间将处于干摩擦状态，反而会加

剧密封件的磨损，大大缩短其使用寿命。因此，应允许活塞杆表面与密封件之间有一定程度的漏油，以起到润滑和减少摩擦的作用，但要求活塞杆在静止时不能漏油。活塞杆每移动100mm，漏油量不得超过两滴，否则为外泄漏严重。

沿活塞杆与导向套内密封间的外泄漏主要是由于安装在导向套上的V形（常用Yx形）密封圈损坏及活塞杆被拉伤起槽、有坑点等引起的。

② 沿缸筒与导向套外密封间的漏油。缸筒与导向套间的密封是静密封，可能造成漏油的原因有密封圈质量不好、密封圈压缩量不足、密封圈被刮伤或损坏、缸筒质量和导向套密封槽的表面加工粗糙。

③ 液压缸体及相配合件有缺陷引起的漏油。液压缸体及相配合件的缺陷，在液压系统的压力脉动或冲击振动的作用下将逐渐扩大而引起漏油。例如，铸造的导向套有铸造气孔、砂眼和缩松等缺陷引起的漏油，或缸体有缺陷而引起的漏油，或缸端盖有缺陷而引起的漏油。

④ 缸体与端盖结合部的固定配合表面之间的漏油。当密封件失效、压缩量不够、老化、损伤、几何精度不合格、加工质量低劣、非正规产品或重复使用O形密封圈时，就会出现漏油现象。只要选择合适O形密封圈即可解决问题。

(2) 液压缸内泄漏的部位及原因

① 液压缸内泄漏的部位。液压缸内部漏油有两处，一处是活塞杆与活塞之间的静密封部分，只要选择合适的O形密封圈就可以防止漏油；另一处是活塞与缸壁之间的动密封部分。

② 液压缸内泄漏的原因。

a. 活塞杆弯曲或活塞与活塞杆同轴度不好。活塞杆弯曲或活塞与活塞杆同轴度不好可使活塞与缸筒的同轴度超差，造成活塞的一侧外缘与缸筒间的间隙减小，使缸的内径产生偏磨而漏油，严重时还会引起拉缸使内泄漏加重。

b. 密封件的损坏或失效。主要原因是密封件的材料或结构类型与使用条件不符（例如，如果密封材质太软，那么液压缸工作时，密封件极易挤入密封间隙而损伤，造成液压油的泄漏。）；密封件失效、压缩量不够、老化、损伤、几何精度不合格、加工质量低劣、非正规产品；密封件的硬度、耐压等级、变形率和强度范围等指标不合要求；如果密封件工作在高温环境下，将加速密封件的老化，导致密封件的失效而泄漏；密封件的安装不当、表面磨损或硬化以及寿命到期但未及时更换。

c. 铁屑及硬质异物的进入。活塞外圆与缸筒之间一般有0.5mm的间隙，若铁屑或硬质异物嵌入其中，就会引起拉缸而产生内泄漏。

d. 设计、加工和安装有问题。主要原因是密封的设计不符合规范要求，密封沟槽的尺寸不合理，密封配合精度低、配合间隙超差，将导致密封件的损伤，产生液压油的泄漏；密封表面粗糙度和平面度误差过大，加工质量差，也将导致密封件的损伤，产生液压油的泄漏；密封结构选用不当，造成变形，使结合面不能全面接触而产生液压油的泄漏；装配不细心，结合面有沙尘或因损伤而产生较大的塑性变形，产生液压油的泄漏。

例如，液压缸的活塞半径、密封槽深度或宽度、装密封圈的孔尺寸超差或因加工问题而造成失圆、本身有毛刺或有洼点、镀铬脱落等，密封件就会有变形、划伤、压死或压不实等现象发生使其失去密封功能。将使零件本身具有先天性的渗漏点，在装配后或使用过程中发生渗漏。

2. 预防液压缸漏油的对策

(1) 防止污物直接或间接进入液压缸

注意油箱加油孔及系统元件防雨、防尘装置的密封；维修液压系统时，应在清洁的车间内进行，不能进车间的应选择空气清洁度高的环境；短时不能修复的，拆开部件进行必要的密封，避免侵入杂质；当油箱加油时，要用滤网过滤，尽可能避开恶劣天气和环境；维修人员要注意个人的清洁，避免将粉尘、油污等杂质带入液压系统；拆卸液压缸前，首先将液压缸及周围的油污、尘土等清除干净，同时注意维修工具的清洁；零件拆下修理后进行清洗，洗后用干燥的压缩空气吹干再进行装配；修理装配时应避免戴手套操作或用棉纱擦拭零件；装配用具及加油容器、滤网等注意保持清洁，防止污物带入系统；适时地对油箱进行清洗，清除维修时带进的杂质以及陈积的污物；液压油的油质应坚持定期进行油样的检测，适时地更换油液。认真做好以上工作，对控制液压油的污染、降低液压缸的磨损、预防液压缸漏油和延长液压缸的使用寿命，有着非常重要的作用。

(2) 要正确装配密封圈

安装O形密封圈时，不要将其拉到永久变形的位置，也不要边滚动边套装，否则可能因形成扭曲而漏油；安装Y形和V形密封圈时，要注意安装方向，避免因装反而漏油；对Y形密封圈而言，其唇边应对着有压力的油腔；此外，对Yx形密封圈还要注意区分是轴用还是孔用，不要装错；V形密封圈由形状不同的支撑环、密封环和压环组成（当压环压紧密封环时，支撑环可使密封环产生变形而起密封作用，安装时应将密封环开口面向压力油腔；调整压环时应以不漏油为限，不可压得过紧，以防密封阻力过大）；密封装置如与滑动表面配合，装配时应涂以适量的液压油；拆卸后的O形密封圈和防尘圈应全部换新。

(3) 减少动密封件的磨损

液压系统中大多数动密封件都经过精确设计，如果动密封件加工合格、安装正确、使用合理，均可保证长时间无泄漏。从设计角度来讲，可以采用以下措施来延长动密封件的寿命：消除活塞杆和驱动轴密封件上的径向载荷；用防尘圈、防护罩和橡胶套保护活塞杆，防止粉尘等杂质进入；使活塞杆运动的速度尽可能低。

(4) 合理设计和加工密封沟槽

液压缸密封沟槽的设计或加工的质量，是减少泄漏、防止油封过早损坏的先决条件。如果活塞与活塞杆的静密封处沟槽尺寸偏小，密封圈在沟槽内没有微小的活动余地，密封圈的底部就会因受反作用力的作用使其损坏而导致漏油。密封沟槽的设计（主要是沟槽部位的结构形状、尺寸、形位公差和密封面的粗糙度等），应严格按照标准要求进行。

防止油液由液压缸静密封件处向外泄漏，必须合理设计静密封件密封槽尺寸及公差，使安装后的静密封件受挤压变形后能填塞配合表面的微观凹坑，并能将密封件内应力提高到高于被密封的压力。当零件刚度或螺栓预紧力不够大时，配合表面将在油液压力作用下分离，造成间隙过大。随着配合表面的运动，静密封就变成了动密封。

(5) 采用合理有效的维修方法

① 液压缸拆检与维修方法。液压缸缸筒内表面与活塞密封是引起液压缸内泄漏的主要因素。如果缸筒内产生纵向拉痕，即使更换新的活塞密封，也不能有效地排除故障。缸筒内表面主要检查尺寸公差和几何公差是否满足技术要求，有无纵向拉痕，并测量纵向拉痕的深

度，以便采取相应的解决方法。

缸筒存在微量变形和浅状拉痕时，采用强力珩磨工艺修复缸筒。强力珩磨工艺可修复比原公差超差 2.5 倍以内的缸筒。它通过强力珩磨机对尺寸或形状误差超差的部位进行珩磨，使缸筒整体尺寸、几何公差和表面粗糙度满足技术要求。

缸筒内表面磨损严重，存在较深纵向拉痕时，可更换液压缸，也可采用粘接方法进行修复。修复时，先用丙酮溶液清洗缸筒内壁，晾干后在拉伤处涂上一层胶黏剂（乐泰 602 胶或 TG205 胶），用特制的工具将胶刮平，待胶与缸筒内壁的金属表面粘在一起后，再涂上一层黏结剂（厚度以高出缸筒内壁表面 2mm 左右为宜），此时应用力上下来回将胶修刮平，使其稍微高出缸筒内表面，并尽可能达到均匀、光滑，待固化后再用细砂纸打磨其表面，直至与原缸筒内壁表面高度一致时为止。

② 活塞杆、导向套的检查与维修。活塞杆与导向套间相对运动副是引起外泄漏的主要因素。如果活塞杆表面镀铬层因磨损而剥落或产生纵向拉痕时，将直接导致密封件的失效。因此，应重点检查活塞杆表面粗糙度和几何公差是否满足技术要求。如果活塞杆弯曲应校直达到要求或按实物进行测绘，由专业生产厂进行制造。如果活塞杆表面镀层磨损、滑伤、局部剥落，可采取磨去镀层和重新镀铬表面加工处理工艺。

③ 密封件的检查与维修。活塞密封是防止液压缸内泄漏的主要元件。对于唇形密封件应重点检查唇边有无伤痕和磨损情况；对于组合密封应重点检查密封面的磨损量，然后判定密封件是否可使用。另外，还需检查活塞与活塞杆间静密封圈有无挤伤情况。活塞杆密封应重点检查密封件和支撑环的磨损情况。一旦发现密封件和导向支撑环存在缺陷，应根据被修液压缸密封件的结构形式，选用相同结构形式和适宜材质的密封件进行更换，这样能最大限度地降低密封件与密封表面之间的油膜厚度，减少密封件的泄漏量。

6-3 在安装液压缸时应注意哪些事项?

液压缸是液压机械中直接拖动负载的装置，安装时要考虑到它与负载大小、性质、方向等。在安装液压缸时必须注意以下几点：

① 连接的基座必须有足够的强度。如果基座不牢固，加压时缸筒将向上翘起，导致活塞杆弯曲或折损。

② 对于大直径、行程在 2～2.5m 以上的大液压缸，在安装时必须安装活塞杆的导向支撑环和缸筒本身的中间支座，以活塞杆和缸筒的挠曲。因为挠曲结果，将会产生缸体与活塞杆、活塞杆与导向套之间的间隙不均匀，造成滑动面不均匀磨损或拉伤，轻则使液压缸出现内泄漏和外泄漏，重则使液压缸不能使用。

③ 耳环式液压缸以耳环为支点，它可以在与耳环垂直平面内摆动的同时，做直线往复运动。所以，活塞杆顶端连接转轴孔的轴线方向必须与耳轴孔的方向一致，否则液压缸就会受到以耳轴孔为支点的弯曲载荷。有时还会发生由于活塞杆的弯曲，使杆端的头部螺纹折断。而且，由于活塞杆处于弯曲状态下进行往复运动，容易拉伤缸筒表面，使导向套的磨损不均匀，发生漏油等现象。

④ 当要求耳环式液压缸能以耳环孔为中心做自由回转时，可以使用万向接头或万向联轴器。采用万向接头时，液压缸能整体自由摆动，可将“别劲”现象减到最小。

⑤ 铰轴式液压缸的安装方法应与耳环式液压缸作相同考虑，因为液压缸是以铰轴为支

点的，并在与铰轴相垂直平面内摆动的同时，做往复直线运动。所以，活塞杆顶端的连接销应与铰轴位于同一方向。若连接销与铰轴相垂直，则液压缸就会变形弯曲，活塞杆顶端的螺纹部分会折断，加之有横向力的作用，活塞杆导向套和活塞面容易发生不均匀磨损或拉伤，这是造成破损和漏油的原因。

6-4 如何调整液压缸？

液压缸安装好后，需要进行试运转。

安装液压缸后试压时若无漏油现象，首先应将工作压力降至0.5～1.0MPa进行排气。

排气方法是：当活塞运动到终端使压力升高时，将处于高压腔的排气阀螺栓打开点，使带有浊气的白泡沫状油液从排气阀喷出，喷出时带有“嘘、嘘”的排气声。当活塞由终端开始返回的瞬间关闭该阀。如此多次，直至喷出澄清色的油液为止。然后再换另一腔排气，排气方法同上。一般要将空气排净需要进行25min左右的时间。排气操作必须注意安全及谨慎。

液压缸设有缓冲调节阀的，还应对缓冲调节阀进行调整，主要调整缓冲效果和动作的循环时间。当液压缸上作用有工作负载条件时，活塞速度按小于50mm/s运行，逐渐提高。开始先把缓冲调节阀放在缓冲节流阻力较小位置，然后逐渐增大节流阻力，使缓冲作用逐渐加强，一直调到符合缓冲要求为止。

6-5 如何拆卸、检查液压缸？

1. 液压缸的拆卸

① 首先将活塞移到适于拆卸的一个位置。

② 松开溢流阀，使溢流阀卸荷，系统压力降为零。

③ 切断电源，使液压装置停止工作。

④ 一般液压缸的拆卸顺序应是：首先拆下进出油口的配管，其次松开活塞杆端的连接头、端盖及安装螺栓，然后拆卸活塞杆、活塞和缸筒等。拆卸时一定要注意，不应硬性将活塞杆、活塞从缸筒中拔出，以免损伤缸筒内表面。

2. 液压缸零件的检查与判断

（1）缸筒内表面

缸筒内表面有很浅的线状摩擦伤或点状痕迹，是允许的，对使用无妨。如果是纵状拉伤，必须对内孔进行研磨，或可用极细的砂纸或油石修正。当无法对纵状拉伤进行修正时，必须更换新缸筒。

（2）活塞杆

在与密封圈做相对运动的活塞杆滑动面上产生的拉伤或伤痕，其判断处理方法同缸筒内表面。但是，活塞杆滑动面一般是镀硬铬的，如果镀层的一部分因磨损脱落形成纵状深痕，对外漏油将会有很大影响。此时必须除去旧镀层，重新镀铬和抛光。镀铬厚度为0.05mm。

（3）密封件

检查活塞杆、活塞密封件，应当首先观察密封件的唇边有无受伤和密封摩擦面的磨损情况。发现唇边有轻微伤痕和摩擦面有磨损时，最好更换新的密封件。

（4）导向套

导向套内表面有些伤痕，对使用没多大影响。但是，如果当伤痕在 0.2mm 以上时，就应更换新的导向套。

（5）活塞

活塞表面有轻微伤痕时，不影响使用；如果当伤痕在 0.2mm 以上时，就应更换新的活塞。另外，还得检查活塞上是否有与缸盖碰撞引起的裂缝。如有，则必须更换活塞。

（6）其他

其他部分的检查，随液压缸构造及用途而异。但检查应留意端盖、耳环、铰轴是否有裂纹，活塞杆顶端螺纹和油口螺纹有无异常等。

6-6 液压缸组装时应注意哪些事项？

1. 检查加工零件上有无毛刺或锐角

在密封技术中，如何保护好密封圈生命的唇边，是十分重要的。若缸筒内壁上开有排气孔或通油孔，应检查并除去孔两端开的导向锥面上的毛刺，以免密封件在安装过程中损坏。检查密封圈接触或摩擦的相应表面，如有伤痕必须研磨、修正，否则即使更换新的密封件也不能防止泄漏液压油。当密封圈要经过螺纹部分时，可在螺纹上卷一层密封带，在密封带上涂上润滑脂，再进行安装。

2. 装入密封圈时，要用耐热性、抗氧化能力好的润滑脂

在液压缸的拆卸和组装过程中，首先采用洗涤油或汽油等将各部分洗净，接着用压缩空气吹干，然后在干筒内表面及密封圈上涂上一些润滑脂。这样，不仅能使密封圈容易装入，而且在组装时能保护不受损坏，效果较显著。

3. 切勿装错密封方向

密封有方向性。对于 Y 形、V 形等密封圈，一般是高压朝着密封圈的唇口一边。如果是 O 形圈，就没有方向性，但 O 形圈后面要有保护环，O 形圈前面受压时背后的保护环防止 O 形圈受压后变形及被挤出拧扭。

6-7 液压缸缓冲效果不好的表现有哪些？其故障原因是什么？如何排除？

当运动部件的质量较大、运动速度较高（如大于 0.2m/s）时，由于惯性力较大，具有很大的动量。当活塞运动到缸筒的终端时，会与端盖发生机械碰撞产生很大的冲击和噪声，严重影响机械精度，甚至引起破坏性事故，为此常需采取缓冲措施。液压缸中缓冲装置的工作原理是利用活塞或缸筒在其走向行程终端时，在活塞与缸盖之间封住一部分油液，强迫油液从小孔或缝隙中挤出，产生节流背压阻力，使工作部分受到制动，逐渐减慢运动速度，达到缓冲的目的。但是往往液压缸中缓冲装置达不到缓冲的预期效果。

液压缸缓冲效果不好常表现为缓冲作用过度、缓冲作用失效和缓冲过程中产生爬行等情况。缓冲作用过度是指活塞进入缓冲行程到活塞停止运动的时间间隔太短和进入缓冲行程的瞬间活塞受到很大冲击力两种情况，好像没有缓冲装置一样。缓冲作用失效是指在接近行程终点时没有缓冲效果，活塞不减速，给缸底以很大撞击力。缓冲过程中的爬行是指活塞进入缓冲行程后，运动产生跳跃式的时停时走状态。

1. 缓冲作用过度原因及排除方法

① 缓冲调节阀节流过量。此时应适当调大节流口。

② 缓冲柱塞在缓冲孔中偏斜、拉伤有咬死现象或配合间隙有夹杂物。出现上述现象可采取如下措施：提高缓冲柱塞和缓冲孔的制造精度；提高活塞与缸盖的安装精度，同轴度误差不大于0.03；缓冲柱塞与缓冲孔配合间隙的大小要适当，通常要求配合间隙为0.01～0.12mm。

2. 缓冲作用失效的原因及排除方法

① 缓冲节流阀调整不良。此时可采取如下措施：调节阀的锥阀阀芯与阀座配合不好，重新研磨阀座；节流孔的加工要保证垂直度和同轴度。

② 缓冲柱塞和缓冲孔配合间隙太大。此时应调整或修配使缓冲柱塞与缓冲孔配合间隙的大小为0.01～0.12mm。

③ 缓冲腔容积过小，引起缓冲腔压力过大。此时应加大缓冲腔直径和长度。

④ 缓冲装置的单向阀在回油时堵不住。此时应修理或更换单向阀。

3. 缓冲过程中爬行的原因及排除方法

缓冲柱塞与缓冲孔发生干涉，引起运动别劲而爬行。此时应检查产生干涉的原因，针对性采取措施。

6-8 液压缸使用时应注意哪些事项？

液压缸使用时应注意以下事项：

① 在工作中应避免损伤活塞杆的外表面及活塞杆端部螺纹，避免用铁锤敲打活塞杆和缸体端部。

② 注意液压缸性能试验后再度紧固。液压缸试验后，必须再度拧紧缸盖紧固螺栓及有关连接螺栓，以免单边拧紧受力不均而逐个破坏。

③ 使用过程中应经常检查液压缸是否漏油，以及液压缸与工作机构的连接部位有无松动。

④ 有排气装置的液压缸，应注意将缸内的空气排除干净。

6-9 液压缸发出不正常的声响的原因有哪些？如何排除？

液压缸运行时发出不正常的声响，应引起足够重视，哪怕是微小撕拉声也不可忽视。不正常的声响会导致滑动面的拉伤烧死、泄漏严重、运动速度不平稳、运行不正常和推力不够等，最后酿成液压缸的大修乃至报废，切不可因小失大。

1. 空气混入液压缸

空气混入液压缸引起液压缸运行不稳定，造成液压缸内油液中气泡挤裂声。在液压缸端头应设置排气装置，排除缸内空气。

2. 相对滑动面配合过紧

如活塞与缸筒配合过紧，或有研伤、拉痕，除发出不正常的声响外，甚至还会使液压缸运动困难。应保证滑动配合面采用H8/f8配合，缸筒内圆表面粗糙度Ra0.4～0.2μm。

3. 滑动面润滑不良

密封摩擦力过大，滑动面缺少润滑油，引起相对滑动时产生摩擦声。此时可采取如下措施：正确设计和制造密封槽底径、宽度和密封件压缩量；对有唇边的密封圈，如若刮油压力过大把润滑油膜破坏了，可用砂纸轻轻打磨唇边，使唇边变软一点。

4. 有“嘭嘭”声

往往是由于活塞上的尼龙导向支撑环与缸壁间的间隙太小或支撑环变形过量引起的。此时应整修或更换导向支撑环。

6-10　液压缸缸壁胀大的主要原因是什么？如何处理？

液压缸由于是压力容器，缸体内径会产生弹性或弹塑性变形膨胀。在缸筒胀大处，工作流体在缸筒压力腔中将通过活塞密封的外缘向低压腔窜流而失去压力，造成严重的内泄漏。缸体内径胀大时，在缸体的外径上沿轴向置以直尺，贴着缸壁测量，即可判断缸壁胀大的情况，若缸壁为铸造毛坯不便用直尺测量，可在缸外径适当地方作一标记，然后以较大的外卡钳或游标卡尺，便能量化测定。

造成缸壁胀大的原因主要有以下几种。

1. 液压缸的强度、刚度不够

根据材料力学均布载荷的理论，强度、刚度是呈抛物线状态分布的，它与工作油压均布压力成正比，与均布载荷长度的4次方成正比，所以缸壁胀大最易发生在细长的缸筒中，胀大位置往往在最高工作压力容腔的中点附近。这在设计时要特别注意校核缸的强度、刚度。

2. 发生特殊高压

① 负载大或者速度高的活塞，具有很大的惯性力，瞬时间突然停止时，工作腔内压力值即时增大，甚至超过最高工作压力数倍，使缸径胀大。

② 液压缸经常超负载工作。比如打包机临近终了忽然停止，以后重新启动打包（俗称打冷包），会使瞬时油压超过2倍以上，极易引起缸径胀大。

③ 缓冲装置完全不起作用，处于全开状态，使运行活塞不能减速而突然撞到缸盖并可能弹回，引起工作腔瞬时超压。

3. 缸筒材质或结构不合理

缸筒误用低强度的钢材，使屈服点及安全系数减小，正常使用日久，必然会产生缸径胀大。对长度很大的液压缸的缸壁，在外圈中间位置处未设置加强筋，导致不能承受载荷力。

对缸壁胀大的处理措施如下：

① 加强日常维护工作，按规定进行操作。

② 缸壁处施加加固结构。

③ 内径经测量变形较大时，应先行采取加固措施，如图6-1所示；对于内壁的修理，一般采用珩磨方法。

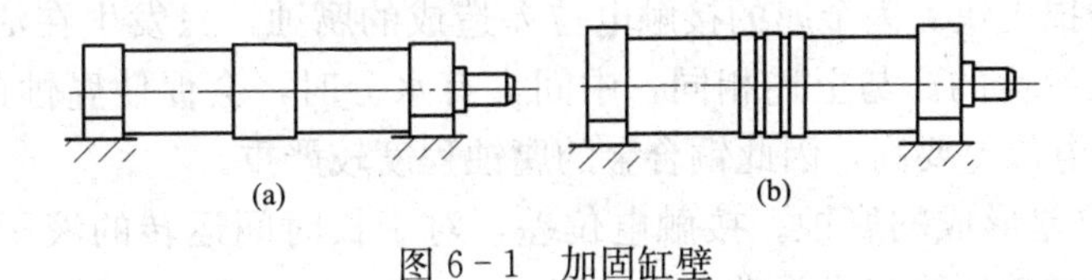

图6-1　加固缸壁

6-11　液压缸缸体内孔表面划伤有什么不良的后果？其引起的主要原因有哪些？

缸体内孔表面划伤会产生如下不良后果：

① 划伤沟槽挤出的材料屑末会嵌入密封件，运行时在损坏密封件工作部位的同时，可

能造成新的划伤区或痕路。

② 恶化缸筒内壁的表面粗糙度，增大摩擦力，易产生爬行现象。

③ 加重液压缸的内泄漏，使液压缸工作效率降低。

引起缸体内孔表面划伤的主要原因如下：

1. 装配液压缸时造成的伤痕

① 装配时混入异物造成的伤痕。液压缸在组装前，所有零件必须充分去除毛刺并洗净。零件上带有毛刺或脏污进行安装时，由于“别劲”及零件自重，异物易嵌进缸壁表面，造成伤痕。

② 安装零件中发生的伤痕。液压缸安装时，活塞及缸盖等零件质量大、尺寸大、惯性大，即使有起重设备辅助安装，由于规定配合间隙较小，无论怎样均会别劲装入。因此，活塞的端部或缸盖的凸台在磕碰缸壁内表面时，极易造成伤痕。解决此问题的方法是：对于数量多、上批量的小型液压缸，安装时采用专制装配导向工具；对于重、粗、大的大中型液压缸，只有细致、谨慎操作才能竭力避免。

③ 测量仪器触头造成的伤痕。通常采用内径千分表测量缸体内径时，测量触头（多为高硬度的耐磨硬质合金制成）是边摩擦边插入缸体内孔壁中的。一般地说，测量时造成深度不大的细长形划伤是轻微的，不影响运行精度，但如果测量杆尺寸调节不当，测量触头硬行嵌入会造成较为重度的伤痕。解决方法：首先测量出调节好的测量头的长短度，然后用一张只在测量位置上开孔的纸带贴在缸壁内表面，即不会产生上述形状划痕。测量造成的轻微划痕，一般用旧砂布的反面或马粪纸即可擦去。

2. 不严重的运行磨损痕迹

① 活塞滑动表面的伤痕转移。活塞安装之前，其滑动表面上带有伤痕，未加处理，原封不动地进行安装，这些伤痕将反过来使缸壁内表面划伤。因此，安装前对这些伤痕必须作充分的修整。

② 活塞滑动表面压力过大造成的烧结现象。因活塞杆自重作用使活塞倾斜，出现别劲现象，或者由于横向载荷等的作用，使活塞滑动表面的压力升高，将引起烧结现象。在液压缸设计时必须研究它的工作条件，对活塞和衬套的长度以及间隙等尺寸必须加以充分注意。

③ 缸体内表面所镀硬铬层发生剥离。一般认为，电镀硬铬层发生剥离的原因如下：

a. 电镀层黏结不好。电镀层黏结不好的主要原因是：电镀前，零件的除油脂处理不充分；零件表面活化处理不彻底，氧化膜层未去除掉。

b. 硬铬层磨损。电镀硬铬层的磨损，多数是由于活塞的摩擦铁粉的研磨作用造成的，中间夹有水分时磨损更快。因金属的接触电位差造成的腐蚀，只发生在活塞接触到的部位，而且腐蚀是呈点状发生的。与上述相同，中间夹有水分时，会促使腐蚀的发展。与铸件相比，铜合金的接触电位差要高，因此铜合金的腐蚀程度较严重。

c. 因接触电位差形成的腐蚀。接触电位差，对于长时间运转的液压缸来说不易发生，对于长期停止不用的液压缸来讲是常见的故障。

④ 活塞环的损坏。活塞环在运行时发生破损，其碎片夹在活塞的滑动部分，造成划伤。

⑤ 活塞滑动部分的材料烧结。铸造活塞，在承受大的横向载荷时将引起烧结现象。在这种情况下，活塞的滑动部分应使用铜合金或者将此类材料焊接上去。

3. 缸体内有异物进入

在液压缸的故障中最大的问题是，不好判断异物是在什么时候进到液压缸里的。有异物进入后，活塞滑动表面的外侧如装有带唇缘的密封件，那么工作时密封件的唇缘即可刮动异物，这对于避免划伤是有利的。但是，装O形密封圈的活塞的两端是滑动表面，异物夹在此滑动表面之间容易形成伤痕。

异物进入缸内的途径有下列几种。

① 进入缸内的异物。

a. 由于保管时不注意使油口敞开着，将产生时刻接受异物的条件，这是绝对不允许的。保管时必须注入防锈油或者工作油液，并且塞好。

b. 缸体安装时进入异物。进行安装操作的场所条件不好，无意识中即可进入异物。因此安装地点周围必须整理干净，尤其是安放零件的地方一定要清扫干净，不使其存在脏物。

c. 零件上有"毛刺"，或擦洗不充分。缸盖上的油口或缓冲装置内常有钻孔加工时留下的毛刺，应加以注意，在砂研去除后再行安装。

② 运行中产生异物。

a. 由于缓冲柱塞别劲而形成的摩擦铁粉或铁屑。缓冲装置的配合间隙很小，活塞杆上所承受横向载荷很大时，可能引起烧结现象。这些摩擦铁粉或者因烧结而产生的已脱落掉的金属碎片将留在缸内。

b. 缸壁内表面的伤痕。活塞的滑动表面压力高引起烧结现象，于是缸体内表面发生挤裂，被挤裂的金属脱落留在缸内造成伤痕。

③ 从管路进入的异物。

a. 清洗时不注意进入的异物。管路安装好以后进行清洗时，不应通过缸体，必须在缸体的油口前面加装旁通回路（这一点很重要）。否则，管路中的异物一旦进入缸内，即难以向外排除，反而变成向缸体内输送异物了。再者，清洗时要考虑安装管路操作中所进异物的去除方法。此外，对管内的腐蚀等在管路安装之前应进行酸洗等处理，必须完全去掉锈蚀。

b. 管子加工时形成的切屑。管子在定尺寸加工之后做两端去毛刺操作时，不应有遗留。再者，在进行焊接管路操作的场地附近放置钢管，是造成焊接异物混进的原因。在焊接操作地点附近放置的管子，管口都要封住。还必须注意的是，管件材料应在无尘土的工作台上备置齐全。

c. 密封带进入缸内。作为简便密封的材料，在安装和检查中经常采用聚四氟乙烯塑料密封带，线性带形密封材料的缠绕方法如果不对，密封带将被切断随即进入缸内。线性带形密封件对滑动部分的绕接不会造成什么影响，但是会引起缸的单向阀动作不灵或造成缓冲调节阀不能调到底；对回路来说，可能引起换向阀、溢流阀和减压阀的动作失灵。

6-12　液压缸活塞环损坏的原因是什么？如何处理？

1. 缸内混入异物

缸内混入异物尤其是特硬物质后，当活塞行至冲程末端时，异物会夹在缸盖和活塞之间而损坏活塞，如图6-2所示。

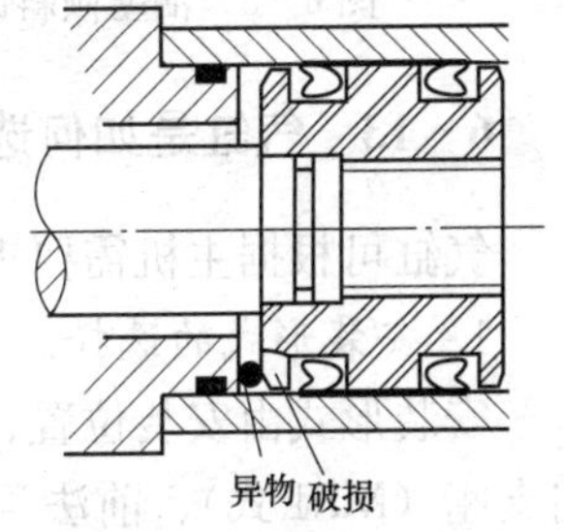

图6-2　异物损坏活塞

处理措施如下：

① 拆检液压缸，检查活塞等零件，损伤轻微者排除异物，对活塞进行修磨、去毛刺等整理工作后组装。

② 找出异物混入的具体原因，并予以排除。

③ 加强日常维护工作。

2. 活塞倒角太小

当活塞运动速度很快时，一旦缓冲机构失灵或无缓冲，在限位行程电气元件控制失灵时，活塞以高速与缸盖发生撞击，将特别容易引起活塞在外圆以及内圆倒角处的变形而损坏。如果是铸造脆性材料，容易引起颗粒脱落，若材料中有缺陷，则会呈小片、小块状脱落，进而拉坏活塞外圆表面、密封件及缸筒内孔。

修理措施通常采用方法如下：

① 车制或适当加大活塞内外圆处的倒角。

② 检查、排除缓冲机构或电气控制行程元件的故障。

③ 活塞本身的缺陷严重时应予以更换。

3. 活塞偏磨

活塞偏磨是液压缸的多见病症，主要原因如下：

① 制造、装配时与活塞杆同轴度低，或缸盖孔与活塞同轴度低，活塞杆在运行中对活塞产生的挠曲力造成单边磨损所致。

修理措施：检查活塞与活塞杆配合接触的端面是否与活塞内孔保持垂直度，若超差则上车床纠正性切削。若是缸盖孔损坏大都是由于缸盖内孔车削时未与嵌入缸筒内孔的凸肩外圆及与缸筒结合端面保证一次装夹车削，此时应在车床夹持缸盖外圆，以该外圆及结合端面为基准，对内孔“擦一刀”，以纠正轻微的偏心量。

② 活塞与缸孔间隙太大，在长度很大的活塞杆自重作用下，活塞杆挠曲，或者活塞杆不挠曲，但由于自重，产生的弯曲力矩若大于活塞的倾覆力矩，则活塞将处于倾斜姿势沿缸壁运动而发生偏磨，如图 6－3 所示。

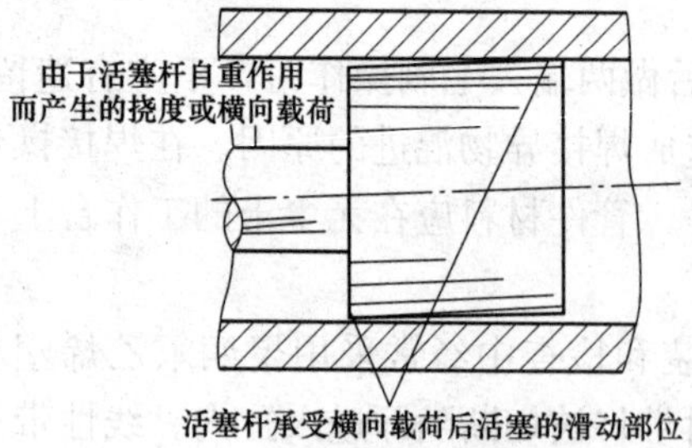

由于活塞杆自重作用而产生的挠度或横向载荷

活塞杆承受横向载荷后活塞的滑动部位

图 6－3　活塞倾斜偏磨

修理措施如下：

a. 纠正活塞杆过大的挠曲度。

b. 校核活塞的宽度尺寸是否太短。

c. 宽度尺寸在允许范围之内时，对活塞外圆可以采用刷镀的方法补偿尺寸，其材料与活塞材料相类同或亲和性好。

d. 结构许可时，可加用活塞导向耐磨环。

6－13　气缸是如何选用的？

气缸可根据主机需要进行设计，但尽量选用标准气缸。

1. 安装形式的选择

安装形式由安装位置、使用目的等因素决定。在一般的场合下，多用固定安装方式：轴向支座（MS1 式）、前法兰（MF1 式）、后法兰（MF2 式）等；在要求活塞直线往复运动的同时又要缸体做较大圆弧摆动时，可选用尾部耳轴（MP4 或 MP2 式）和中间轴销（MT4

式）等安装方式；如需要在回转中输出直线往复运动，可采用回转气缸。有特殊要求时，可选用特殊气缸。气缸的安装形式如表 6－1 所示。

表 6－1　　气缸的安装形式

分类			简图	说明
固定式气缸	耳座式	轴向耳座	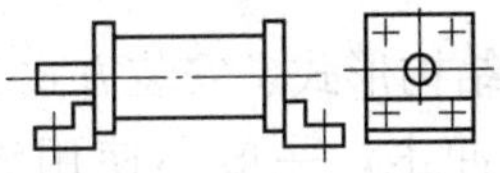	轴向耳座，耳座承受力矩，气缸直径越大，力矩越大
		切向耳座	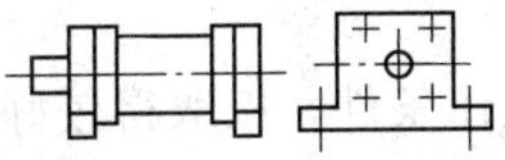	同上
	法兰式	前法兰	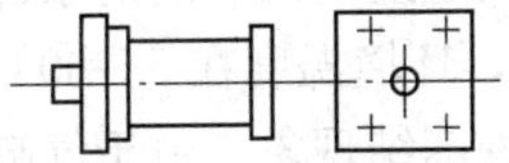	前法兰紧固，安装螺钉受拉力较大
		后法兰	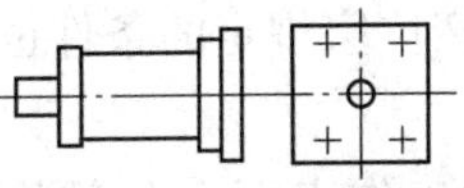	后法兰紧固，安装螺钉受拉力较小
		自配法兰	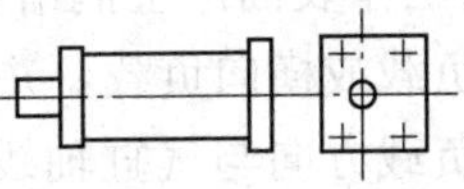	法兰由使用时视安装条件现配
轴销式气缸	尾部轴销		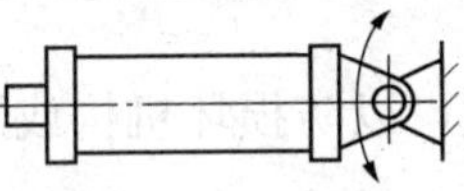	气缸可绕尾轴摆动
	头部轴销		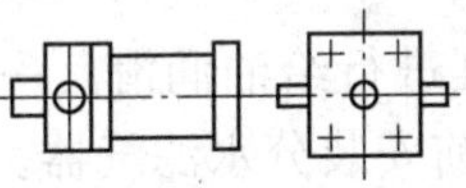	气缸可绕头部轴摆动
	中间轴销		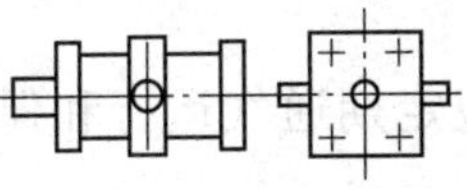	气缸可绕中间轴摆动

2. 输出力的大小

根据工作机构所需力的大小，考虑气缸载荷率来确定活塞杆上的推力或拉力，从而确定气缸内径。

气缸由于工作压力较小（0.4～0.6MPa），其输出力不会很大，一般在 10000N 左右（不超过 20000N）。输出力过大则其体积（直径）会过大，因此在气动设备上应尽量采用扩力机构，以减小气缸尺寸。

3. 气缸行程

气缸（活塞）行程与使用场合及工作机构的行程比有关。多数情况下不应使用满行程，以免活塞与缸盖相碰撞。尤其用于夹紧等机构，为保证夹紧效果，必须按计算行程多加10～20mm 的余量。

4. 气缸的运动速度

气缸的运动速度主要由驱动的工作机构的需要来确定。

要求速度缓慢、平稳时，宜采用气液阻尼缸或采用节流调速。节流调速的方式有水平安装推力载荷推荐用排气节流、垂直安装升举载荷推荐用进气节流。具体的安装回路见基本回路的内容。用缓冲气缸可使缸在行程终点不发生冲击现象，通常缓冲气缸在阻力载荷且速度不高时，缓冲效果才明显。如果速度高，行程终端往往会产生冲击。

6-14 气缸在使用时应注意哪些事项？

使用气缸时应注意以下几点：

① 根据工作任务的要求，选择气缸的结构形式、安装方式并确定活塞杆的推力和拉力。

② 为避免活塞与缸盖之间产生频繁冲击，一般不使用满行程，而使其行程余量为30～100mm。

③ 使用气缸，应该符合气缸的正常工作条件，以取得较好的使用效果。这些条件有工作压力范围、耐压性、环境温度范围、使用速度范围、润滑条件等。气缸工作时的推荐速度在0.5～1m/s，工作压力为0.4～0.6MPa，环境温度在5～60℃范围内。低温时，需要采取必要的防冻措施，以防止系统中的水分出现冻结现象。由于气缸的品种繁多，各种型号的气缸性能和使用条件各不一样，而且各个生产厂家规定的条件也各不相同，因此应根据各生产厂的产品样本选择和使用气缸。

④ 装配时要在所有密封件的相对运动工作表面涂上润滑脂；注意动作方向，活塞杆只能承受轴向负载，活塞杆不允许承受偏心负载或横向负载，并且气缸在1.5倍的压力下进行试验时不应出现漏气现象。安装时要保证负载方向与气缸轴线一致。YX形密封圈安装时要注意安装方向。

⑤ 避免气缸在行程终端发生大的碰撞，以防损坏机构或影响精度。除缓冲气缸外，一般可采用附加缓冲装置。

⑥ 除无给油润滑气缸外，都应对气缸进行给油润滑。一般在气源入口处安装油雾器；湿度大的地区还应装除水装置，在油雾器前安装分水滤气器。在环境温度很低的冰冻地区，对介质（空气）的除湿要求更高。

⑦ 气动设备如果长期闲置不使用，应定期通气运行和保养，或把气缸拆下涂油保护，以防锈蚀和损坏。

⑧ 气缸拆解后，首先应对缸筒、活塞、活塞杆及缸盖进行清洗，除去表面的锈迹、污物和灰尘颗粒。

⑨ 选用润滑脂成分不能含固体添加剂。

⑩ 密封材料根据工作条件而定，最好选用聚四氟乙烯（塑料王），该材料摩擦系数小（约为0.04），耐腐蚀、耐磨，能在−80～+200℃温度范围内工作。

6-15 气缸漏气的原因有哪些？如何排除？

1. 气缸外泄漏的原因与排除

① 缸体与缸盖固定密封不良。应及时更换密封圈。

② 活塞杆与缸盖往复运动处密封不良。若活塞杆有伤痕或活塞杆偏磨，应及时更换活塞杆；若因密封圈的质量问题，应及时更换密封圈。

③ 缓冲装置处调节阀、单向阀泄漏。认真检查，应及时更换泄漏的调节阀或单向阀。

④ 固定螺钉松动。应及时按要求紧固螺钉。

⑤ 活塞杆与导向套之间有杂质。应及时检查并清洗活塞杆与导向套之间的杂质，应补

装防尘圈。

2. 气缸内泄漏的原因与排除

① 活塞密封件损坏，活塞两边相互窜气。应及时更换密封件。

② 活塞与活塞杆连接螺母松动。检查并及时按要求拧紧螺母。

③ 活塞配合面有缺陷。应更换活塞。

④ 杂质挤入密封面。应除去杂质。

⑤ 由于活塞杆承受偏载，活塞被卡住。重新安装，消除活塞杆的偏载。

6-16　气缸动作不灵的原因有哪些？如何排除？

1. 不能动作的原因与排除

① 气缸漏气，按上述方法检查排除。

② 缸内气压达不到规定值。检查气源的工作状态及其气动管路的密封情情况，发现问题采取对应措施。

③ 活塞被卡住。检查活塞杆、活塞及缸筒是否出现锈蚀或损伤，根据情况进行清洗，修复损伤，检查润滑情况及更换排污装置。

④ 外负载太大。适当提高使用压力，或更换尺寸较大的气缸。

⑤ 有横向负载。可使用导轨进行消除。

⑥ 润滑不良。检查给油量、油雾器规格和安装位置。

⑦ 安装不同轴。检查不同轴的原因，采取措施保证导向装置的滑动面与气缸轴线平行。

⑧ 混入冷凝水、灰尘、油泥，导致运动阻力增大。检查气源处理系统是否符合要求。

2. 气缸偶尔不动作的原因与排除

① 混入灰尘杂质造成气缸卡住。检查灰尘杂质进入的原因，有针对性地采取防尘措施。

② 电磁换向阀没换向。检查电磁换向阀没换向的原因，有针对性地采取措施。

3. 气缸爬行的原因与排除

① 负载变化过大。使负载恒定。

② 供气压力和流量不足。调整供气压力和流量。

③ 气缸内泄漏大。参考前面的气缸内泄漏的原因与排除。

④ 润滑油供应不足。改善润滑条件。

⑤ 回路中耗气量变化大。在回路中增设储气罐。

⑥ 负载太大。可更换尺寸较大的气缸。

⑦ 进气节流量过大。改进气节流为排气节流。

⑧ 使用最低使用压力。提高使用压力。

4. 气缸工作速度达不到要求的原因与排除

① 气缸内泄漏大。参考前面的气缸内泄漏的原因与排除。

② 气缸活塞杆别劲，运动阻力过大。调整活塞杆，减少阻力。

③ 缸径可能变化过大。检查并修复缸筒。

5. 气缸动作不平稳的原因与排除

① 气缸润滑不良。检查给油量、油雾器规格和安装位置。

② 空气中含有灰尘杂质。检查气源处理系统是否符合要求。

③ 气压不足。检查气源的工作状态及其气动管路的密封情情况，发现问题及时采取对应措施。

④ 外负载变动大。适当提高使用压力，或更换尺寸较大的气缸。

6. 气缸走走停停的原因与排除

① 限位开关失控。及时更换限位开关。

② 气液缸的油中混入空气。检查油中进气原因，及时除去油中空气，并采取措施避免空气再次进入。

③ 电磁换向阀换向动作不良。更换性能好的电磁换向阀。

④ 接线不良。检查并拧紧接线螺钉。

⑤ 继电器触点寿命已到。更换新的继电器。

⑥ 电插头接触不良。检查接触不良的原因，修复或更换电插头。

7. 气缸动作速度过快的原因与排除

① 回路设计不合适。对于低速控制，应使用气液阻尼缸或利用气液转换器控制液压缸做低速运动。

② 没有速度控制阀。在合适部位增设速度控制阀。

③ 速度控制阀规格选用不当。由于速度控制阀有一定的流量控制范围，用大通径阀调节微流量较为困难，所以遇到这种情况应及时换用规格合适的速度控制阀。

8. 气缸动作速度过慢的原因与排除

① 供气压力和流量不足。调整供气压力和流量。

② 负载太大。可适当提高供气压力或更换尺寸较大的气缸。

③ 速度控制阀开度过小。调整速度控制阀的开度。

④ 气缸摩擦阻力过大。改善润滑条件。

⑤ 缸筒或活塞密封圈损伤。修复缸筒或更换已损坏的缸筒或活塞密封圈。

9. 缓冲作用过度的原因与排除

① 缓冲节流阀流量调节过小。改善调节缓冲节流阀的性能。

② 缓冲柱塞别劲。修复缓冲柱塞。

③ 缓冲单向阀未开。修复单向阀。

10. 失去缓冲作用的原因与排除

① 缓冲调节阀全开。调节缓冲调节阀。

② 缓冲单向阀全开。调整单向阀。

③ 惯性力过大。调整负载，改善惯性力。

6-17 气缸损坏的原因有哪些？如何排除？

1. 缸盖损坏的原因与排除

缓冲机构不起作用。在外部或回路中设置缓冲机构。

2. 活塞杆损坏的原因与排除

① 有偏心横向负荷。改善气缸受力情况，消除偏心负荷。

② 活塞杆受冲击负荷。冲击不能加在活塞杆上。

③ 气缸的速度太快。设置缓冲装置。

④ 轴销摆动缸的摆动面与负载摆动面不一致，摆动缸的摆动角度过大。重新安装和设计。

⑤ 负载大，摆动速度过快。重新设计。

3. 摆动气缸轴损坏或齿轮损坏的原因与排除

① 惯性能量过大。降低摆动速度，减轻负载，设外部缓冲，加大缸径。

② 轴上承受非正常的负载。设外部轴承。

③ 外部缓冲机构安装位置不合适。调整外部缓冲机构安装位置，安装在摆动起点和终点的范围内。

液压马达与气动马达

7-1 齿轮液压马达的转速降低，输出转矩降低的原因有哪些？如何排除？

1. 产生原因

① 液压泵供油量不足。液压泵因磨损轴向间隙和径向间隙增大，内泄漏量增大；液压泵电动机转速与功率不匹配等原因，造成输出流量不足，进入液压马达的流量和压力不够。

② 液压油黏度过小，致使液压系统各部分内泄漏增大。

③ 液压系统调压阀（如溢流阀）调压失灵使压力上不去，各控制内泄漏量大等原因，造成进入液压马达的流量和压力不够。

④ 液压马达本身的原因。如 CM 型液压马达的侧板和齿轮两侧面磨损拉伤，造成高低压腔之间内泄漏量大，甚至串腔；YMC 型摆线齿形内啮合液压马达由于没有间隙补偿，转子与定子以线接触进行密封，且整台液压马达中的密封线长，因而引起泄漏，造成效率低。特别是当转子与定子接触线因齿形精度差或者拉伤时，泄漏更为严重，造成转速下降，输出转矩降低。

⑤ 工作负载较大，转速降低。

⑥ 液压系统的其他元件故障。

2. 排除方法

① 排除液压泵供油量不足的故障。例如清洗过滤器，修复液压泵，保证合理的轴向间隙，更换能满足转速和功率要求的电动机等。

② 选用合适黏度的液压油。

③ 排除各控制阀故障。重点是检查溢流阀，应检查其调压失灵的原因，有针对性地采取措施排除其故障。

④ 对液压马达的侧板和齿轮两面研磨修复，并保证装配间隙，即液压马达体也要研磨成相应的尺寸。

⑤ 检查负载过大的原因，并排除之。

⑥ 逐一检查并采取相应措施。

7-2 液压马达的噪声大，且振动和发热的原因如何？如何排除？

1. 产生原因

① 液压马达齿形精度不高或啮合接触不良。

② 液压马达内部零件损坏。

③ 液压马达轴向间隙过小。

④ 液压马达齿轮内孔与端面不垂直或液压马达前后端盖上两孔不平行。

⑤ 液压油黏度过高或过低。

⑥ 过滤器因污物堵塞。

⑦ 泵进油管接头漏气。

⑧ 油箱液面太低。

⑨ 液压油老化、消泡性能差等原因，造成空气泡进入液压马达内。

2. 排除方法

① 更换齿轮或对研修整，也可采用齿形变位的方式降低噪声。

② 更换损坏的零件，如滚针轴承、轴颈等。

③ 研磨侧板或齿轮端面，增大轴向间隙，但轴向间隙不得大于技术要求。

④ 更换不合格产品。

⑤ 更换合适黏度的液压油。

⑥ 清洗过滤器，减少液压油的污染。

⑦ 泵进油管接头拧紧，密封破损的予以更换。

⑧ 添加液压油至油箱规定液面位置。

⑨ 液压油污染老化严重的予以更换等。

7-3　液压马达油封漏油的原因有哪些？如何排除？

1. 产生原因

① 泄油管的压力高，造成油封漏油。

② 油封破损，轴颈拉伤。

2. 排除方法

① 泄油管单独接油箱，而不要共用液压马达回油管路；清洗泄油管，去除堵塞物。

② 油封破损的应更换油封；研磨修复轴，避免再次拉伤。

7-4　齿轮马达在使用时注意哪些事项？

齿轮液压马达在使用过程中应注意以下几点：

① 齿轮液压马达输出轴与执行元件间的安装采用弹性联轴器，其同轴度误差不得大于0.1mm，采用轴套式联轴器的轴度误差不得大于0.05mm。

② 齿轮液压马达泄油口的背压不得大于0.05MPa。

③ 齿轮液压马达工作介质推荐使用46号液压油或其他运动黏度为（25～33）$\times 10^{-6}$ m^2/s（50℃时）的中性矿物油。

7-5　叶片式液压马达输出转速不够（欠速），输出转矩低的原因有哪些？如何排除？

1. 液压马达本身的原因

① 叶片因污物或毛刺卡死在转子槽内不能伸出。可拆开叶片式液压马达，清除叶片棱边及叶片转子槽上的毛刺。如果是污物卡住，则进行清洗和换油，并适当配研叶片和叶片槽之间的间隙（0.03～0.04mm）。

② 转子与配油盘滑动配合间隙过大，或配合面拉毛或拉有沟槽。磨损拉毛轻微者，可研磨抛光转子端面和定子端面。磨损拉伤严重时，可先平磨转子端面和配油盘端面，再抛光。注意此时叶片和定子也应磨去相应尺寸，并保证转子与配油盘之间的滑动配合间隙在0.02～0.03mm 的范围内。

③ 定子内曲线表面磨损拉伤，造成进油腔与回油腔部分串通。可用天然圆形油石或金相砂纸磨定子内表面曲线。当拉伤的沟槽较深时，根据情况更换定子或翻转 180°使用。

④ 液压马达内单向阀阀座与钢球磨损，或者因单向阀流道被污物严重堵塞，使叶片底部无压力油推压叶片（特别在速度较低时），使其不能牢靠顶在定子的内曲面上。此时应修复单向阀，确认叶片底部的压力油能可靠推压叶片顶在定子内曲面上。

⑤ 推压配油盘的弹簧疲劳或折断，可更换弹簧。

⑥ 马达各连接面处贴合或紧固不良，引起泄漏，此时应仔细检查各连接面处，拧紧螺钉，消除泄漏。

2. 液压泵供给液压马达的流量不足

此时检查液压泵并排除其故障。

3. 供给液压马达的压力油压力不够

检查液压泵与控制阀（如溢流阀）是否存在问题并排除；检查液压系统是否存在密封不良并排除。

4. 其他原因

① 油温过高或油液黏度选用不当，应尽量降低油温，减少泄漏，减少油液黏度过高或过低对系统的不良影响，减少内外泄漏。

② 过滤器堵塞造成输入液压马达的流量不足。

7-6 叶片式液压马达负载增大时转速下降很多的原因有哪些？如何排除？

1. 同上述原因

2. 液压马达出口背压过大

此时可检查背压压力。

3. 进油压力低

此时可检查进口压力，采取对策。

4. 噪声大、振动严重（马达轴）

① 联轴器及带轮同轴度超差过大，或者有外来振动。可校正联轴器，修正带轮内孔与外三角带槽的同轴度，保证不超过 0.1mm，并设法消除外来振动，如液压马达安装支座应牢固。

② 液压马达内部零件磨损及损坏。例如，滚动轴承保持架断裂，轴承磨损严重，定子内曲面而拉毛等，可拆检液压马达内部零件，修复或更换易损零件。

③ 叶片底部的扭力弹簧过软或断裂。此时可更换合格的扭力弹簧，但扭力弹簧弹力不应太强，否则会加剧定子与叶片接触处的磨损。

④ 定子内表面拉毛或刮伤。此时应修复或更换定子。

⑤ 叶片两侧面及顶部磨损及拉毛。此时应对叶片进行修复或更换。

⑥ 油液黏度过高，液压泵吸油阻力增大，油液不干净，污物进入液压马达内。此时可

根据实际情况处理。

⑦ 空气进入液压马达。此时可根据实际情况采取防止空气进入的措施。

⑧ 液压马达安装螺钉或支座松动引起噪声和振动。此时可拧紧螺钉，支座采取防振措施。

⑨ 液压泵工作压力调整过高，使液压马达超载运转。此时可适当降低液压泵工作压力和调低溢流阀的压力。

7-7 叶片式液压马达内外泄漏大的原因有哪些？如何排除？

① 输出轴轴端油封失效。例如，油封唇部拉伤、卡紧弹簧脱落以及与输出轴相配面磨损严重等。更换或修复输出轴轴端油封。

② 前盖等处O形密封圈损坏，造成外泄漏严重，或者压紧螺钉未拧紧。此时可更换O形密封圈，拧紧螺钉。

③ 油管接头未拧紧，因松动产生外漏。此时可拧紧接头及改进接头处的密封状况。

④ 配油盘平面度超差或者使用过程中磨损拉伤，造成内泄漏大。更换或修复配油盘。

⑤ 轴向装配间隙过大，造成内泄漏，修复后其轴向间隙应保证在0.04～0.05mm之内。

⑥ 油液温升过高，油液黏度过低，铸件有裂纹。此时必须酌情处理。

7-8 叶片式液压马达低速时转速颤动，产生爬行的原因有哪些？如何排除？

① 液压马达内进入空气，必须予以排除。

② 液压马达回油背压太低，一般液压马达回油背压不得小于0.15MPa。

③ 内泄漏量较大，减少内泄漏可提高低速稳定性能。

④ 装入适当容量的蓄能器，利用蓄能器的吸振吸收脉动压力的作用，可明显降低液压马达的转速脉动变化量。

7-9 叶片式液压马达不旋转且不启动的原因如何？如何排除？

① 溢流阀的调节不良或出现故障，系统压力达不到液压马达的启动转矩造成不能启动。可排除溢流阀故障，调高溢流阀的压力。

② 液压泵的故障。如液压泵无流量输出或输出流量极少，可参阅液压泵部分的有关内容予以排除。

③ 换向阀动作不良。检查换向阀阀芯是否卡死，有无流量进入液压马达，也可拆开液压马达出口，检查有无流量输出，液压马达后接的流量调节阀（出口节流）及截止阀是否打开等。

④ 叶片式液压马达的容量选择过小，带不动大载荷，所以在设计时应全面考虑好负载大小，正确选用能满足负载要求的液压马达，即更换为大档次的液压马达。

7-10 叶片式液压马达速度不能控制和调节的原因有哪些？如何排除？

① 当采用节流调速（进口、出口或旁路节流）回路对液压马达调速时，可检查流量调节阀是否调节失灵，而造成液压叶片马达不能调速。

② 当采用容积调速的液压马达时，应检查变量泵及变量液压马达的变量机构是否失灵，

是否内泄漏量大，查明原因，予以排除。

③ 采用联合调速回路的液压马达，可参阅上述①、②进行分析处理。

7-11　轴向柱塞马达的常见故障有哪些？其故障原因是什么？如何排除？

1. 液压马达的转速提不高，输出转矩小

液压马达的输出功率为输入液压马达的液压油的压力与输入液压马达的流量和液压马达的总效率的乘积。液压马达的输出转矩为输入液压马达的液压油的压力与输入液压马达的流量的乘积和 2π 比值。因此，产生这一故障的主要原因有输入液压马达的液压油的压力太低、输入液压马达的流量不够、液压马达的机械损失和容积损失太大。具体分析如下：

① 液压泵供油压力不够，供油流量太小，可参阅液压泵的“故障分析与排除”中有关“流量不够和压力上不去”的有关内容。

② 压力调节阀、流量调节阀及换向阀失灵。可根据压力调节阀、流量调节阀及换向阀有关故障的排除方法予以排除。

③ 从液压泵到液压马达之间的压力损失太大，流量损失太大。应减少液压泵到液压马达之间管路及控制阀的压力、流量损失。如管路是否太长、管接头弯道是否太多、管路密封是否失效等，应根据情况逐一排除。

④ 液压马达本身的故障。如液压马达各结合面产生严重泄漏，例如缸体与右端盖之间、柱塞与缸体孔之间的配合间隙过大或因磨损导致内泄漏增大，拉毛导致相配件的摩擦别劲等导致液压马达的机械损失和容积损失太大，可根据情况予以排除。

⑤ 如因油温过高与油液黏度使用不当等，则要控制油温和选择合适的油液黏度。

2. 液压马达噪声大

① 液压马达输出轴的联轴器、齿轮等安装不同心，运转时产生别劲，可校正各连接件的同心度。

② 油管各连接处松动（特别是进油通道），有空气进入液压马达或液压油污染。

③ 柱塞与缸体孔因严重磨损而间隙增大，可电镀重配间隙。

④ 推杆头部（球面）磨损严重，输出轴两端轴承处的轴颈磨损严重。可用电镀或刷镀轴颈位置修复。

⑤ 外界振动的影响，甚至产生共振，根据情况找出原因，消除外界振源的影响。或者液压马达未安装牢固，根据情况找出振动的原因便可排除。

3. 液压马达产生内外泄漏

（1）液压马达产生内泄漏的主要原因：

① 柱塞与缸体孔磨损，配合间隙增大。

② 弹簧疲劳，缸体与配油盘的配油贴合面磨损引起内泄漏增大等。

（2）液压马达产生外泄漏的主要原因：

① 输出轴的骨架油封损坏。

② 液压马达各管接头未拧紧或因振动而松动。

③ 油塞未拧紧或密封失效。

对于液压马达产生内外泄漏，可根据上述情况，找出故障原因后采取相对应措施。

7-12　径向柱塞液压马达的常见故障有哪些？其故障原因是什么？如何排除？

径向柱塞液压马达的常见故障主要有：转速下降，转速不够；输出转矩不够；液压马达不转圈，不工作；转速不稳定；液压马达轴封处漏油（外漏）。径向柱塞液压马达的故障原因分析及排除方法如下。

1. 转速下降，转速不够

① 配油轴磨损，或者配合间隙过大。采用配油轴的液压马达主要有JMD型、CLJM型、YM-3.2型等。当配油轴磨损时，使得配油轴与相配的孔（如阀套或配油体壳孔）间隙增大，造成内泄漏增加，压力油漏往排油腔，使进入柱塞腔的流量减少，造成转速下降。此时可刷镀配油轴外圆柱面或镀硬铬修复，情况严重者需重新加工更换。

② 配油盘端面磨损，拉有沟槽。采用配油盘的液压马达主要有JMDG型、NHM型等。当配油盘端面磨损，特别是拉有沟槽时，造成内泄漏增加，转速下降；另外，压力补偿间隙机构失灵也造成这一现象。此时应平磨或研磨配油盘端面。

③ 柱塞上的密封圈破损。柱塞上的密封圈破损后，造成柱塞与缸体孔间密封失效，内泄漏增加。此时需更换密封圈。

④ 缸体孔因污物等拉有较深沟槽，此时应予以更换。

⑤ 连杆球铰副磨损。更换或修复连杆球铰副。

⑥ 系统方面的原因。例如液压泵供油不足、油温太高、油液黏度过低、液压马达背压过大等，均会造成液压马达转速不够的现象，可查明原因，采取相对应对策。

2. 输出转矩不够

① 同1中的①～⑥。

② 连杆球铰副烧死，别劲。

③ 连杆轴瓦烧坏，造成机械摩擦阻力增大。

④ 轴承损坏，造成回转别劲。

可针对上述原因采取对应措施。

3. 液压马达不转圈，不工作

① 无压力油进入液压马达，或者进入液压马达的压力油压力太低，可检查系统压力上不去的原因。

② 输出轴与配油轮之间的十字连接轴折断或漏装，应更换或补装。

③ 有柱塞卡死在缸体孔内，压力油推不动，应拆修使之运动灵活。

④ 输出轴上的轴承烧死，可更换轴承。

4. 转速不稳定

① 运动件之间存在别劲现象。

② 输入的流量不稳定，如泵的流量变化太大，应检查之。

③ 运动摩擦面的润滑油膜被破坏，造成干摩擦，特别是在低速时产生抖动（爬行）现象。此时最需要注意检查连杆中心节流小孔的阻塞情况，应予以清洗或换油。

④ 液压马达出口无背压调节装置或无背压，此时受负载变化的影响，速度变化大，应设置可调背压装置。

⑤ 负载变化大或供油压力变化大。改善工作状况适当调节负载的变换量。

5. 液压马达轴封处漏油（外漏）

① 油封卡紧，唇部的弹簧脱落，或者油封唇部拉伤。

② 液压马达内泄漏大，导致壳体内泄漏油的压力升高，大于油封的密封能力。

③ 液压马达泄油口背压太大。

可针对上述原因作出处理。

7-13　如何选用内曲线径向柱塞液压马达？

内曲线径向柱塞液压马达是一种多用途低速大转矩液压马达，具有尺寸小、质量小、转矩脉动小、径向力平衡、启动效率高并能在很低的速度下稳定运转等优点。选用时应按照以下原则：

① 内曲线径向柱塞液压马达适用于低速大转矩的传动装置中，如果参数适当，可以不用齿轮箱减速而直接传力，节省了减速器的费用，而且体积小，结构紧凑，安装方便。

② 在内曲线径向柱塞液压马达的典型结构中，以横梁式内曲线径向柱塞液压马达及球塞式内曲线径向柱塞液压马达的使用比较普遍。选择时，当转矩比较大时，可选用横梁式内曲线径向柱塞液压马达；对于比较小的转矩，可任选两者之一。

③ 对于系统压力较高（如大于 16MPa 时）的场合，宜选用横梁式内曲线径向柱塞液压马达；小于该压力，可根据需要任意选择两者之一。

④ 对于输出轴承受径向力的场合，只能选择横梁式内曲线径向柱塞液压马达，球塞式内曲线径向柱塞液压马达在一般情况下不能承受此力，故不能选用。

7-14　内曲线径向柱塞液压马达使用时应注意哪些事项？

使用时应注意以下事项：

① 内曲线径向柱塞液压马达使用时必须保证一定的背压，以避免滚轮副脱离导轨，而引起撞击，而且应随着转速提高而提高背压，具体背压值应根据使用说明书上的规定。

② 内曲线径向柱塞液压马达在使用前应向壳体内灌满清洁的工作液，以保证滚轮副等的润滑。

③ 内曲线径向柱塞液压马达的进出油管在配油轴上时，应采用一段高压软管连接，以保证配油轴本身在配油套内处于浮动状态，防止配油轴和配油套卡死。

④ 内曲线径向柱塞液压马达微调机构的作用是使配油处于最佳工况，以避免产生敲轨现象。该微调机构一般在出厂时已经调好，非特殊情况不要随便调动。

⑤ 内曲线径向柱塞液压马达的外泄漏管要求接回油箱，若与回油管路相连，必须保证其压力不超过一个大气压。

⑥ 横梁式内曲线径向柱塞液压马达的输出轴容许承受径向力，其最大值不超过使用说明书的规定值。球塞式内曲线径向柱塞液压马达的输出轴无轴承支撑时，则不能承受径向力。

⑦ 液压系统中的工作油液应严格保持清洁，过滤精度不低于 25μm。

⑧ JDM 型径向柱塞液压马达使用时应注意以下几点：

a. 液压马达在低于 5r/min 时会产生爬行现象，故对低速均匀性要求高的机械不宜使用。

b. 液压马达采用 4～8°E_{50}（50℃的恩氏黏度）的纯净矿物油，推荐采用 68 号全损耗系统用油。工作油温一般为 20～50℃。工作油中不允许含有直径大于 0.05mm 的固体杂质。

c. 液压马达允许在最大压力 22MPa 下运转，但连续运转时间必须减小到每小时运转 6min。

d. 液压马达与负载轴连接时，两轴线务必同轴。液压马达有三个溢流孔，使用时接最高位置的溢流孔，余者堵死。溢流压力不超过 0.1MPa。

⑨ 内曲线径向柱塞液压马达出油口应具有 0.5～1MPa 的背压。

内曲线径向柱塞液压马达是一种不可逆的液压元件，其出油口应具有 0.5～1MPa 的背压。避免滚轮副脱离导轨而引起噪声、撞击和零件损坏等现象。

7-15 液压马达是如何选用的？

由于液压马达和液压泵在结构上很相似，因此液压泵的选用原则也适用于液压马达。一般来说，齿轮马达结构简单，价格便宜，常用于负载转矩不大、速度平稳性要求不高的场合，如研磨机、风扇等。叶片马达具有转动惯量小、动作灵敏等优点，但容积效率不高、机械特性软，适用于中高速以上、负载转矩不大且要求频繁启动和换向的场合，如磨床工作台、机床操作系统等。轴向柱塞马达具有容积效率高、调速范围大且低速稳定性好等优点，适用于负载转矩较小、有变速要求的场合，如起重机械、内燃机车和数控机床等。

7-16 如何选择气动马达？

选择气马达主要从载荷状态出发。在交变载荷的场合使用时，应注意考虑的因素是速度范围及转矩，均应满足工作要求。在均载荷下作用时，其工作速度则是最重要的因素。叶片式气动马达比活塞式气动马达转速高，当工作转速低于空载时最大转速的 25%时，最好选用活塞式气动马达。气动马达选择时可参考表 7-1。

表 7-1　叶片式气动马达与活塞式气动马达性能比较表

性能	叶片式气动马达	活塞式气动马达
转速	转速高，可达 3000～50000r/min	转速比叶片式低
单位质量功率	单位质量所产生的功率比活塞式要大得多，故相同功率条件下，叶片式比活塞式质量小	单位质量输出的功率小，质量较大
启动性能	启动转矩比活塞式小	启动、低速工作性能好，能在低速及其他任何速度下拖动重负载，尤其适合要求低速与大启动转矩的场合
耗气量	在低速工作时，耗气量比活塞式大	在低速时能较好地控制速度，耗气量较少
结构尺寸	无配气机构和曲轴连杆机构，结构较简单，外形尺寸小	有配气机构和曲轴连杆机构，结构较复杂，制造工艺较困难，外形尺寸大
运转稳定性	由于无曲轴连杆机构，旋转部分能够均衡运转，因而工作比较稳定	旋转部分均衡运转比叶片式差，但工作稳定性能满足使用要求并能安全生产
维修	维护检修容易	较叶片式有一定难度

7-17 气动马达在应用与润滑时应注意哪些事项?

目前国产叶片式气动马达的输出功率最大约为15kW,活塞式气动马达的最大功率约为18kW,耗气量较大,故效率低且噪声较大。

气动马达适用于要求安全、无级调速,经常改变旋转方向,启动频繁以及防爆、负载启动,有过载可能性的场合,也适用于恶劣工作条件(如高温、潮湿)以及不便于人工直接操作的地方。当要求多种速度运转,瞬时启动和制动,或可能经常发生失速和过负载的情况时,采用气动马达要比其他类似设备价格便宜,维修简单。目前,气动马达在矿山机械中应用较多;在专业性成批生产的机械制造业、油田、化工、造纸、冶金、电站等行业均有较多使用;工程建筑、筑路、建桥、隧道开凿等均有应用;许多风动工具如风钻、风扳手、风砂轮及风动铲刮机等均装有气动马达。

气动马达转速高,使用中要注意润滑。气动马达必须得到良好的润滑后才可正常运转,良好润滑可保证气动马达在检修期内长时间运转无误。一般在整个气动系统回路中,在气动马达操纵阀前面均设置油雾器,使油雾与压缩空气混合再进入气动马达,从而达到充分润滑。注意保证油雾器内正常油位,及时添加新油。

7-18 气动马达在使用时应注意哪些事项?

① 气动马达被驱动物的输出轴心连接不当时会形成不良动作或导致故障。

② 发现故障时(如发生噪声或异常情况),应立即停止使用,必须由专业维修人员进行检查、调整。

③ 空气供应来源要充足,以免造成转速忽快忽慢。

④ 在使用气动马达时,必须在进气口前连接三联件或二联件以确保气源的干净和对气动马达的润滑(无油自润滑型除外)。

⑤ 空气过滤减压油雾器(三联件)要定期检查,油雾器内润滑油若已减少,就要补充。

⑥ 气动马达长期存放后,不应带负荷启动,应在低压有润滑条件下进行0.5~1min空转。

⑦ 气动马达正常使用3~6个月后,拆开检查清洗一次。在清洗过程中,发现磨损零件必须更换。

⑧ 安装维修、保养时一定要关闭气阀,切断气源,方可进行工作。

⑨ 气动马达的排气口可安装与其匹配的消声器,但不能完全堵死,否则影响气动马达的运转。

⑩ 气动马达的工作一段时间内必须进行维修和保养。一般来说,叶片式气动马达的工作维修期是800h,活塞式气动马达的工作维修期是1100h,齿轮式气动马达的工作维修期是1500h。

7-19 气动马达在配管上应注意哪些事项?

① 气动马达和其他空气压力机器的故障主要原因是灰尘等异物的进入。配管前都必须先用压缩空气清扫管内,注意千万不能让切削粉、封缄带断片、灰尘或锈等进入配管内。检验方法有:在将气管连接到气动马达之前接通气源,然后将气管出气这头对住一张白纸,如

果白纸上只有少量油，没有灰尘和杂质、水分等则为标准气源。

② 不允许更改空气压力机器的管径大小。

③ 气动马达所连接的管道内应当安装空气过滤装置、油雾器和气控阀，以保证管道内气体清洁、气压稳定。

④ 气动马达连接管道中的油雾器必须保持油量，严禁脱油现象发生，否则造成气动马达的加速磨损，缩短气动马达的使用寿命。

7-20　气动马达在运转时应注意哪些事项？

① 确认旋转方向是否正确或被驱动体与轴心之间有无不正常安装。

② 气动马达速度的控制和稳定性，必须从供应空气方进行调整，如此排气边就不会产生背压。

③ 不可使气动马达在无负荷状态下连续旋转或高速旋转，如果连续无负荷空转，旋转速度将过度提高，气动马达将缩短使用寿命或损坏。一般要求气动马达的空载时间不宜过长，最多不要超过 3min，其中活塞式气动马达的空载时间不能超过 30s。

④ 负荷工作（正常使用）时，慢慢旋转空气调压器或针阀式调速阀提高空气压力，到达需要的旋转数。若长期强制使用超过最大压力，则会损坏气动马达，故勿超压使用。

⑤ 在气动马达运转时，应检查油雾器的滴油量是否符合要求，油色是否正常。如发现油杯中油量没有减少，应及时调整滴油量；调节无效，需检修或更换油雾器。

⑥ 气动马达的工作压力必须保持在一定范围以内，不能超过额定的工作压力。气动马达的压力保持在接近最高工作气压的水平时，可以更好地发挥气动马达的功率。

7-21　叶片式气动马达在装配时应注意哪些事项？

① 将合格零件洗净后，按常规方法装配，切忌硬性敲打。

② 注意前后端盖、定子的安装方向。

③ 调整好衬套，保证前端与转子端面间隙为 0.08～0.12mm。

④ 叶片在转子槽内应自由滑动，其宽度以在死点时不致压死为宜。

⑤ 气动马达机盖装好后，均匀地将螺钉拧紧，然后转动转子，检查转动是否灵活。

⑥ 将调节螺钉放入机盖，推动止推环，消除转子的轴向间隙，保证前后端盖和转子端面的合理间隙。以转子转动灵活为宜，调好后用锁紧螺母拧紧。

7-22　叶片式气动马达的常见故障有哪些？其故障原因是什么？如何排除？

当叶片式气动马达出现故障时，经常会出现输出功率明显下降或卡死不能运转等不良现象。通过检查会发现：叶片严重磨损、前后端盖磨损严重、定子内孔纵向波浪槽、叶片折断或卡死、输出功率不足等。下面就上面故障情况分析其原因并给出排除方法。

1. 叶片严重磨损

(1) 原因分析

① 断油或供油不足。

② 空气不净，有杂质。

③ 由于长期使用导致叶片磨损严重，这种情况属于正常现象。

(2) 排除方法

① 检查供油系统，保证润滑。

② 检查空气压缩机进气管上过滤器的情况。若未安装过滤器，应在空气压缩机吸气管前添加过滤器；若已有过滤器，但由于某种原因过滤器损坏，应及时更换。

③ 更换叶片。

2. 前后端盖磨损严重

(1) 原因分析

① 轴承磨损，转子轴向窜动。

② 衬套选择不当。

(2) 排除方法

① 更换轴承。

② 调整衬套。

3. 定子内孔纵向波浪槽

(1) 原因分析

① 泥沙进入定子。

② 长期使用，这种情况属于正常现象。

(2) 排除方法

① 检查泥沙进入的原因并采取措施，防止泥沙再次进入，同时更换或修复定子。

② 更换或修复定子。

4. 叶片折断或卡死

(1) 原因分析

① 转子叶片槽喇叭口太大导致叶片折断。

② 叶片槽间隙不当或变形导致叶片卡死在叶片槽内。

(2) 排除方法

① 更换转子。

② 修复叶片槽，同时更换叶片。

5. 输出功率不足

(1) 原因分析

① 空气压力低。

② 供气管路或管路附件通径过小，有截流和堵塞现象。

③ 排气不畅。

(2) 排除方法

① 检查气压，维持工作气压为0.5～0.7MPa。

② 检查管路及附件，保证通径满足相应马达的技术参数的规定。

③ 检查主、副管路径大于进气管路通径。

7－23 活塞式气动马达的常见故障有哪些？其故障原因是什么？如何排除？

1. 输出转速不足，功率不足

(1) 原因分析

① 配气阀装反。
② 气缸、活塞环磨损。
③ 气压低。
④ 进气管路及附件通径过小，严重截流或堵塞。
⑤ 排气不畅。
(2) 排除方法
① 重装。
② 更换零件。
③ 调整压力。
④ 检查管路及其附件，保证通径符合要求。
⑤ 检查主、副排气管路，保证排气管路通径大于进气管路通径。
2. 运行中突然减速或不转
(1) 原因分析
① 润滑不良。
② 配气阀卡死，烧伤。
③ 曲轴、连杆、轴承损坏。
④ 气缸螺钉松动。
⑤ 配气阀堵塞、脱焊。
(2) 排除方法
① 加油。
② 换件。
③ 拧紧。
④ 重焊。
3. 耗气量增大
(1) 原因分析
① 气缸、活塞环、阀套磨损。
② 管路系统漏气。
(2) 排除方法
① 更换零件。
② 检修气路。

7-24　气动马达冬季使用时应注意哪些事项？

气动马达在北方的冬季或南方的寒冷时节，由于润滑油的使用不当，容易造成气动马达转子叶片的粘住，不能自如滑动；或是启动空气中的水分在传输管路中结冰，将叶片冻在转子叶片槽内，造成气动马达不能转动。因此，在冬天寒冷时节，除了加强对气动马达的维护保养之外，还应注意以下几点事项：

① 在冬季来临之前，将气动马达全部解体。用轻柴油将转子、叶片、定子等部件进行彻底清洗。打掉转子端部和叶片槽内磨损的毛刺和痕迹，更换过度磨损劈裂的叶片。组装时，一定要调整好转子端面与定子、叶片与叶片槽的间隙，以转子转动自如、叶片能从叶片

槽内顺当地滑出、滑入为适度。从技术和性能方面保证气动马达有效可靠的转动。

② 在冬季，气动马达润滑油杯内应加入轻柴油和润滑油的混合油。随着当地气温的逐渐下降，混合油中的轻柴油成分逐渐增大，而润滑油的成分逐渐减少。最寒冷时混合油中轻柴油成分可占90%左右，润滑油的成分可占10%左右。这样可有效地防止全使用润滑油因气候寒冷而使润滑油凝结粘住气动马达叶片的故障，又能使转子、叶片可靠自如地滑动。这种轻柴油与润滑油的混合使用，充分利用了轻柴油低温抗凝的润滑作用，又具有润滑油的密封作用，从而保证气动马达的可靠性，又可减少磨损，延长气动马达的使用寿命。

③ 保持启动压缩空气的干燥性。尤其在寒冷季节，虽然室内温度要求保持在5℃以上，但是储气瓶内空气若含水较多，容易使传输管路积水。在气温突降，或者停用时间较长，有可能使传输管路与气动马达里的积水结冰，使得再次启动困难或根本不能进行启动操作。所以，在寒冷季节要及时放掉储气瓶中的凝水，经常用压缩空气吹逐传输管路和气动马达，是使气动马达在冬季有效转动，日常必做的首要工作之一。

④ 由于寒冷气动马达没有用混合油润滑，极易因寒冷润滑油变凝，一是流动性变差，随着启动空气喷入气动马达内部的滑油量减少；二是残留在气动马达叶片间的润滑油变凝易粘住气动马达的叶片，使得气动马达不能转动。可采用如下方法进行应急处理：首先将气动马达的进气管拆开，露出气动马达的进气口，然后用喷油壶喷入气动马达内2～3壶的轻柴油，或看到气动马达的出气口有油流出为止。同时，可用改锥拨动转子，把粘住的叶片尽量拨动。再把进气管接上，使用不经减压阀的直通压缩启动空气。打开、关闭几次气动马达的进气阀，对气动马达进行吹逐驱动。因轻柴油有良好的清洗作用，同时由于高压启动空气的冲刷作用，这样很快地使气动马达转动起来，消除了故障。这种应急处理方法非常有效，不仅能消除故障，同时起到了清洗气动马达内部将磨损杂质、污物排除掉的作用，减少了再次发生故障的可能性。

⑤ 在寒冷的冬季若停机时间较长，应加强暖机工作，增加暖机次数。这样能提高整个工作环境的室温，便于启动，以至于可大大减少气动马达故障的发生，也就是改善气动马达的外部条件，减小启动转矩，缩短启动时间，增加气动马达的可靠性。

因此，在冬季对其进行更精心的维护管理，注意润滑油的调合使用，经常排除启动空气中的凝水，就成为冬季对气动马达日常管理的主要工作。只有保证气动马达的有效转动，才能保证系统生产的安全、及时、可靠。

7-25 气动马达间隙泄漏有哪些？影响间隙泄漏的因素有哪些？如何控制间隙泄漏？

气动马达的主要性能指标如功率、耗气量在同一类产品中差别很大，有时竟相差30%～40%，即使同一个工厂的同一批产品，其性能差别往往也很大。下面针对气动马达间隙泄漏的形式及其控制进行分析，这对提高气动马达的性能、降低能源消耗有十分重要的意义。

1. 气动马达的间隙泄漏

在气动马达中，由于转子与外壳、转子与盖板端面、活塞与气缸壁之间的相对运动，所以它们之间应留有适当的间隙。否则，没有间隙或间隙过小，将会增大运动件的运动阻力，从而降低产品的机械效率，甚至发生研缸、闷车、停车等现象。当然，有间隙就会有泄漏。而当间隙过大时，工作室与非工作室产生严重窜气现象，压缩空气大量泄漏，降低了工作室的压力，缩小了做功面积，从而增大了耗气量，降低了气动马达的性能。

间隙泄漏的形式为：

① 气缸与活塞的间隙泄漏。

② 配气阀部分的配合间隙泄漏。

③ 死点间隙泄漏。

④ 转子与盖板端面间隙泄漏。

⑤ 转子与盖板的端面间隙以及转子轴与盖板的环面间隙的泄漏。

2. 间隙泄漏的影响分析

在实际计算中发现，气动马达的泄漏与间隙的 3 次方成比例。间隙越大，泄漏量越大，也即气动马达的耗气量增加，降低了其性能。

控制死点间隙要比控制端面间隙更重要，因为通过死点间隙的泄漏随气动马达长度而增加，这比端面间隙泄漏要严重得多。压缩空气泄漏量随死点间隙 δ_1 的变化如表 7-2 所示，随端面间隙 δ_2 的变化如表 7-3 所示。

表 7-2　压缩空气泄漏量（漏气耗气量）随死点间隙 δ_1 的变化

死点间隙 δ_1 /mm	δ_1^3 /mm³	平均漏气量 /（m³/min）	气动马达平均耗气量增长率①/%
1×10^{-2}	1×10^{-6}	0.000833	0.17
2×10^{-2}	8×10^{-6}	0.00666	1.39
3×10^{-2}	27×10^{-6}	0.0225	4.69
4×10^{-2}	64×10^{-6}	0.0533	11.10
5×10^{-2}	125×10^{-6}	0.1041	21.69
6×10^{-2}	216×10^{-6}	0.18	37.50
7×10^{-2}	343×10^{-6}	0.2857	59.52

① 气动马达平均耗气量增长量是由平均泄漏量除以气动马达理论耗气量乘以 100 得来的，它表示泄漏耗气量占气动马达理论耗气量的增长百分数。

表 7-3　压缩空气泄漏量（泄漏耗气量）随端面间隙 δ_2 的变化

端面间隙 δ_2 /mm	δ_2^3 /mm³	平均漏气量 /（m³/min）	气动马达平均耗气量增长率/%
1×10^{-2}	1×10^{-6}	0.000146	0.03
2×10^{-2}	8×10^{-6}	0.00117	0.24
3×10^{-2}	27×10^{-6}	0.00394	0.82
4×10^{-2}	64×10^{-6}	0.00934	1.95
5×10^{-2}	125×10^{-6}	0.0183	3.8
6×10^{-2}	216×10^{-6}	0.0315	6.5
7×10^{-2}	343×10^{-6}	0.05008	10.43
8×10^{-2}	512×10^{-6}	0.07475	15.57
9×10^{-2}	729×10^{-6}	0.106 4	22.17
10×10^{-2}	1000×10^{-6}	0.146	30.4

对叶片式气动马达来说，一般新机装配时的死点间隙控制在 0.01～0.03mm 内为宜，当磨损后间隙达到 0.06mm 时，需要换新零件；端面间隙（单边）控制在 0.03～0.05mm

内为宜，而且尽可能地保证两端的间隙均匀分配。

3. 间隙的控制

由于结构形式、制造水平及润滑条件的不同，各种气动马达的配合间隙的最优值是不一样的。大量的试验表明，相同的设计结构和参数，甚至是根据同一套产品图纸制造，往往产品性能也有很大差别，其原因与间隙及制造精度分不开。因此，在确定间隙时，不应生搬硬套，而应结合具体条件，进行配合间隙对性能的影响和润滑工作方面的试验研究，通过试验作出间隙-性能曲线，以确定最优出厂间隙及允许磨损极限值。

确定了合理的配合间隙，就要从设计、工艺、装配等方面来保证，才能使间隙得到合理的控制。

(1) 死点间隙的控制

一般情况下，死点间隙是由零件制造公差组合决定的。如果采用极限公差，缩小组成零件的公差，这对零件制造的工艺性和降低产品成本极为不利。比较合理的方法是应用概率的观点，适当放大某些组成零件的公差，而发生过盈间隙的概率又是微乎其微的。这样既改善了零件制造的工艺性，又控制了间隙，提高了产品质量。

同时，为了减小表面相碰的机率和提高装配合格率，应适当提高气缸内表面和转子外表面的粗糙度精度，提高气缸内壁的粗糙度还因为叶片与内壁有相对运动。但由于提高内孔的粗糙度精度较困难，现在一般规定为 $Ra>3.2\sim1.6\mu m$，转子外表面的粗糙度建议提高到 $Ra>1.6\sim1.25\mu m$。这样，由于表面粗糙度的影响，有 $4.8\sim2.85\mu m$ 发生干涉的可能性。可是如果表面粗糙度降低，干涉量还要增大。由表面粗糙度所产生的微量过盈，在一定范围可通过适当装配解决。

另一方面，由于气动马达是以外径定心的，在能锁紧气动马达的情况下，通过气缸和前后盖板的外径差，可以适当增大或减小死点间隙。当然，用此方法调整间隙是极为有限的，它不能代替零件公差带的分布，即组成零件装配公差带设计不合理，或机床偏差分布中心与零件尺寸公差中心不重合，是不能靠装配来纠正的。

(2) 端面间隙的控制

端面间隙是靠零件制造公差组合来控制的。但是，间隙的均匀分配要依靠装配来保证。常用的两种方法如下：

① 用调整环保证间隙。首先测得气缸与转子长度之差并均匀分配间隙，以单面间隙为 $\delta/2$ 选配调整环长度，使其超出后端面 $\delta/2$，装配后即可得到所需间隙。这种方法的优点是控制间隙准确可靠，缺点是结构和装配工艺较为复杂。

② 用塞尺保证间隙。根据所测得的端面间隙，按对半选出合适厚度的塞尺（或薄金属片），放在轴承配合较紧的一端。当转子端面快要接近盖板端面时，将塞尺塞在两端面之间，继续敲击转子端面，直至塞尺比较紧地能抽出来时为止，然后再装气缸、另一盖板及其他零件。用这种方法控制间隙可靠、简便易行，既适合单件装配，也适合批量生产。

4. 结论

采用上述所推荐的死点间隙、端面间隙控制方法，死点间隙产生的最大泄漏流量不超过气动马达耗气量的 3.5%，端面间隙产生的最大泄漏流量不超过气动马达耗气量的 7.6%，两者泄漏的总和最大不超过 11.1%。这样就有效地减少了耗气量的增加，从而提高了气动马达性能，降低了能源消耗，也就产生了一定的经济效益。

液压控制阀

8-1 普通单向阀在使用时应注意哪些事项？

① 在选用单向阀时，除了要根据需要合理选择开启压力外，还应特别注意工作时的流量应与阀的额定流量相匹配，因为当通过单向阀的流量远小于额定流量时，单向阀有时会产生振动。流量越小，开启压力越高，油中含气越多，越容易产生振动。

② 安装时，必须认清单向阀进出口方向，以免影响液压系统的正常工作。特别对于液压泵出口处安装的单向阀，若反向安装可能损坏液压泵或烧坏电动机。

8-2 普通单向阀常见故障有哪些？如何分析与排除？

1. 单向阀内泄漏严重

① 阀座孔与阀芯孔同轴度较差，阀芯导向后接触面不均匀，有部分“搁空”。此时应重新铰、研加工或者将阀座拆出重新压装再研配。

② 阀座压入阀体孔中时产生偏歪或拉毛损伤等。此时应将阀座拆出重新压装再研配或者重新铰、研加工。

③ 阀座碎裂。此时应予以更换阀座，并研配阀座。

④ 弹簧变软。此时应予以更换弹簧。

⑤ 滑阀拉毛。此时应重新研配。

⑥ 装配时，因清洗不干净，或使用中油液不干净，污物滞留或粘在阀芯与阀座面之间，使阀芯锥面与阀体锥面不密合，造成内泄漏。此时应重新检查、研配、清洗，同时更换干净的液压油。

2. 单向阀外泄漏

① 管式单向阀的螺纹连接处，因螺纹配合不好或螺纹接头未拧紧而产生外泄漏。此时需拧紧接头，并在螺纹之间缠绕聚四氟乙烯胶带密封或用O形密封圈。

② 板式阀的外泄漏主要发生在安装面及螺纹堵头处，可检查该位置的O形密封圈是否可靠，根据情况予以排除。

③ 阀体有气孔砂眼，被压力油击穿造成的外泄漏，一般要补焊或更换阀体。

3. 不起单向作用

① 滑阀在阀体内咬住。阀体孔变形、滑阀配合处有毛刺、滑阀变形胀大等情况都会使滑阀在阀体内咬住而不能动作。此时应修研阀座孔、修除毛刺、修研滑阀外径。

② 漏装弹簧或者弹簧折断。此时应补装弹簧或者更换弹簧。

4. 发出异常的声音

① 液压油的流量超过允许值。此时应更换流量大的单向阀。

② 与其他阀共振。此时可略微改变阀的额定压力，也可试调弹簧的强弱。

③ 在卸压单向阀中，用于立式大液压缸等的回路没有卸压装置。此时应补充卸压装置回路。

8-3 液控单向阀在使用时应注意哪些事项?

① 在液压系统中使用液控单向阀时，应确保其反向开启时具有足够大的控制压力。

② 根据液控单向阀在液压系统中的位置或反向出油腔后的液流阻力（背压）大小，合理选择液控单向阀的结构（简式还是复式?）及泄油方式（内泄还是外泄?）。如果选用了外泄式液控单向阀，应注意将外泄口单独接至油箱。

③ 用两个液控单向阀或一个双单向液控单向阀实现液压缸锁进的液压系统中，应注意选用Y型或H型中位机能的换向阀，以保证中位时液控单向阀控制口的压力能及时释放，单向阀立即关闭，活塞停止。但选用H型中位机能应非常慎重，因为当液压泵大流量流经排油管时，若遇到排油管道细长或局部阻塞或其他原因而引起的局部摩擦阻力（如装有低压过滤器或管接头多等)，可能使控制活塞所受的控制压力较高，致使液控单向阀无法关闭而使液压缸发生误动作。Y型中位机能就不会形成这种结果。

④ 工作时的流量应与阀的额定流量相匹配。

⑤ 安装时，不要搞混主油口、控制油口和泄油口，并认清主油口的正、反方向，以免影响液压系统的正常工作。

8-4 液控单向阀常见故障有哪些?如何分析与排除?

1. 控制失灵

由液控单向阀的工作原理可知，当控制活塞上未作用有压力时，它如同普通单向阀；当控制活塞上作用有压力时，正、反方向的油液都可以进行流动。所谓液控失灵指的是后者。当有压力油作用于控制活塞上时，不能实现正、反两个方向的油液都流通。产生控制失灵的主要原因和排除方法如下：

① 控制活塞因毛刺或污物卡住在阀体孔内。卡住后的控制活塞推不开单向阀造成液控失灵。此时，应拆开清洗，倒除毛刺或重新研配控制活塞。

② 对外泄式液控单向阀，应检查泄油孔是否因污物阻塞，或者设计时安装板上未有泄油孔，或者虽设计有但加工时未完全钻穿；对内泄式液控单向阀，则可能是泄油口（即反方向流出口）的背压值太高，而导致压力控制油推不动控制活塞，从而顶不开单向阀。

③ 控制油压力太低。提高控制压力，使之达到规定值。带有卸荷阀芯的液控单向阀，由于卸荷阀芯的控制面积较小，仅需要用较小的力就可以顶开卸荷阀芯，从而大大降低了反向开启所需的控制压力，其控制压力仅为工作压力的5%。而不带卸荷阀芯的液控单向阀的控制压力高达工作压力的40%～50%。所以在检查带有卸荷阀芯的液控单向阀控制压力时，要注意与不带卸荷阀芯的液控单向阀的区别。

④ 对外泄式液控单向阀，如果控制活塞因磨损而使内泄漏增大，控制压力油大量泄往泄油口而使控制压力不够；对内外泄式液控单向阀，都会因控制活塞歪斜别劲不能灵活移动

而使液控失灵。此时必须重配活塞，解决泄漏别劲问题。

2. 内泄漏大

单向阀在关闭时，封不死油，反向不保压，都是内泄漏大所致。液控单向阀还多了一处控制活塞外周的内泄漏。除此之外，造成内泄漏大的原因和排除方法和普通单向阀的内容完全相同。

3. 外泄漏

外泄漏用肉眼可以观察到，常出现在堵头和进出油口以及阀盖等结合处，可对症下药。

8-5 电磁换向阀常见故障有哪些？如何分析与排除？

1. 烧电磁铁（交流）

① 电磁铁线圈漆包线没有使用规定的绝缘漆，因绝缘不良而使线圈烧坏。电磁铁线圈的绝缘等级需在E级以上。

② 绝缘漆剥落或线圈碰伤，线圈引出线的塑料包皮老化，造成漏电短路，或因电磁铁其他方面的加工质量而烧坏线圈。此时需要更换电磁铁或重绕线圈。

③ 电源设计或使用差错：交直流电磁铁相混，超过了许用电压的变化范围及在过电压的条件下长期使用，电路中将三位阀的两个电磁铁同时接成（或设计成）通路，直流电磁阀电源整流装置失效等原因，均可造成线圈烧坏。为此，电路设计或安装排线接线时要注意，不能出现接线错误；电磁铁线圈电压不得超过线圈额定电压值的85%～105%；在工厂自行发电（柴油机发电）和电网电压经常不稳定的单位，电路最好有稳压电源；注意实际连接的电路电压要与铭牌上的电压一致，直流交流不能混杂。

④ 环境温度高：直射阳光、油温、室温过高、通风散热不良等原因造成线圈老化。电磁铁生产厂家规定周围介质温度不得高于+50℃且不低于-30℃时，电磁铁方可可靠工作。

⑤ 环境水蒸气、水珠、腐蚀性气体渗入电磁铁内以及其他破坏绝缘的气体、导电尘埃等进入电磁铁内，造成线圈受潮生锈受损而损坏。为此，若环境恶劣且相对湿度大，要用湿热带型电磁铁，这种电磁铁对环境空气的相对湿度要求大于95%，而普通型不得大于85%。

⑥ 工作油液选择不当，黏度过高，黏性阻力大，超过了电磁铁的负载范围产生过载而烧坏。一般资料推荐电磁铁的油液黏度范围为15～400CSt。

⑦ 电磁铁换向频率过快，烧坏电磁铁。交流电磁铁的换向频率原规定为1000次/h，现标准规定为2000次/h，这对一般用途的电磁阀足够对付。

⑧ 液压回路设计有错：如回路背压过高、长时间在超过许用背压值的工况下使用、安装板上没有泄油孔的泄油通道，或者泄油孔被堵塞，造成泄油受阻，压力增高等，电磁铁推不动阀芯，而出现过载，烧坏线圈。

⑨ 阀加工精度不好，阀芯阀孔有毛刺有锥度，而出现过载，最后电磁铁烧坏。

⑩ 电磁阀装配清洗不干净；阀芯与阀体之间的配合间隙过小而阀安装螺钉压得过紧，导致阀体孔变形，增大了阀芯滑动副运动方向上的摩擦力；或油液中有夹杂物、阀芯卡死等原因，导致电磁铁过载而烧坏。

⑪ 复位弹簧刚性过大，装错而导致弹簧力大于电磁铁的吸力，而导致电磁铁硬顶过载而烧坏。

⑫ 由于安装在阀体上的电磁铁别劲，使电磁铁吸力方向与阀芯移动方向不一致而烧坏。

可根据上述情况，分别作出处理。

2. 电磁换向阀换向不可靠

电磁换向阀的换向可靠性故障表现为：

① 不换向。

② 换向时两个方向换向速度不一致。

③ 停留几分钟（一般为5min）后，再发讯不复位。

影响电磁换向阀换向可靠性主要受三种力的约束：电磁铁吸力、弹簧力和阀芯的摩擦阻力（包括黏性摩擦阻力及液动力）。

换向可靠性是换向阀的最基本特性。为保证换向可靠，弹簧力应大于阀芯的摩擦阻力，以保证复位可靠。而电磁力又应大于弹簧力和阀芯摩擦阻力二者之和，以保证可靠换位。因此从影响着三种力的因素分析，可查出换向不可靠原因和排除方法。

(1) 电磁铁质量问题产生的换向不良

①电磁铁质量差或者引出线因振动而断头，或焊接不牢而脱落，或电路故障等原因造成电路不通。电磁铁不通电，换向阀当然不换向。此时，可用电表检查不通电的原因和不通电的位置，并采取对策。

② 交流电磁铁的可动铁芯被导向板卡住（参考图8-1），直流电磁铁衔铁与套筒之间有污物卡住或锈死，这两种情况均使电磁铁不能很好吸合，阀芯不能移动或不能移动到位，油路不切换（即不换向）。

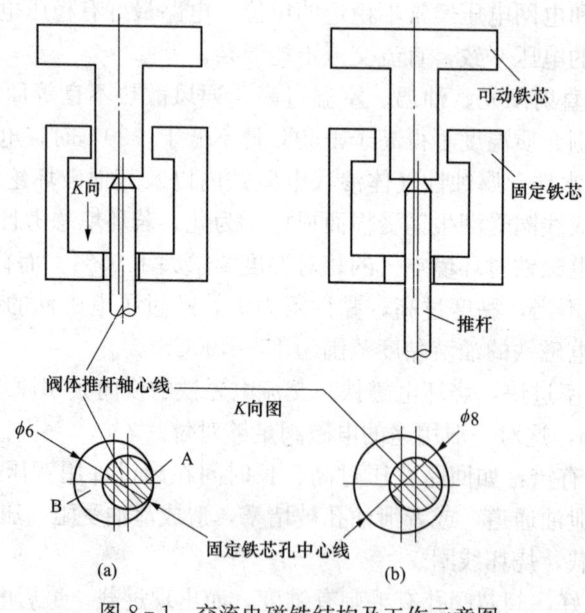

图8-1 交流电磁铁结构及工作示意图

③ 因线圈匝数不够造成电磁铁吸力不够，吸力与线圈匝数有关。这种情况很少见。

④ 电磁铁固定铁芯上小孔正对阀体推杆阀芯的轴心线（见图8-1），造成推杆吸合过程中的歪斜，增大阀芯运动副的摩擦力。另外，间隙A与间隙B磁力线疏密相差很大，会产生一侧向力，使推杆移向A，造成推杆歪斜，更加别劲。遇到这种情况可加大固定铁芯穿孔的尺寸，图中为将$\phi6$改为$\phi8$。

⑤ 电磁铁电压有错，没有控制在允许范围内。国内规定电压的许可范围为额定电压的85%～105%，国外大多为90%～110%。电压过低，就会产生电磁铁不能吸合的故障，从而导致阀不能换向。

⑥ 电源频率不对。国内电源频率为50Hz，而有些进口设备为60Hz，例如日本的交流电磁铁。从吸力公式可知，频率对吸力的大小有影响。因此，电源频率不能搞错，特别是对进口液压设备，错了的应更正过来。

(2) 因阀部分本身的机械加工装配质量等不良引起的换向不良

① 阀芯台肩及阀芯平衡槽锐边处毛刺、阀体沉割槽锐边处毛刺清除不干净或者根本就没有予以清除。特别是阀体孔内的毛刺往往翻向沉割槽内，很难清除，危害很大。目前液压元件生产厂已采用尼龙刷对阀孔去毛刺，对阀芯采用振动法去毛刺。

② 阀芯与阀孔几何精度（如圆度、圆柱度）不好，会产生液压卡紧力。特别是停留几分钟（台架试验为5min）后，加上压力又高，阀芯便经常产生液压卡紧力，换向阀不换向。值得一提的是：液压卡紧出现在工作状况中，不工作停机时阀芯在阀孔内可能是灵活的，但这是一种假象。

碰到液压卡紧故障时，要检查阀芯与阀孔的几何精度，一般应控制在0.003～0.005mm以内。

③ 安装阀的螺钉拧得过紧。电磁换向阀阀体与阀芯的配合间隙很小，一般为0.007～0.02mm。若安装螺钉拧得过紧，导致阀内孔变形，卡死阀芯而不能换向。螺钉的拧紧力矩最好按生产厂的推荐值，用力矩扳手拧紧。一般M5的安装螺钉拧紧力矩推荐为6～9N·m，M6为12～15N·m，M8为20～25N·m，M12为75～105N·m。

④ 阀孔与阀体端面不垂直，电磁铁装上后造成推杆歪斜别劲，阀芯运动阻力增大。

⑤ 泄油孔（L油孔）或回油孔堵塞（偶而发现有未钻通的），特别是在加工中，泄油孔（L油孔）与阀孔交叉处由于偏斜而使交叉处穿通面积很小，加上工艺闷塞太长或压入过深，堵塞泄油孔（L油孔），使泄油通道不畅造成阀芯两端困油，而推不动阀芯。

⑥ 铸件（阀体）材质不好，安装螺钉拧紧后，阀孔变成椭圆形而卡死阀芯或造成运动不灵活。

⑦ 阀芯台肩与阀体沉割槽尺寸不对，造成两端换向速度不一致。

⑧ 阀芯与阀体配合间隙过大或过小。过大容易产生液压卡紧，过小容易造成摩擦阻力增大而卡紧。

因阀加工不良而产生电磁换向阀换向不可靠的故障现象，随着液压件质量的提高，有很大好转。用户在使用时可根据具体原因，分别采取对策。

(3) 因污物所致

① 阀装配时清洗不良或清洗油不干净，污物积存于阀芯与阀体配合间隙中，卡住阀芯。

② 油液中细微铁粉被电磁铁通电形成的磁场磁化，吸附在阀芯外表面或阀孔内表面引起卡紧，所以液压系统最好装磁性过滤装置。

③ 运转过程中，空气中的尘埃污物进入液压系统，带到电磁换向阀内。

④ 油箱无防尘措施，加油时无过滤措施，系统本身过滤不良，造成油液污物进入系统。

⑤ 液压油老化、劣化，产生油泥及其他污物。

⑥ 包装运输、修理装配不重视清洗，使污物进入阀内，以及由于水分进入造成锈蚀。

综合上述几个方面不换向的原因，涉及设计、生产、使用等各方面，需根据情况予以排除。目前液压设备上使用湿式电磁铁越来越广泛，湿式电磁铁的衔铁和推杆均浸在油液中，运动阻力小，且油还能起到冷却和吸振作用，从而提高了换向的可靠性及延长使用寿命。湿式电磁铁的换向力比干式电磁铁减小了 5N 左右，大大提高了换向可靠性。

3. 内泄漏大

内泄漏大时，导致功率损失而引起系统温度升高，甚至动作失灵。

① 阀芯与阀孔配合间隙大，或者因磨损后而使配合间隙大，需修复。正常配合间隙为 0.008～0.015mm。

② 阀芯与阀孔配合台肩尺寸、沉割槽槽距尺寸不对或超差，或者油封台肩有缺口，使油封长度段的遮盖量减小，造成内泄漏增加。

③ 平衡槽位置尺寸设置不合理，也会减短油封长度（遮盖量）。

④ 阀芯外表面或阀孔内表面拉有轴向沟纹。

⑤ 液压油温度过高。

⑥ 阀芯与阀体孔因毛刺造成偏心。偏心时通过偏心环状间隙的泄漏量是未偏心的 2.5 倍。

⑦ 阀体内有缩松缩孔等铸造缺陷。

可针对上述原因，分别采取对策。

4. 压力损失大

通过额定流量时的阀前与阀后压力之差，称为阀的压力损失。压力损失大，导致油液温度升高。造成电磁换向阀压力损失大的主要原因是：

① 通过电磁换向阀的实际流量远大于它的额定流量。特别是在差动回路中考虑不周时，容易出现这种情况。

② 阀芯台肩尺寸或阀体沉割槽槽距尺寸不对，造成阀开口小，而压力损失超差。

8-6 电磁换向阀在使用与安装时应注意哪些事项？

使用与安装电磁换向阀时注意以下几点：

① 用户在选用电磁换向阀时，首先注意电磁换向阀的种类（是交流还是直流）、电压大小、安装尺寸、电磁换向阀吸力的大小及行程长短等。

② 电磁换向阀的安装应保持轴线呈水平方向，不允许倾斜或垂直方向安装。

③ 二位二通电磁换向阀机能分为常开和常闭两种。如想改变原来的机能，只要将阀芯换一头安装即可。通径为 10mm 的电磁换向阀没有二位二通电磁换向阀品种。将二位三通电磁换向阀堵住 A、B 油口中的任意一个即成二位二通电磁换向阀。注意 T 油口仍要接回油箱。二位二通电磁换向阀的 L 油口和二位三通电磁换向阀的 T 油口均为外泄油口，应直接接回油箱。

④ 通径为 10mm 的电磁换向阀，有两个 T 油口，使用时可任选一个。

⑤ 电磁铁电压的波动，允许为额定电压的 90%～105%。

⑥ 电磁换向阀的工作介质推荐采用 YA-N46 抗磨液压油，油温在 10～65℃。液压系统应具备有过滤精度不低于 30μm 的过滤器。

⑦ 管接头连接处禁止用油漆、麻丝等包裹螺纹，可采用聚四氟乙烯密封带。

⑧ 电磁换向阀的安装位置，应保证两端有足够大的空间，以便采用手动操纵电磁铁或更换电磁铁。

⑨ 电磁换向阀应用规定的螺钉安装在连接底板上，不允许用管道支持阀门。

⑩ 连接底板与阀结合面的表面粗糙度应保证在规定的技术要求以上，平面度应小于0.1mm。

⑪ 产品应在规定的技术条件下工作，以确保产品正常工作。

⑫ 双电电磁换向阀的两个电磁铁不能同时通电，在设计液压设备的电控系统时应使两个电磁铁的动作互锁。

⑬ 选用电磁换向阀时，根据所用电源、使用寿命、切换频率、安全特性等选用合适的电磁铁。

⑭ 换向阀的回油管应低于油箱液面以下。

⑮ 对于湿式电磁换向阀的电磁铁导磁腔的油液压力不能超过6.3MPa，否则易使底板起翘，影响密封。

⑯ 在进口设备上使用的电磁换向阀，电磁铁的使用电压往往与国内的不同，使用时应予以注意。

8-7　液动换向阀常见故障有哪些？如何分析与排除？

液动换向阀与电磁换向阀的区别仅在于控制阀芯移动的力不同而已，前者为液压力，后者为电磁铁的吸力，所以有关液动换向阀的故障分析与排除可参阅电磁换向阀的有关内容。下面仅作几点补充。

1. 不换向或换向不良

① 产生这一故障原因之一是推动阀芯移动的控制压力油的压力不够，或者控制油液压力虽够，但另一端控制油腔的回油不畅（不畅的原因可能是污物阻塞，或开口量不大，或者回油背压大等）。这些情况均造成液动换向阀的滑阀阀芯无法移动或者移动不良，从而不换向或换向不良。

解决办法是：适当控制油的压力，6.3MPa系列的阀控制压力的范围在0.3～6.3MPa之间，32MPa系列的阀控制压力的范围在1～32MPa之间。当从K_1油口进控制压力油时，从K_2油口的控制回油应确保畅通。

② 拆修时阀盖方向装错，导致控制油路进油或回油不通，造成不能换向。

此时应更正阀盖的装配方向，阀盖的控制油口正对阀体端面上的控制油口。

2. 换向振动大，存在换向冲击

换向冲击是换向时油口压力急剧变化时发生的，此时一般滑阀阀芯换向速度过快。

为使压力变化缓慢，就要设法使阀芯换向速度变慢。解决办法是在阀两端的控制油路上串联小型可调节流阀。将换向阀芯台肩部位设计或加工成圆锥面或开有三角槽等，冲击问题就能解决。

8-8　电液换向阀常见故障有哪些？如何分析与排除？

电液换向阀是电磁换向阀与液动换向阀的组合，所以有关电液动换向阀的故障分析与排除可参考上述内容进行。

8-9　手动换向阀常见故障有哪些？如何分析与排除？

手动换向阀的故障分析与排除方法可参阅电磁换向阀的有关部分内容进行。此外它还有下述故障。

1. 手柄操纵力大

产生这一故障的主要原因有以下几点：

① 阀芯与阀体孔配合间隙太小。

② 污物楔入滑阀副配合间隙，或因阀芯外圆表面和阀孔内圆表面拉伤有毛刺。

③ 阀芯与阀体孔因几何精度超差，在压力较高时产生液压卡紧力。或者回油背压大。

④ 阀芯与手柄连接处的销子别劲等。

故障排除方法如下：

① 拆开阀，检查阀芯与阀体孔配合间隙太小，过小时可适当研磨阀孔排除。

② 清洗阀内部，去毛刺，拉伤严重者予以更换。

③ 研磨修复阀体阀芯，使其几何精度在0.003～0.005mm以内，降低回油背压。

④ 装配好阀芯与手柄连接处，不得别劲。

2. 换向不到位

产生这一故障的主要原因有以下几点：

① 定位机构失效，手柄未能扳到位。例如定位钢球、定位弹簧漏装等导致定位机构失效。

② 钢球座圈因磨损导致三个定位槽不能正确定位，或者本来就是因加工和装配尺寸不对；对转阀式阀为阀盖上的三个钢球定位孔尺寸分布不对。

故障排除方法如下：

① 补装定位钢球和定位弹簧。

② 更换钢球座圈，修正阀盖上的三个钢球定位孔。

8-10　溢流阀在使用时应注意哪些事项？

① 应根据液压系统的工况特点和具体要求选择溢流阀的类型。通常直动式溢流阀响应较快，宜作安全保压阀使用；先导溢流阀启闭特性好，宜作调压定压阀使用。

② 应尽量选用启闭特性好的溢流阀，以提高执行元件的速度负载特性和回路效率。就动态特性而言，所选择的溢流阀应在响应速度较快的同时，稳定性好。

③ 正确使用溢流阀的连接方式，正确选用连接件（安装底板或管接头），并注意连接处的密封；阀的各个油口应正确接入系统，外部泄油口必须直接接回油箱。

④ 根据系统的工作压力和流量合理选定溢流阀的额定压力和流量（通径）规格。对于作远程调压阀的溢流阀，其通过流量一般为遥控口所在的溢流阀通过流量的0.5%～1%。

⑤ 应根据溢流阀所在系统中的作用确定和调节调定压力，特别是作安全阀使用的溢流阀，起始调定压力不得超过液压系统的最高压力。

⑥ 调压时应正确旋转方向调节调压机构，调压结束时应将锁紧螺母固定。

⑦ 如果需通过先导式溢流阀的遥控口对系统进行远程调压、卸荷或多级压力控制，则应将遥控口的螺堵拧下，接入控制油路；否则应将遥控口严密封堵。

⑧ 如需改变溢流阀的调压范围，可以通过更换溢流阀的调压弹簧实现，但同时应注意弹簧的设定压力可能改变阀的启闭特性。

⑨ 对于电磁溢流阀，其使用电压、电流及接线形式必须正确。

⑩ 卸荷溢流阀的回油腔应直接接油箱，以减少背压。

⑪ 溢流阀出现调压失灵或噪声过大等故障时，要查明原因及时修复。修复时拆洗过的溢流阀组件应正确安装，并注意防止二次污染。

8-11　顺序阀在使用时应注意哪些事项?

顺序阀的使用注意事项可参照溢流阀的相关内容，同时还应注意以下几点：

① 顺序阀通常为外泄方式，所以必须将泄油口接至油箱，并注意泄油路背压不能过高，以免影响顺序阀的正常工作。

② 应根据液压系统的具体要求选用顺序阀的控制方式，对于外控式顺序阀应提供适当的控制压力油，以使阀可靠启闭。

③ 启闭特性太差的顺序阀，通过流量较大时会使一次压力过高，导致系统效率降低。

④ 所选用的顺序阀开启压力不能过低，否则会因泄漏导致执行元件误动作。

⑤ 顺序阀的通过流量不宜小于额定流量过多，否则将产生振动或其他不稳定现象。

8-12　减压阀使用时应注意哪些事项?

① 应根据液压系统的工况特点和具体要求选择减压阀的类型，并注意减压阀的启闭特性的变化趋势与溢流阀相反（即通过减压阀的流量增大时二次压力有所减小）。另外，应注意减压阀的泄油量较其他控制阀多，始终有油液从导阀流出（有时多达 1L/min 以上），从而影响到液压泵容量的选择。

② 正确使用减压阀的连接方式，正确选用连接件（安装底板或管接头），并注意连接处的密封；阀的各个油口应正确接入系统，外部泄油口必须直接接回油箱。

③ 根据系统的工作压力和流量合理选定减压阀的额定压力和流量（通径）规格。

④ 应根据减压阀在系统中的用途和作用确定和调节二次压力，必须注意减压阀设定压力与执行器负载压力的关系。主减压阀的二次压力设定值应高于远程调压阀的设定压力。二次压力的调节范围取决于作用的调压弹簧和阀的通过流量。最低调节压力应保证一次压力与二次压力之差为 0.3～1MPa。

⑤ 调压时应注意以正确旋转方向调节调压机构，调压结束时应将锁紧螺母固定。

⑥ 如果需通过先导式减压阀的遥控口对系统进行多级减压控制，则应将遥控口的螺堵拧下，接入控制油路；否则应将遥控口严密封堵。

⑦ 卸荷溢流阀的回油路应直接接油箱，以减少背压。

⑧ 减压阀出现调压失灵或噪声较大等故障时，在进行诊断和排除时，拆洗过的溢流阀组零件应正确安装，并注意防止二次污染。

8-13　压力继电器在使用时应注意哪些事项?

① 根据具体用途和系统压力选用适当结构形式的压力继电器。为了保证压力继电器动作灵敏，避免低压系统选用高压压力继电器。

② 应按照制造厂的要求，以正确方位安装压力继电器。

③ 按照所要求的电源形式和具体要求对压力继电器中的微动开关进行接线。

④ 压力继电器调整完毕后，应锁定或固定其位置，以免受振动后变动。

⑤ 压力继电器的泄油腔应直接接回油箱，否则会使泄油口背压过高，影响其灵敏度。

8-14 节流阀在使用时应注意哪些事项?

① 普通节流阀的进出口，有的产品可以任意对调，但有的产品则不可以对调。具体使用时，应按照产品使用说明接入系统。

② 节流阀不宜在较小开度下工作，否则极易阻塞并导致执行元件爬行。

③ 行程节流阀和单向行程节流阀应用螺钉固定在行程挡块路径的已加工基面上，安装方向可根据需要而定；挡块或凸轮的行程和倾角应参照产品说明制作，不宜过大。

④ 节流阀开度应根据执行元件的速度要求进行调节，调整好后应锁紧，以防止松动而改变调好的节流口开度。

8-15 调速阀在使用时应注意哪些事项?

① 调速阀（不带单向阀）通常不能反向使用，否则定差减压阀将不起压力补偿器作用。

② 为了保证调速阀正常工作，应注意调速阀工作压差应大于阀的最小压差 Δp_{min}。高压调速阀的最小压差 Δp_{min} 一般为 1MPa，而中低压调速阀的最小压差 Δp_{min} 一般为 0.5 MPa。

③ 流量调整好后应锁定位置，以免改变调整好的流量。

④ 在接近最小稳定流量下工作时，建议在系统中调速阀的进口侧设置管路过滤器，以免阀阻塞而影响流量的稳定性。

8-16 叠加阀组成液压系统时应注意哪些问题?

1. 通径及安装连接尺寸

一组叠加阀回路中的换向阀、叠加阀和底板的通径规格及安装连接尺寸应一致。

2. 液控单向阀与单向节流阀组合

如图 8-2 (a) 所示，液控单向阀 3 与单向节流阀 2 组合时，应使单向节流阀靠近液压缸 1。反之，若按图 8-2 (b) 所示配置，则当 B 口进油、A 口回油时，因单向节流阀 2 的节流效果，在回油路的 a～b 段会产生压力，当液压缸 1 需要停位时，液控单向阀 3 不能及时关闭，并有时还会反复关、开，使液压缸产生冲击。

3. 减压阀与单向节流阀组合

例如图 8-3 (a) 所示系统为 A、B 油路都采取节流阀 2，而 B 油路采用减压阀 3 的系统。这种系统节流阀应靠近液压缸 1。若按图 8-3 (b) 所示配置，则当 A 口进油、B 口回油时，由于节流阀的节流作用，使液压缸 B 腔与单向节流阀之间这段油路的压力升高。这个压力又去控制减压阀，使减压阀减压口关小，出口压力变小，造成供给液压缸的压力不足。当液压缸的运动趋于停止时，液压缸 B 腔压力又会降下来，控制压力随之降低，减压阀口开度增大，出口压力也增大。如此反复变化，使液压缸运动不稳定，还会产生振动。

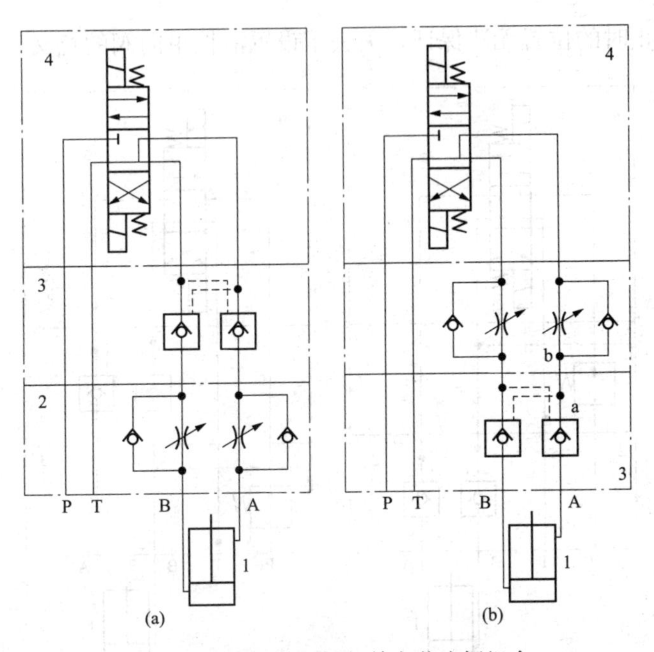

图 8-2　液控单向阀与单向节流阀组合

1—液压缸；2—单向节流阀；3—液控单向阀；4—三位四通电磁换向阀

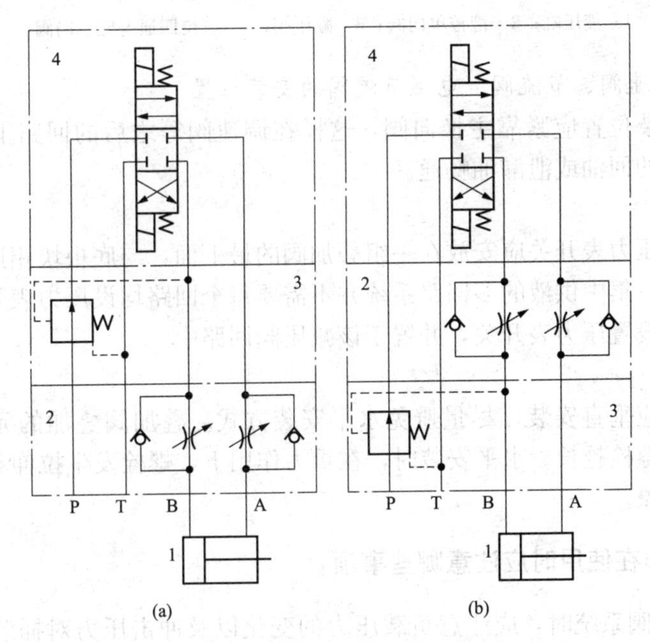

图 8-3　减压阀与单向节流阀组合

1—液压缸；2—单向节流阀；3—减压阀；4—三位四通电磁换向阀

4. 减压阀与液控单向阀组合

例如图 8-4（a）所示系统为 A 油路采用液控单向阀 2，B 油路采用减压阀 3 的系统。这种系统中的液控单向阀应靠近液压缸 1。若按图 8-4（b）所示配置，则因减压阀 3 的控制油路与液压缸 B 腔和液控单向阀 2 之间的油路连通，这时液压缸 B 腔的油可经减压阀泄漏，使液压缸在停止时的位置无法保证，失去了设置液控单向阀的意义。

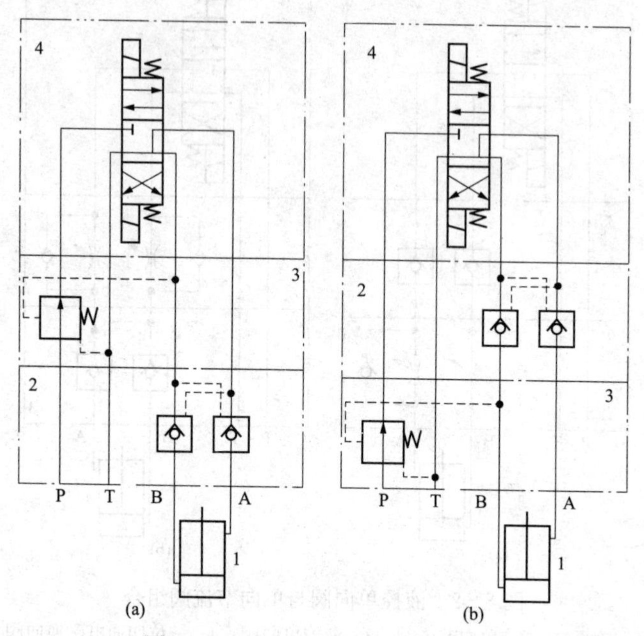

图 8-4　减压阀与液控单向阀组合

1—液压缸；2—液控单向阀；3—减压阀；4—三位四通电磁换向阀

5. 回油路上调速阀、节流阀、电磁节流阀的安装位置

这些元件的安装位置应紧靠主换向阀，这样在调速阀等之后的回路上就不会有背压产生，有利于其他阀的回油或泄漏油畅通。

6. 压力测定

测压需采用的压力表开关应安放在一组叠加阀的最下面，与底板块相连。单回路系统设置一个压力表开关；集中供液的多回路系统并不需要每个回路均设压力表开关。在有减压阀的回路中，可单独设置压力表开关，并置于该减压阀回路中。

7. 安装方向

叠加阀原则上应垂直安装，尽量避免水平安装方式。叠加阀叠加的元件越多，质量越大，安装用的贯通螺栓越长。水平安装时，在重力作用下，螺栓发生拉伸和弯曲变形，叠加阀间会产生渗油现象。

8-17　插装阀在使用时应注意哪些事项？

① 在设计插装阀系统时，应注意负载压力的变化以及冲击压力对插装阀的影响，采取相应的措施，如增加梭阀和单向阀等。

② 为避免压力冲击引起阀芯的错误动作，应尽量避免几个插装阀同用一个回油回路或者泄油回路的情况。

③ 插装阀的动作控制不像其他液压阀那样精确可靠。

8-18　电液比例阀在使用时应注意哪些事项？

① 在选择比例节流阀或比例方向阀时一定要注意，不能超过电液比例节流阀或比例方

向阀的功率域（工作极限）。

② 注意控制油液污染。比例阀对油液污染度通常要求为 NAS1638 的 7～9 级（ISO 的 16/13、17/14、18/15 级），决定这一指标主要环节是先导级。虽然电液比例阀较伺服阀的抗污染能力强，但是不能对油液污染掉以轻心，因为电液比例控制系统的很多故障是由油液污染引起的。

③ 比例阀与放大器必须配套。通常比例放大器能随比例阀配套供应，放大器一般有深度电流负反馈，并在信号电流中叠加着颤振电流。放大器设计成断电时或差动变压器断线时使阀芯处于原始位置，或使系统压力最低，以保证安全。放大器中有时设置斜坡信号发生器，以便控制升压、降压时间或运动加速度或减速度。驱动比例方向阀的放大器往往还有函数发生器，以便补偿比较大的死区特性。

比例阀与比例放大器安置距离可达 60m，信号源与放大器的距离可以是任意的。

④ 控制加速度和减速度的传统方法有换向阀切换时间延迟、液压缸内端位缓冲、电子控制流量阀和变量泵等。用比例方向阀和斜坡信号发生器可以提供很好的解决方案，这样就可以提高机器的循环速度并防止惯性冲击。

8-19 电液伺服阀在使用时应注意哪些事项？

① 合理选用电液伺服阀。首先按照系统控制类型选定伺服阀的类型。一般情况下，对于位置或速度伺服控制系统，应选用流量型伺服阀；对于力或压力伺服控制系统，应选用压力型伺服阀，也可选用流量型伺服阀。然后根据性能要求选择适当的电气-机械转换器的类型（动铁式或动圈式）和液压放大器的级数（单级、两级或三级）。阀的种类选择工作可参考各类阀的特点并结合制造商的产品目录或样本进行。

② 特别注意油路的过滤和清洗问题，进入伺服阀前必须安装有过滤精度在 5μm 以下的精密过滤器。

③ 在整个液压伺服系统安装完毕后，伺服阀装入系统前必须对油路进行彻底清洗，同时观察滤芯污染情况，冲洗 24～36h 后卸下过滤器。

④ 在安装伺服阀前，不得随意拨动调零装置。

⑤ 液压管路不允许采用焊接式连接件，建议采用卡套式 24°锥结构形式的连接件。

⑥ 安装伺服阀的安装面应光滑平直、清洁。

⑦ 安装伺服阀时，应检查下列各项：

a. 安装面是否有污物，进出油口是否接好，O 形密封圈是否完好，定位销孔是否正确。

b. 将伺服阀安装在连接板上时，将连接螺钉均匀用力拧紧。

c. 接通电路前，注意检查接线柱，一切正常后进入极性检查。

⑧ 伺服系统的油箱必须密封并加空气滤清器和磁性过滤器。更换新油必须经过严格的精过滤（过滤精度在 5μm 以下）。

⑨ 液压油定期更换，每半年换油一次，油液尽量保持在 40～50℃的范围内工作。

⑩ 伺服阀应严格按照说明书规定的条件使用。当系统发生故障时，应首先检查和排除电路和伺服阀以外环节后，再检查伺服阀。

8-20 溢流阀是如何安装的？

溢流阀分为螺纹连接、法兰连接和板式连接三种。

螺纹连接的溢流阀有两个进油口和一个泄油口，进油口位于阀体的两侧，泄油口在阀体的底部。安装时将阀放于分管位置，可用螺塞堵住一个进油口。如若系统流量不大于溢流阀的公称流量，也可以把阀安装于管路中间，两个进油口，为一进一出连接。

法兰连接的溢流阀的连接油口与螺纹连接的相同。

板式连接的溢流阀的连接油口全在一个平面上，一共有三个油口。上边的小孔为“控制油进口”，中间的孔为压力油进口，与主油路连接；下边的孔为溢流孔，与油箱连接。

系统若无远控油路，上边的控制油口在加工安装底板时可以不加工，用O形密封圈密封即可。

8-21 减压阀和单向减压阀是如何安装的?

减压阀和单向减压阀分为螺纹连接、法兰连接和板式连接三种。

螺纹连接的减压阀和单向减压阀，有两个进油口（一次压力油口）在阀体上边两侧，下边一个油口为二次压力出口。应注意的是：在阀盖的侧面有一个泄油口，减压阀开始工作时，这个泄油口就有油流出，此口用$\phi 8 \sim \phi 10$mm的管路直接通往油箱，不可与溢流阀或方向阀的回油管路并联回油箱。如若和溢流阀的溢流管路合并一同通往油箱，会影响减压阀的技术特性。

单向减压阀的阀体内部多一个单向阀，这种阀用于往复式油路系统中，即液压油通往二次压力系统时，可起到减压作用；当液压油从二次压力油口返回时，则将单向阀打开，压力油便从一次压力口流出。单向减压阀在往复式减压系统中经常采用。它的阀盖侧面也有泄油口，安装时将此口用小通径管路单独连接通往油箱。

法兰连接的减压阀和单向减压阀的一次压力油口和二次压力油口的方位与螺纹连接的减压阀和单向减压阀完全一致，其泄油口亦在阀盖的侧面，所不同的就是法兰盘和阀体连接。

8-22 顺序阀和单向顺序阀是如何安装的?

顺序阀和单向顺序阀的用途广泛，包括直控顺序阀、远控顺序阀、直控平衡阀、直控单向顺序阀、远控单向顺序阀、远控平衡阀。

上述几种顺序阀在液压工程中是比较常见的，有的液压系统用直控、远控顺序阀；有的液压系统采用直控、远控单向顺序阀；有的液压系统采用直控平衡阀和远控单向平衡阀，也有个别液压系统作为卸荷阀使用。顺序阀和单向顺序阀的用途如表8-1所示。

表8-1　顺序阀和单向顺序阀的用途

序号	型号	名称	控制方式	下盖控制孔①	泄油方式	上盖控制孔②
1	X2F	直控顺序阀	内部	通	外部	通
2	X3F	远控顺序阀	外部	不通	外部	通
3	X4F	卸荷阀	外部	不通	内部	不通
4	XD1F	直控平衡阀	内部	通	内部	不通
5	XD2F	直控单向顺序阀	内部	通	外部	通
6	XD3F	远控单向顺序阀	外部	不通	外部	通
7	XD4F	远控平衡阀	外部	不通	外部	不通

① 指与阀体上相应孔通与不通。

② 指上盖泄油孔对阀体上对应孔通与不通。

从表 8－1 可以清楚地看出，这几种阀实际上就是顺序阀和单向顺序阀两种阀。只是改变上、下阀盖的安装方位时，就改变成多种不同使用技术性能。

8－23　压力继电器是如何安装的？

压力继电器是压力与电气转换元件，就是液压系统的油液压力转换电信号，去控制其下一个动作。它是弹簧卸荷式压力继电器。

压力继电器安装比较简单，一个是压力油进口，另一个是泄漏油出口。应注意的是泄漏油出口的回油管要逐渐低下去，否则会影响其技术性能。

8－24　单向阀是如何安装的？

对于螺纹连接的直通式、直角式单向阀，在阀体上有进出油的方向标志，不连接错就可以了。

对于板式安装的直角式单向阀，在底面有两个孔，安装时能看到阀芯的孔是进油的，看不到阀芯的孔是出油的。

对于法兰安装式的大流量直角单向阀，在阀体外边有进出油标志，底下是进油口，侧边是出油口。

8－25　液控单向阀是如何安装的？

液控单向阀有螺纹连接和板式安装之分，螺纹连接可以安装于压力油管路中间，但进出油口要分清，不能连接反了（正规液压件厂生产的产品，在阀体侧面有箭头标志）。阀的下阀盖小孔为控制油进口，一般用小径无缝钢管连接。

板式安装的液控单向阀分为内泄和外泄两种，它的进出油口、外泄油口和控制进油口都在阀体的同一个平面上。两个大孔为主油路进出油口，两个小孔中一个为控制进油口，另一个为外泄油的回油口（这两个小孔要分清，泄油口采用小型钢管接回油箱）。板式液控单向阀在制造安装底板及安装时，要特别注意主油路的进出油口方向和控制进油口的方向。

法兰安装式液控单向阀用于大流量液压系统，一般在 200L/min 以上系统可使用法兰安装。

内泄式液控单向阀的阀体两侧为进出油口，阀体侧面有箭头标志，控制进油口在阀体的底盖下面。

外泄式液控单向阀安装时，在阀体的一侧有两个螺纹孔，用小径无缝钢管连接回油箱，此管不能与系统其他回油管并联。

8－26　电磁换向阀和电液换向阀是如何安装的？

电磁换向阀和电液换向阀的安装无特殊要求，在一般情况下都是水平安装于底板上，或油路块上边。

电磁换向阀有中低压和中高压之分，在安装方面是相同的，只是进出油口的位置各有自己的标准。

中低压电磁换向阀有二位两通、二位三通、二位四通和二位五通以及三位五通多种。电磁换向阀都是板式安装，也就是进出油口都在同一个平面上，而中间的孔进油，称为 P 孔，

P孔左、右两个孔与液压缸相连，称为A孔、B孔，在靠一端的孔是回油箱的，称为O孔或T孔，如图8-5所示。

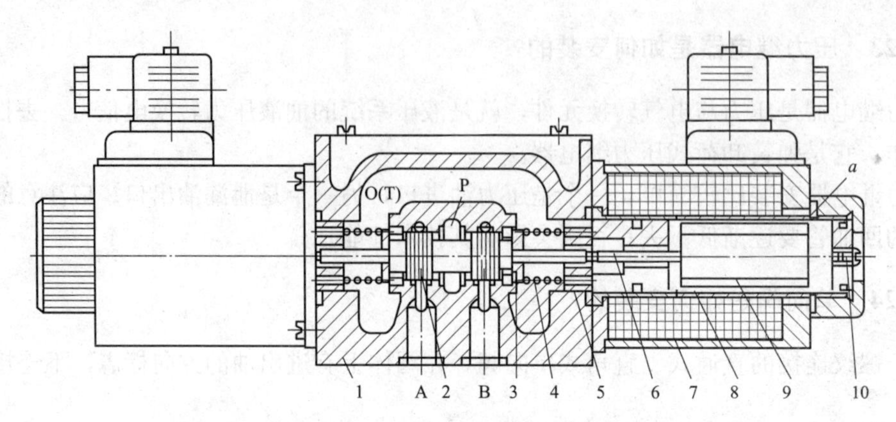

图8-5　电磁换向阀的油口位置

1—阀体；2—阀芯；3—弹簧座；4—弹簧；5—挡快；6—推杆；7—线圈；8—密封导磁套；9—衔铁；10—放气螺钉

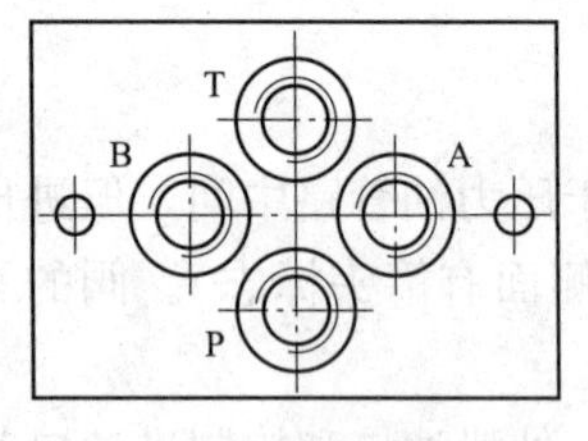

图8-6　油孔位置示意图

中高压电磁换向阀分为二位四通和三位四通两种，有6通径与10通径之分。6通径电磁换向阀在底面有四个油孔，两侧的两个孔为P孔和T孔，两端的两个孔为A、B孔，如图8-6所示。6通径电磁换向阀的P孔和T孔是对称的，不易分清哪个孔是P孔（某工厂生产这种阀时，在各个孔附近打上四个字头，而有的工厂不打字头，只能在四个安装螺钉孔的孔距不等时才能分清），因此安装高压和引进技术生产的6或5通径的电磁换向阀时应注意其安装方位。

10通径二位四通和三位四通电磁换向阀在安装方面完全一样，国内设计和引进技术生产的，虽然技术参数不同，在安装上无区别，通油孔道在同一个平面上，正中间的孔为进油孔P，靠近左、右的两个A、B孔通往液压缸，靠两端的两个孔是回油孔O，这类电磁换向阀在安装上容易，一般水平安装。

电磁换向阀有二位四通和三位四通，有16、20、22通径和32通径为板式安装，50通径以上至80通径是法兰安装式。

电磁换向阀的通油孔亦在一个平面上。除进油孔P，工作液压缸孔A、B和回油孔O或T以外，在两端还有控制进油孔和控制回油孔。

板式安装P和T孔在一侧，A和B工作口在一侧，在阀体铸造时，将这四个字母铸造在阀体两侧，安装时容易区分。

50通径以上电磁换向阀为法兰安装式，四个油口在阀体的两侧，在阀体上面也铸造出四个字母：P、T和A、B。

8-27　流量控制阀是如何安装的？

流量控制阀包括节流阀、单向节流阀、行程节流阀、单向行程节流阀、调速阀以及单向调速阀等多种。

1. 节流阀和单向节流阀

节流阀和单向节流阀一般为螺纹连接及板式安装，50 通径和 80 通径以上时则为法兰安装式。

节流阀和单向节流阀螺纹连接的进出油口在两侧面，而进油口在阀体主孔的下面，出油口在阀体主孔的上面。节流阀阀体短，单向节流阀阀体长。节流阀和单向节流阀板式安装的，其进出油口都在同一个平面上，下边的孔是进油孔，上边的孔是出油孔。

法兰安装式为大通径（如 50 通径和 80 通径），它与螺纹连接的只差两侧各多四个螺钉孔，用于安装法兰盘螺钉。

行程节流阀及单向行程节流阀在液压系统应用极少，这里不再介绍。

2. 调速阀和单向调速阀

调速阀和单向调速阀也称流量控制阀及单向流量控制阀，它们都是板式安装。在阀体后面的平面上有两个孔，上边孔为进油孔，下面孔为出油孔，它要安装在底板上或油路块上边。

8-28 电液伺服阀是如何安装的?

电液伺服系统中的电液伺服阀属于精密产品，所以在使用时必须特别小心，必须按照有关具体规定进行安装。

① 电液伺服阀在安装前，切勿拆下保护板和力矩马达上盖，更不允许随意拨动调零机构，以免引起性能变化、零部件损伤及污染等故障。

② 电液伺服阀的安装基面要平整，防止拧紧螺钉后阀产生变形。

③ 安装伺服阀的连接板时，其表面应光滑平直。

④ 一般情况下应在伺服阀进油口管路上安装名义精度为 10μm（绝对精度为 25μm）的精过滤器。

⑤ 油液管路中应尽量避免采用焊接式管接头，如必须采用时应将焊渣彻底清除干净，以免混入油液中，使伺服阀工作时发生故障。

⑥ 系统的过滤应能够达到伺服阀使用说明书中规定的工作油液污染等级要求。建议系统工作油液污染度应达到国际标准 ISO 4406 中的 15/12 级（每 1mL 油液中大于 5μm 的颗粒数在 160～320 之间，大于 15μm 的颗粒数在 20～40 之间）、最低不差于 ISO 4406 中 17/14 级（每 1mL 油液中大于 5μm 的颗粒数在 640～1300 之间，大于 15μm 的颗粒数在 80～160 之间）的规定。或者按照美国 NAS 1638，系统工作油液应达到美国 NAS 1638 的 6 级标准，最低不应差于 8 级标准。

⑦ 伺服系统安装后，应先在安装伺服阀的位置上安装冲洗板进行管路冲洗，至少应用油液冲洗 36h，而且最好采用高压热油。油洗后，更换滤芯再冲洗 2h，并检查油液污染度，当油液污染度确已达到要求时才能安装伺服阀。一般双喷嘴挡板伺服阀要求油液的污染度符合 NAS 1638 标准的 6 级规定，射流管式伺服阀要求油液的污染度符合 NAS 1638 标准的 8 级规定。当伺服系统添油或换油时，应采用专门滤油车向油箱内注油，要建立“新油并不干净，必须过滤”的概念。

⑧ 安装伺服阀时应检查以下事项：

a. 伺服阀的安装面上是否有污物附着，进出油口是否接好，O 形密封圈是否完好，定位销孔是否正确。

b. 伺服阀在连接板上安装好，连接螺钉应均匀拧紧而且不应拧得过紧，以在工作状况下不漏油为准。伺服阀安装后接通油路，检查外泄漏情况，如有外泄漏应排除。

c. 在接通电路前，先检查插头、插座的接线柱有无脱焊、短路等故障。当一切正常后再接通电路检查伺服阀的极性（应在低压工况下判断极性，以免发生正反馈事故）。

气动控制阀

9-1 气动减压阀在使用过程中应注意哪些事项?

减压阀在使用过程中应注意以下事项：

① 减压阀的进口压力应比最高出口压力大 0.1MPa 以上。

② 安装减压阀时最好手柄在上，以便于操作。阀体上的箭头方向为气体的流动方向，安装时不要装反。阀体上堵头可拧下来，装上压力表。

③ 连接管道安装前，要用压缩空气吹净或用酸蚀法将锈屑等清洗干净。

④ 在减压阀前安装分水滤气器，阀后安装油雾器，以防减压阀中的橡胶件过早变质。

⑤ 减压阀不用时应旋松手柄回零，以免膜片经常受压产生塑性变形。

9-2 气动流量控制阀在使用时应注意哪些事项?

用流量控制阀控制气缸的运动速度，应注意以下几点：

① 防止管道中的漏损。有漏损则不能期望有正确的速度控制，低速时更应注意防止漏损。

② 要特别注意气缸内表面加工精度和表面粗糙度，尽量减少内表面的摩擦力，这是速度控制不可缺少的条件。在低速场合，往往使用聚四氟乙烯等材料作密封圈。

③ 要使气缸内表面保持一定的润滑状态。润滑状态一改变，滑动阻力也就改变，速度控制就不可能稳定。

④ 加在气缸活塞杆上的载荷必须稳定。若这种载荷在行程中途有变化，则速度控制相当困难，甚至成为不可能。在不能消除载荷变化的情况下，必须借助于液压阻尼力，有时也使用平衡锤或连杆等。

⑤ 必须注意速度控制阀的位置。原则上流量控制阀应设在气缸管接口附近。使用控制台时常将速度控制阀装在控制台上，远距离控制气缸的速度，但这种方法很难实现完好的速度控制。

9-3 气动逻辑元件在使用时应注意哪些事项?

① 气源净化要求低。一般情况下气动逻辑元件对气源的处理要求较低，所使用的气源经过常用的 QTY 型减压阀和 QSL 型分水过滤器处理就可以了。国内有的气动逻辑控制装置中气源经一般的处理，通过几年的使用不出故障，仍在正常工作。

另外，元件不需要润滑。由于元件内有橡胶膜片，要注意把逻辑控制系统用的气源同需要润滑的气动控制阀和气缸的气媒分开供气。

② 要注意连接管路的气密性。要特别注意元件之间连接的管路密封，不得有漏气现象。否则，大量的漏气将引起压力下降，可能使元件动作失灵。

③ 在安装之前，首先按照元件技术说明书试验一下每个元件的逻辑功能是否符合要求。元件接通气源后，排气孔不应有严重的漏气现象。否则，拆开元件进行修整，或调换元件。

④ 用中若发现同与门元件相连的元件出现误动作，应该查与门元件中的弹簧是否折断，或者弹簧太软。

⑤ 元件的安装可采用安装底板，底板下面有管接头，元件之间用塑料管连接。为了连接线路的美观、整齐，也能采用像电子线路中的印制电路板一样，气动逻辑元件也能用集成气路板安装，元件之间的连接已在气路板内实现，外部只有一些连接用的管接头。集成气路板可用几层有机玻璃板黏合，或者用金属铅板和耐油橡胶材料构成。

⑥ 逻辑元件相互串联时，一定要保证有足够的流量，否则可能无力推动下一级元件。

⑦ 无论采用截止式或膜片式高压逻辑元件，都要尽量将元件集中布置，以便于集中管理。

⑧ 由于信号的传输有一定的延时，信号的发出点（如行程开关）与接收点（如元件）之间不能相距太远。一般来说，最好不超过几十米。

⑨ 气动逻辑控制系统所用气源的压力变化必须保障逻辑元件正常工作需要的气压范围和输出端切换时所需的切换压力，逻辑元件的输出流量和响应时间等在设计系统时可根据系统要求参照有关资料选取。

9-4 阀岛有哪些类型？

1. 带多针接口的阀岛

可编程控制器的输出控制信号、输入信号均通过一根带多针插头的多股电缆与阀岛相连，而由传感器输出的信号则通过电缆连接到阀岛的电信号输入口上。因此，可编程控制器与电控阀、传感器输入信号之间的接口简化为只有一个多针插头和一根多股电缆。与传统方式实现的控制系统比较可知，采用带多针接口的阀岛后系统不再需要接线盒。同时，所有电信号的处理、保护功能（如极性保护、光电隔离、防水等）都已在阀岛上实现。图 9-1 所示为带多针接口的阀岛的实物图。

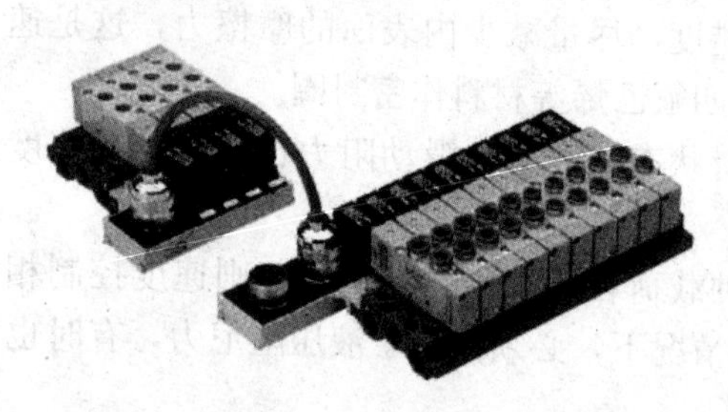

图 9-1　带多针接口的阀岛的实物图

2. 带现场总线的阀岛

使用带多针接口的阀岛使设备的接口大为简化，但用户还必须根据设计要求自行将可编程控制器的输入/输出口与来自阀岛的电缆进行连接，而且该电缆随着控制回路的复杂化而加粗，随着阀岛与可编程控制器间的距离增大而加长。为克服这一缺点，出现了新一代阀岛——带现场总线型阀岛。

现场总线（Field Bus）的实质是通过电信号传输方式，并以一定的数据格式实现控制系统中信号的双向传输。两个采用现场总线进行信息交换的对象之间只需一根两股或四股的电缆连接，特点是以一对电缆之间的电位差方式传输的。在由带现场总线型阀岛组成的系统中，每个阀岛都带有一个总线输入口和总线输出口。这样当系统中有多个带现场总线的阀岛或其他带现场总线设备时可以由近至远串联连接。现提供的带现场总线的阀岛装备了目前市场上所有开放式数据格式约定及主要可编程控制器厂家自定的数据格式约定。这样，带现场总线的阀岛就能与各种型号的可编程控制器直接相连接，或者通过总线转换器进行阀接连接。图 9-2 (a)、(b) 所示为带现场总线型阀岛的两种实物图。

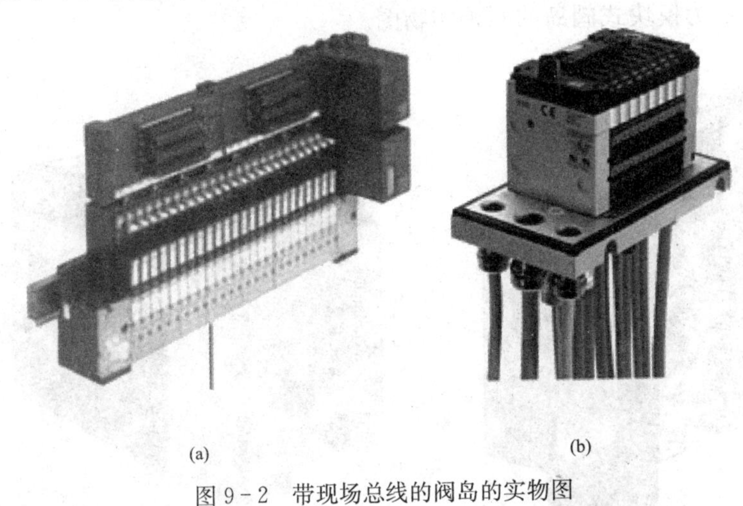

(a)　(b)

图 9-2　带现场总线的阀岛的实物图

带现场总线阀岛的出现标志着气电一体化技术的发展进入一个新的阶段，为气动自动化系统的网络化、模块化提供了有效的技术手段，因此近年来发展迅速。

3. 可编程阀岛

鉴于模块式生产成为目前发展趋势，同时注意到单个模块以及许多简单的自动装置往往只有十个以下的执行机构，于是出现了一种集电控阀、可编程控制器以及现场总线为一体的可编程阀岛，即将可编程控制器集成在阀岛上。

所谓模块式生产是将整台设备分为几个基本的功能模块，每一基本模块与前后模块间按一定的规律有机结合。模块化设备的优点是可以根据加工对象的特点，选用相应的基本模块组成整机。这不仅缩短了设备制造周期，而且可以实现一种模块多次使用，节省了设备投资。可编程阀岛在这类设备中广泛应用，每一个基本模块装用一套可编程阀岛。这样，使用时可以离线同时对多台模块进行可编程控制器用户程序的设计和调试。这不仅缩短了整机调试时间，而且当设备出现故障时可以通过调试出故障的模块，使停机维修时间最短。图 9-3 所示为可编程阀岛的实物图。

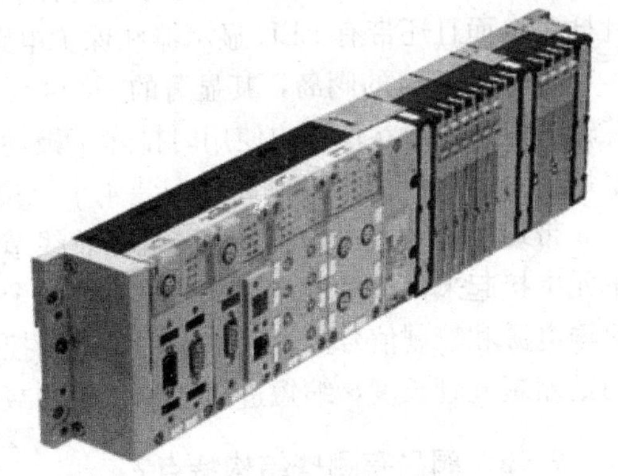

图 9-3　可编程阀岛的实物图

4. 模块式阀岛

在阀岛设计中引入了模块化的设计思想，这类阀岛的基本结构是：

① 控制模块位于阀岛中央。控制模块有三种基本方式：多针接口型、现场总线型和可编程型。

② 各种尺寸、功能的电磁阀位于阀岛右侧，每两个或一个阀装在带有统一气路、电路接口的阀座上。阀座的次序可以自由确定，其个数也可以增减。

③ 各种电信号的输入/输出模块位于阀岛左侧，提供完整的电信号输入/输出模块产品。

有带独立插座、带多针插头、带 ASI 接口及带现场总线接口的阀岛。图 9－4（a）、图 9－4（b）所示为模块式阀岛的两种实物图。

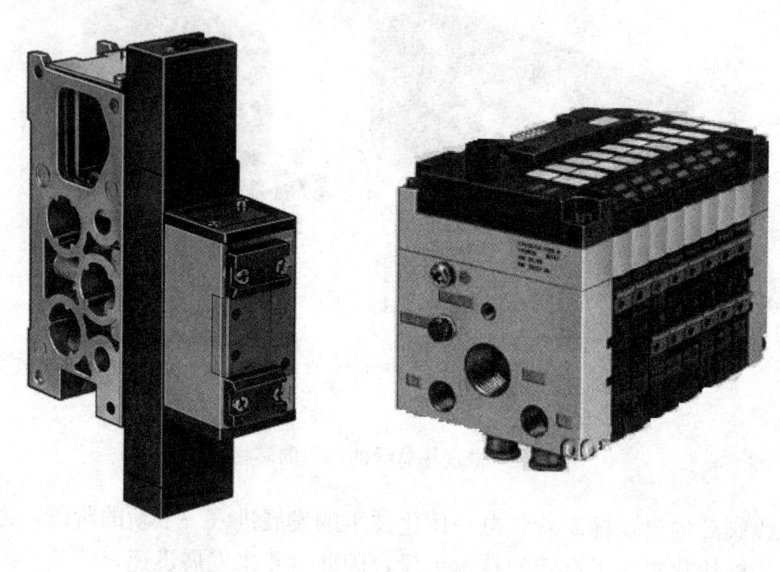

(a)　(b)

图 9－4　模块式阀岛的实物图

(a) 带独立插座的阀岛；(b) 带多针插头的阀岛

带独立插座的阀岛通用性强，对控制器无特殊要求，配有电缆（有极性容错功能），插座上带有 LED 和保护电路，分别用以显示阀的工作状态和防止过压。

带多针插头的阀岛通过多感电缆将控制信号从控制器传输到阀岛，顶盖上不仅有电气多针插头，而且还带有 LED 显示器和保护电路。

带 ASI 接口的阀岛，其显著的一个特点是数据信号和电源电压由同一根 2 芯电缆同时传输。电缆的形状使用户使用时排除了极性错误。对于 ASI 接口系统，每个模块通常提供 4 个地址。因此一个 ASI 阀岛可安装 4 个二位五通单控阀或 2 个二位五通双控阀。

带现场总线接口的阀岛可与现场总线节点或控制器相连。这些设备将分散的输入/输出单元串接起来，最多可连接 4 个分支。每个分支可包括 16 个输入和 16 个输出，连接电缆同时输电源和控制信号。也就是说，它适合控制分散元件，使阀尽可能安装在气缸附近，其目的是缩短气管长度，缩短进排气时间，并减少流量损失。

9－5　阀岛有哪些结构特点？

阀岛系统的结构如图 9－5 所示。阀岛集成安装了多个 SR 低功率不供油小型电控换向阀，有 2 阀、4 阀、6 阀、8 阀、10 阀等类别，分别有单电和双电两种控制形式。阀岛上电控换向阀电磁铁的控制线通过内部连线集成到多芯插座上，形成标准的接口，并且共用地线，从而大大减少了连线的数量。如装有 10 个双电控换向阀的阀岛，具有 20 个电磁铁，只需要 21 芯的电缆就可以控制。接线时通过标准的接口插头插接，非常便于拆装、集中布线和检修。

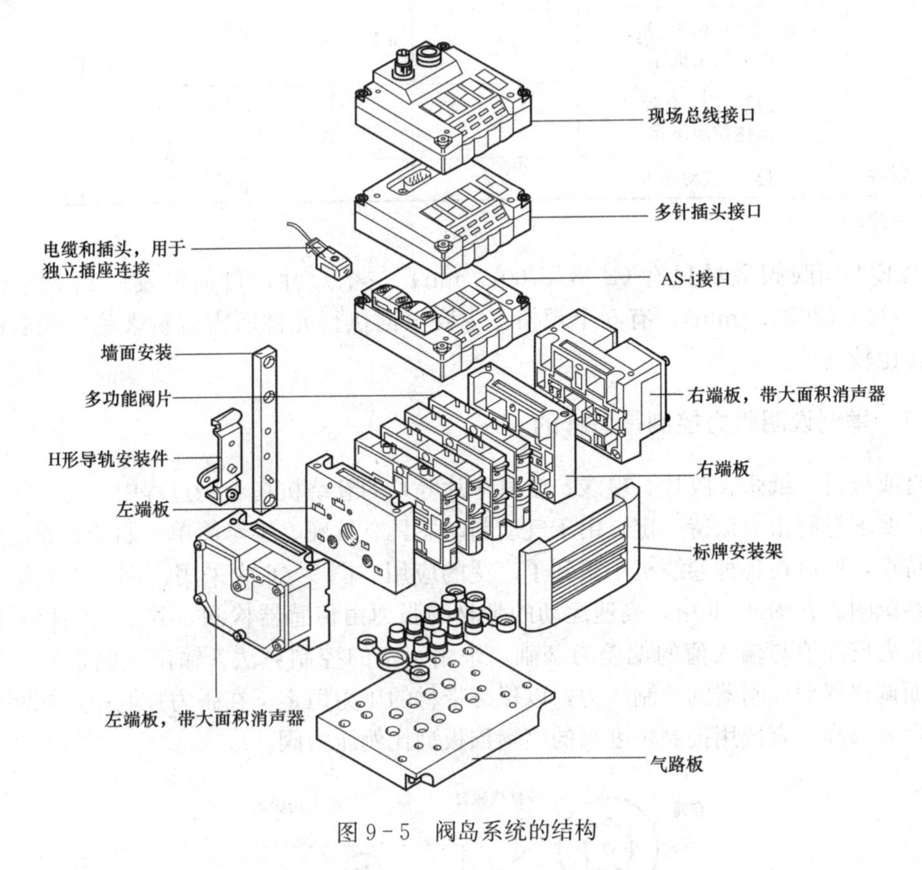

图 9-5　阀岛系统的结构

9-6　气动比例阀/伺服阀是如何选择的?

气动比例阀的类型主要根据被控对象的类型和应用场合来选择。由于被控对象的不同，在选择时，对控制精度、响应速度、流量等性能指标的要求也不相同。控制精度与响应速度的关系是一对矛盾，选择时无法同时兼顾。对于已经确定的控制系统，应该以最重要的性能指标为依据确定比例阀的类型。然后再考虑设备的运行环境，如污染、振动、安装空间及其安装方式等方面的要求，最终选择出适当类型的比例阀。表 9-1 给出了不同场合下比例阀优先选用的类型。

表 9-1　不同场合下比例阀优先选用的类型

控制领域	应用场合	比例压力阀			比例流量阀
		喷嘴挡板型	开关电磁阀型	比例电磁铁型	比例电磁铁型
下压控制	焊接机		○	◎	
	研磨机等	◎	○	○	
张力控制	各种卷绕机	◎	○		

续表

控制领域	应用场合	比例压力阀		比例流量阀	
		喷嘴挡板型	开关电磁阀型	比例电磁铁型	比例电磁铁型
喷流控制	喷漆机、喷流织机、激光加工机等	◎	◎		○
先导压控制	远控主阀、各种流体控制阀等	◎	○		
速度、位置控制	气缸、气动马达			○	◎

注 ◎—优；○—良。

MPYE 型伺服阀最早只有 G1/8（700L/min）一个尺寸，目前已发展到 M5（100L/min）～G3/8（2000L/min），有 5 个规格。主要根据执行元件所需流量来确定伺服阀的规格，选择比较简单。

9-7 举例说明张力控制是怎样的。

带材或板材（纸张、胶片、电线、金属薄片等）的卷绕机在卷绕过程中，为了保证产品的质量，要求卷筒张力保持一定。由于气动制动器具有价廉、维修简单、制动力矩范围变更方便等特点，所以在各种卷绕机中得到了广泛的应用。图 9-6 为采用比例压力阀组成的张力控制系统图。在图 9-6 中，高速运动的带材的张力由传感器检测，并反馈到控制器。控制器以张力反馈值与输入值的偏差为基础，采用一定的控制算法，输出控制量到比例压力阀，从而调整气动控制器的控制压力，以保证带材的压力恒定。在张力控制中，控制精度比响应速度要求高，宜选用控制精度高的喷嘴挡板型比例压力阀。

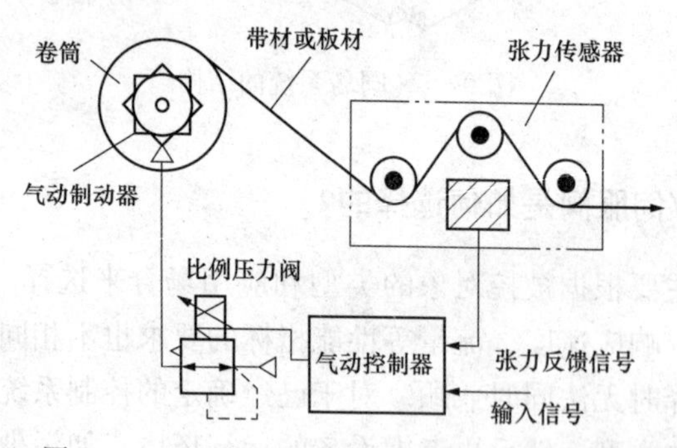

图 9-6 用比例压力阀组成的张力控制系统图

9-8 举例说明加压控制是怎样的。

图 9-7 为采用比例压力阀在磨床加压控制中的应用例子。在该应用场合下，控制精度比响应速度要求高，所以应选用控制精度较高的喷嘴挡板型或开关电磁阀型比例压力阀。应该注意的是，加压控制的精度不只是取决于比例压力阀的精度，气缸的摩擦阻力特性影响也很大。标准气缸的摩擦阻力要随着工作压力、运动速度等因素变化，难于实现平稳加压控制。所以在此场合下，建议选用低速、恒摩擦阻力气缸。系统中减压阀的作用是向气缸有杆腔加一个恒压，以平衡活塞杆和夹具机构的自重。

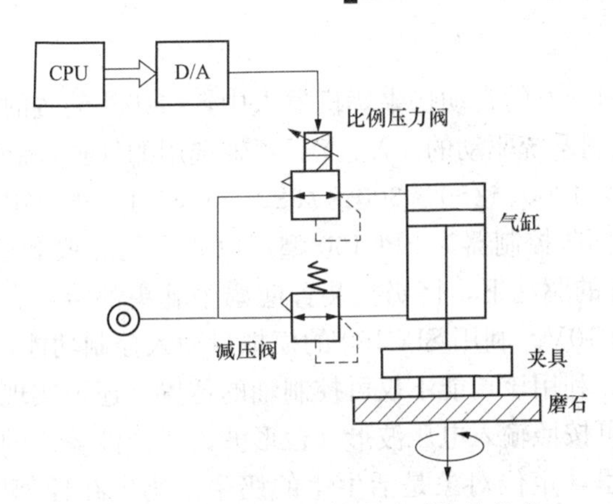

图 9-7　磨床加压机构启动系统的组成

9-9　举例说明位置和力的控制是怎样的。

1. 控制方法

采用电气伺服控制系统能方便地实现多点无级柔性定位（由于气体的可压缩性，能实现柔性定位）和无级调速；比例伺服控制技术的发展以及新型气动元件的出现，能大幅度降低工序节拍，提高生产效率。伺服气动系统实现了气动系统输出物理量（压力或流量）的连续控制，主要用于气动驱动机构的启动和制动、速度控制、力控制（如机械手的抓取力控制）和精确定位。通常气动伺服定位系统主要由气动比例/伺服控制阀、控制元件（气缸或马达）、传感器（位移传感器或力传感器）及控制器等组成，如图 9-8 所示。

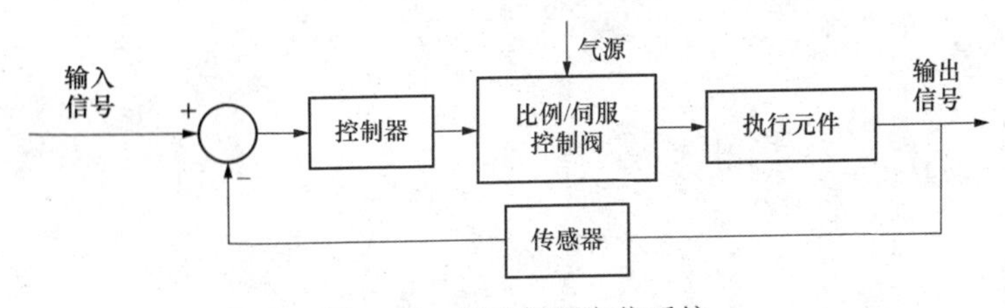

图 9-8　气动伺服定位系统

2. 汽车方向盘疲劳试验机

气动比例/伺服控制系统非常适合应用于像汽车部件、橡胶制品、轴承及键盘等产品的中小型疲劳试验机中。图 9-9 所示为气动伺服控制系统在汽车方向盘疲劳试验机中的应用实例。该试验机主要由被试体（方向盘）、伺服控制阀、位移传感器和负载传感器及计算机等组成。要求向方向盘的轴向、径向和螺旋方向，单独或复合（两轴同时）地施加正弦波变化的负载，然后检测其寿命。该试验机的特点是：精度和简单性兼顾；在两轴同时加载时，不易形成相互干涉。

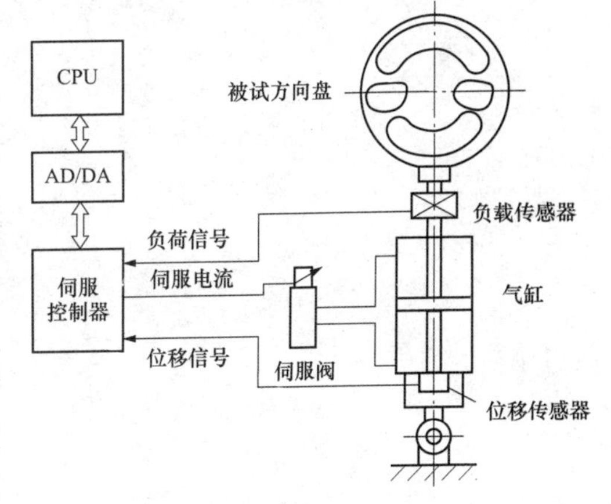

图 9-9　汽车方向盘疲劳试验机气动伺服控制系统

3. 挤牛奶机器人

在日本ORION公司开发的自动挤牛奶机器人中，挤奶头装置的X、Y、Z三轴方向的移动是靠FESID伺服控制系统驱动的。X、Y、Z轴选用的气缸（带位移传感器）尺寸（单位为mm）分别为$\phi 40 \times 1000$、$\phi 50 \times 300$、$\phi 32 \times 500$，对应的MPYE系列伺服阀分别为G1/4、G1/8和G1/8。伺服控制器为SPC100型。以奶牛的屁股和横腹作为定位基准，X、Y、Z轴在气动伺服系统的驱动下，挤奶头装置向奶牛乳头部定位。把位移传感器的绝对0点定为0V，满量程定为10V。利用SPC100的模拟量输入控制功能，只要控制输入电压值，即可实现轴的位置控制。利用该功能不仅可控制轴的位置，还可实现轴的速度控制，即在系统的响应频率范围内，可按照输入电压波形（台形波、正弦波等）的变化驱动轴的运动。

在上述应用的例子里，定位对象是活生生的奶牛。奶牛在任何时刻有踢腿、晃动的可能。由于气动控制系统所特有的柔软性，能顺应奶牛的这种随机动作，而不会使奶牛受到任何损伤。在这种场合下，气动控制系统的长处得到了最大的发挥。

真 空 元 件

10-1　2X型旋片式真空泵应用情况如何？旋片式真空泵在工作中应注意哪些事项？旋片式真空泵如何换油？

2X型旋片式真空泵用来抽除密闭容器的气体的基本设备之一。2X型旋片式真空泵可以单独使用，也可作为增压泵、扩散泵、分子泵的前级泵使用。图10-1所示为2X型旋片式真空泵的外形图。

图10-1　2X型旋片式真空泵的外形图

2X型旋片式真空泵广泛应用于冶金、机械、电子、化工、石油、医药等行业的真空冶炼、真空镀膜、真空热处理和真空干燥等工艺过程中。

旋片式真空泵在工作中应注意下列事项：旋片式真空泵必须经常保持清洁，泵上不得放置其他物件；注意旋片式真空泵传送带松紧是否适当，半年调整一次；管道接头是否漏气，发现漏气应及时杜绝；停旋片式真空泵时应先关断进气嘴上的阀门，装有放气阀者对泵放气，再截断电源，再停水源。

真空泵连续工作三个月至半年之后，就应换油一次。使用在湿度较大的旋片式真空泵，或被抽气体污染很大的，应根据具体情况酌情缩短换油时间。

换油事项如下：将旋片式真空泵拆除真空系统，把底盘电动机一端垫高些，打开放油塞放油，转动真空泵、捂住排气口，使腔内污油全部从放油口放出，再从进气口处加入新油100～500mL，持续转动5～10转以上，对内部进行清洗，照此操作3～5次。待污油放清后，再装上放油塞，将泵放平，从进气口及加油孔分别加入新油，换油即告完毕。换油时不宜长久开动电动机，以免使排气阀片跳动过于剧烈和疲劳；严禁用煤油、汽油、酒精等对旋片式真空泵进行非拆卸的清洗；最好在油温升高后进行换油。

如停旋片式真空泵时间较长，应取下排气罩放上排气塞，封闭进气口，放净积水。

10-2　往复式真空泵应用情况如何？往复式真空泵有哪些类型？往复式真空泵有什么特点？往复式真空泵在使用时应注意哪些事项？

往复式真空泵是获得粗真空的主要真空设备之一。往复式真空泵广泛应用于化工、食品、建材等部门，特别是在真空结晶、干燥、过滤、蒸发等工艺过程中更为适宜。图10-2所示为W型往复式真空泵的外形图。

往复式真空泵（又称活塞式真空泵）是干式真空泵。它是依靠气缸内的活塞做往复运动

图 10-2　W 型往复式真空泵的外形图

来吸入和排出气体的。往复式真空泵有卧式和立式两类，但常用的是卧式活塞真空泵。往复式真空泵又有单缸和双缸之分，其排气阀的结构有滑阀式和自由阀式。

往复式真空泵的特点是不怕水蒸气、牢固、操作容易等，但其极限真空度不太高。它主要用于从密闭容器或反应釜中抽除空气或其他气体。除非采取特殊措施外，一般往复式真空泵不适用于抽除腐蚀性气体或带有颗粒灰分的气体，其被抽气体的温度一般不超过 35℃。此外，在下列条件下使用真空泵时必须加装附属装置：被抽气体中含有灰尘时，在进气管前必须加装过滤器；被抽气体中含有大量的蒸汽时，在进气管前必须加装冷凝器；被抽气体中含有腐蚀性气体时，在进入真空泵之前必须加装中和装置；被抽气体的温度超过 35℃时，要加装冷却装置；被抽气体中含有大量液体时，在进气管前必须加装分离器；泵的启动电流往往超过电动机额定电流的数倍，所以必须配用相当的启动开关。

10-3　ZJ 系列罗茨真空泵应用情况如何？罗茨真空泵是如何工作的？罗茨真空泵有什么特点？

ZJ 系列罗茨真空泵是一种旋转式变容真空泵，必须有前级泵配合方可使用。ZJ 系列罗茨真空泵在较宽的压力范围内有较大的抽速，对被抽除气体中含有灰尘和水蒸气不敏感，广泛用于冶金、化工、食品、电子镀膜等行业。图 10-3 所示为 ZJ 系列罗茨真空泵的外形图。罗茨真空泵广泛用于真空冶金中的冶炼、脱气、轧制以及化工、食品、医药工业中的真空蒸馏、真空浓缩和真空干燥等方面。罗茨真空泵近几年在国内外得到较快的发展。

图 10-3　ZJ 系列罗茨真空泵的外形图

罗茨真空泵内装有两个相反方向同步旋转的叶形转子，转子间、转子与泵壳内壁间有细小间隙而互不接触的一种变容真空泵。靠泵腔内一对叶形转子同步、反向旋转的推压作用移动气体而实现抽气的真空泵。此泵不可以单独抽气，前级需配油封、水环等可直排大气。

罗茨真空泵的特点是：罗茨真空泵能迅速排除突然放出的气体；启动快，运转维护费用低；可在较宽的压力范围（1～100Pa 压力范围内）内有较大的抽速；转子具有良好的几何对称性，故振动小，运转平稳；转子间及转子和壳体间均有间隙，不用润滑，摩擦损失小，可大大降低驱动功率，从而可实现较高转速；泵腔内无需用油密封和润滑，可减少油蒸气对真空系统的污染；泵腔内无压缩，无排气阀；结构简单、紧凑，对被抽气体中的灰尘和水蒸气不敏感；压缩比较低，对氢气抽气效果差；转子表面为形状较为复杂的曲线柱面，加工和检查比较困难。

它的工作压力范围恰好处于油封式机械真空泵与扩散泵之间。因此，它常被串联在扩散泵与油封式机械真空泵之间，用来提高中间压力范围的抽气量。这时它又称为机械增压泵。

10-4　采用真空泵的真空回路是如何工作的？

真空泵是吸入口形成负压，排气口直接通大气，对容器进行抽气，以获得真空的机械设备。图 10-4 所示为采用真空泵的真空回路。

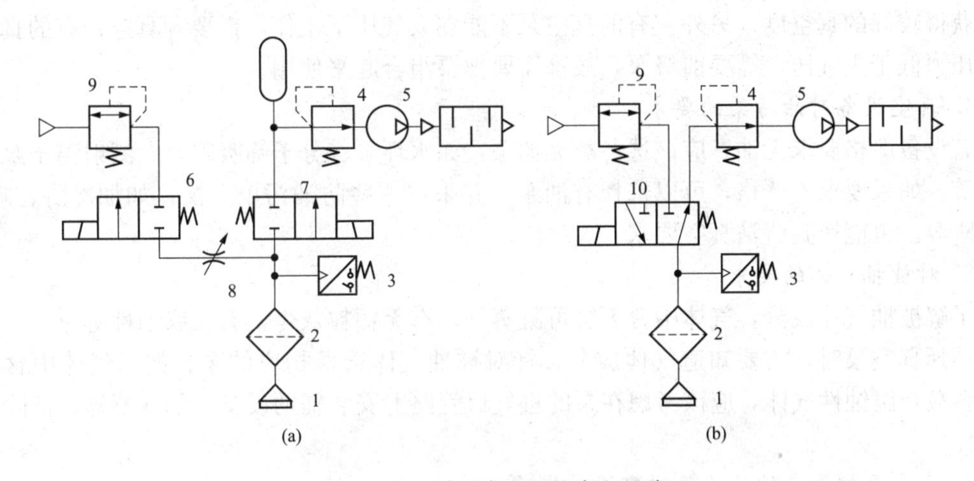

图 10-4　采用真空泵的真空回路

1—真空吸盘；2—真空过滤器；3—压力开关；4—真空减压阀；5—真空泵；6—真空破坏阀；7—真空切换阀；8—节流阀；9—减压阀；10—真空选择阀

图 10-4（a）是用两个二位二通阀（6、7）控制真空泵 5，完成真空吸起和真空破坏的回路。当真空切换阀 7 通电、真空破坏阀 6 断电时，真空泵 5 产生的真空使真空吸盘 1 将工件吸起；当阀 7 断电、阀 6 通电时，压缩空气进入吸盘，真空被破坏，吹力使真空吸盘与工件脱离。

图 10-4（b）是用一个二位三通阀控制的真空回路。当真空选择阀 10 断电时，真空泵 5 产生真空，工件被真空吸盘吸起；当阀 10 通电时，压缩空气使工件脱离真空吸盘。

10-5　真空泵在选用时应注意哪些事项？

在选用真空泵时应注意以下几点。

1. 正确选择真空泵的工作压力

真空泵的工作压力应该满足真空设备的极限真空及工作压力要求。如，真空镀膜要求 1.33×10^{-5} kPa 的真空度，所选用真空泵的真空度至少为 6.65×10^{-6} kPa。通常选择泵的真空度要高于真空设备真空度半个到1个数目级。真空泵在其工作压力下，应能排走真空设备工艺过程中产生的全部气体量。

2. 正确选择真空泵的工作点

每种泵都有一定的工作压力范围。如扩散泵为 $1.33\times10^{-3}\sim1.33\times10^{-7}$ kPa，在这样宽压力范围内，泵的抽速随压力而变化，其稳定的工作压力范围为 $6.65\times10^{-4}\sim6.65\times10^{-6}$ kPa。因而，泵的工作点应该选在这个范围之内，而不能让它在 1.33×10^{-8} kPa 下长期工作。又如钛升华泵可以在 1.33×10^{-2} kPa 下工作，但其工作压力应小于 1.33×10^{-5} kPa 为宜。

3. 正确组合真空泵

因为真空泵有选择性抽气，所以有时选用一种泵不能满足抽气要求，需要几种泵组合起来，互相补充才能满足抽气要求。如钛升华泵对氢有很高的抽速，但不能抽氦，而三极型溅射离子泵（或二极型非对称阴极溅射离子泵）对氩有一定的抽速，二者组合起来便会使真空装置获得较好的真空度。另外，有的真空泵不能在大气压下工作，需要预真空；有的真空泵出口压力低于大气压，需要前级泵，故都需要把泵组合起来使用。

4. 真空设备对油污染的要求

若设备严格要求无油，应该选各类无油泵，如水环泵、分子筛吸附泵、溅射离子泵、低温泵等。如果要求不严格，可以选择有油泵，并采取一些防油污染办法，如加冷阱、障板、挡油阱等，也能达到清洁真空要求。

5. 对被抽气体的要求

了解被抽气体成分，气体中含不含可凝蒸气，有无颗粒灰尘，有无腐蚀性等。

选择真空泵时，需要知道气体成分，针对被抽气体选择相应的泵。如果气体中含有蒸气、颗粒及腐蚀性气体，应该考虑在泵的进气口管路上安装辅助设备，如冷凝器、清除粉尘器等。

6. 真空泵排出来的油蒸气对环境的影响

如果环境不容许有污染，可以选无油真空泵，或把油蒸气排到室外。

7. 真空泵工作时产生的振动对工艺过程及环境有无影响

若工艺过程不容许，应选择无振动的泵或采取防振动办法。

8. 真空泵的价格、运转及维修费用

在使用许可的情况之下，应尽量选用价廉物美的真空泵。

10-6 真空发生器的结构原理是什么？

图10-5（a）为真空发生器结构原理，由先收缩后扩张的喷嘴、扩散管和吸附口等组成。压缩空气从输入口供给，在喷嘴两端压差高于一定值后，喷嘴射出超声速射流或近声速射流。由于高速射流的卷吸作用，将扩散腔的空气抽走，使该腔形成真空。在吸附口接上真空吸盘，便可形成一定的吸力，吸起吸吊物。图10-5（b）为真空发生器的图形符号。

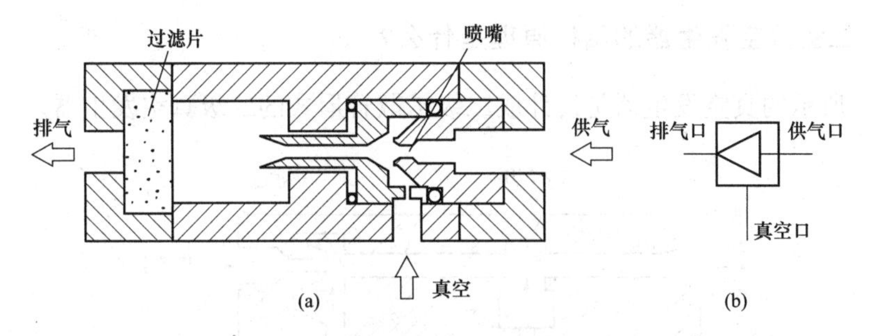

图 10－5　真空发生器的结构原理图与图形符号

（a）结构原理图；（b）图形符号

10－7　真空发生器的特性曲线是怎样的？

图 10－6 所示为真空发生器的特性曲线。

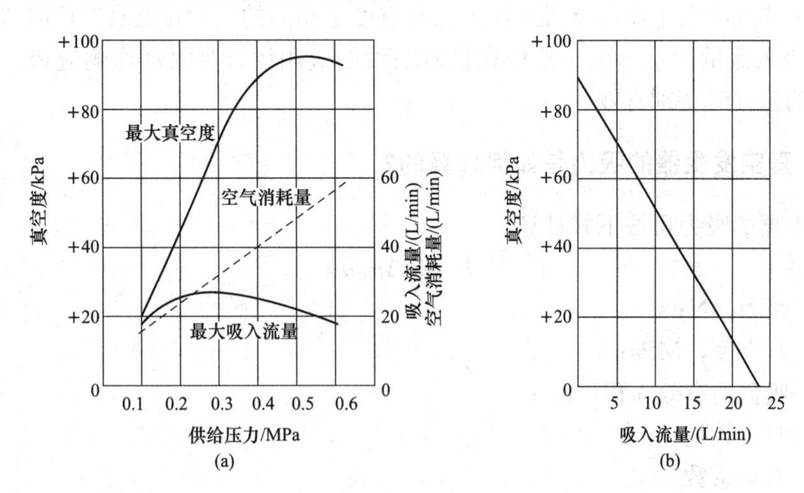

图 10－6　真空发生器的特性曲线

（a）流量特性曲线；（b）排气特性曲线

图 10－6（a）表示真空发生器的排气特性曲线。排气特性表示最大真空度、空气消耗量和最大吸入流量三者分别与供给压力之间的关系。最大真空度是指真空口被完全封闭时真空口内的真空度，空气消耗量是通过供给喷管的流量（标准状态下），最大吸入流量是指真空口向大气敞开时从真空口吸入的流量（标准状态下）。

图 10－6（b）表示真空发生器的流量特性曲线。流量特性是指供给压力为 0.45MPa 条件下，真空口处于变化的不封闭状态时吸入流量与真空度之间的关系。

从图 10－6 所示的排气特性曲线可以看出，当真空口完全封闭时，在某个供给压力下的最大真空度达到极限值；当真空口完全向大气敞开时，在某个供给压力下的最大吸入流量达到极限值。达到最大真空度极限值和最大吸入流量极限值时的供给压力不一定相同。为了获得较大的真空度或较大的吸入流量，真空发生器的供给压力宜处于 0.25～0.6MPa 范围内，最佳使用范围为 0.4～0.45MPa。

真空发生器的使用温度范围为 5～60℃，不得给油工作。

10-8 二级真空发生器的结构原理是什么?

图 10-7 所示的真空发生器是设计成二级扩散管形式的二级真空发生器。

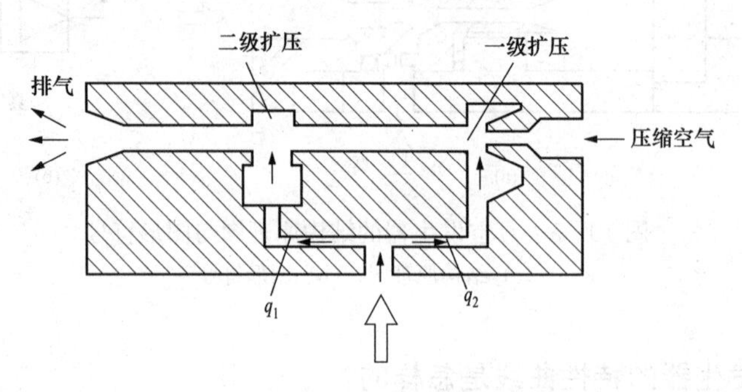

图 10-7 二级真空发生器

采用二级式真空发生器与单级式产生的真空度是相同的，但在低真空度时吸入流量增加约 1 倍，其吸入流量为 q_1+q_2。这样在低真空度的应用场合吸附动作响应快，如用于吸取具有透气性的工件时特别有效。

10-9 真空发生器的吸力是如何计算的?

真空发生器的吸力可按下式计算：

$$F=pAn/\alpha$$

式中 F——吸力，N；

p——真空度，MPa；

A——吸盘的有效面积，m^2；

n——吸盘数量；

α——安全系数。

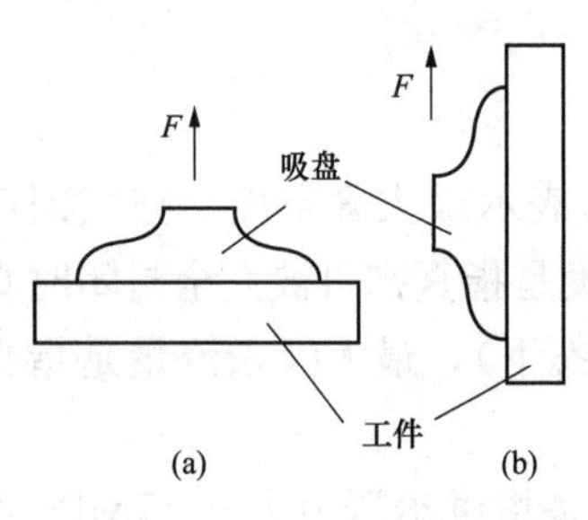

图 10-8 水平起吊和垂直起吊
(a) 水平起吊；(b) 垂直起吊

吸力计算时，考虑到吸附动作的响应快慢，真空度一般取最大真空度的 70%～80%。安全系数与真空吸盘吸附物的受力、状态、吸附表面粗糙度、吸附表面有无油污和吸附物的材质等有关。

如图 10-8 (a) 所示，水平起吊时，标准真空吸盘（真空吸盘头部直杆连接）的安全系数 $\alpha\geqslant2$，摇头式真空吸盘、回转式真空吸盘的安全系数 $\alpha\geqslant4$。

如图 10-8 (b) 所示，垂直起吊时，标准真空吸盘的安全系数为 $\alpha\geqslant4$，摇头式真空吸盘、回转式真空吸盘的安全系数 $\alpha\geqslant8$。

10-10 分析真空发生器应用回路的工作过程?

图 10-9 所示为采用三位三通电磁阀的联合真空发生器，控制真空吸着和真空破坏的回路。

当三位三通电磁阀4的电磁铁1YA通电时，真空发生器1与真空吸盘7接通，真空开关6检测真空度并发出信号给真空控制器，真空吸盘7将工件吸起。

当三位三通电磁阀不通电时，真空吸着状态能够持续。

当三位三通电磁阀4的电磁铁2YA通电时，压缩空气进入真空吸盘，真空被破坏，吹力使真空吸盘与工件脱离。吹力的大小由减压阀2设定，流量由节流阀3设定。

采用此回路时应注意配管的泄漏和工件吸着面处的泄漏。

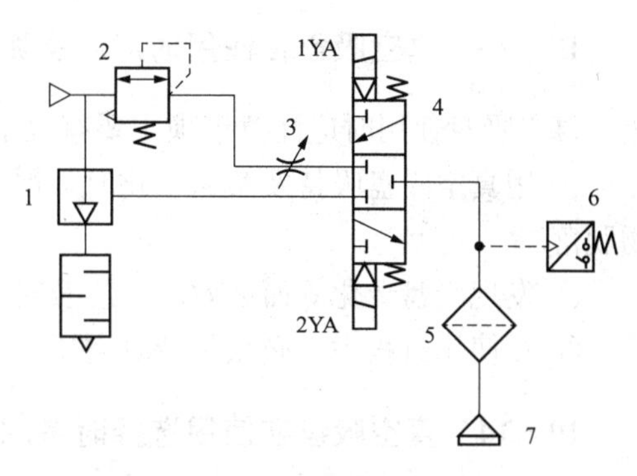

图10-9　采用真空发生器的真空回路

1—真空发生器；2—减压阀；3—节流阀；4—三位三通电磁阀；5—真空过滤器；6—真空开关；7—真空吸盘

10-11　真空吸盘的结构是什么?

图10-10所示是真空吸盘的外形图。

图10-11所示为真空吸盘的典型结构。根据工件的形状和大小，可以在安装支架上安装一个或多个真空吸盘。

图10-10　真空吸盘的外形图

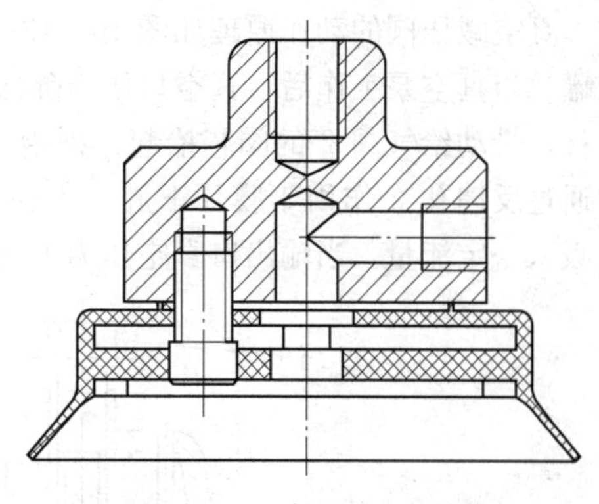

图10-11　真空吸盘的结构

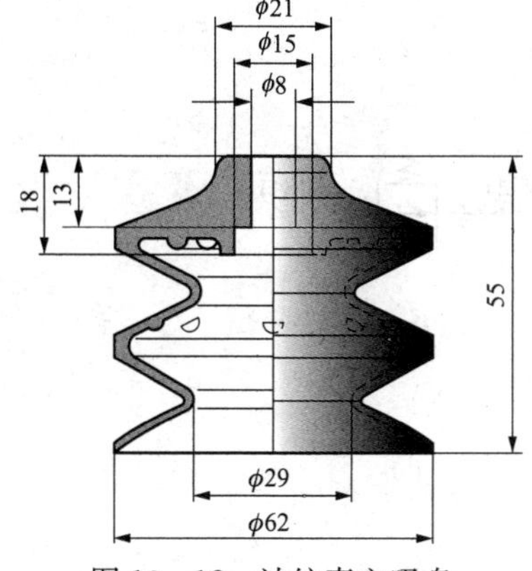

图10-12　波纹真空吸盘

10-12　真空吸盘的工作原理是什么?

波纹真空吸盘的工作原理如图10-12所示。首先将真空吸盘通过接管与真空设备（如真空发生器等，图中没画出）接通，然后与待提升物如玻璃、纸张等接触，启动真空设备抽吸，使真空吸盘内产生负气压，从而将待提升物吸牢，即可开始搬送待提升物。当待提升物搬送到目的地时，平稳地充气进入真空吸盘内，使真空吸盘内由负气压变成零气压或稍为正的气压，真空吸盘就脱离待提升物，从而完成了提升搬送重物的任务。

10-13 真空吸盘在使用时应注意哪些事项?

真空吸盘使用时应注意事项主要有以下几点：

① 用真空吸盘吸持及搬送重物时，严禁超过理论吸持力的40%，以防止过载而造成重物脱落。

② 发现吸盘老化等而失效时，应及时更换新的真空吸盘。

③ 在使用过程中，必须保持真空压力稳定。

10-14 真空吸盘在使用选择时考虑哪些事项?

使用选择真空吸盘时考虑的事项主要有以下几点：

① 由被移送物体的质量决定真空吸盘的大小和数量。

② 由被移送物体的形状和表面状态选定真空吸盘的种类。

③ 由工作环境（温度）选择真空吸盘的材质。

④ 由连接方式决定所用的真空吸盘、接头、缓冲连接器。

⑤ 被移送物体的高低。

⑥ 缓冲距离。

10-15 真空减压阀的结构原理是什么?

真空减压阀的动作原理如图10-13（a）所示。真空口接真空泵，输出口接负载用的真空罐。当真空泵工作后，真空口压力降低。顺时针旋转手轮3，设定弹簧4被拉伸，膜片1上移，带动给气阀2的阀芯抬起，则给气孔7打开，输出口与真空口接通。输出口真空压力通过反馈孔6作用于膜片下腔。当膜片处于力平衡时，输出口真空压力便达到一定值，且吸入一定流量。当输出口真空压力上升时，膜片上移。阀的开度加大，则吸入流量增大。

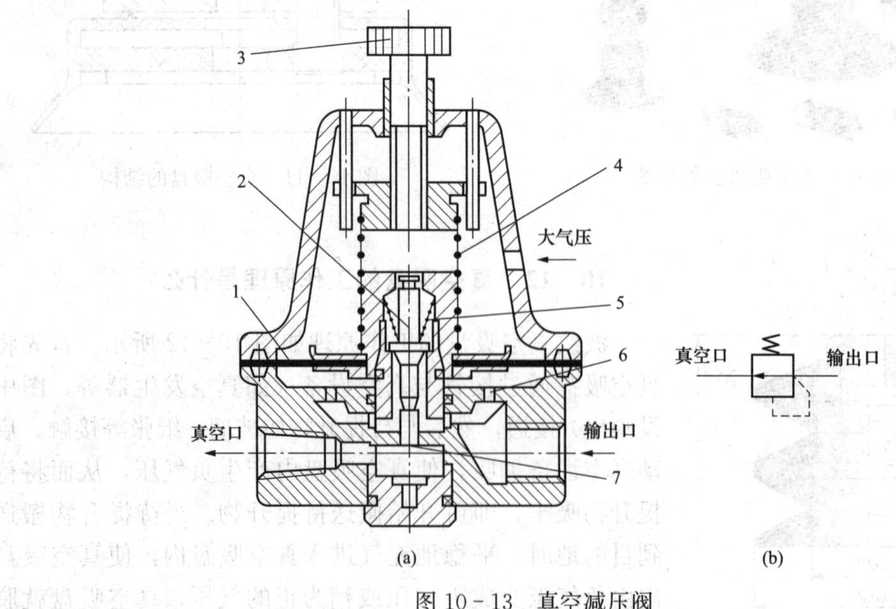

图10-13 真空减压阀

1—膜片；2—给气阀；3—手轮；4—设定弹簧；5—复位弹簧；6—反馈孔；7—给气孔

当输出口真空压力接近大气压力时，吸入流量达到最大值。反之，当吸入流量逐渐减小至零时，输出口真空压力逐渐下降，直至膜片下移，给气孔被关闭，真空压力达到最低值。手轮全松，复位弹簧推动给气阀，封住给气口，则输出口和设定弹簧室都与大气相通。

注意：在压力管路中的减压阀（见图 10－4 的元件 9）应使用一般减压阀，在真空管路中的减压阀（见图 10－4 中的 4）应使用真空减压阀。

10－16　使用真空发生器的回路中的换向阀有哪些？这些换向阀在回路中有何作用？这些换向阀在应用时有何要求？

使用真空发生器的回路中的换向阀，有供给阀和真空破坏阀、真空切换阀和真空选择阀等。

供给阀（见图 10－17 中的阀 1）是供给真空发生器压缩空气的阀。真空破坏阀（见图 10－17 中的阀 2）是通过破坏真空吸盘内的真空状态使工件脱离吸盘的阀；真空切换阀（见图 10－4 中的阀 10）就是接通或断开真空压力源的阀；真空选择阀（如图 10－9 中的阀 4）可控制真空吸盘对工件力吸着或脱离，一个阀具有两个功能，以简化回路设计。

供给阀因设置于压力管路中，可选用一般的换向阀。真空破坏阀、真空切换阀和真空选择阀设置于真空回路中或存在有真空状态的回路中，故必须选用能在真空压力条件下工作的换向阀。

真空用换向阀要求不泄漏，且不用油雾润滑，故使用截止式和膜片式阀芯结构比较理想，通径大时可使用外部先导式电磁阀；不给油润滑的软质密封滑阀由于通用性强，也常作为真空用换向阀使用；间隙密封滑阀存在微漏，只宜用于允许存在微漏的真空回路中。

真空破坏阀和真空切换阀一般使用二位二通阀，真空选择阀应使用二位三通阀，使用三位三通阀可节省能量并减小噪声，控制双作用真空气缸应使用二位五通阀。

10－17　小孔口吸着确认型真空压力开关的结构原理是什么？

图 10－14 所示为小孔口吸着确认型真空压力开关的外形图，真空压力开关与吸着孔口的连接方式如图 10－15 所示。

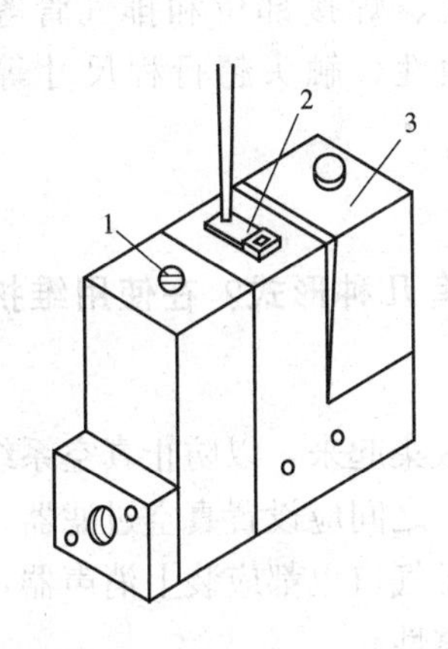

图 10－14　小孔口吸着确认型真空压力开关的外形图

1—调节用针阀；2—指示灯；3—抽吸过滤器

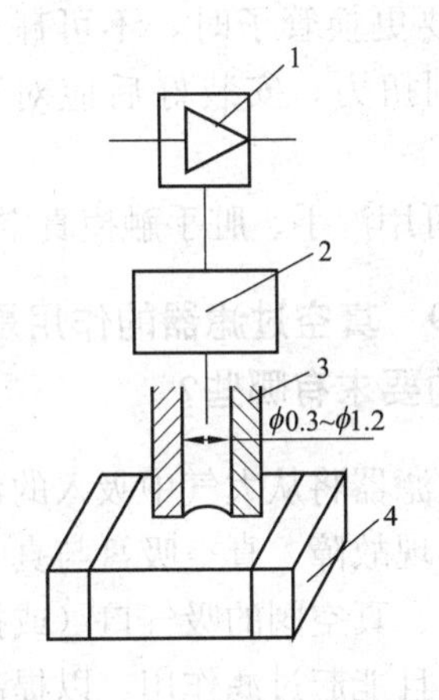

图 10－15　吸着孔口连接方式

1—真空发生器；2—吸着确认型真空压力开关；3—吸着孔口；4—数毫米宽小工件

图 10-16 所示为小孔口吸着确认型真空压力开关的工作原理。图中 S_4 代表吸着孔口的有效截面积，S_2 是可调针阀的有效截面积，S_1 和 S_3 是吸着确认型开关内部的孔径，$S_1=S_3$。

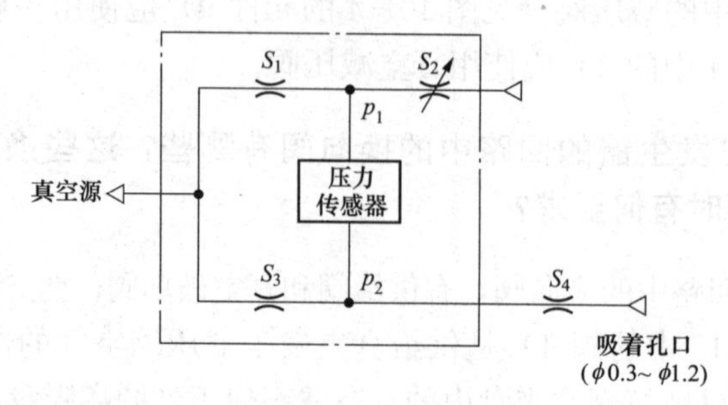

图 10-16　小孔口吸着确认型真空压力开关的工作原理

工件未吸着时，S_4 值较大。调节针阀，即改变 S_2 值大小，使压力传感器两端的压力平衡，即 $p_1=p_2$；当工件被吸着时，$S_4=0$，出现压差 p_1-p_2，可被压力传感器检测出。

10-18　真空压力开关的维护指标主要有哪些?

真空压力开关的维护指标主要有：

① 需要用手直接触及真空压力开关进行检修时，真空压力开关必须处于断开状态，同时还必须断开开关的主回路和控制回路，并将主回路接地后才可以开始检修。

② 真空压力开关的检查工作结束时，要认真清查工具和器材，防止遗漏丢失。

③ 真空压力开关中采用电动式弹簧操作机构时，一定要松开合闸弹簧后，才可以开始检修。

④ 真空压力开关上装有浪涌吸收器（又称阻容保护回路）时，一定要按照使用说明书的注意事项采取接地措施。

⑤ 需要更换管子时，不可碰伤真空管的绝缘外壳、焊接部位和排气管等；不要使波纹管受到扭力；安装好后应对三相的触头接触同期性、触头超行程尺寸等进行必要的调整。

⑥ 不可用湿手、脏手触摸真空压力开关。

10-19　真空过滤器的作用是什么？真空过滤器有几种形式？在使用维护时，对真空过滤器的要求有哪些?

真空过滤器将从大气中吸入的污物（主要是尘埃）收集起来，以防止真空系统中的元件受污染而出现故障。真空吸盘与真空发生器（或真空阀）之间应设置真空过滤器。真空发生器的排气口、真空阀的吸气口（或排气口）和真空泵的排气口也都应装上消声器，这不仅能降低噪声而且能起过滤作用，以提高真空系统工作的可靠性。

真空过滤器有箱式结构和管式连接两种。前者便于集成化，滤芯呈叠褶形状，故过滤面积大，可通过流量大，使用周期长。后者若使用万向接头，配管可在 360°范围内自由安装；若使用快换接头，装卸配管更迅速。

对真空过滤器的要求是：滤芯污染程度的确认简单，清扫污物容易，结构紧凑，不至于使真空到达时间延长。

当真空过滤器两端压降大于 0.02MPa 时，滤芯应卸下清洗或更换。

真空过滤器耐压为 0.5MPa，滤芯耐压差为 0.15MPa，过滤精度为 30μm。

安装时，注意进出口方向不得装反，配管处不得有泄漏，维修时密封件不得损伤，真空过滤器入口压力不要超过 0.5MPa，这可靠调节减压阀和节流阀来保证。真空过滤器内流速不大，空气中的水分不会凝结，故真空过滤器无需分水功能。

10－20　什么是真空组件？在采用真空发生器组件的回路中真空组件有哪些？

真空组件是将各种真空元件组合起来的多功能元件。

图 10－17 所示为采用真空发生器组件的回路。典型的真空组件由真空发生器 3、真空吸盘 7、压力开关 5 和控制阀 1、2、4 等构成。当电磁阀 1 通电后，压缩空气通过真空发生器 3，由于气流的高速运动产生真空，真空开关 5 检测真空度，并发出信号给控制器，真空吸盘 7 将工件吸起。当电磁阀 1 断电、电磁阀 2 通电时，真空发生器停止工作，真空消失，压缩空气进入真空吸盘，将工件与真空吸盘吹开。在此回路中，真空过滤器 6 的作用是防止在抽吸过程中将异物和粉尘吸入发生器。

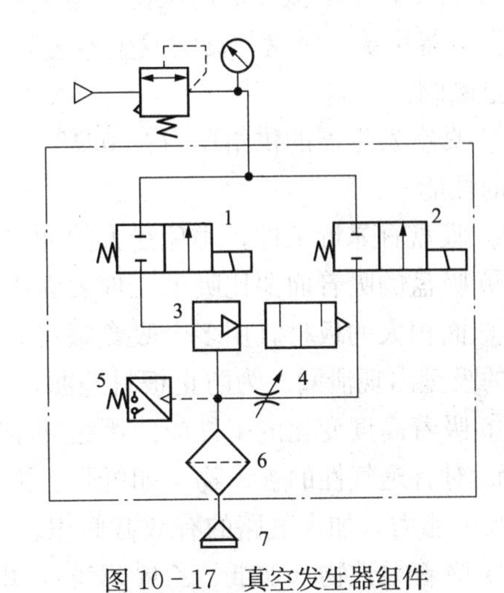

图 10－17　真空发生器组件

1—供给阀；2—真空破坏阀；3—真空发生器；4—节流阀；5—压力开关；6—真空过滤器；7—真空吸盘

10－21　常用的真空用自由安装型气缸具有哪些特点？

常用的真空用自由安装型气缸具有以下特点：

① 采用双作用垫缓冲无给油方形体气缸，有多个安装面可供自由选用，安装精度高。

② 活塞杆带导向杆，为杆不回转型缸。

③ 活塞杆内有通孔，作为真空通路。真空吸盘安装在活塞杆端部，有螺纹连接式和带倒钩的直接安装式，这样可省去配管，节省空间，结构紧凑。

④ 真空口有缸盖连接型和活塞杆连接型。前者缸盖及真空口连接管不动，活塞运动，真空口端活塞杆不会伸出缸盖外；后者气缸轻、结构紧凑，缸体固定，活塞杆运动。

⑤ 在缸体内可以安装磁性开关。

10－22　真空发生器在使用时应注意哪些事项？

在使用真空发生器时应注意以下事项：

① 供给气源应是净化的、不含油雾的空气。由于真空发生器的最小喷嘴喉部直径为 0.5mm，故供气口之前应设置过滤器和油雾分离器。

② 真空发生器与真空吸盘之间的连接管应尽量短，连接管不得承受外力；拧动管接头时，防止连接管被扭变形或造成泄漏。

③ 真空回路的各连接处及各元件应严格检查，不得向真空系统内部漏气。

④ 由于各种原因使真空吸盘内的真空度未达到要求时，为防止被吸吊工件吸吊不牢而跌落，回路中必须设置真空压力开关。吸着电子元件或精密小零件时，应选用小孔口吸着确认型真空压力开关。对于吸吊重工件或搬运危险品的情况，除要设置真空压力开关外，还应设真空计，以便随时监视真空压力的变化，及时处理问题。

⑤ 在恶劣环境中工作时，真空压力开关前也应装过滤器。

⑥ 为了在停电情况下仍保持一定真空度以保证安全，对真空泵系统应设置真空罐。在真空发生器系统、吸盘与真空发生器之间应设置单向阀。供给阀宜使用具有自保持功能的常通型电磁阀。

⑦ 真空发生器的供给压力在 0.40～0.45MPa 为最佳，压力过高或过低都会降低真空发生器的性能。

⑧ 吸盘宜靠近工件，避免受大的冲击力，以免吸盘过早变形、龟裂和磨耗。

⑨ 吸盘的吸着面要比吸吊工件表面小，以免出现泄漏。

⑩ 面积大的板材宜用多个吸盘吸吊，但要合理布置吸盘位置，增强吸吊平稳性，防止边上的吸盘出现泄漏。为防止板材翘曲，宜选用大口径吸盘。

⑪ 吸着高度变化的工件应使用缓冲型吸盘或带回转止动的缓冲型吸盘。

⑫ 对有透气性的被吊物（如纸张、泡沫塑料），应使用小口径吸盘。漏气太大，应提高真空吸吊能力，加大气路的有效截面积。

⑬ 吸着柔性物（如纸、乙烯薄膜），由于易变形、易皱折，应选用小口径吸盘或带肋吸盘，且真空度宜小。

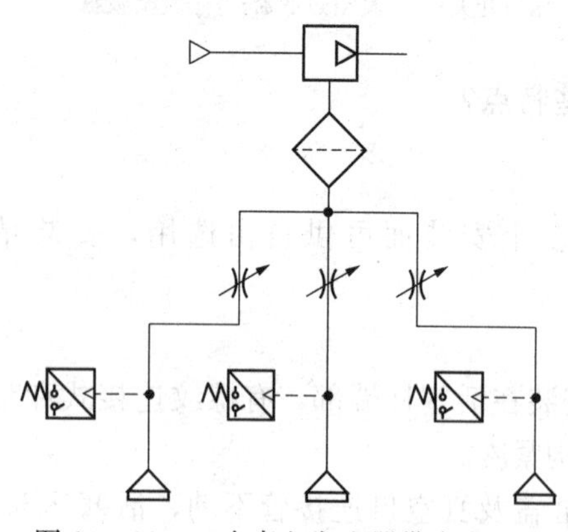
图 10-18　一个真空发生器带多个吸盘

⑭ 一个真空发生器带一个吸盘最理想。若带多个吸盘，其中一个吸盘有泄漏，会减小其他吸盘的吸力。为克服此缺点，每个吸盘都配有真空压力开关，如图 10-18 所示。

一个吸盘泄漏导致真空度不合要求时，便不能起吊工件。另外，各节流阀也能减少由于一个吸盘的泄漏对其他吸盘的影响。

⑮ 对真空泵系统来说，真空管路上一条支线装一个吸盘是理想的，如图 10-19（a）所示。若真空管路上装多个吸盘，由于吸着或未吸着工件的吸盘个数变化或出现泄漏，会引起真空压力源的压力变动，使真空压力开关的设定值不易确定，特别是对小孔口吸着的场合影响更大。为了减少多个吸盘吸吊工件时相互间的影响，可设计成图 10-19（b）那样的回路。使用真空罐和真空调压阀可提高真空压力的稳定性。必要时，可在每条支路上装真空切换阀。这样当一个吸盘泄漏或未吸着工件时，不会影响其他吸盘的吸着工作。

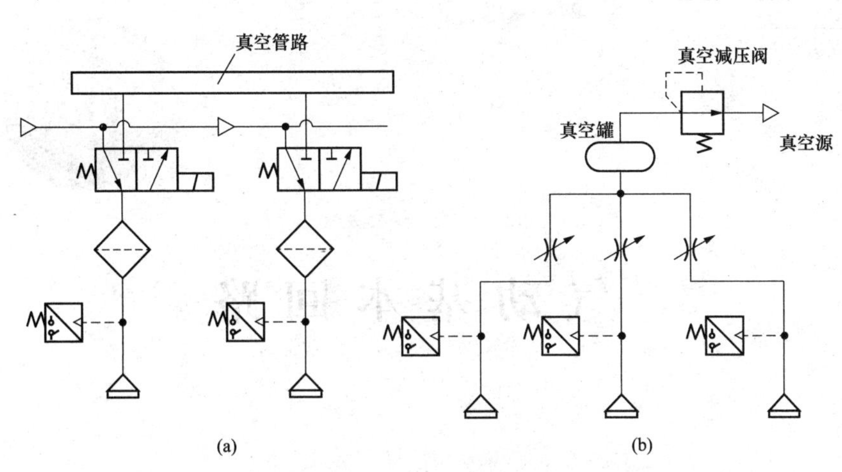

图 10－19　多个吸盘的匹配

气动基本回路

11-1 采用二位三通阀控制的换向回路是如何工作的?

图 11-1 所示为采用手控二位三通阀控制的单作用气缸换向回路，此方法适用于气缸缸径较小的场合。图 11-1 (a) 为采用弹簧复位式手控二位三通阀的换向回路，按下按钮后阀进行切换，活塞杆伸出；松开按钮后阀复位，气缸活塞杆靠弹簧力返回。图 11-1 (b) 为采用带定位机构手控二位三通阀的换向回路，按下按钮后活塞杆伸出；松开按钮，因阀有定位机构而保持原位，活塞杆仍保持伸出状态，只有把按钮上拨时，二位三通阀才能换向，气缸进行排气，活塞杆返回。

图 11-2 所示为采用气控二位三通阀控制的换向回路。当缸径很大时，手控阀的流通能力过小将影响气缸运动速度。因此，直接控制气缸换向的主控阀需采用通径较大的气控阀 2。图中阀 1 为手动操作阀，也可用机控阀代替。

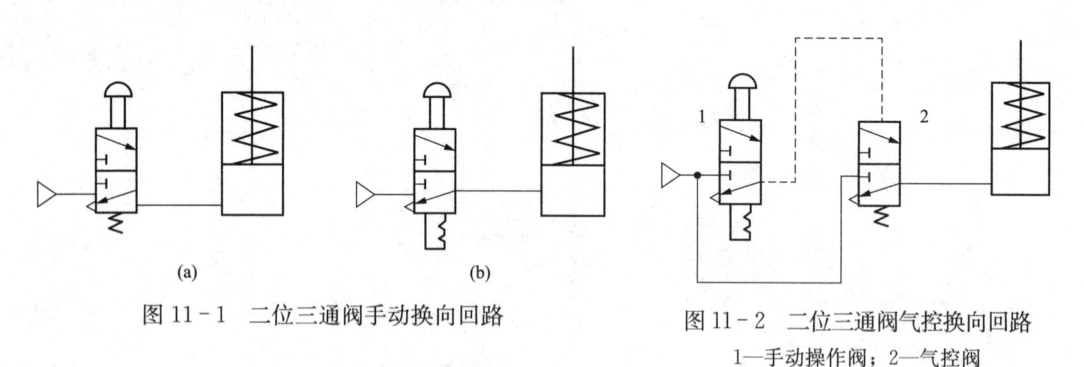

图 11-1 二位三通阀手动换向回路

图 11-2 二位三通阀气控换向回路
1—手动操作阀；2—气控阀

图 11-3 所示为采用电控二位三通阀阀的换向回路。其中图 11-3 (a) 为采用单电控阀控制的换向回路，此回路中如果气缸在伸出时突然断电，则单电控阀将立即复位，气缸返回。图 11-3 (b) 为采用双电控阀控制的换向回路，双电控阀为双稳态阀，具有记忆功能，当气缸在伸出时突然断电，气缸仍将保持在原来的状态。如果回路需要考虑失电保护控制，则选用双电控阀为好，双电控阀应水平安装。

图 11-4 为采用一个二位三通阀和一个二位二通阀的组合控制回路，该回路能实现单作用气缸的中间停止功能。

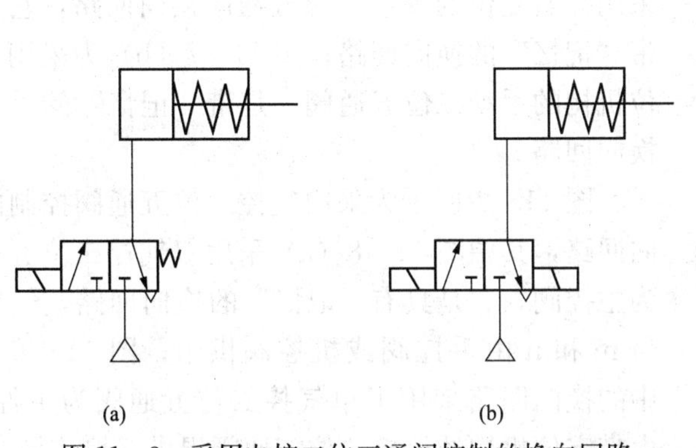

图 11－3　采用电控二位三通阀控制的换向回路

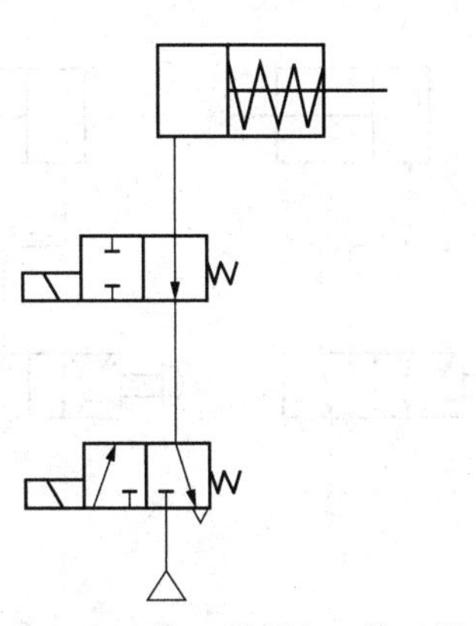

图 11－4　二位二通阀和二位三通阀联合电控换向回路

11－2　采用三位三通阀控制的换向回路是如何工作的？

如图 11－5 所示为采用三位三通阀控制的换向回路，能实现活塞杆在行程中途的任意位置停留。不过由于空气的可压缩性，其定位精度较差。

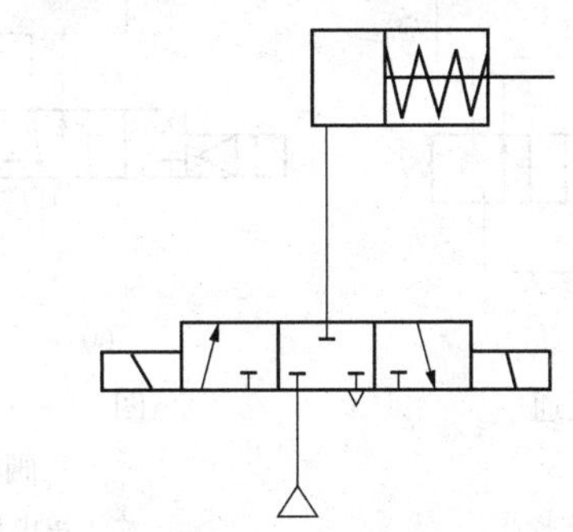

图 11－5　采用三位三通阀控制的换向回路

11－3　采用二位二通阀控制的换向回路是如何工作的？

图 11－6 所示为采用二位二通阀控制的换向回路，对于该回路应注意的问题是两个电磁阀不能同时通电。

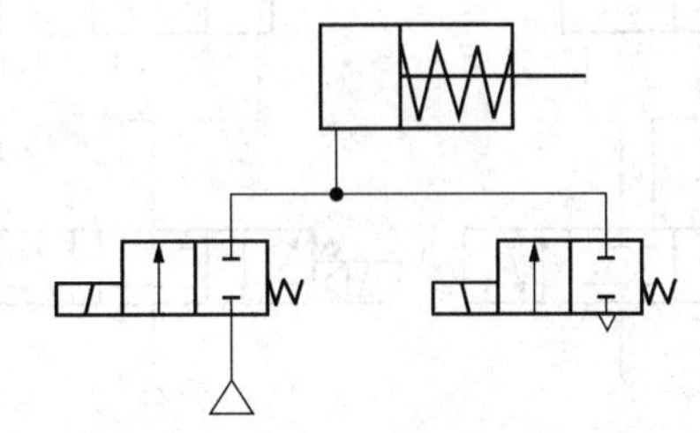

图 11－6　采用二位二通阀控制的换向回路

11－4　采用二位五通阀控制的双作用气缸的换向回路是如何工作的？

图 11－7 所示为采用手动二位五通阀控制的双作用气缸换向回路，其中图 11－7（a）为

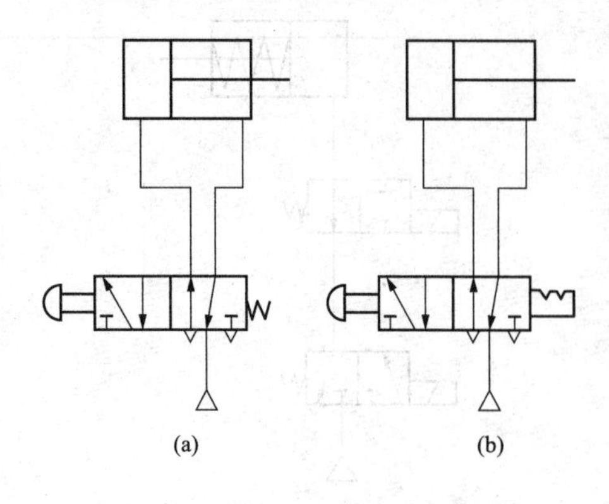

图 11－7　采用手动二位五通阀控制的换向回路

采用弹簧复位的手动二位五通阀换向回路，它是不带“记忆”的换向回路；图 11－7（b）为采用有定位机构的手动二位五通阀，是带“记忆”的手控阀换向回路。

图 11－8 所示为采用气控二位五通阀控制的换向回路，其中图 11－8（a）采用双气控二位五通阀为主控阀，它是具有“记忆”的换向回路，气控信号 m 和 n 由手控阀或机控阀供给；图 11－8（b）中的换向回路采用了单气控二位五通阀为主控阀，由带定位机构的手控二位三通阀提供气控信号。

图 11－9 所示为采用了电控二位五通阀控制的换向回路，图 11－9（a）为单电控方式，图 11－9（b）为双电控方式。

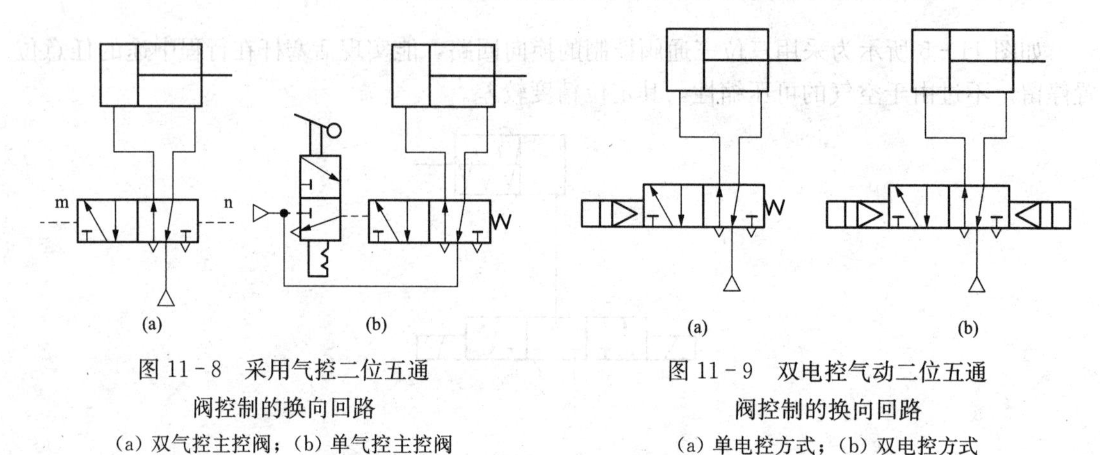

图 11－8　采用气控二位五通阀控制的换向回路
（a）双气控主控阀；（b）单气控主控阀

图 11－9　双电控气动二位五通阀控制的换向回路
（a）单电控方式；（b）双电控方式

11－5　采用三位五通阀控制的双作用气缸的换向回路是如何工作的？

当需要中间定位时，可采用三位五通阀控制的换向回路，如图 11－10 所示。

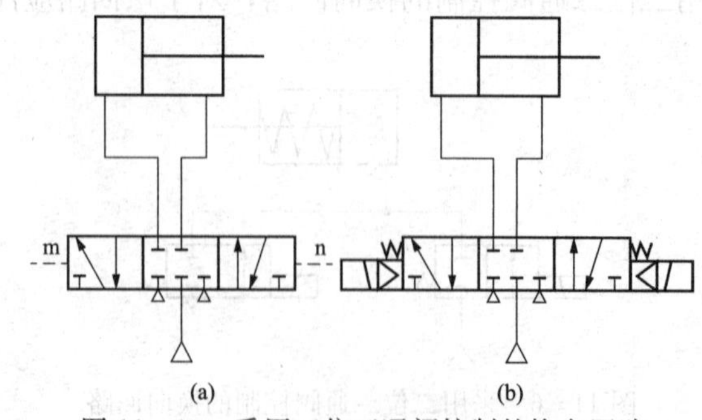

图 11－10　采用三位五通阀控制的换向回路

图 11－10（a）所示为采用双气控三位五通阀控制的换向回路。当 m 信号输入时换向阀移至左位，气缸活塞杆伸出；当 n 信号输入时换向阀至右位，气缸活塞杆缩回；当 m、n 均

排气时换向阀回到中位，活塞杆在中途停止运动。由于空气的可压缩性以及气缸活塞、活塞杆及其带动的运动部件产生的惯性力，仅用三位五通阀使活塞杆中途停下来，其定位精度不高。

图 11－10（b）是采用双电控气动三位五通阀控制的换向回路。活塞可在中途停止运动，它用电气控制线路进行控制。

11－6　采用二位三通阀控制的双作用气缸的换向回路是如何工作的？

图 11－11 所示为由两个单控常通式二位三通阀组成的换向回路，活塞在中途可以停止运动。

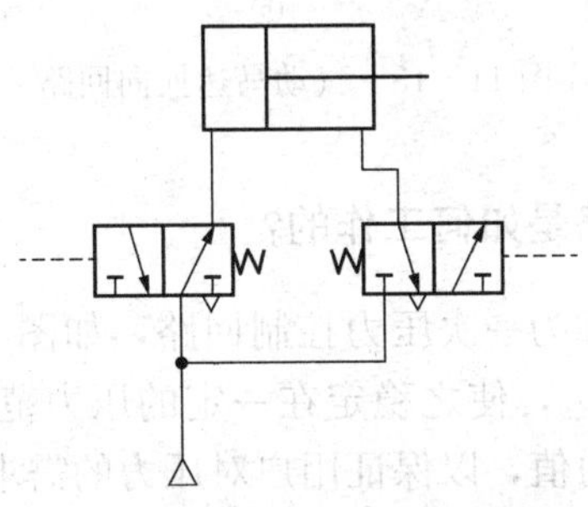

图 11－11　二位三通阀组合换向回路

11－7　什么是气动差动回路？气动差动回路是如何工作的？

气动差动回路是指气缸的两个运动方向采用不同压力供气，从而利用差压进行工作的回路。图 11－12 所示的是差压式控制回路，活塞上侧有低压 p_2，活塞下侧有高压 p_1，目的是为了减小气缸运动的撞击（如气缸垂直安装）或减少耗气量。

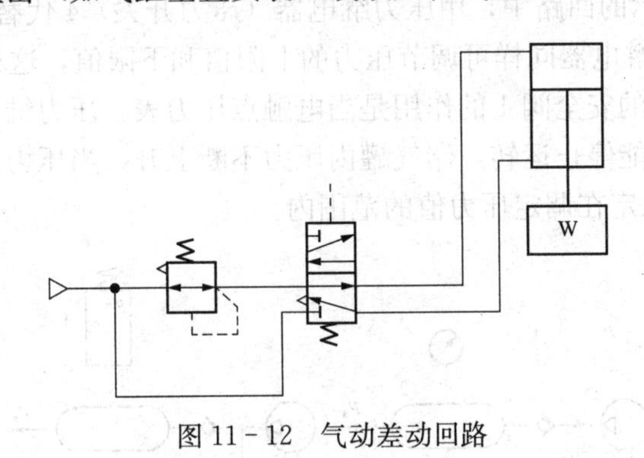

图 11－12　气动差动回路

11－8　气动马达换向回路是如何工作的？

图 11－13（a）所示为气动马达单方向旋转的回路，采用了二位二通电磁阀来实现转停控制，马达的转速用节流阀调整。图 11－13（b）和图 11－13（c）所示的回路分别为采用两个二位三通阀和一个三位五通阀控制气马达正反转的回路。

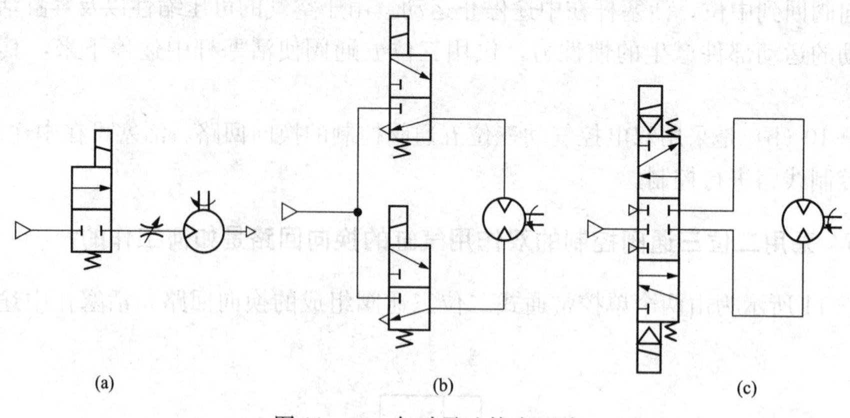

图 11－13　气动马达换向回路

11－9　气源压力控制回路是如何工作的?

气源压力控制回路通常又称为一次压力控制回路，如图 11－14 所示。该回路用于控制压缩空气站储气罐的输出压力 p_s，使之稳定在一定的压力范围内，既不超过调定的最高压力值，也不低于调定的最低压力值，以保证用户对压力的需求。

图 11－14（a）所示回路的工作原理是：空气压缩机由电动机带动，启动后压缩空气经单向阀向储气罐 2 内送气，罐内压力上升。当 p_s上升到最大值 p_{max}时，电触点压力表 3 内的指针碰到上触点，即控制其中间继电器断电，控制电动机停转，空气压缩机停止运转，压力不再上升；当压力 p_s下降到最小值 p_{min}时，电触点压力表内的指针碰到下触点，使中间继电器闭合通电，控制电动机启动和空气压缩机运转，并向储气罐供气，p_s上升。上下两触点可调。

图 11－14（b）所示的回路中，用压力继电器（压力开关）4 代替了图 11－14（a）中的电触点压力表 3。压力继电器同样可调节压力的上限值和下限值，这种方法常用于小容量压缩机的控制。该回路中的安全阀 1 的作用是当电触点压力表、压力继电器或电路发生故障而失灵后，导致压缩机不能停止运转，储气罐内压力不断上升，当压力达到调定值时，该安全阀会打开溢流，使 p_s稳定在调定压力值的范围内。

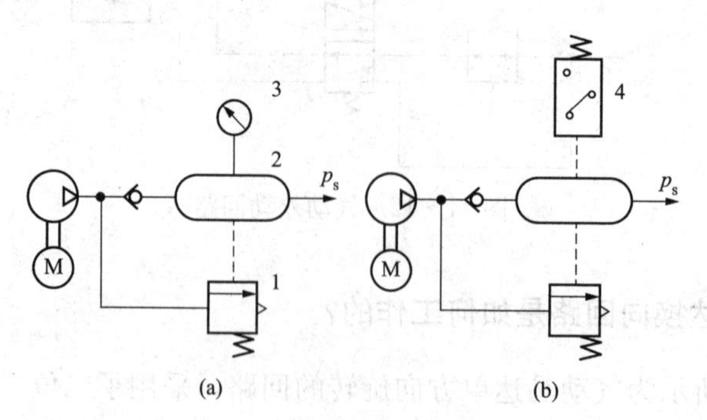

图 11－14　气源压力控制回路

1—安全阀；2—储气罐；3—电触点压力表；4—压力继电器

11－10　工作压力控制回路是如何工作的?

为了使系统正常工作，保持稳定的性能，以达到安全、可靠、节能等目的，需要对系统工作压力进行控制。

在图11－15所示的工作压力控制回路中，从压缩空气站一次回路过来的压缩空气，经空气滤清器1、减压阀2、油雾器3供给气动设备使用，在其过程中，调节减压阀就能得到气动设备所需的工作压力 p。应该指出，这里的油雾器3主要用于对气动换向阀和执行元件进行润滑。如果采用无给油润滑气动元件，则不需要油雾器。

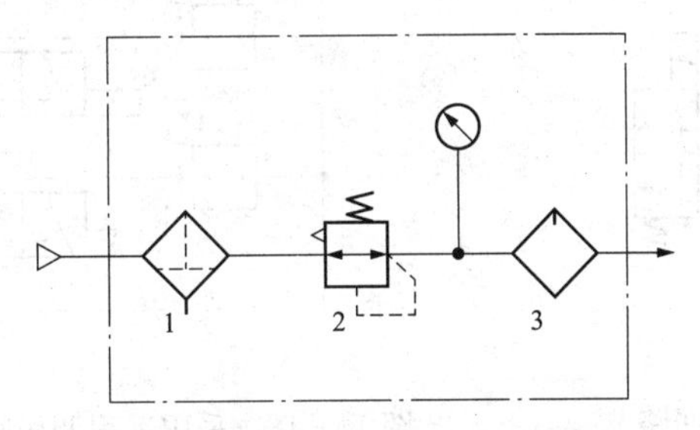

图11－15　一种工作压力控制回路

1—空气滤清器；2—减压阀；3—油雾器

11－11　双压驱动回路是如何工作的?

在气动系统中，有时需要提供两种不同的压力，来驱动双作用气缸在不同方向上的运动。图11－16为采用带单向减压阀的双压驱动回路。当电磁阀1通电时，系统采用正常压力驱动活塞杆伸出，对外做功；当电磁阀1断电时，气体经过单向减压阀2后进入气缸有杆腔，以较低的压力驱动气缸活塞杆缩回，达到节省耗气量的目的。

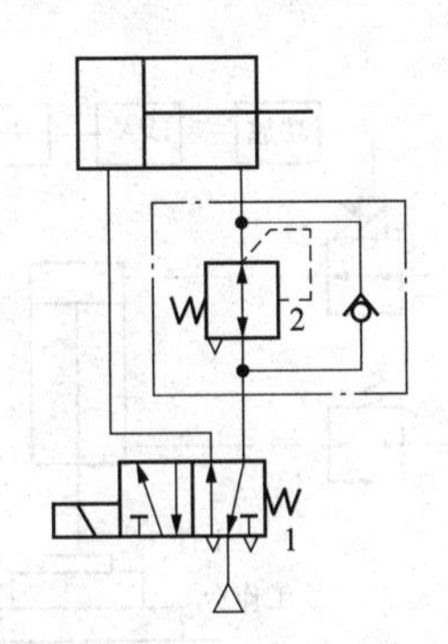

图11－16　双压驱动回路

1—电磁阀；2—单向减压阀

11－12　多级压力控制回路是如何工作的?

如果有些气动设备时而需要高压，时而需要低压，就可采用图11－17所示的高低压转换回路。其原理是先将气源用减压阀1和2调至两种不同的压力 p_1 和 p_2，再由二位三通阀3转换成 p_2 和 p_1。

在一些场合（如在平衡系统中），需要根据工件重量的不同提供多种平衡压力。这时就需要用到多级压力控制回路。图 11－18 所示为采用远程调压阀控制的多级压力控制回路。该回路中的远程调压阀 1 的先导压力通过三个二位三通电磁换向阀 2、3、4 的切换来控制，可根据需要设定低、中、高三种先导压力。在进行压力切换时，必须用电磁阀 5 先将先导压力泄压，然后再选择新的先导压力。

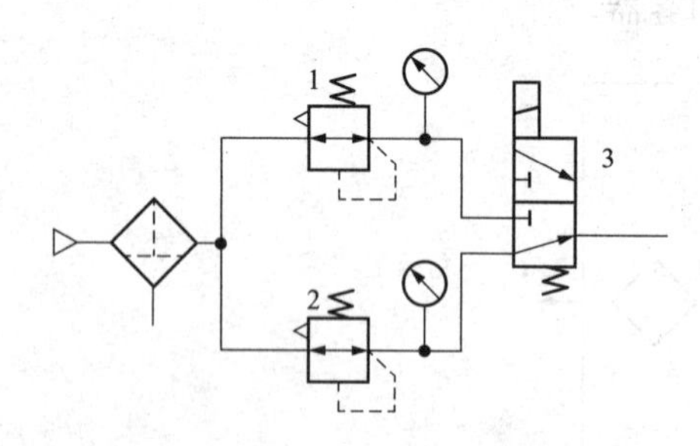

图 11－17　高低压转换回路

1、2—减压阀；3—二位三通阀

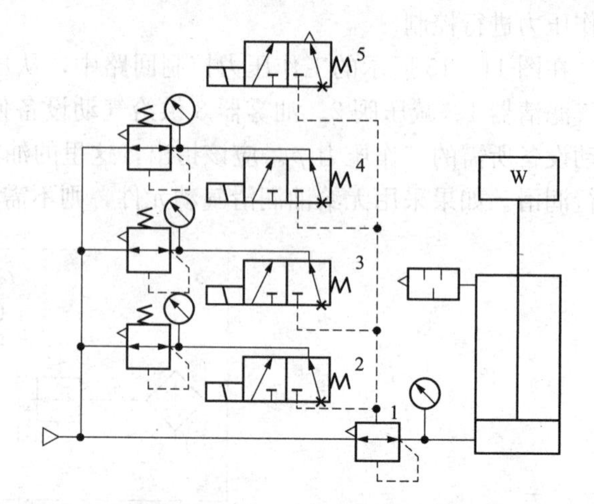

图 11－18　采用远程调压阀控制的多级压力控制回路

1—远程调压阀；2～5—二位三通电磁换向阀

11－13　连续压力控制回路是如何工作的？

当需要设定的压力等级较多时，就需要使用较多的减压阀和电磁阀。这时可考虑使用电/气比例压力阀代替减压阀和电磁阀实现压力的无级控制。

图 11－19 所示为采用比例阀构成的连续压力控制回路。气缸有杆腔的压力由减压阀 1 调为定值，而无杆腔的压力由计算机输出的控制信号控制比例阀 2 的输出压力来实现控制，从而使气缸的输出力得到连续控制。

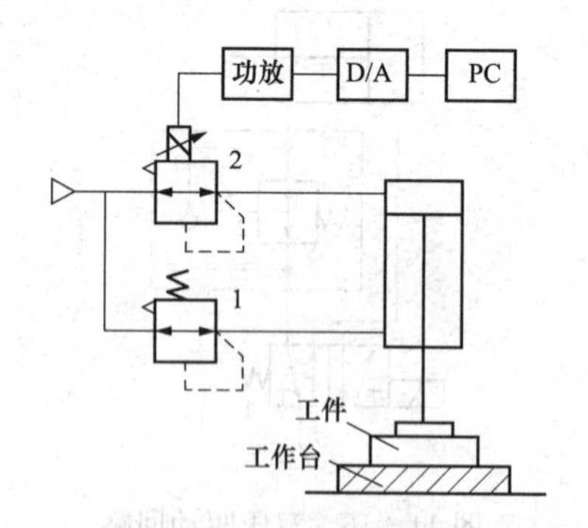

图 11－19　采用比例阀构成的连续压力控制回路

1—减压阀；2—比例阀

11－14　采用气体增压器控制的增压回路是如何工作的？

气体增压器是以输入气体压力为驱动源，根据输出压力侧受压面积小于输入压力侧受压面积的原理，得到大于输入压力的增压装置。它可以通过内置换向阀实现连续供给。

图 11－20 所示为采用气体增压器控制的增压回路。二位五通电磁阀通电，气控信号使二位三通阀换向，经气体增压器增压后的压缩空气进入气缸无杆腔；二位五通电磁阀断电，气缸在较低的供气压力作用下缩回，可以达到节能的目的。

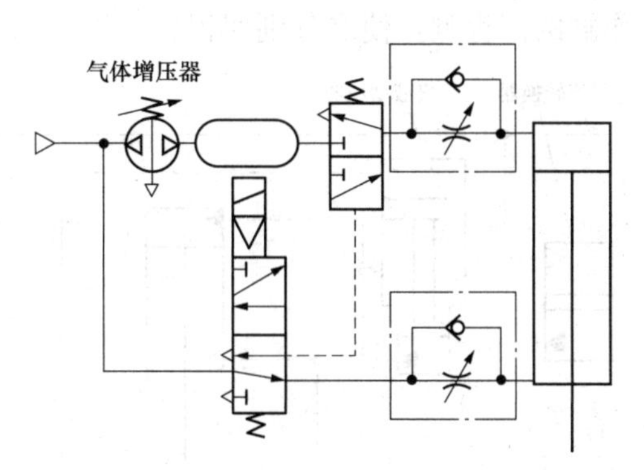

图 11－20 采用气体增压器控制的增压回路

11－15 采用气液增压器控制的夹紧回路是如何工作的?

图 11－21 所示为采用气液增压器控制的夹紧回路。电磁阀左侧通电，对气体增压器低压侧施加压力，气体增压器动作，其高压侧产生高压油并供应给工作缸，推动工作缸活塞动作并夹紧工件。电磁阀右侧通电可实现工作缸及气体增压器回程。

使用增压回路时，油、气关联处密封要好，油路中不得混入空气。

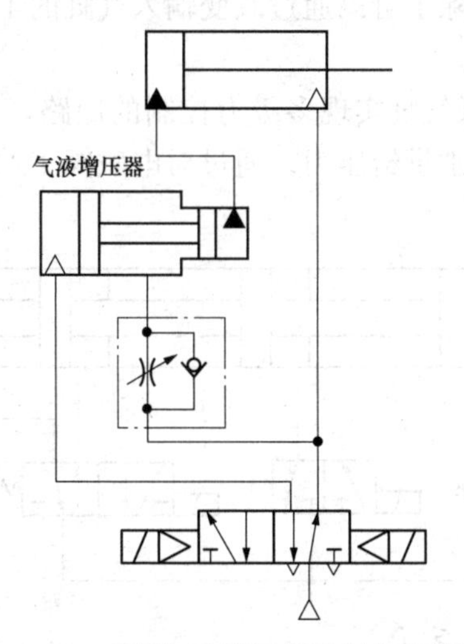

图 11－21 采用气液增压器控制的夹紧回路

11－16 采用气液转换器控制的冲压回路是如何工作的?

冲压回路主要用于薄板冲床、压配压力机等设备中。由于在实际冲压过程中，往往仅在最后一段行程里做功，其他行程不做功，因而宜采用低压、高压二级回路，无负载时低压，做功时高压。

图 11－22 所示的是冲压回路，电磁换向阀通电后，压缩空气进入气液转换器，使工作

缸动作。当活塞前进到某一位置触动三通高低压转换阀时，该阀动作，压缩空气供入气体增压器，使气体增压器动作。由于气体增压器活塞动作，气液转换器到气体增压器的低压液压回路被切断（由内部结构实现），高压油作用于工作缸进行冲压做功。当电磁阀复位时，气压作用于气体增压器及工作缸的回程侧，使之分别回程。

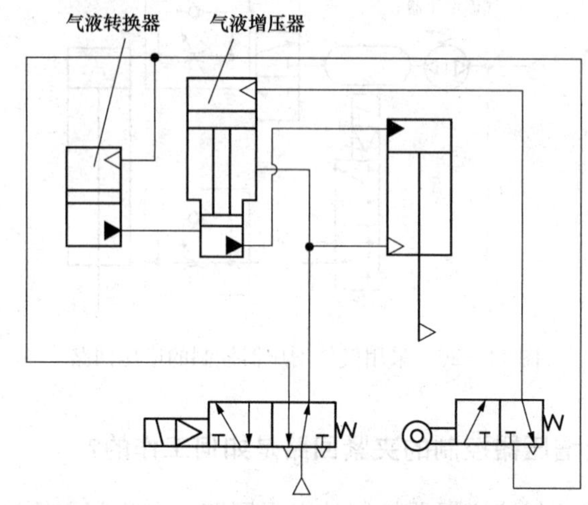

图 11－22　采用气液转换器控制的冲压回路

11－17　利用串联气缸的多级力控制回路是如何工作的?

在气动系统中，力的控制除了可以通过改变输入气缸的工作压力实现外，还可以通过改变有效作用面积实现力的控制。

图 11－23 所示为利用串联气缸实现多级力控制的回路，串联气缸的活塞杆上连接有数个活塞，每个活塞的两侧可分别供给压力。通过对电磁阀 1、2、3 的通电个数进行组合，可实现气缸的多级力输出。

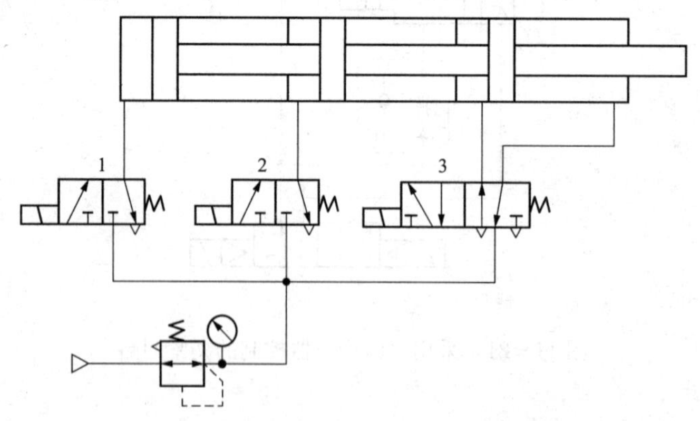

图 11－23　利用串联气缸的多级力控制回路

1～3—电磁阀

11－18　单作用气缸的进气节流调速回路是如何工作的?

图 11－24（a）、图 11－24（b）所示的回路分别采用了节流阀和单向节流阀，通过调节

节流阀的不同开度，可以实现进气节流调速。气缸活塞杆返回时，由于没有节流，可以快速返回。

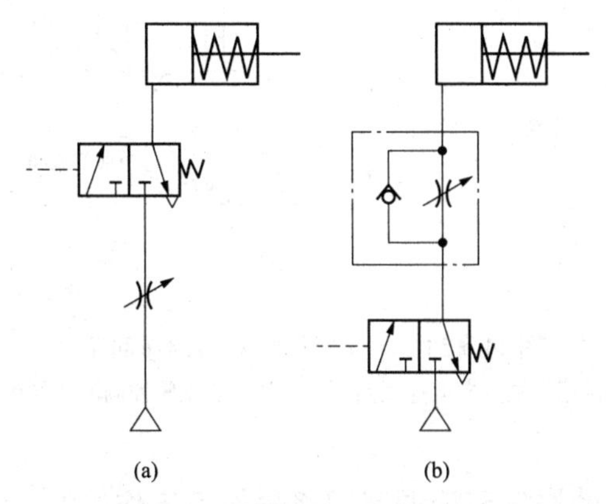

图 11－24　单作用气缸进气节流调速回路

11－19　单作用气缸的排气节流调速回路是如何工作的?

图 11－25 所示的回路均是通过排气节流实现快进-慢退的。

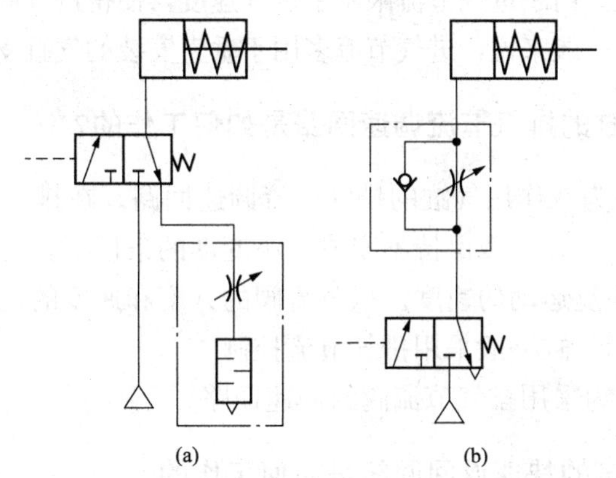

图 11－25　单作用气缸排气节流调速回路

图 11－25（a）中的回路是在排气口设置一排气节流阀实现调速的。该回路的优点是安装简单，维修方便；但在管路比较长时，较大的管内容积会对气缸的运行速度产生影响，此时就不宜采用排气节流阀控制。

图 11－25（b）中的回路是换向阀与气缸之间安装了单向节流阀。进气时不节流，活塞杆快速前进；换向阀复位时，由单向节流阀控制活塞杆的返回速度。这种安装形式不会影响换向阀的性能，工程中多数采用这种回路。

11－20　单作用气缸的双向调速回路是如何工作的?

如图 11－26 所示，此回路是气缸活塞杆伸出和返回都能调速的回路，进、退速度分别由阀 1、2 调节。

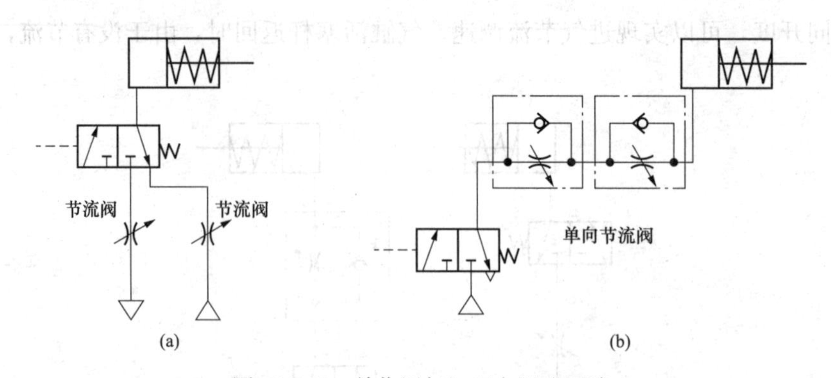

图 11-26　单作用气缸双向调速回路

(a) 节流阀控制的单作用气缸双向调速回路；(b) 单向节流阀控制的单作用气缸双向调速回路

11-21　双作用气缸的进气节流调速回路是如何工作的?

图 11-27 (a) 所示为双作用气缸的进气节流调速回路。在进气节流时，气缸排气腔压力很快降至大气压，而进气腔压力的升高比排气腔压力的降低缓慢。当进气腔压力产生的合力大于活塞静摩擦力时，活塞开始运动。由于动摩擦力小于静摩擦力，所以活塞启动时运动速度较快，进气腔容积急剧增大。由于进气节流限制了供气速度，使得进气腔压力降低，从而容易造成气缸的“爬行”现象。一般来说，进气节流多用于垂直安装的气缸支撑腔的供气回路。

11-22　双作用气缸的排气节流调速回路是如何工作的?

图 11-27 (b) 所示为双作用气缸的排气节流调速回路。在排气节流时，排气腔内可以建立与负载相适应的背压，在负载保持不变或微小变动的条件下，运动比较平稳，调节节流阀的开度即可调节气缸往复运动的速度。从节流阀的开度和速度的比例、初始加速度、缓冲能力等特性来看，双作用气缸一般采用排气节流控制。

图 11-27 (c) 所示为采用排气节流阀的调速回路。

11-23　双作用气缸的快速返回回路是如何工作的?

图 11-27 (d) 所示为采用快速排气阀的气缸快速返回回路。此回路在气缸返回时的出口安装了快速排气阀，这样可以提高气缸的返回速度。

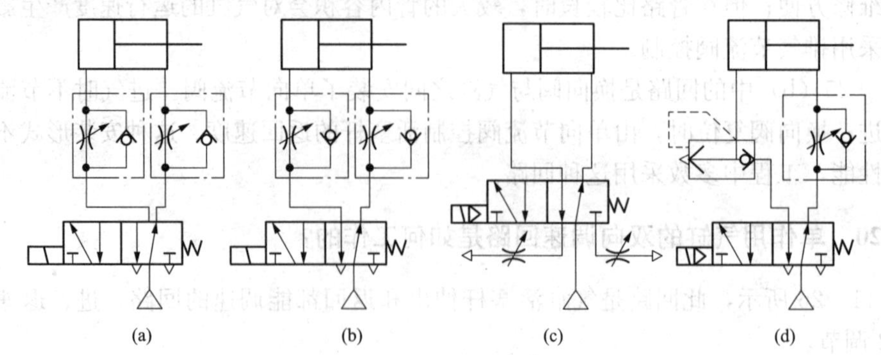

图 11-27　双作用气缸的调速回路

11-24　双作用气缸的缓冲回路是如何工作的?

气缸驱动较大负载高速移动时，会产生很大的动能。将此动能从某一位置开始逐渐减小，逐渐减慢速度，最终使执行元件在指定位置平稳停止的回路称为缓冲回路。

缓冲方法大多利用空气的可压缩性，在气缸内设置气压缓冲装置。对于行程短、速度高的情况，气缸内设气压缓冲吸收动能比较困难，一般采用气压吸振器，如图 11-28 (a) 所示；对于运动速度较高、惯性力较大、行程较长的气缸，可采用两个节流阀并联使用的方法，如图 11-28 (b) 所示。

在图 11-28 (b) 所示的回路中，节流阀 3 的开度大于节流阀 2 的节流口。当换向阀 1 通电时，A 腔进气，B 腔的气流经节流阀 3、行程阀 4 从换向阀 1 排出。调节节流阀 3 的开度，可改变活塞杆的前进速度。当活塞杆挡块压下行程终端的行程阀 4 后，阀 4 换向，通路切断，这时 B 腔的余气只能从节流阀 2 排出。如果把节流阀 2 的开度调得很小，则 B 腔内压力猛升，对活塞产生反向作用力，阻止和减小活塞的高速运动，从而达到在行程末端减速和缓冲的目的。根据负载大小调整行程阀 4 的位置，即调整 B 腔的缓冲容积，就可获得较好的缓冲效果。

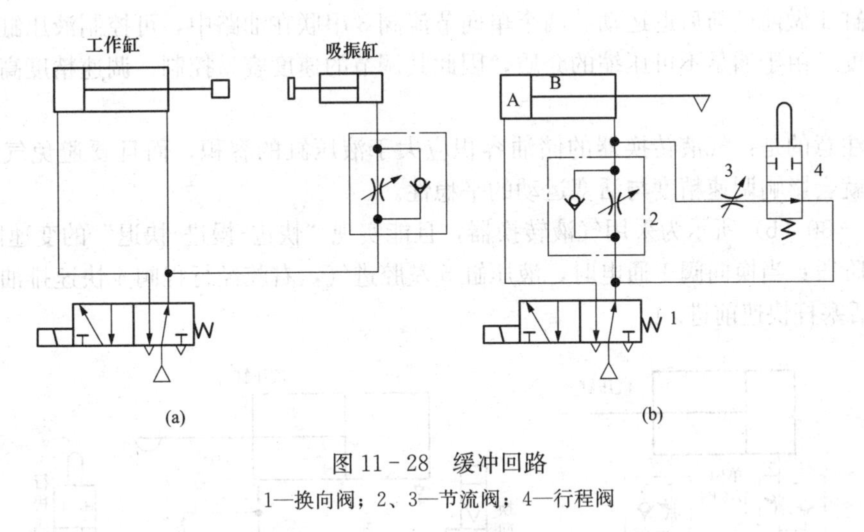

图 11-28　缓冲回路

1—换向阀；2、3—节流阀；4—行程阀

11-25　双作用气缸的冲击回路是如何工作的?

冲击回路是利用气缸的高速运动给工件以冲击的回路。

如图 11-29 所示，此回路由储存压缩空气的储气罐 1、快速排气阀 4 及操纵气缸的换向阀 2、3 等元件组成。气缸在初始状态时，由于机动换向阀处于压下状态，即上位工作，气缸有杆腔通大气。二位五通电磁阀通电后，二位三通气控阀换向，储气罐内的压缩空气快速流入冲击气缸，气缸启动，快速排气阀快速排气，活塞以极高的速度运动，活塞的动能可以对工件形成了很大的冲击力。使用该回路时，应尽量缩短各元件与气缸之间的距离。

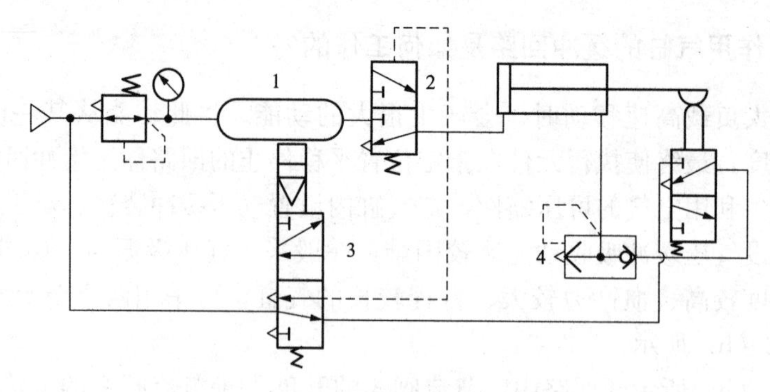

图 11－29　双作用气缸的冲击回路

1—储气罐；2—二位三通气控阀；3—二位五通电磁阀；4—快速排气阀

11－26　采用气液转换器控制的速度控制回路是如何工作的？

图 11－30（a）所示为采用气液转换器的双向调速回路。该回路中，原来的气缸换成液压缸，但原动力还是压缩空气。由换向阀 1 输出的压缩空气通过气液转换器 2 转换成油压，推动液压缸 4 做前进与后退运动。两个单向节流阀 3 串联在油路中，可控制液压缸活塞进退运动的速度。由于油是不可压缩的介质，因此其调节的速度容易控制、调速精度高、活塞运动平稳。

需要注意的是：气液转换器的储油容积应大于液压缸的容积，而且要避免气体混入油中，否则就会影响调速精度与活塞运动的平稳性。

图 11－30（b）所示为采用气液转换器，且能实现“快进-慢进-快退”的变速回路。

快进阶段：当换向阀 1 通电时，液压缸 5 左腔进气，右腔经行程阀 4 快速排油至气液转换器 2，活塞杆快速前进。

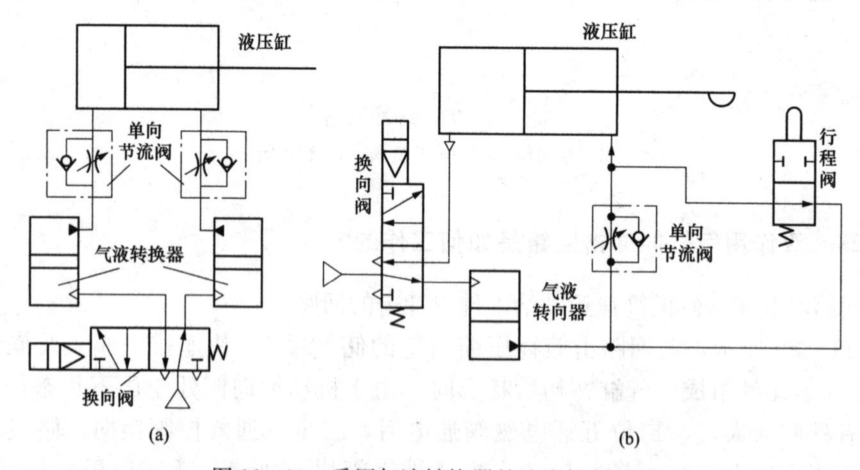

图 11－30　采用气液转换器的速度控制回路

慢进阶段：当活塞杆的挡块压下行程阀 4 后，油路切断，右腔余油只能经阀 3 的节流阀回流到气液转换器 2，因此活塞杆慢速前进，调节节流阀的开度，就可得到所需的进给速度。

快退阶段：当换向阀 1 复位后，经气液转换器 2，油液经阀 3 迅速流入液压缸 5 右腔，同时缸左腔的压缩空气迅速从换向阀 1 排空，使活塞杆快速退回。

这种变速回路常用于金属切削机床上推动刀具进给和退回的驱动缸。行程阀 4 的位置可根据加工工件的长度进行调整。

11－27　采用气液阻尼缸控制的速度控制回路是如何工作的?

在这种回路中，用气缸传递动力，并由液压缸进行阻尼和稳速，由液压缸和调速机构进行调速。由于调速是在液压缸和油路中进行的，因而调速精度高、运动速度平稳。因此这种调速回路应用广泛，尤其在金属切削机床中用得最多。

图 11－31（a）所示为串联型气液阻尼缸双向调速回路。由换向阀 1 控制气液阻尼缸 2 的活塞杆前进与后退，阀 3 和阀 4 调节活塞杆的进、退速度，油杯 5 起补充回路中少量漏油的作用。

图 11－31（b）所示为并联型气液阻尼缸调速回路。调节连接液压缸两腔回路中设置的节流阀 6，即可实现速度控制。蓄能器 7 储存液压油。这种回路的优点是比串联型结构紧凑，气液不宜相混；不足之处是如果两缸安装轴线不平行，会由于机械摩擦导致运动速度不平稳。

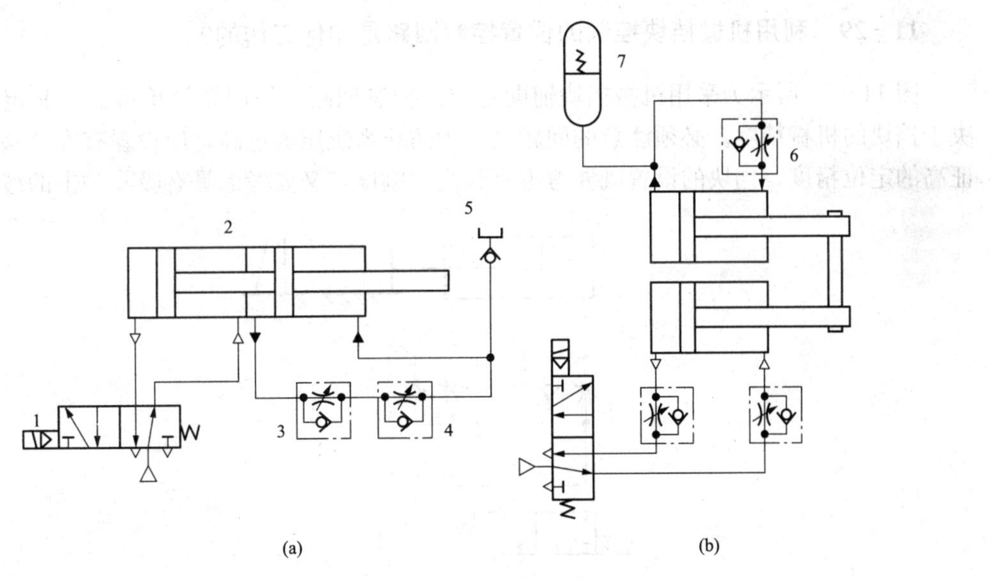

图 11－31　采用气液阻尼缸的速度控制回路

1—换向阀；2—气液阻尼缸；3、4、6—单向节流阀；5—油杯；7—蓄能器

11－28　采用三位阀控制的位置控制回路是如何工作的?

图 11－32（a）所示为采用三位五通阀中位封闭式的位置控制回路。当阀处于中位时，气缸两腔的压缩空气被封闭，活塞可以停留在行程中的某一位置。这种回路不允许系统有内泄漏，否则气缸将偏离原停止位置。另外，由于气缸活塞两端作用面积不同，阀处于中位后活塞仍将移动一段距离。

图 11－32（b）所示的回路可以克服上述缺点，因为它在活塞面积较大的一侧和控制阀

之间增设了调压阀，调节调压阀的压力，可以使作用在活塞上的合力为零。

图 11－32（c）所示的回路采用了中位加压式三位五通换向阀，适用于活塞两侧作用面积相等的气缸。

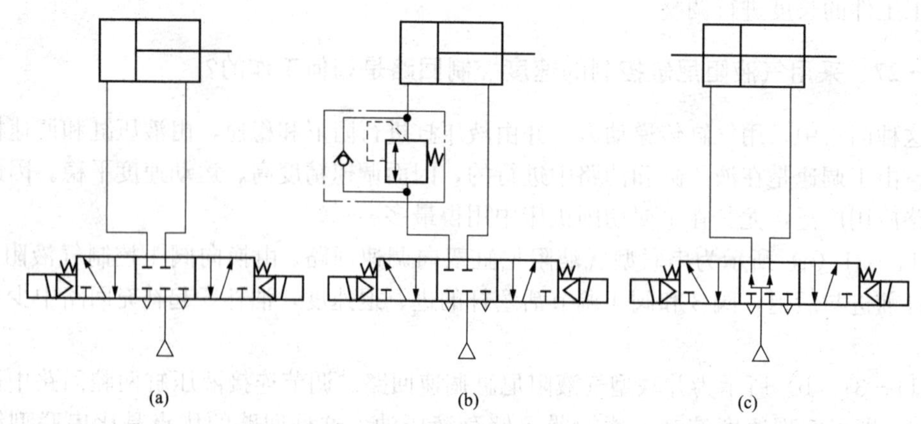

图 11－32　采用三位阀控制的位置控制回路

由于空气的可压缩性，采用纯气动控制方式难以得到较高的控制精度。

11－29　利用机械挡块控制的位置控制回路是如何工作的?

图 11－33 所示为采用机械挡块辅助定位的控制回路。该回路简单可靠，其定位精度取决于挡块的机械精度。必须注意的问题是：为防止系统压力过高，应设置有安全阀；为了保证高的定位精度，挡块的设置既要考虑有较高的刚度，又要考虑具有吸收冲击的缓冲能力。

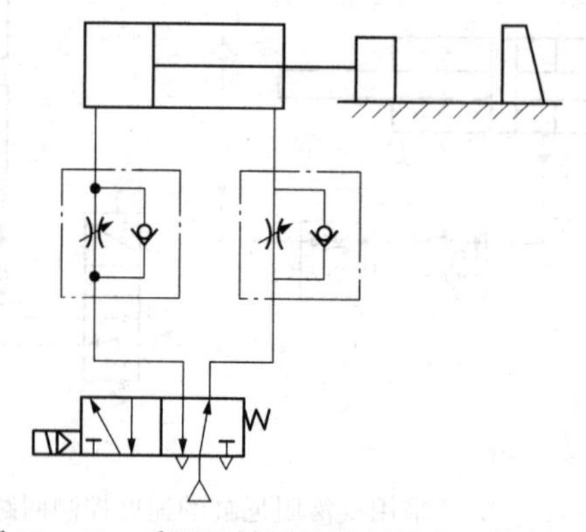

图 11－33　采用机械挡块控制的位置控制回路

11－30　采用气液转换控制的位置控制回路是如何工作的?

图 11－34 所示为采用气液转换器控制的位置控制回路。当液压缸运动到指定位置时，控制信号使五通电磁阀和二通电磁阀均断电，液压缸有杆腔的液体被封闭，液压缸停止运动。采用气液转换方法的目的是获得高精度的位置控制效果。

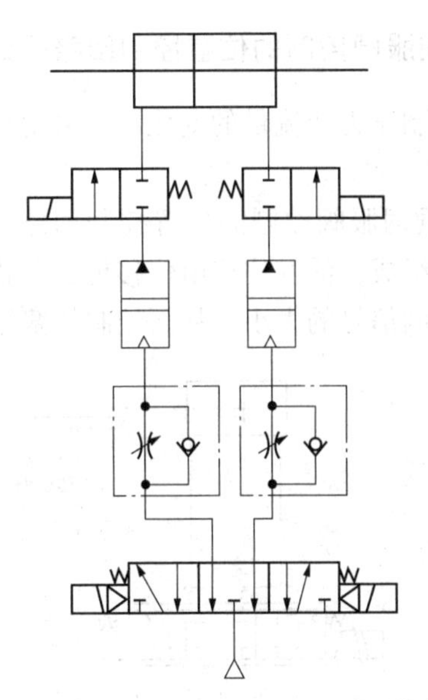

图 11-34 采用气液转换器控制的位置控制回路

11-31 利用制动气缸控制的位置控制回路是如何工作的？

图 11-35 所示为利用制动气缸实现中间定位控制的回路。该回路中，三位五通换向阀 1 的中位机能为中位加压型，二位五通阀 2 用来控制制动活塞的动作，利用带单向阀的减压阀 3 进行负载的压力补偿。当阀 1、2 断电时，气缸在行程中间制动并定位；当阀 2 通电时，制动解除。

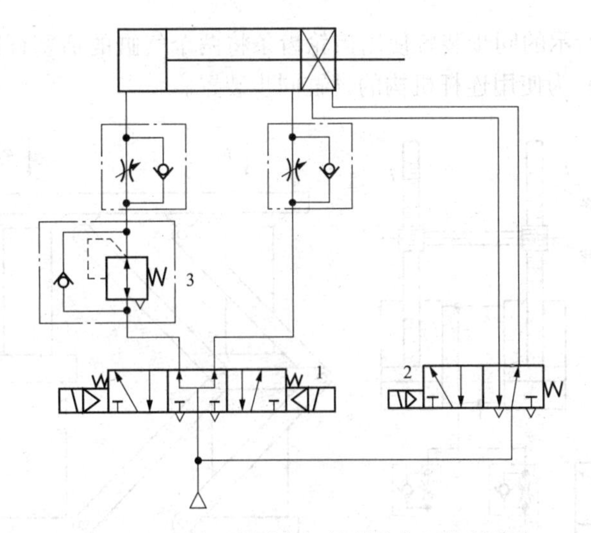

图 11-35 采用制动气缸控制的位置控制回路

1—三位五通换向阀；2—二位五通换向阀；3—带单向阀的减压阀

11－32　采用比例阀、伺服阀控制的位置控制回路是如何工作的？

比例阀和伺服阀可连续控制压力或流量的变化，不采用机械式辅助定位也可达到较高精度的位置控制。

图 11－36 所示为采用流量伺服阀控制的位置控制回路。该回路由气缸、流量伺服阀、位移传感器及计算机控制系统组成。活塞位移由位移传感器获得并送入计算机，计算机按一定的算法求得流量伺服阀的控制信号的大小，从而控制活塞停留在期望的位置上。

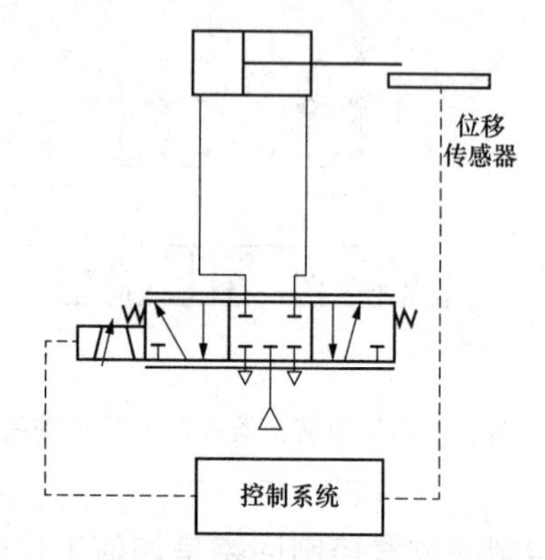

图 11－36　采用流量伺服阀控制的连续位置控制回路

11－33　利用机械连接的同步控制是如何工作的？

将两个气缸的活塞杆通过机械结构连接在一起，理论上此方法可以实现最可靠的同步动作。

图 11－37（a）所示的同步装置使用齿轮齿条将两个气缸的活塞杆连接起来，使其同步动作。图 11－37（b）为使用连杆机构的气缸同步装置。

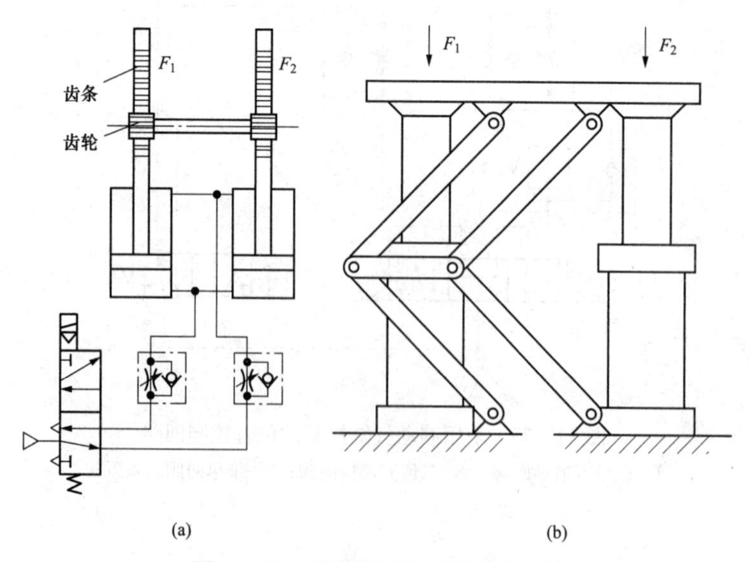

图 11－37　利用机械连接的同步控制

对于机械连接同步控制来说，其缺点是机械误差会影响同步精度，且两个气缸的设置距离不能太大，机构较复杂。

11-34 利用单向节流阀控制的同步控制回路是如何工作的?

图 11-38 为采用出口节流调速的同步控制回路。由单向节流阀 4、6 控制缸 1、2 同步上升，由节流阀 3、5 控制缸 1、2 同步下降。用这种同步控制方法，如果气缸缸径相对于负载来说足够大且工作压力足够高，则可以取得一定程度的同步效果。

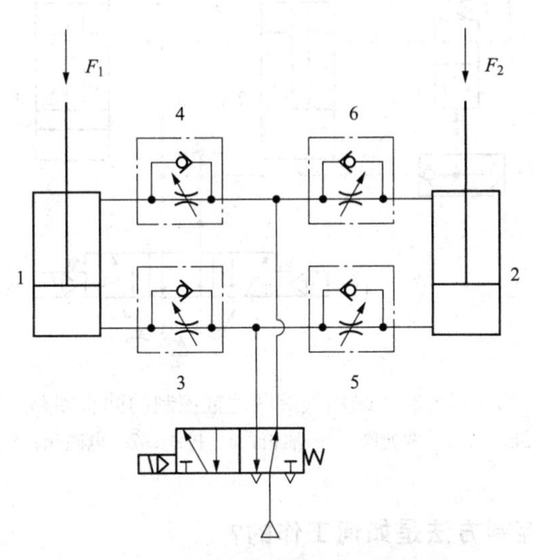

图 11-38 利用节流阀控制的同步控制回路
1、2—气缸；3～6—单向节流阀

上述同步方法是最简单的气缸速度控制方法，但它不能适应负载 F_1 和 F_2 变化较大的场合，即当负载变化时，同步精度要降低。

11-35 采用气液联动缸控制的同步控制回路是如何工作的?

对于负载在运动过程中有变化且要求运动平稳的场合，使用气液联动缸可取得较好的效果。

图 11-39 为使用两个气缸和液压缸串联而成的气液缸的同步控制回路。图中工作平台上施加了两个不相等的负载 F_1 和 F_2，且要求水平升降。当回路中的电磁阀 7 的 1YA 通电时，阀 7 左位工作，压力气体流入气液缸 1、2 的下腔中，克服负载 F_1 和 F_2 推动活塞上升。

此时，在从梭阀 6 来的先导压力的作用下，常开型两通阀 3、4 关闭，使气液缸 1 的液压缸上腔的油压入气液缸 2 的液压缸下腔，气液缸 2 的液压缸上腔的油被压入气液缸 1 的液压缸下腔，从而使它们保持同步上升。同样，当电磁阀 7 的 2YA 通电时，可使气液联动缸向下的运动保持同步。

这种上下运动中由于泄漏而造成的液压油不足可在电磁阀不通电的图示状态下从油箱 5 自动补充。为了排出液压缸中的空气，需设置放气塞 8 和 9。

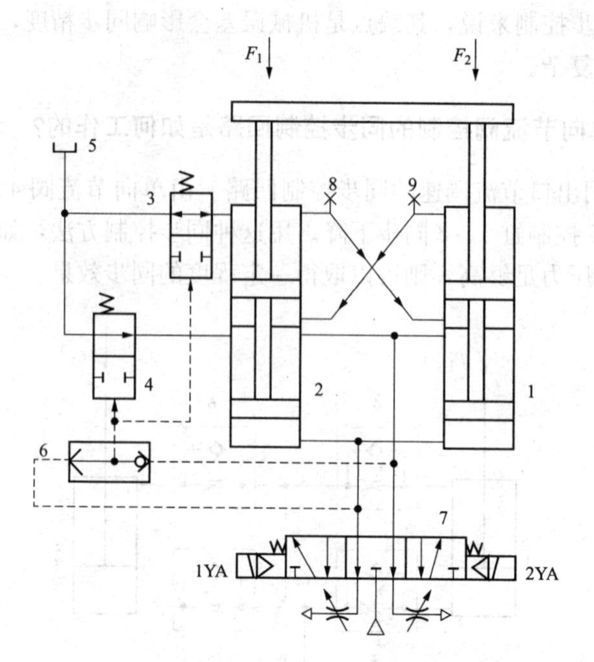

图 11-39　采用气液联动缸控制的同步回路

1、2—气液缸；3、4—两通阀；5—油箱；6—梭阀；7—电磁阀；8、9—放气塞

11-36　闭环同步控制方法是如何工作的？

在开环同步控制方法中，所产生的同步误差虽然可以在气缸的行程端点等特殊位置进行修正，但是为了实现高精度的同步控制，应采用闭环同步控制方法，在同步动作中连续地对同步误差进行修正。

图 11-40（a）、图 11-40（b）分别为反馈同步控制的框图和气动回路图。

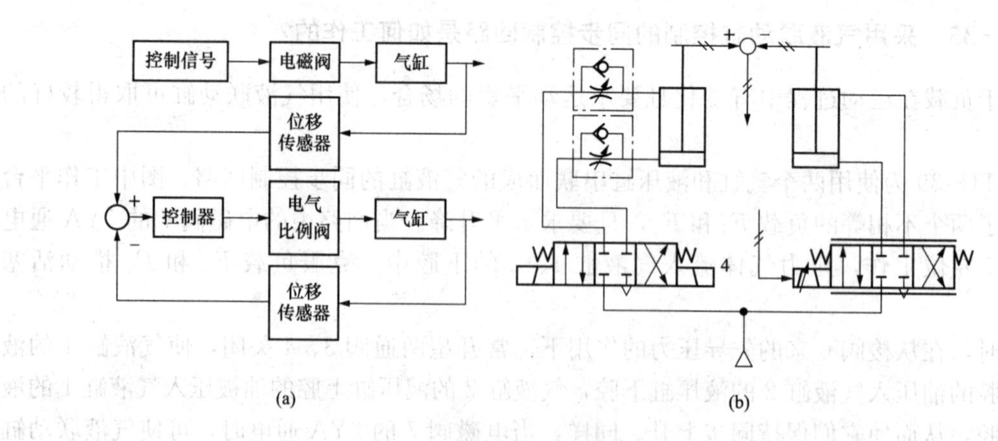

图 11-40　反馈同步控制的框图和气动回路图

(a) 反馈同步控制的框图；(b) 气动回路图

11－37　双手操作安全回路是如何工作的?

所谓双手操作安全回路就是使用了两个启动用的手动阀，只有同时按动这两个阀时才动作的回路。这在锻压、冲压设备中常用来避免误动作，以保护操作者的安全及设备的正常工作。

图 11－41（a）所示的回路需要双手同时按下手动阀时才能切换主阀，气缸活塞才能下落并锻、冲工件。实际上给主阀的控制信号相当于阀 1、2 相“与”的信号。如阀 1（或 2）的弹簧折断不能复位，此时单独按下一个手动阀，气缸活塞也可以下落，所以此回路并不十分安全。

在图 11－41（b）所示的回路中，当双手同时按下手动阀时，储气罐 3 中预先充满的压缩空气经节流阀 4，延迟一定时间后切换阀 5，活塞才能落下。如果双手不同时按下手动阀，或因其中任一个手动阀弹簧折断不能复位，储气罐 3 中的压缩空气都将通过手动阀 1 的排气口排空，不足以建立起控制压力，因此阀 5 不能被切换，活塞也不能下落。所以此回路比上述回路更为安全。

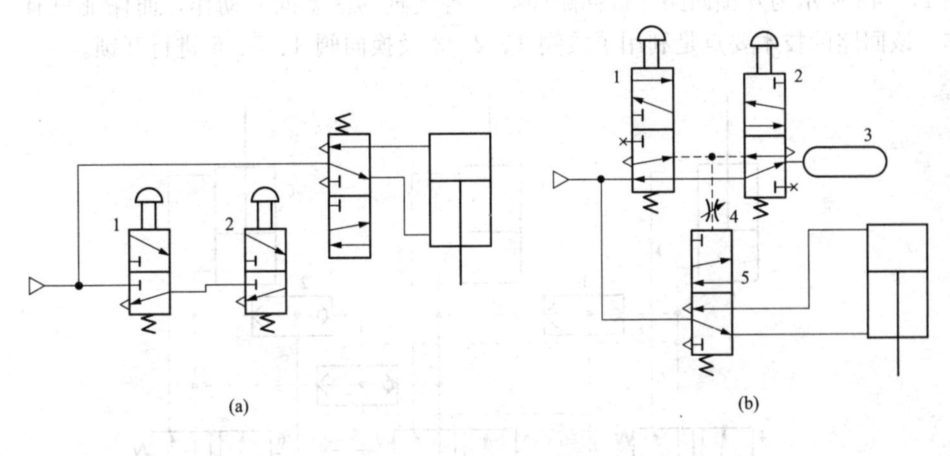

图 11－41　双手操作安全回路

1、2—手动换向阀；3—储气罐；4—节流阀；5—气控换向阀

11－38　过载保护回路是如何工作的?

当活塞杆在伸出途中遇到故障或其他原因使气缸过载时，活塞能自动返回的回路，称为过载保护回路。

图 11－42 所示的是过载保护回路。按下手动换向阀 1，使二位五通换向阀 2 处于左位，活塞右移前进，正常运行时挡块压下行程阀 5 后，活塞自动返回；当活塞运行中途遇到障碍物 6 时，气缸左腔压力升高超过预定值时，顺序阀 3 打开，控制气体可经梭阀 4 将主控阀切换至右位（图示位置），使活塞缩回，气缸左腔压缩空气经阀 2 排掉，可以防止系统过载。

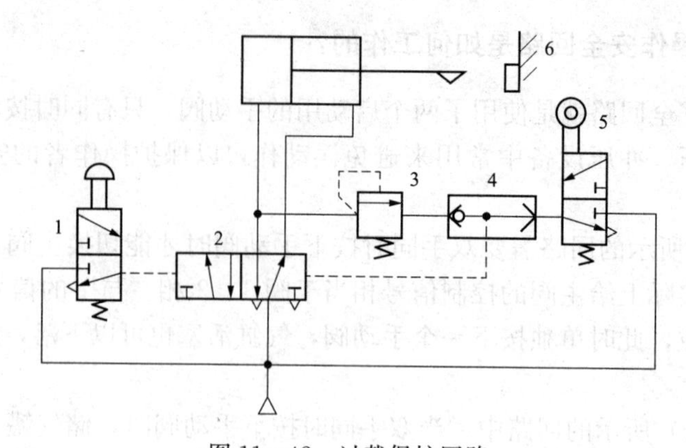

图 11－42　过载保护回路

1—手动换向阀；2—二位五通换向阀；3—顺序阀；4—梭阀；5—行程阀；6—障碍物

11－39　互锁回路是如何工作的?

图 11－43 所示为互锁回路。该回路能防止各气缸的活塞同时动作，而保证只有一个活塞动作。该回路的技术要点是利用了梭阀 1、2、3 及换向阀 4、5、6 进行互锁。

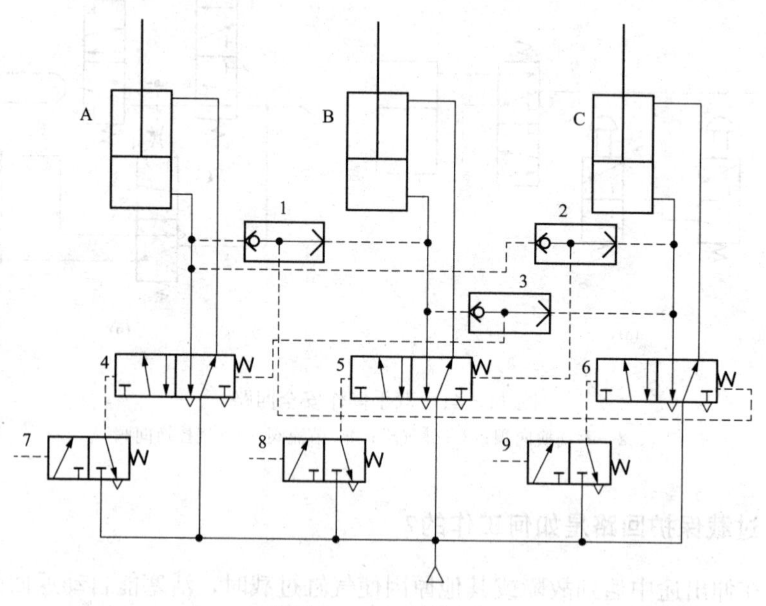

图 11－43　互锁回路

1～3—梭阀；4～9—换向阀

例如，当换向阀 7 切换至左位时，则换向阀 4 至左位，使 A 缸活塞杆上移伸出。与此同时，气缸进气管路的压缩空气使梭阀 1、2 动作，把换向阀 5、6 锁住，B 缸和 C 缸活塞杆均处于下降状态。此时换向阀 8、9 即使有信号，B、C 缸也不会动作。如要改变缸的动作，必须把前动作缸的气控阀复位。

11-40 残压排出回路是如何工作的?

气动系统工作停止后，在系统内残留有一定量的压缩空气，这对系统的维护很多不便，严重时可能发生伤亡事故。

图 11-44（a）所示为采用三通残压排放阀的回路。在系统维修或气缸动作异常时，气缸内的压缩空气经三通阀排出，气缸在外力的作用下可以任意移动。

图 11-44（b）所示为采用节流排放阀的回路。当系统不工作时，三位五通阀处于中位。将节流阀打开，气缸两腔的压缩空气经梭阀和节流阀排出。

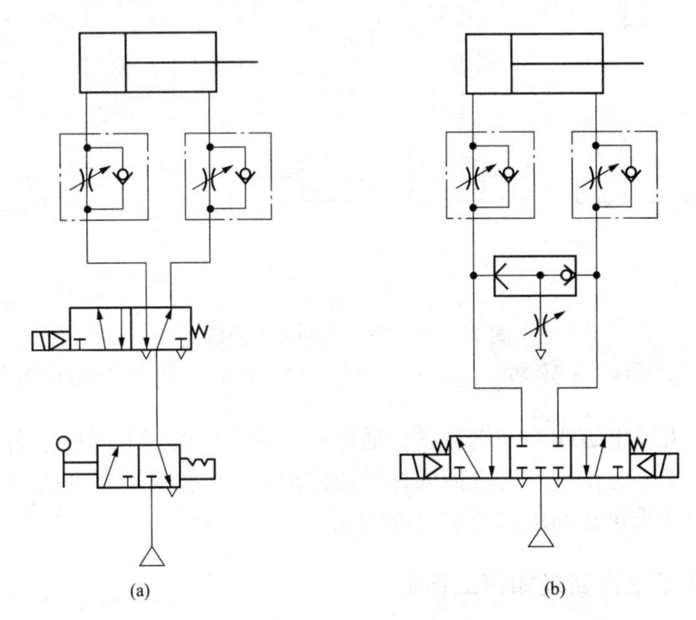

图 11-44 残压排出回路
（a）采用三通残压排放阀的回路；（b）采用节流排放阀的回路

11-41 防止启动冲出回路是如何工作的?

在进行气动系统设计时，应充分考虑气缸启动时的安全问题。当气缸有杆腔的压力为大气压时，气缸在启动时容易发生始动冲出现象，会造成设备的损坏。

图 11-45（a）为使用了中位加压机能三位五通电磁阀的防止启动冲出回路。当气缸为单活塞杆气缸时，由于气缸有杆控和无杆腔的压力作用面积不同，因此应考虑电磁阀处于中位时，使气缸两侧的压力保持平衡。这样气缸在启动时就能保证排气侧有背压，不会以很快的速度冲出。

图 11-45（b）为采用进气节流调速的防止启动冲出回路。当三位五通电磁阀 1 断电时，气缸两腔都泄压；启动时，利用节流阀 3 的进口节流调速功能防止启动冲出。由于进口节流调速的调速特性较差，因此在气缸的出口侧还串联了一个出口节流阀 2，用来改善启动后的调速特性。需要注意进口节流阀 3 和出口节流阀 2 的安装顺序，进口节流阀 3 应靠近气缸。

由于进气节流调速的调速特性较差，因此希望在气缸启动后，完全消除进口节流调速阀的影响，只使用出口节流进行速度控制。专用的防止启动冲出阀就是为此而开发出来的。

图 11 - 45（c）为采用防止启动冲出阀（即复合速度控制阀 5）的防止启动冲出回路。此回路在正常驱动时为出口节流调速，但在气缸内没有压力的状态下启动时将切换为进口节流调速，以达到防止启动飞出的目的。

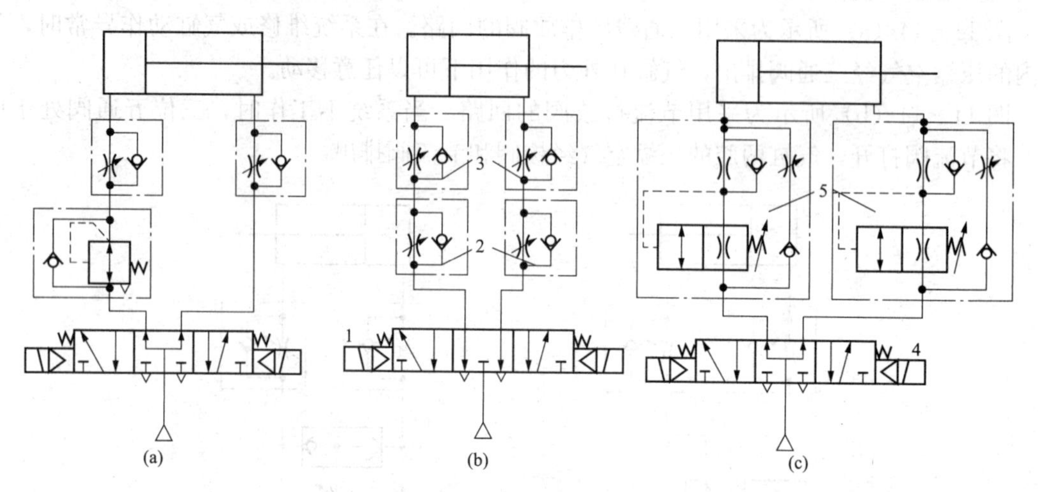

图 11 - 45　防止启动冲出回路

1、4—三位五通电磁阀；2—出口节流阀；3—进口节流阀；5—复合速度控制阀

例如，当三位五通电磁阀 4 左端电磁铁通电后，阀 5 中的二通阀处于右位，压缩空气经固定节流口向气缸无杆腔供气，气缸活塞杆低速伸出；当气缸无杆腔压力达到一定值时，二通阀切换到左位，变为正常的出口节流速度控制。

11 - 42　防止下落回路是如何工作的?

气缸在垂直使用且带有负载的场合如果突然停电或停气，气缸将会在负载重力的作用下伸出。为了保证安全，通常应考虑加设防止落下机构。

图 11 - 46（a）所示为采用了两个二位二通气控阀的防止下落回路。当三位五通电磁阀 1 左端电磁铁通电时，压缩空气经梭阀 2 作用在两个二通气控阀 3 上，使它们换向，气缸向下运动。同理，当电磁阀右端电磁铁通电时，气缸向上运动。当电磁阀不通电时，加在二通气控阀上的气控信号消失，二通气控阀复位，气缸两腔的气体被封闭，气缸保持在原位置。

图 11 - 46（b）所示为采用气控单向阀的防止下落回路。当三位五通电磁阀左端电磁铁通电后，压缩空气一路进入气缸无杆腔，另一路将右侧的气控单向阀打开，使气缸有杆腔的气体经单向阀排出。当电磁阀不通电时，加在气控单向阀上的气控信号消失，气缸两腔的气体被封闭，气缸保持在原位置。

图 11 - 46（c）所示为采用行程末端锁定气缸的防止下落回路。当气缸上升至行程末端，电磁阀处于非通电状态时，气缸内部的锁定机构将活塞杆锁定；当电磁阀右端电磁铁通电后，利用气压将锁打开，气缸向下运动。

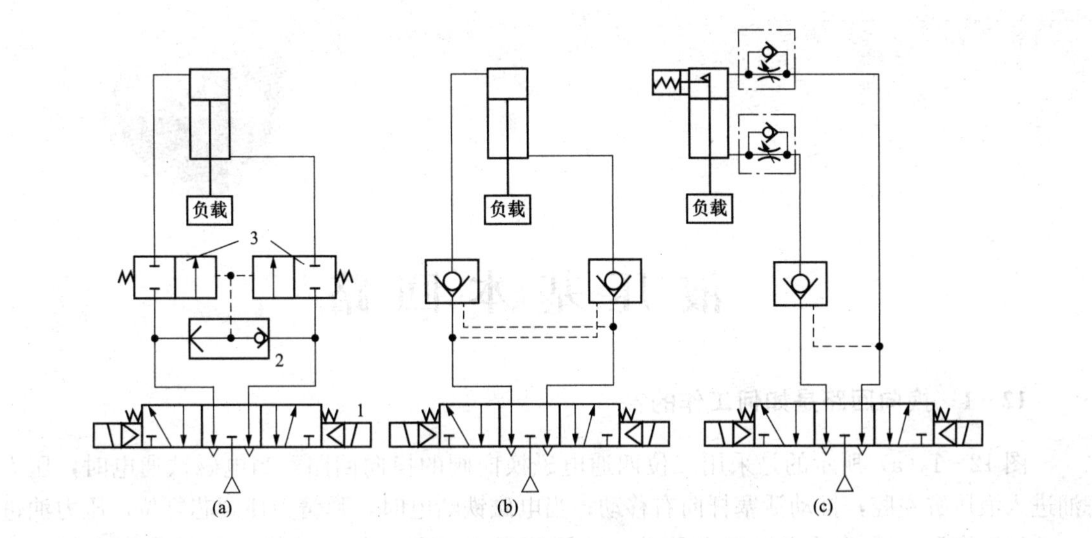

图 11-46　防止下落回路

1—三位五通电磁阀；2—梭阀；3—二通气控阀

液压基本回路

12-1 换向回路是如何工作的?

图 12-1 (a) 所示的是采用二位四通电磁换向阀的换向回路。当电磁铁通电时，压力油进入液压缸左腔，推动活塞杆向右移动；当电磁铁断电时，弹簧力使阀芯复位，压力油进入液压缸右腔，推动活塞杆向左移动。此回路只能停留在缸的两端，不能停留在任意位置上。

图 12-1 (b) 所示的是采用三位四通手动换向阀的换向回路。当阀处于中位时，M 型滑阀机能使泵卸荷，缸两腔油路封闭，活塞制动；当阀左位工作时，液压缸左腔进油，活塞向右移动；当阀右位工作时，液压缸右腔进油，活塞向左移动。此回路可以使执行元件在任意位置停止运动。

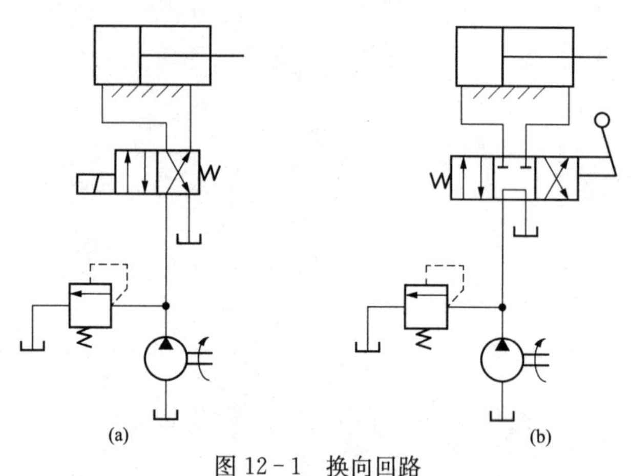

图 12-1 换向回路

(a) 采用二位回通电磁换向阀；(b) 采用三位四通手动换向阀

12-2 采用 O 型或 M 型滑阀机能三位换向阀的闭锁回路是如何工作的?

图 12-2 (a) 为采用三位四通 O 型滑阀机能换向阀的闭锁回路，当两电磁铁均断电时，弹簧使阀芯处于中间位置，液压缸的两工作油口被封闭。由于液压缸两腔都充满油液，而油液又是不可压缩的，所以向左或向右的外力均不能使活塞移动，活塞被双向锁紧。图 12-2 (b) 为三位四通 M 型滑阀机能换向阀，具有相同的锁紧功能。不同的是前者液压泵不卸荷，并联的其他执行元件运动不受影响，后者的液压泵卸荷。

这种闭锁回路结构简单，但由于换向阀密封性差，存在泄漏，所以闭锁效果较差。

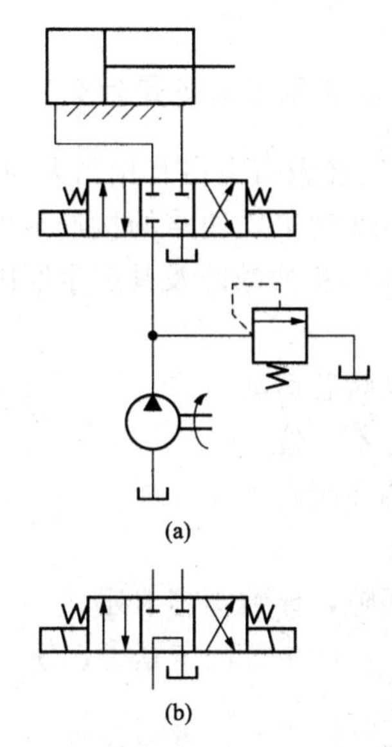

图 12－2　采用换向阀滑阀机能的闭锁回路

12－3　采用液控单向阀的闭锁回路是如何工作的？

图 12－3 所示为采用液控单向阀的闭锁回路。

换向阀处于中间位置时，液压泵卸荷，输出油液经换向阀回油箱。由于系统无压力，液控单向阀 A 和 B 关闭，液压缸左右两腔的油液均不能流动，活塞被双向闭锁。

当左边电磁铁通电时，换向阀左位接入系统，压力油经单向阀 A 进入液压缸左腔，同时进入单向阀 B 的控制油口，打开单向阀 B，液压缸右腔的油液可经单向阀 B 及换向阀回油箱，活塞向右运动。

当右边电磁铁通电时，换向阀右位接入系统，压力油经单向阀 B 进入液压缸右腔，同时打开单向阀 A，使液压缸左腔油液经单向阀 A 和换向阀回油箱，活塞向左运动。

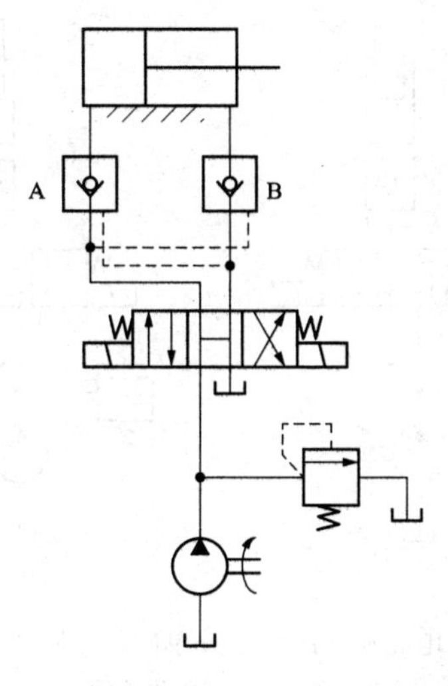

图 12－3　采用液控单向阀的闭锁回路

液控单向阀有良好的密封性，闭锁效果较好。

12－4　方向控制回路故障分析的基本原则是什么？

在液压系统的控制阀中，方向阀在数量上占有相当大的比重。方向阀的工作原理比较简单，利用阀芯和阀体间相对位置的改变实现油路的接通或断开，以使执行元件启动、停止（包括锁紧）或换向。方向控制回路的主要故障及其产生原因有以下两个方面。

1. 换向阀不换向

① 电磁铁吸力不足，不能推动阀芯运动。

② 直流电磁铁剩磁大，使阀芯不复位。

③ 对中弹簧轴线歪斜，使阀芯在阀内卡死。

④ 阀芯被拉毛，在阀体内卡死。

⑤ 油液污染严重，堵塞滑动间隙，导致阀芯卡死。

⑥ 由于阀芯、阀体加工精度差，产生径向卡紧力，使阀芯卡死。

2. 单向阀泄漏严重或不起单向作用

① 锥阀与阀座密封不严。

② 锥阀或阀座被拉毛或在环形密封面上有污物。

③ 阀芯卡死，油流反向流动时锥阀不能关闭。

④ 弹簧漏装或歪斜，使阀芯不能复位。

12－5　液控单向阀对柱塞缸下降失去控制的故障是如何排除的？

在图 12－4（a）所示回路中，电磁换向阀为 O 型，液压缸为大型柱塞缸，柱塞缸下降停止由液控单向阀控制。当换向阀处于中位时，液控单向阀应关闭，液压缸下降应立即停止。但实际上液压缸不能立即停止，还要下降一段距离才能最后停下来。这种停止位置不能准确控制的现象，使设备不仅失去工作性能，还会造成各种事故。

检查回路各元件，液控单向阀密封锥面没有损伤，单向密封良好。但在柱塞缸下降过程中，换向阀切换中位时，液控单向阀关闭需一定时间。若如图 12－4（b）所示，将换向阀

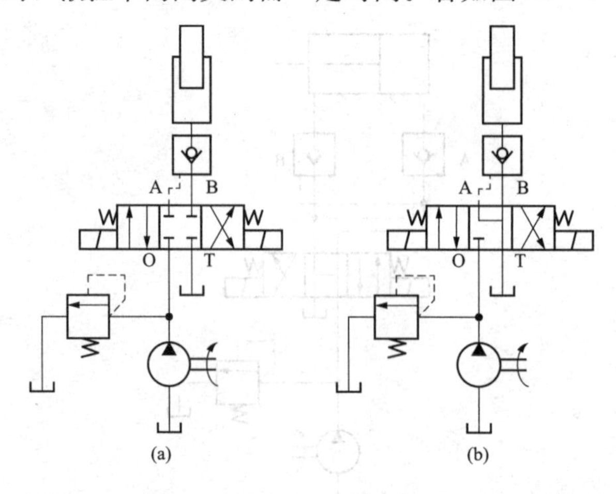

图 12－4　电磁换向阀与液控单向阀控制的换向回路

（a）改进前；（b）改进后

中位改为Y型，当换向阀处于中位时控制油路接通，其压力立即降至零，液控单向阀立即关闭，柱塞缸迅速停止下降。

12－6　液压缸运动相互干扰的故障是如何排除的?

在图12－5（a）所示回路中，液压泵为定量泵。缸1为柱塞缸，缸2为活塞缸。液控单向阀控制柱塞缸下降位置。两缸运动分别由两个电液换向阀控制。

这个回路的故障是：当柱塞缸1在上位，液压缸2开始动作时，出现柱塞缸自动下降的故障。

回路中当电液换向阀控制液压缸2动作时，液压泵的出口压力随外载荷而升高。由于液控单向阀的控制油路与主油路相通，所以此时液控单向阀被打开，缸1的柱塞下降。由于柱塞自重及其外载作用，使缸1排出的油液压力大于缸2的工作压力，于是进入缸2的流量为泵的输出流量与缸1排出的流量之和，形成缸2运动速度比设定值还高。

如图12－5（b）所示，将控制缸1的先导电磁换向阀的回油口直接通向油箱，在缸2运动时，液控单向阀的控制油路即无压力，缸1的柱塞就不会下滑运动。

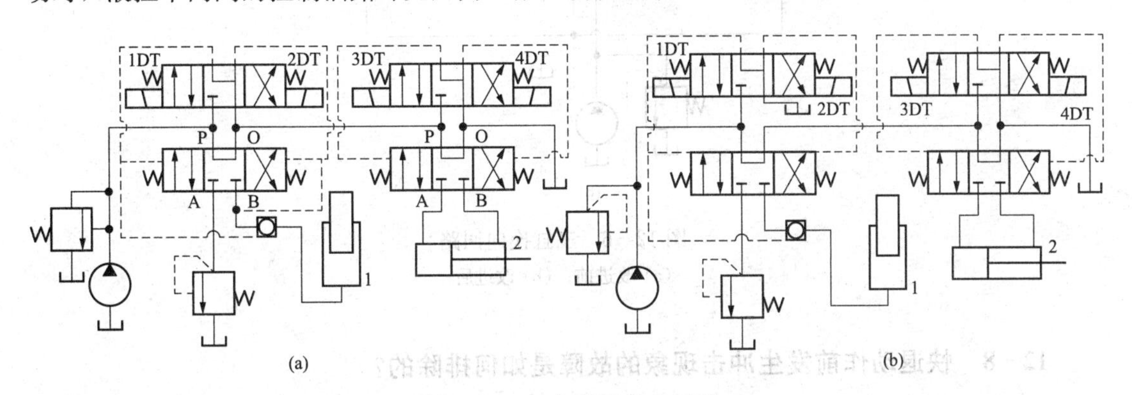

图12－5　双缸液动换向回路

1—柱塞缸；2—活塞缸

12－7　换向失灵的故障是如何排除的?

在图12－6（a）所示的回路中，定量泵输出的压力油由三个三位四通换向阀分别向三个液压缸输送液压油。有时出现电磁换向阀换向不灵的现象。

经检测，电磁换向阀各部分工作正常，溢流阀的调节压力比电磁换向阀允许的工作压力低。液压缸有时两个或三个同时动作，有时只有一个动作。液压泵为定量泵，泵的输出流量能满足三个缸同时动作，所以流量比较大。某一时刻只有一个缸动作时，通过电磁阀的流量就大大超过了允许容量值，这时电磁阀推动滑阀力超过了设计允许的换向力，电磁铁推不动滑阀换向，造成换向失灵。同时，过大的流量进入一个液压缸也易造成缸运动速度失去控制。为此，在换向阀前安装节流阀控制进入液压缸的流量［图12－6（b)］，此时相当于进油节流调速回路。若只有一个缸工作，泵输出流量一部分由节流阀调节控制液压缸的速度，一部分由溢流阀溢回油箱，这样经过电磁阀的流量便得到控制，也就排除了因流量过大而造成换向失灵的故障。

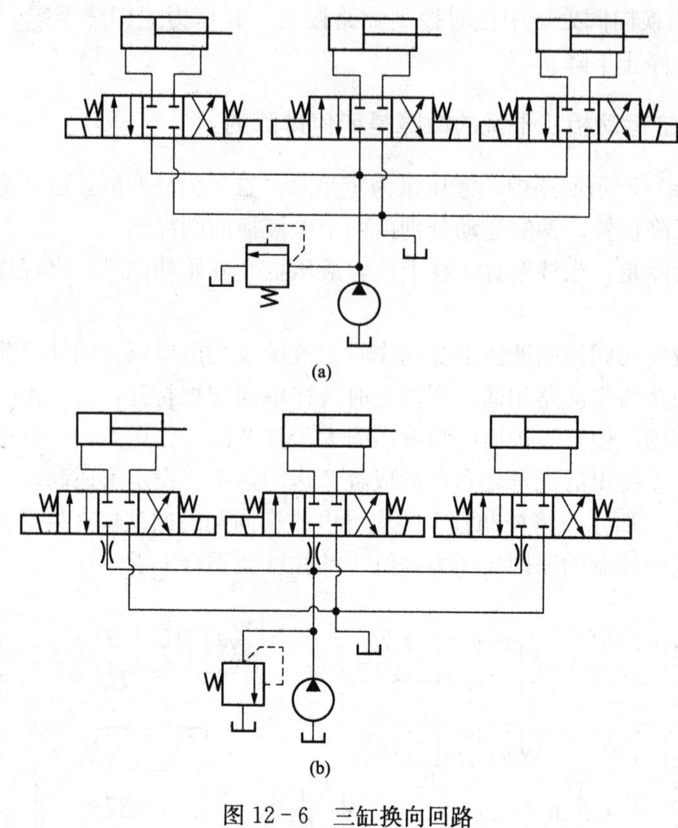

图 12-6　三缸换向回路

(a) 改进前；(b) 改进后

12-8　快退动作前发生冲击现象的故障是如何排除的?

在图 12-7 (a) 所示的系统中，液压泵为定量泵，三位四通换向阀中位机能为 Y 型。节流阀在液压缸的进油路上，为进油节流调速。溢流阀起定压溢流作用。液压缸快进、快退时二位二通阀接通。

系统故障是：液压缸在开始完成快退动作时，首先出现向工作方向前冲，然后完成快退动作。这样将影响加工精度，严重时还可能损坏工件和刀具。

在组合机床和自动线液压系统中，一般要求液压缸实现快进→工进→快退的动作循环。动作速度转换时，要求平稳无冲击。该系统之所以会出现上述故障，是因为液压系统在执行快退动作时，三位四通换向阀和二位二通换向阀必须同时换向。而由于三位四通换向阀换向时间的滞后，在二位二通换向阀接通的一瞬间，有部分压力油进入液压缸工作腔，使液压缸出现前冲。当三位四通换向阀换向终了后，压力油才全部进入液压缸的有杆腔，无杆腔的油液才经二位二通换向阀回油箱。

因此，设计液压系统时应考虑到三位换向阀比二位换向阀换向滞后的现象。

排除上述故障的方法是：在二位二通换向阀和节流阀上并联一个单向阀，如图 12-7 (b) 所示。液压缸快退时，无杆腔油液经单向阀回油箱，二位二通换向阀仍处于关闭状态，这样就避免了液压缸前冲的故障。

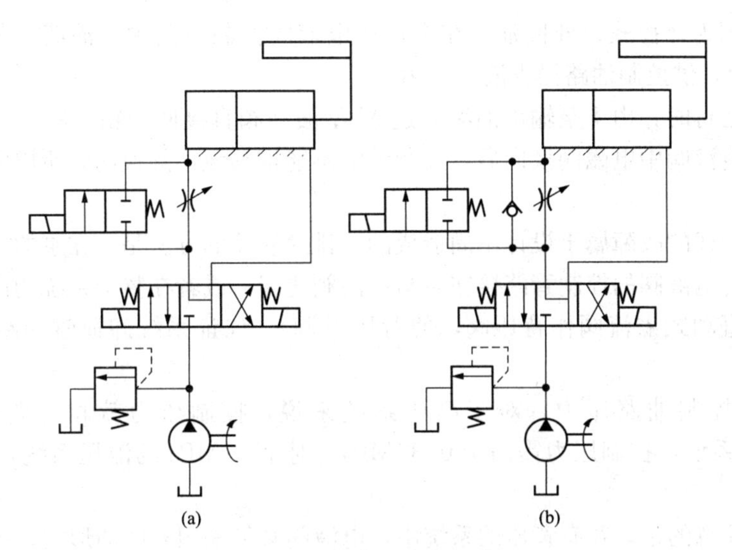

图 12-7　快进换向回路

(a) 改进前；(b) 改进后

12-9　控制油路无压力的故障是如何排除的?

在图 12-8 所示系统中，液压泵 1 为定量泵，溢流阀 2 用于溢流，液动换向阀 3 为 M 型、外控式、外回油，液压缸 4 单方向推动载荷运动。

系统故障现象是：当电液阀中电磁阀换向后，液动换向阀不动作，检测液压系统，在系统不工作时，液压泵输出压力油经电液阀中液动阀中位直接回油箱，回油路无背压。检查液动阀的滑阀芯，运动正常，无卡紧现象。

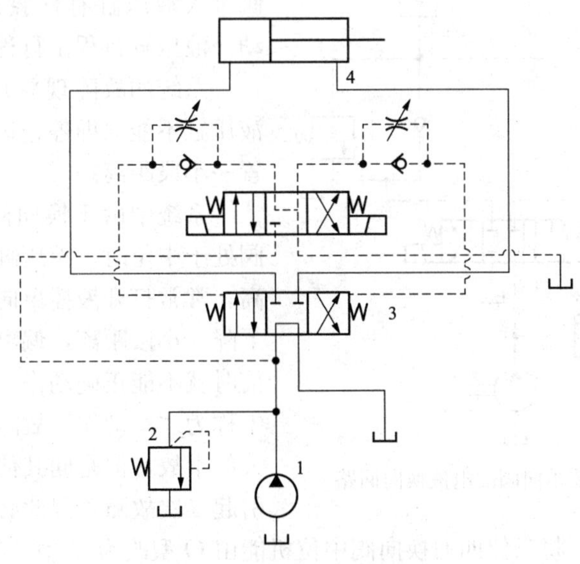

图 12-8　液动换向回路

1—液压泵；2—溢流阀；3—液动换向阀；4—液压缸

因为电液阀为外控式、外回油，在中低压电液阀控制油路中，油液一般必须有 0.2～0.3MPa 的压力，供控制油路操纵液动阀用。

启动系统运行时，由于泵输出油液通过 M 型液动阀直接回油箱，所以电液阀的控制油路无压力。当电液阀中电磁阀换向后，控制油液不能推动液动阀换向，所以电液阀中的液动阀不动作。

系统出现上述的故障属于设计不周造成的。排除故障的方法是：在泵的出油路上安装一个单向阀，此时电液阀的控制管路接在泵与单向阀之间；或者在整个系统的回油路安装一个背压阀（可用直动式溢流阀作背压阀，使背压可调），保证系统卸荷时油路中还有一定的压力。

电液阀的控制油路压力，对于高压系统来说，控制压力就相应要提高，如对于 21MPa 的液压系统，控制压力需高于 0.35MPa；对于 32MPa 的液压系统，控制压力需高于 1MPa。

这里还应注意的是，在有背压的系统中，电液阀必须采用外回油形式，不能采用内回油形式。

12－10　液压缸启停位置不准确的故障是如何排除的？

在图 12－9 所示的系统中，三位四通电磁换向阀中位机能为 O 型。当液压缸无杆腔进入压力油时，有杆腔油液由节流阀（回油节流调速）、二位二通电磁换向阀（快速下降）、液控单向阀和顺序阀（作平衡阀用）控制回油箱，以实现不同工况的要求。三位四通电磁换向阀换向后，液压油经液控单向阀进入液压缸有杆腔，实现液压缸回程运动。液压缸行程由行程开关控制。

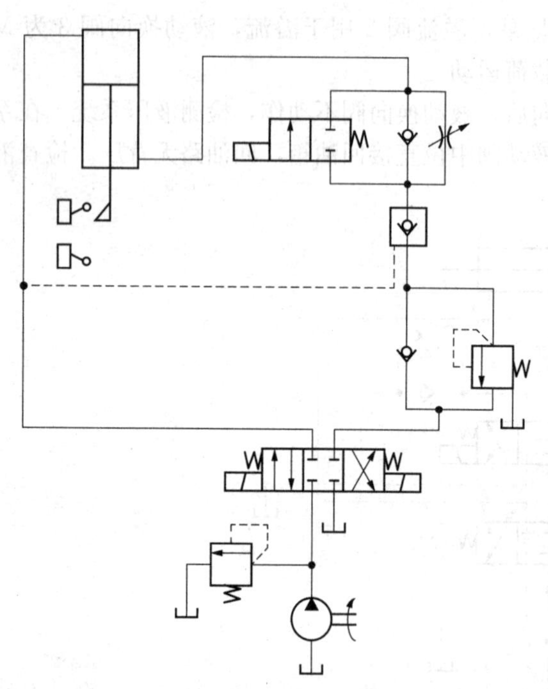

图 12－9　含有液控单向阀的电液换向回路

系统的故障现象是：在换向阀中位时，液压缸不能立即停止运动，而是偏离指定位置一小段距离。

系统中由于换向阀采用 O 型，当换向阀处于中位时，液压缸进油管内压力仍然很高，常常打开液控单向阀，使液压缸的活塞下降一小段距离，偏离接触开关，当下次发信时就不能正确动作。这种故障在液压系统中称为“微动作”故障，虽然不会直接引起大的事故，但是同其他机械配合时，可能会引起二次故障，因此必须加以消除。

故障排除方法是：将三位四通换向阀中位机能由 O 型改为 Y 型，当换向阀处于中位时，液压缸进油管和油箱接通，液控单向阀保持锁紧状态，从而避免活塞下滑现象。

12-11　换向后压力上不去的故障是如何排除的？

在图 12-10（a）所示的回路中，三个泵向系统供油，其中泵 1 为高压小流量泵，泵 2 和泵 3 为低压大流量泵。电液换向阀是规格较大的 M 型阀。溢流阀 7 在该回路中作泵 1 的安全阀用。溢流阀 8 和二位二通阀 9 使泵 2 和泵 3 产生卸荷和溢流作用。在回路中，当 1DT 通电时，液压泵输出的压力油从电液换向阀 P 口进入、从 A 口输出，进入液压缸载荷工作腔时，压力不能上升到设定的载荷工作压力。

经调试发现，当油温高时不能上升到载荷工作压力，温度较低时能上升到载荷工作压力。检测每个元件，性能参数符合要求。溢流阀 7 调定值合理，电磁阀 13、液压缸 14 无异常泄漏。查看电液换向阀后发现，故障是由于对电液换向阀具体结构不清楚，使回路设计不合理造成的。

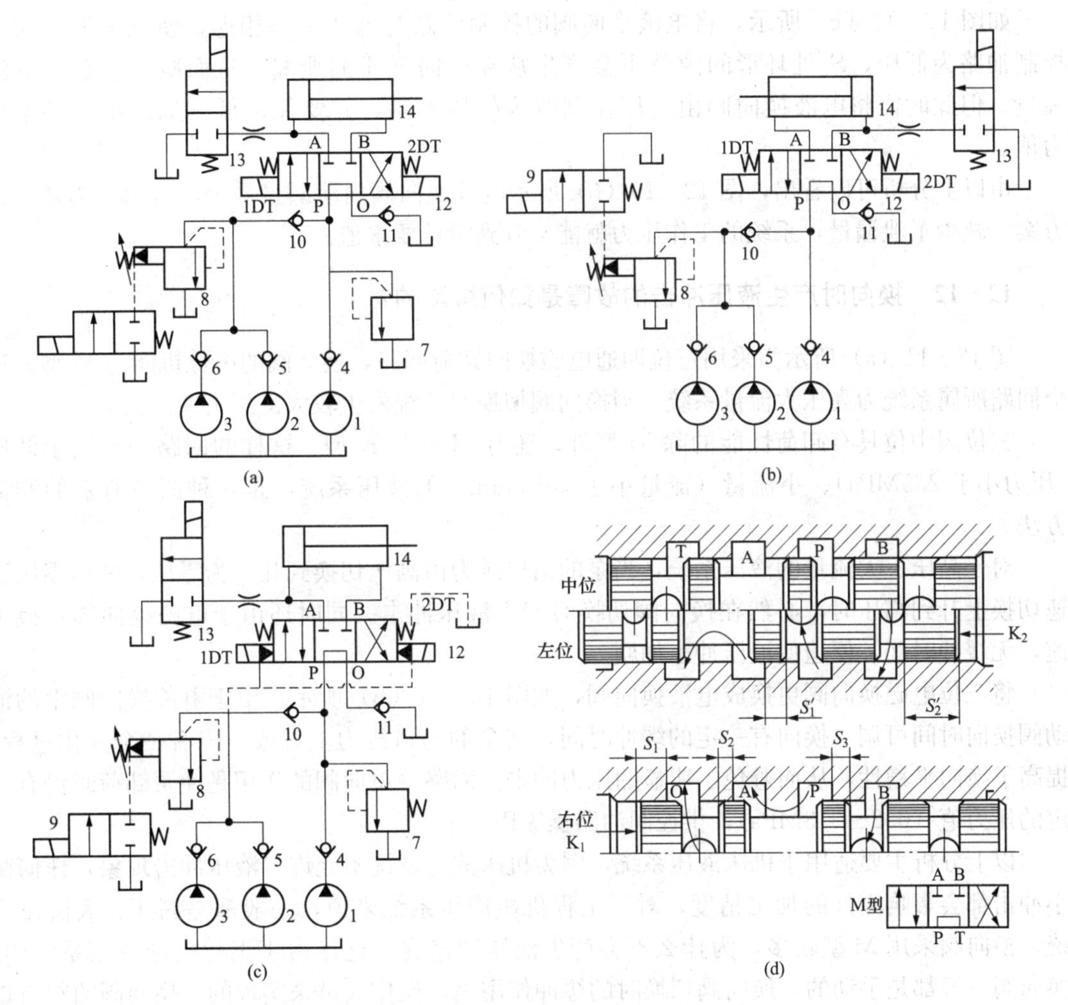

图 12-10　三泵供油的电液换向回路

1—高压小流量泵；2、3—低压大流量泵；4、5、6、10、11—单向阀；
7—溢流阀；8—先导溢流阀；9、13—电磁阀；12—电液换向阀；14—液压缸在图 12－10（a）所示回路中，换向阀 12 进行压力油换向（即 P→A 或 P→B）时，其内部工作原理如图 12－10（d）所示。当 1DT 通电时压力油口 P 与阀口 A 接通，B 口与回油口 O 接通，因此，B 口与 O 为低压腔，而 P 与 A 以及控制腔 K_1 属高压腔，因此在阀芯与阀体内孔配合部分就有 S_1、S_2、S_3 三处环形间隙使高压油向回油口泄漏。特别是在 S_3 处有的阀环形覆盖长度设计较短，压力油泄漏便增多。由于泄漏严重，使压力上不去。

如图 12－10（b）所示，将液压缸两腔与电液换向阀的 A 和 B 口交换一下，即让 B 口通缸的载荷工作腔，A 口通缸的回程工作腔。这样当 2DT 通电时，压力油 P 由 B 口进入缸的载荷工作腔。此时油液在换向阀内的流动状况如图 12－10（d）阀芯左位所示。可以看出，只有 S'_1 处环形间隙泄漏高压油。因为此时电液换向阀的控制油液来自主油路，所以 S'_2 处环形间隙没有高压油向低压油的泄漏。

如图 12－10（c）所示，将电液换向阀的控制油路与低压油路相连，使电液换向阀的控制油路为低压，S_3 处环形间隙就不会产生从高压向低压的泄漏，从而减少了系统的泄漏量。但此时需将电液换向阀由高压控制改为低压控制，并要保证低压油路中的基本压力值。

由以上分析可以看出，图 12－10（b）所示电液换向阀内泄漏量最少，可以认为是较佳方案。减少了泄漏量，系统的工作压力就能上升到设计要求值。

12－12　换向时产生液压冲击的故障是如何排除的?

图 12－11（a）所示为采用三位四通电磁换向卸荷回路，换向阀的中位机能为 M 型。这个回路所属系统为高压大流量系统，当换向阀切换时系统发生较大的压力冲击。

三位阀中位具有卸荷性能的除 M 型外，还有 H 型和 K 型。这样的回路一般用于低压（压力小于 2.5MPa）、小流量（流量小于 40L/min）的液压系统，是一种简单有效的卸荷方法。

对于高压、大流量的液压系统，当泵的出口压力由高压切换到几乎为零压，或由零压迅速切换上升到高压时，必然在换向阀切换时产生液压冲击。同时还由于电磁换向阀切换迅速，无缓冲时间，便迫使液压冲击加剧。

将三位电磁换向阀更换成电液换向阀，如图 12－11（b）所示。由于电液换向阀中的液动阀换向时间可调，换向有一定的缓冲时间，使泵的出口压力上升或下降有一个变化过程，提高了换向平稳性，从而避免了明显的压力冲击。回路中单向阀的作用是使泵卸荷时仍有一定的压力值（0.2～0.3MPa），供控制油路操纵用。

以上分析主要适用于机床液压系统，因为机床液压系统不允许有液压冲击现象，任何微小冲击都会影响零件的加工精度。对于工程机械液压系统来说，一般都是高压、大流量系统，换向阀采用 M 型较多，为什么不会产生液压冲击呢? 这是由于工程机械液压系统中，换向阀一般都是手动的，换向阀切换时的缓冲作用是由操作人员来实现的。换向阀的阀口也是一个节流口，操纵人员在操纵手柄时，应使阀口逐渐打开或关闭，避免形成液压冲击。

液压系统工作机构停止工作或推动载荷运行的间隔时间内，或即使液压泵在几乎零压下空载运行，都应使液压泵卸荷。这样可降低功率消耗，减少系统发热，延长液压泵的使用寿命。一般功率大于 3kW 的液压系统，都应具有卸荷功能。

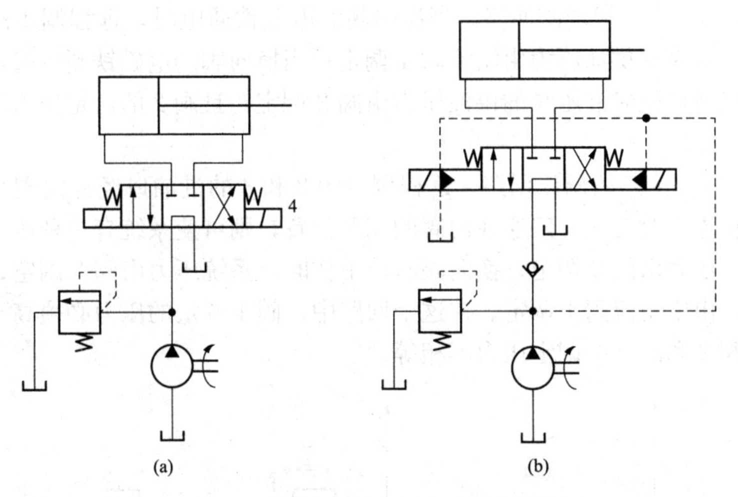

图 12－11　三位四通换向卸荷回路

（a）改进前；（b）改进后

12－13　单级调压回路是如何工作的？

图 12－12（a）为由溢流阀组成的单级调压回路，用于定量泵液压系统。液压泵输出油液的流量除满足系统工作用油量和补偿系统泄漏外，还有油液经溢流阀流回油箱。所以这种回路效率较低，一般用于流量不大的场合。

图 12－12（b）为用远程调压阀的单级调压回路。将远程调压阀 2 接在先导式主溢流阀 1 的远程控制口上，液压泵的压力即由阀 2 作远程调节。这时，远程调压阀起调节系统压力的作用，绝大部分油液仍从主溢流阀 1 溢走。在回路中，远程调压阀的调定压力应低于溢流阀的调定压力。

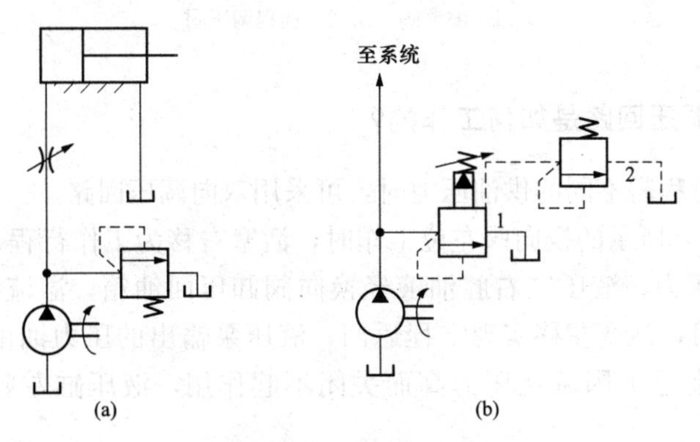

图 12－12　调压回路

1—先导式主溢流阀；2—远程调压阀

12－14　多级压力回路是如何工作的？

当液压系统在工作过程中需要两种或两种以上不同工作压力时，常采用多级压力回路。

图 12－13（a）为二级调压回路。当换向阀的电磁铁通电时，远程调压阀 2 的出口被换向阀关闭，故液压泵的供油压力由溢流阀 1 调定；当换向阀的电磁铁断电时，阀 2 的出口经换向阀与油箱接通，这时液压泵的供油压力由阀 2 调定，且阀 2 的调定压力应小于阀 1 的调定压力。

图 12－13（b）为三级调压回路。远程调压阀 2 和 3 的进油口经换向阀与主溢流阀 1 的远程控制油口相连。改变三位四通换向阀的阀芯位置，则可使系统有三种压力调定值。换向阀左位工作时，压力由阀 2 调定；换向阀右位工作时，系统压力由阀 3 调定；而中位时为系统的最高压力，由主溢流阀 1 调定。在这个回路中，阀 1 调定的压力必须高于阀 2 和阀 3 调定的压力，且阀 2 和阀 3 的调定压力不相等。

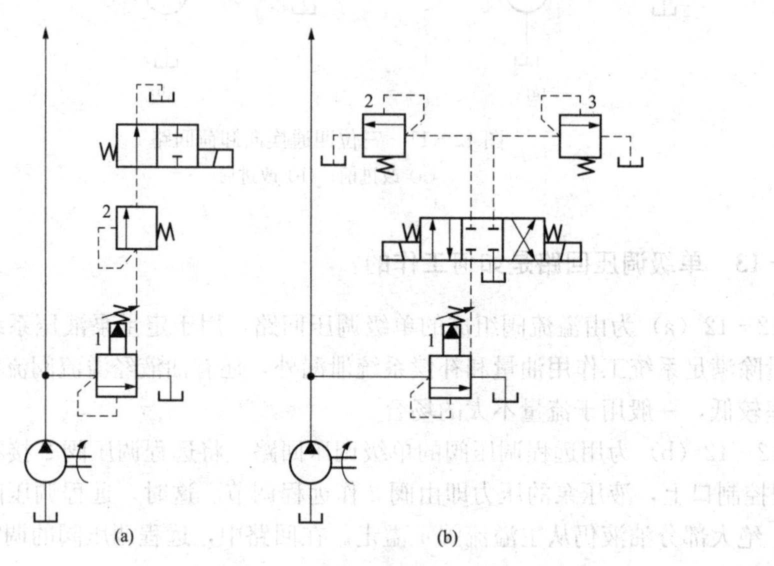

图 12－13　多级调压回路

1—溢流阀；2、3—远程调压阀

12－15　双向调压回路是如何工作的?

执行元件正反行程需不同的供油压力时，可采用双向调压回路。

当图 12－14（a）所示的换向阀左位工作时，活塞右移为工作行程，液压泵出口由溢流阀 1 调定为较高的压力，液压缸右腔油液经换向阀卸压回油箱，溢流阀 2 关闭不起作用；当换向阀右位工作时，活塞左移实现空程返回，液压泵输出的压力油由溢流阀 2 调定为较低的压力，此时溢流阀 1 因调定压力高而关闭不起作用，液压缸左腔的油液经换向阀回油箱。

图 12－14（b）所示回路在图示位置时，阀 2 的出口被高压油封闭，即阀 1 的远控口被堵塞，故液压泵压力由阀 1 调定为较高的压力；当换向阀在右位工作时，液压缸左腔通油箱，压力为零，阀 2 相当于阀 1 的远程调压阀，液压泵压力被调定为较低的压力。该回路的优点是：阀 2 工作时仅通过少量泄油，故可选用小规格的远程调压阀。

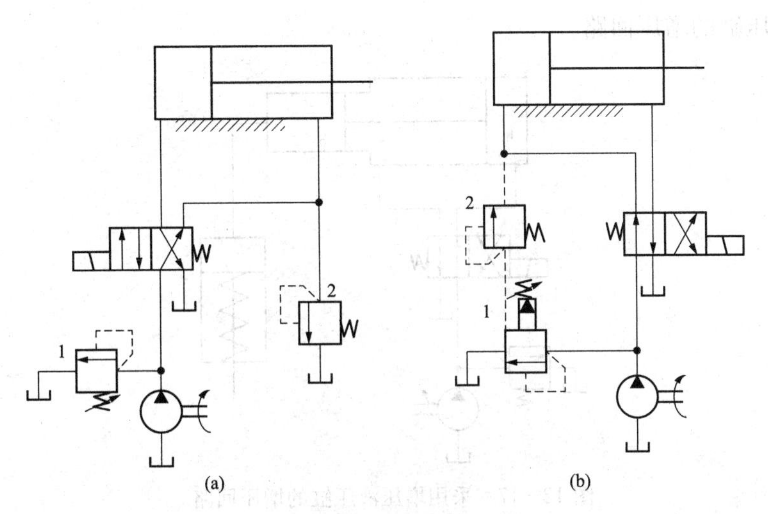

图 12-14　双向调压回路

1、2—溢流阀

12-16　减压回路是如何工作的?

在定量液压泵供油的液压系统中，溢流阀按主系统的工作压力进行调定。若系统中某个执行元件或某个支路所需要的工作压力低于溢流阀所调定的主系统压力（如控制系统、润滑系统等），这时就要采用减压回路。减压回路主要由减压阀组成。

图 12-15 所示为采用减压阀组成的减压回路。减压阀出口的油液压力可以在 5×10^5 Pa 以上到低于溢流阀调定压力 5×10^5 Pa 的范围内调节。

图 12-16 所示为采用单向减压阀组成的减压回路。液压泵输出的压力油液通过溢流阀调定的压力进入液压缸 2，通过减压阀减压后的压力油进入液压缸 1。采用带单向阀的减压阀是为了液压缸 1 活塞返程时，油液可经单向阀直接回油箱。

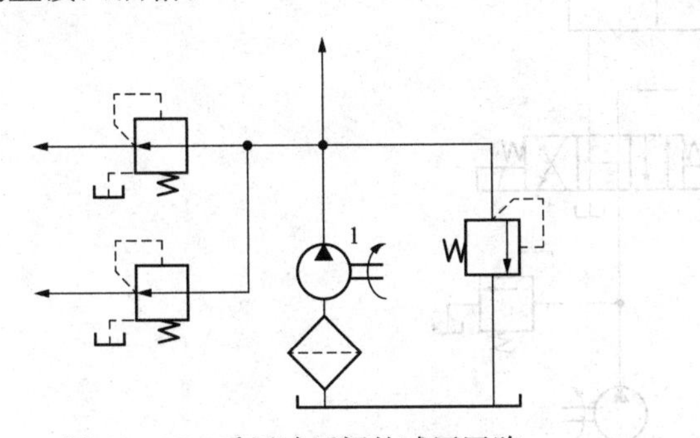

图 12-15　采用减压阀的减压回路

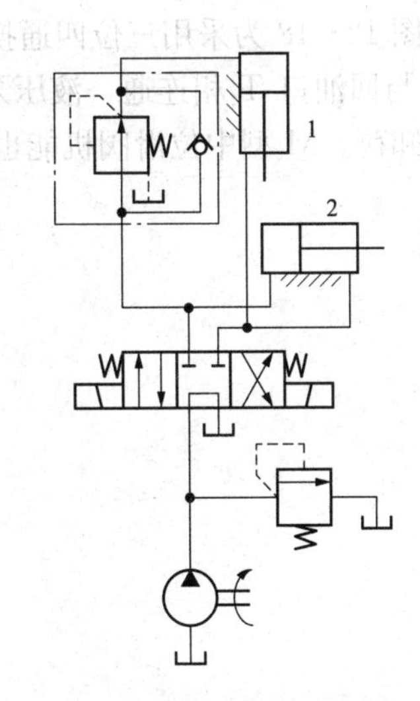

图 12-16　采用单向减压阀的减压回路

12-17　增压回路是如何工作的?

增压回路用来使局部油路或个别执行元件得到比主系统油压高得多的压力，图 12-17

为采用增压液压缸的增压回路。

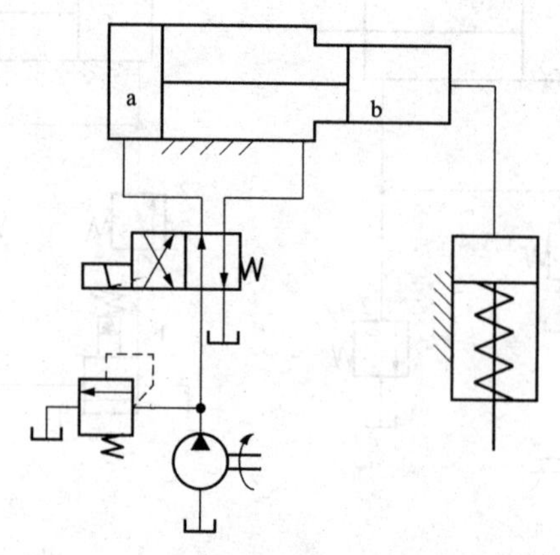

图 12－17　采用增压液压缸的增压回路

增压液压缸由大、小两个液压缸 a 和 b 组成，a 缸中的大活塞（有效作用面积 A_a）和 b 缸的小活塞（有效作用面积 A_b）用一根活塞杆连接起来。当压力为 p_a 的压力油如图示进入液压缸 a 左腔时，作用在大活塞上的液压作用力 F_a 推动大、小活塞一起向右运动，液压缸 b 的油液以压力 p_b 进入工作液压缸，推动其活塞运动。

增压原理：因为作用在大活塞左端和小活塞右端的液压作用力相平衡，即 $F_a=F_b$，又因为 $F_a=p_aA_a$，$F_b=p_bA_b$，所以 $p_aA_a=p_bA_b$，则 $p_b=p_aA_a/A_b$。由于 $A_a>A_b$，则 $p_b>p_a$，所以起到增压作用。

12－18　采用三位换向阀的卸荷回路是如何工作的？

图 12－18 为采用三位四通换向阀的 H 型中位滑阀机能实现卸荷的回路。中位时，进油口 P 与回油口 T 相连通，液压泵输出的油液可以经换向阀中间通道直接流回油箱，实现液压泵卸荷。M 型中位滑阀机能也有类似功用。

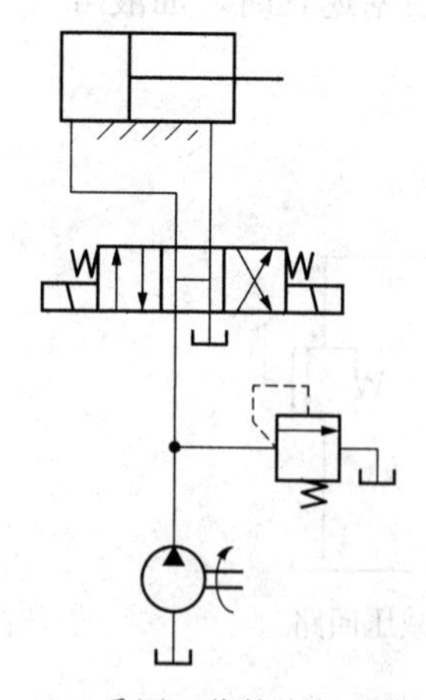

图 12－18　采用三位换向阀的卸荷回路

12-19　采用二位二通换向阀的卸荷回路是如何工作的?

图 12-19 为采用二位二通换向阀的卸荷回路。当执行元件停止运动时，使二位二通换向阀电磁铁断电，其右位接入系统，这时液压泵输出的油液通过该阀流回油箱，使液压泵卸荷。应用这种卸荷回路时，二位二通换向阀的流量规格应能流过液压泵的最大流量。

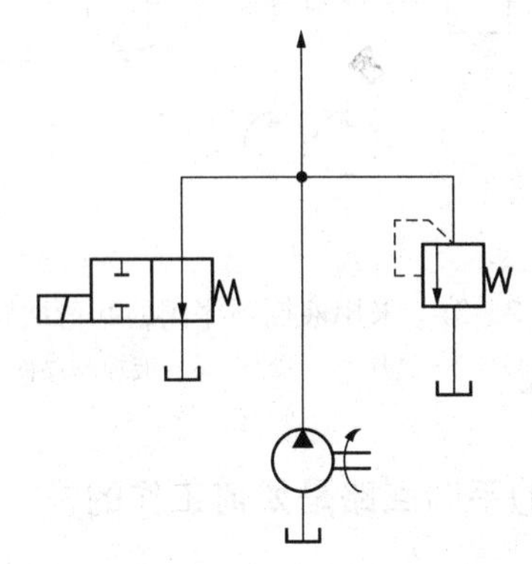

图 12-19　采用二位二通换向阀的卸荷回路

12-20　采用溢流阀的卸荷回路是如何工作的?

图 12-20 是用先导式溢流阀的卸荷回路。采用小型的二位二通阀 3，将先导式溢流阀 2 的远程控制口接通油箱，即可使液压泵 1 卸荷。在此回路中，二位二通换向阀可选用较小的流量规格。

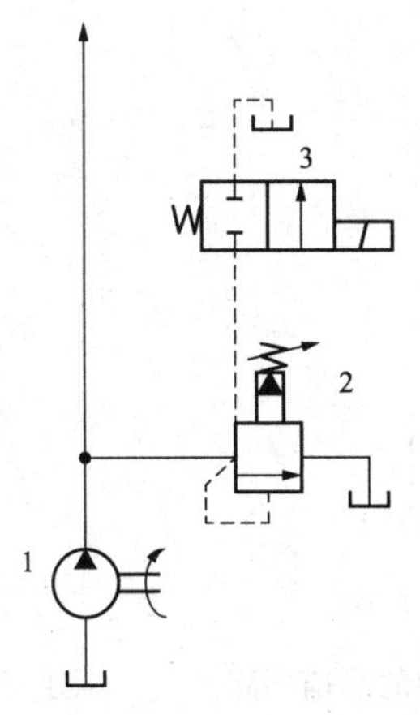

图 12-20　采用溢流阀的卸荷回路

1—液压泵；2—先导式溢流阀；3—二位二通阀

12-21　采用液控顺序阀的卸荷回路是如何工作的?

在双泵供油的液压系统中，常采用图 12-21 所示的卸荷回路，即在快速行程时，两液压泵同时向系统供油，进入工作阶段后，由于压力升高，打开液控顺序阀 3 使低压大流量泵 1 卸荷。溢流阀 4 调定工作行程时的压力，单向阀对高压小流量泵 2 的高压油起止回作用。

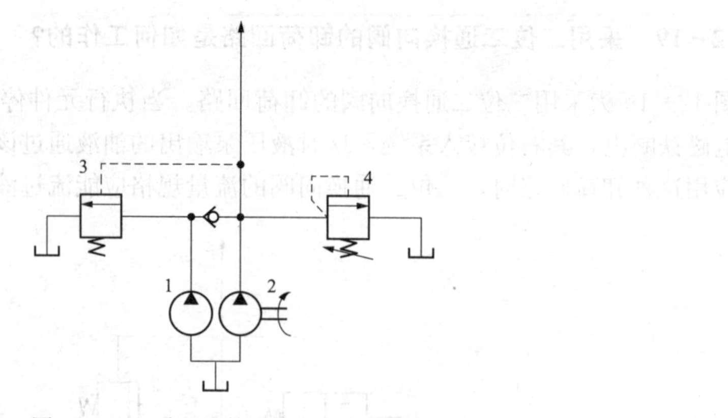

图 12-21　采用液控顺序阀的卸荷回路

1—低压大流量泵；2—高压小流量泵；3—液控顺序阀；4—溢流阀

12-22　采用单向顺序阀的平衡回路是如何工作的？

如图 12-22 所示，由单向顺序阀组成的平衡回路中，在液压缸的下腔油路上加设一个平衡阀（即单向顺序阀），使液压缸下腔形成一个与液压缸运动部分重量相平衡的压力，可防止其因自重而下滑。这种回路在活塞下行时回油腔有一定的背压，故运动平稳，但功率损失较大。

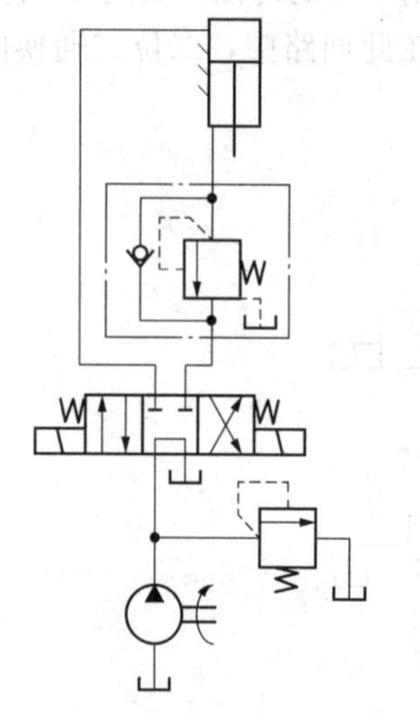

图 12-21　采用单向顺序阀的平衡回路

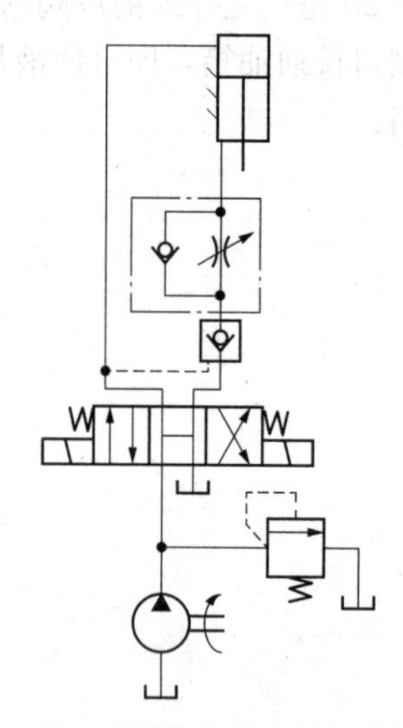

图 12-22　采用液控单向阀的平衡回路

12-23　采用液控单向阀的平衡回路是如何工作的？

在图 12-22 中，当换向阀右位工作时，液压缸下腔进油，液压缸上升至终点；当换向阀处于中位时，液压泵卸荷，液压缸停止运动；当换向阀左位工作时，液压缸上腔进油，液压缸下腔的回油由节流阀限速，由液控单向阀锁紧，当液压缸上腔压力足以打开液控单向阀时，液压缸才能下行。由于液控单向阀泄漏量极小，故其闭锁性能较好。回油路上的单向节流阀可保证活塞向下运动的平稳性。

12－24　压力控制系统的常见故障及产生原因有哪些?

压力控制系统基本性能是由压力控制阀决定的，压力控制阀的共性是根据弹簧力与液压力相平衡的原理工作的，因此压力控制系统的常见故障及产生原因可归纳为以下几个方面。

1. 压力调不上去

① 溢流阀的调压弹簧太软、装错或漏装。

② 先导式溢流阀的主阀阻尼孔堵塞，滑阀在下端油压作用下，克服上腔的液压力和主阀弹簧力，使主阀上移，调压弹簧失去对主阀的控制作用，因此主阀在较低的压力下打开溢流口溢流。在系统中，正常工作的压力阀有时突然出现故障往往是这种原因。

③ 阀芯和阀座关闭不严，泄漏严重。

④ 阀芯被毛刺或其他污物卡死在开口位置。

2. 压力过高，调不下来

① 阀芯被毛刺或污物卡死在关闭位置，主阀不能开启。

② 安装时，阀的进出油口接错，没有压力油推动阀芯移动，因此阀芯打不开。

③ 先导阀前的阻尼孔堵塞，导致主阀不能开启。

3. 压力振摆大

① 油液中混有空气。

② 阀芯与阀座接触不良。

③ 阻尼孔直径过大，阻尼作用弱。

④ 产生共振。

⑤ 阀芯在阀体内移动不灵活。

12－25　二级调压回路中的压力冲击的故障是如何排除的?

图 12－23（a）所示为采用溢流阀和远程调压阀的二级调压回路。二位二通阀安装在溢流阀的控制油路上，其出口接远程调压阀 3，液压泵 1 为定量泵。当二位二通阀通电右位工作时，系统将产生较大的压力冲击。

在这个二级调压回路中，当二位二通阀 4 断电关闭时，系统压力取决于溢流阀 2 的调整压力 p_1；二位二通阀换向后，系统压力就由阀 3 的调整压力决定。由于阀 4 与阀 3 之间的油路内没有压力，阀 4 右位工作时，溢流阀 2 的远程控制口处的压力由 p_1 下降到几乎为零后才回升到 p_2，这样系统便产生较大的压力冲击。

图 12－23（b）所示，把二位二通阀接到远程调压阀 3 的出油口，并与油箱接通，这样从阀 2 的远程控制口到阀 4 的油路中充满压力油。阀 4 切换时，系统压力从 p_1 降到 p_2，不会产生过大的压力冲击。

这样的二级调压回路一般用在机床上具有自锁性能的液压夹紧机构处，能可靠地保证其松开时的压力高于夹紧时的压力。此外，这种回路还可以用于压力调整范围较大的压力机系统中。

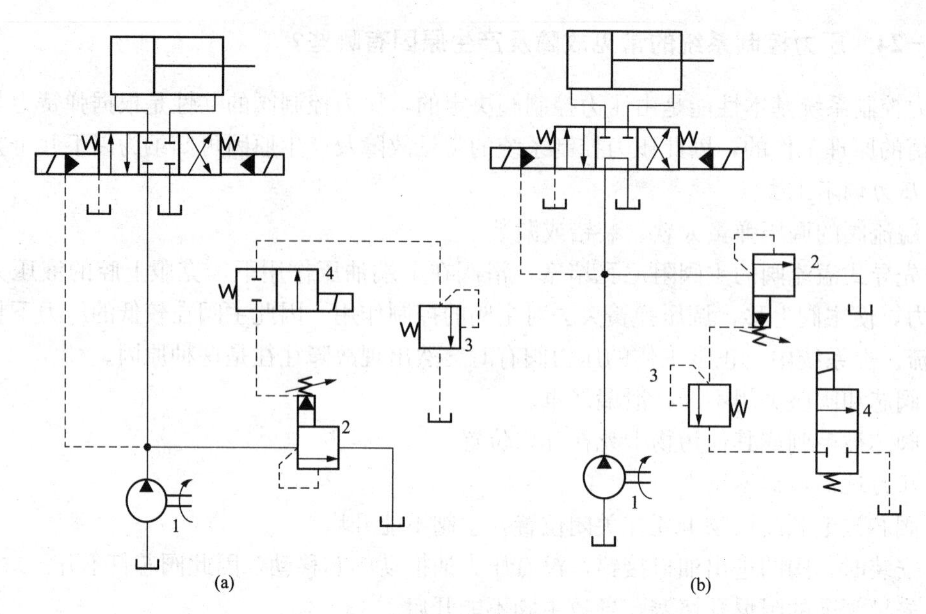

图 12－23　采用溢流阀和远程调压阀的二级调压回路

1—定量液压泵；2—溢流阀；3—远程调压阀；4—二位两通换向阀

12－26　在二级调压回路中，调压时升压时间长的故障是如何排除的？

在图 12－24 所示的二级调压回路中，当遥控管路太长，而由系统卸荷（阀 3 处于中位）状态处于升压状态（阀 3 左位或右位）时，由于遥控管路通油池，液压油要先填充遥控管路后才能生压，所以升压时间长。

解决办法是：尽量缩短遥控管路，并且在遥控管路回油处增设一背压阀（或单向阀）5，使之有一定压力，这样升压时间可缩短。

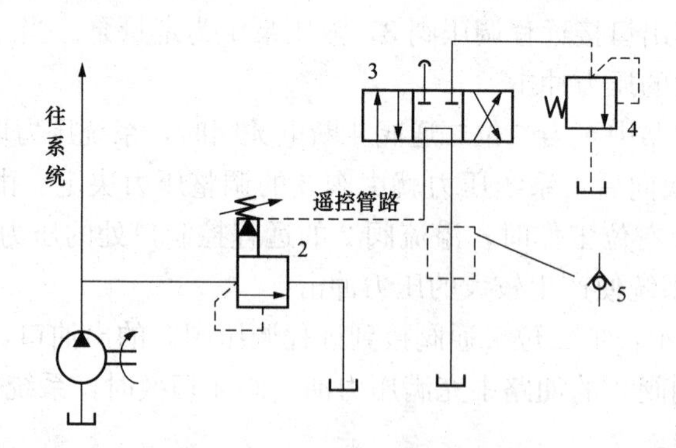

图 12－24　二级减压回路

1—液压泵；2—先导式溢流阀；3—换向阀；4—溢流阀；5—单向阀

12－27　在遥控调压回路中，出现溢流阀的最低调压值增高，同时产生动作迟滞的故障是如何排除的？

产生这一故障原因是从主溢流阀到遥控先导溢流阀之间的配管过长（如超过 10m），遥控管内的压力损失过大。所以遥控管路一般不能超过 5m。

12-28　在遥控调压回路中，出现遥控配管振动及遥控先导溢流阀振动的故障是如何排除的?

原因基本同上，可在遥控配管途中 a 处装入一个小流量节流阀并进行适当调节（见图 12-25），故障便可解决。

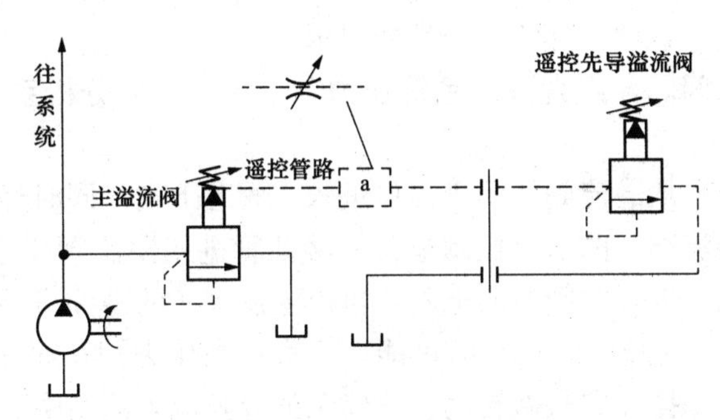

图 12-25　遥控调压回路

12-29　压力上不去的故障是如何排除的?

在图 12-26 所示回路中，因液压设备要求连续运转，不允许停机修理，所以有两个供油系统。当其中一个供油系统出现故障时，可立即启动另一个供油系统，使液压设备正常运行，再修复故障供油系统。

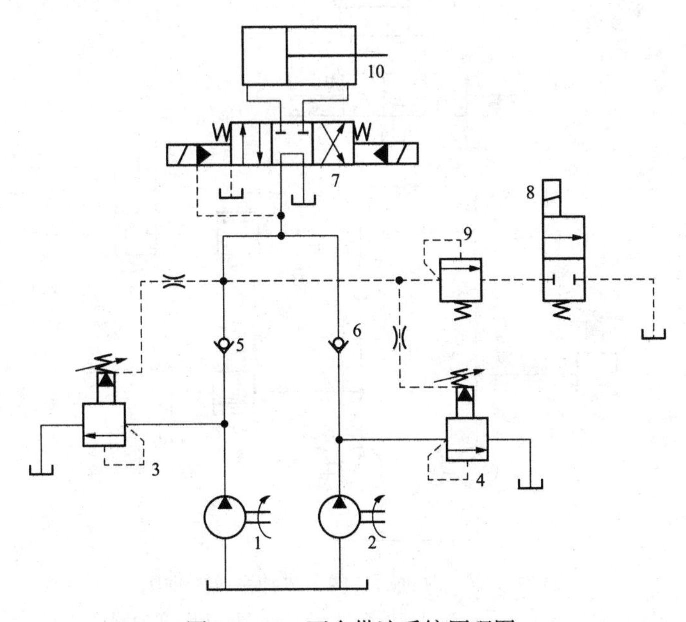

图 12-26　两个供油系统原理图

1、2—液压泵；3、4—溢流阀；5、6—单向阀；7—三位四通电液换向阀；
8—二位二通电磁换向阀；9—远程调压阀；10—液压缸

图中两个供油系统的元件性能、规格完全相同，由溢流阀 3 或 4 调定第一级压力，远程调压阀 9 调定第二级压力。

但泵 2 所属供油系统停止供油，只有泵 1 所属系统供油时，系统压力上不去。即使将液压缸的负载增大到足够大，泵 1 输出油路仍不能上升到调定的压力值。

调试发现，泵 1 压力最高只能达到 12MPa，设计要求应能调到 14MPa，甚至更高。将溢流阀 3 和远程调压阀 9 的调压旋钮全部拧紧，压力仍上不去。当油温为 40℃时，压力值可达 12MPa；当油温升到 55℃时，压力只能到 10MPa。检测液压泵及其他元件，均没有发现质量和调整上的问题，各项指标均符合性能要求。

液压元件没有质量问题，组合液压系统压力却上不去，应分析系统中元件组合的相互影响。

泵 1 工作时，压力油从溢流阀 3 的进油口进入主阀芯下端，同时经过阻尼孔流入主阀芯上端弹簧腔，再经过溢流阀 3 的远程控制口及外接油管进入溢流阀 4 主阀芯上端的弹簧腔，接着经阻尼孔向下流动，进入主阀芯的下腔，再由溢流阀 4 的进油口反向流入停止运转的泵 2 的排油管中，这时油液推开单向阀 6 的可能性不大；当压力油从泵 2 出口进入泵 2 中时，将会使泵 2 像液压马达一样反向微微转动，或经泵的缝隙流入油箱中。

就是说，溢流阀 3 的远程控制口向油箱中泄漏液压油，导致压力上不去。由于控制油路上设置有节流装置，溢流阀 3 远程控制油路上的油液是在阻尼状况下流回油箱内的，所以压力不是完全没有，只是低于调定压力。

图 12－27 所示为改进后的两个供油系统，系统中设置了单向阀 11 和 12，切断进入泵 2 的油路，上述故障就不会发生了。

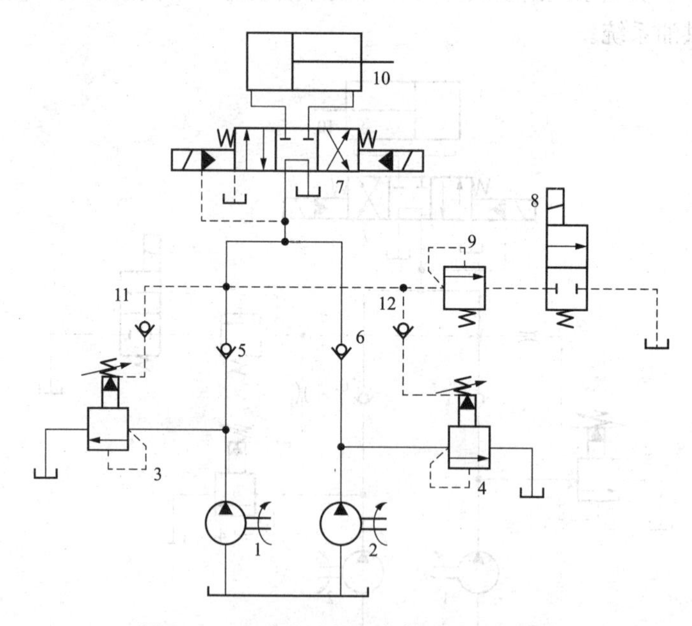

图 12－27　改进后的两个供油系统原理图

1、2—液压泵；3、4—溢流阀；5、6、11、12—单向阀；

7—三位四通电液换向阀；8—两位两通电磁换向阀；9—远程调压阀；10—液压缸

12-30 溢流阀主阀芯卡住的故障是如何排除的?

在图12-28所示系统中，液压泵为定量泵，三位四通换向阀中位机能为Y型。所以当液压缸停止工作时，系统不卸荷，液压泵输出的压力油全部由溢流阀溢回油箱。

系统中溢流阀为YF型先导式溢流阀。这种溢流阀的结构为三节同心式，即主阀芯上端的圆柱面、中部大圆柱面和下端锥面分别与阀盖、阀体和阀座内孔配合，三处同心度要求较高。这种溢流阀用在高压大流量系统中，调压溢流性能较好。

将系统中换向阀置于中位，调整溢流阀的压力时发现，当压力值在10MPa之前溢流阀正常工作，当压力调整到高于10MPa的任一压力值时，系统发出像吹笛一样的尖叫声，此时可看到压力表指针剧烈振动。经检测发现，噪声来自溢流阀。

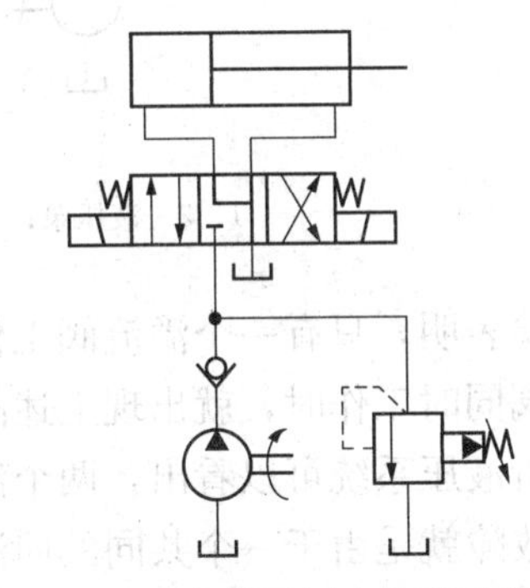

图12-28 定量泵压力控制回路示例

在三节同心高压溢流阀中，主阀芯与阀体、阀盖两处滑动配合。如果阀体和阀盖装配后的内孔同心度超出设计要求，主阀芯就不能圆滑地动作，而是贴在内孔的某一侧做不正常的运动。当压力调整到一定值时，就必然激起主阀芯振动。这种振动不是主阀芯在工作运动中伴随着常规的振动，而是主阀芯卡在某一位置，被液压卡紧力卡紧而激起的高频振动。这种高频振动必将引起弹簧（特别是先导阀的锥阀调压弹簧）的强烈振动，并发出异常噪声。

另外，由于高压油不是在正常溢流，而是在不正常的阀口和内泄油道中溢回油箱。这股高压油流将发出高频率流体噪声。这种振动和噪声是在系统的特定条件下激发出来的，这就是在压力低于10MPa时不发生尖叫声的原因。

可见，YF型溢流阀的精度要求是比较高的，阀盖与阀体连接部分的内外圆同轴度、主阀芯三台肩外圆面的同轴度都应在规定的范围内。

有些YF型溢流阀产品，阀盖与阀体配合时有较大的间隙。在装配时，应使阀盖与阀体具有较好的同轴度，使主阀芯能灵活滑动，无卡紧现象。在拧紧阀盖上四个固紧螺钉时，应按装配工艺要求，按一定顺序拧紧，其拧紧力矩应基本相同。

在检测溢流阀时，若测出阀盖孔有偏心，应进行修磨，消除偏心。主阀芯与阀体配合滑动面有污物，应清洗干净；若被划伤，应修磨平滑。目的是恢复主阀芯滑动灵活的工作状况，避免产生振动和噪声。另外，主阀芯上的阻尼孔在主阀芯振动时有阻尼作用。当工作油液温度过高使其黏度降低时，阻尼作用将相应减小。因此，选用合适黏度的油液和控制系统温升也有利于减振降噪。

12-31 溢流阀回油口液流波动的故障是如何排除的?

在图12-29所示液压系统中，液压泵1和2分别向液压缸7和8供压力油，换向阀5和6都为三位四通Y型电磁换向阀。

系统故障现象是：启动液压泵，系统开始运行时，溢流阀3和4压力调整不稳定，并发出振动和噪声。

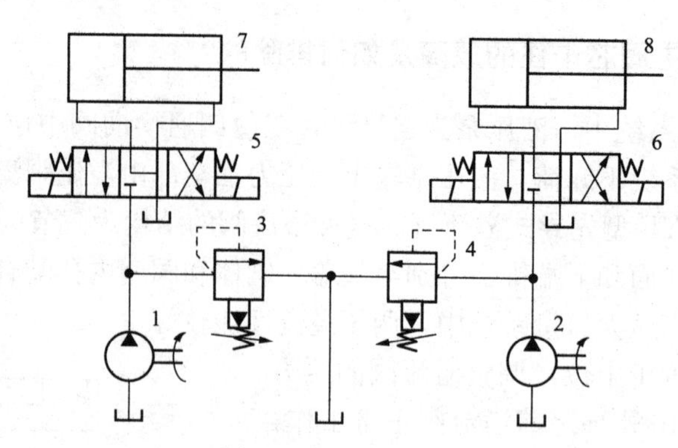

图 12-29 双泵液压系统

1、2—液压泵；3、4—溢流阀；5、6—换向阀；7、8—液压缸

试验表明，只有一个溢流阀工作时，调整的压力稳定，也没有明显的振动和噪声。当两个溢流阀同时工作时，就出现上述故障。

分析液压系统可以看出，两个溢流阀除了有一个共同的回油管路外，并没有其他联系。显然，故障就是由于一个共同的回油管路造成的。

从溢流阀的结构性能可知，溢流阀的控制油道为内泄，即溢流阀的阀前压力油进入阀内，经阻尼孔流进控制容腔（主阀上部弹簧腔）。当压力升高克服先导阀的调压弹簧力时，压力油打开锥阀阀口，油液过阀口降压后经阀体内泄孔道流进溢流阀的回油腔，与主阀口溢出的油流汇合经回油管路一同流回油箱。因此，溢流阀的回油管路中油流的流动状态直接影响溢流阀的调整压力。例如，压力冲击、背压等流体波动将直接作用在先导阀的锥阀上，并与先导阀弹簧力方向一致。于是控制容腔中的油液压力也随之增高，并随之出现冲击与波动，导致溢流阀调整的压力不稳定，并易激起振动和噪声。

在上述系统中，两个溢流阀共用一个回油管，由于两股油流的相互作用，极易产生压力波动。同时，由于流量较大，回油管阻力也增大。这样相互作用，必然造成系统压力不稳定，并产生振动和噪声。为此，应将两个溢流阀的回油管分别接回油箱，避免相互干扰。若由于某种原因，必须合流回油箱时，应将合流后的回油管加粗，并将两个溢流阀均改为外部泄漏型（即将经过锥阀阀口的油流与主阀回油腔隔开，单独接回油箱，就成为外泄型溢流阀了），就能避免上述故障的发生。

12-32 溢流阀产生共振的故障是如何排除的？

在图 12-30（a）所示液压系统中，泵 1 和 2 是同规格的定量泵，同时向系统供液压油，三位四通换向阀 7 中位机能为 Y 型；单向阀 5、6 装于泵的出油路上；溢流阀 3、4 同规格；分别并联于泵 1、2 的出油路上。溢流阀的调定压力均为 14MPa，启动运行时系统发出鸣笛般的啸叫声。

经调试发现噪声来自溢流阀。并发现当只有一侧液压泵和溢流阀工作时，噪声消失；两侧液压泵和溢流阀同时工作时，就发生啸叫声。可见，噪声是由于两个溢流阀在流体作用下发生共振而产生的。

据溢流阀的工作原理可知，溢流阀是在液压力和弹簧力相互作用下进行工作的，因此极

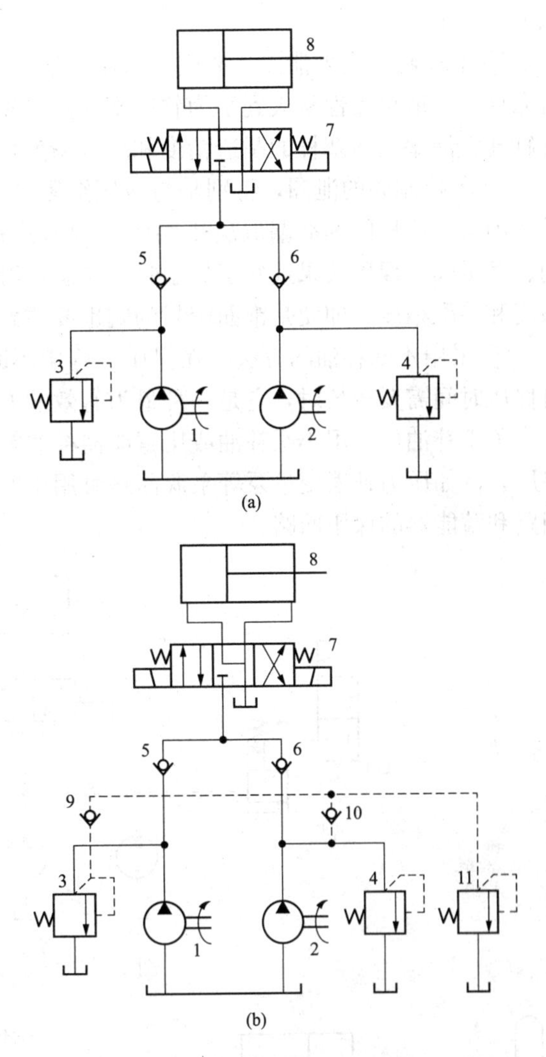

图 12-30　双泵供油系统

(a) 改进前；(b) 改进后

1、2—液压泵；3、4—溢流阀；5、6、9、10—单向阀；7—换向阀；8—液压缸；11—远程调压阀

易激起振动而发生噪声。溢流阀的入出口和控制口的压力油一旦发生波动，即产生液压冲击，溢流阀内的主阀芯、先导锥阀及其相互作用的弹簧就要振动起来，振动的程度及其状态随流体的压力冲击和波动的状况而变。因此，与溢流阀相关的油流越稳定，溢流阀就越能稳定工作。

在上述系统中，双泵输出的压力油经单向阀后合流，发生流体冲击与波动，引起单向阀振荡，从而导致液压泵出口压力不稳定。又由于泵输出的压力油本来就是脉动的，因此泵输出的压力油将强烈波动，便激起溢流阀振动。又因为两个溢流阀的固有频率相同，便引起溢流阀共振，并发出异常噪声。

排除这一故障一般有以下几种方法：

① 将溢流阀 3 和 4 用一个大容量的溢流阀代替，安置于双泵合流处，这样溢流阀虽然会振动，但是不会很强烈，因为排除了产生共振的条件。

② 将两个溢流阀的调整压力值错开 1MPa 左右，也能避免共振发生。此时，若液压缸的工作压力在 13～14MPa 之间，应分别提高溢流阀的调整压力值，使最低调整压力满足液压缸的工作要求，并仍应保持 1MPa 的压力差值。

③ 将上述回路改为图 12-30（b）的形式，即将两个溢流阀的远程控制口接到一个远程调压阀 11 上，系统的调整压力由远程调压阀确定，与溢流阀的先导阀无直接关系，只是要保证先导阀的调压弹簧的调整压力值必须高于远程调压阀的最高调整压力。因为远程调压阀调整压力在低于溢流阀的先导阀调整压力才能有效工作，否则远程调压阀就不起作用了。

12-33　不保压，在保压期间内压力严重下降的故障是如何排除的?

这一故障现象是指：在需要保压的时间内，液压缸的保压压力维持不住而逐渐下降。产生不保压的主要原因是液压缸和控制阀的泄漏。解决不保压故障的最主要方法也是尽量减少泄漏。而由于泄漏或多或少必然存在，压力必然会慢慢下降。在要求保压时间长和压力保持稳定的保压场合，必须采用补油（补充泄漏）的方法。具体产生“不保压”故障的原因和排除方法如下：

① 液压缸的内外泄漏，造成不保压。液压缸两腔之间的内泄漏取决于活塞密封装置的可靠性，一般可靠性从大到小为软质密封圈、硬质的铸铁活塞环密封、间隙密封。提高液压缸缸孔、活塞及活塞杆的制造精度和配合精度，利于减少内外泄漏造成的保压不好故障。

② 各控制阀的泄漏，特别是与液压缸紧靠的换向阀的泄漏量大小，是造成是否保压的重要因素。液压阀的泄漏取决于阀的结构形式和制造精度。因此，采用锥阀（如液控单向阀、逻辑阀）保压效果远好于处于封闭状态的滑阀式的保压效果。另外，必须提高阀的加工精度和装配精度，即使是锥面密封的阀也要注意圆柱配合部分的精度和锥面密合的可靠性。

③ 采用不断补油的方法。在保压过程中不断地补足系统的泄漏，虽然比较消极，但是对保压时间需要较长时，它是一种最为有效的方法。此法可使液压缸的压力始终保持不变。

关于补油可采用小泵补油或用蓄能器补油等方法。此外在泵源回路中有些方法也可用于保压，例如压力补偿变量泵等泵源回路可用于保压。图 12－31 与图 12－32 分别为小泵补油回路和蓄能器的保压回路。

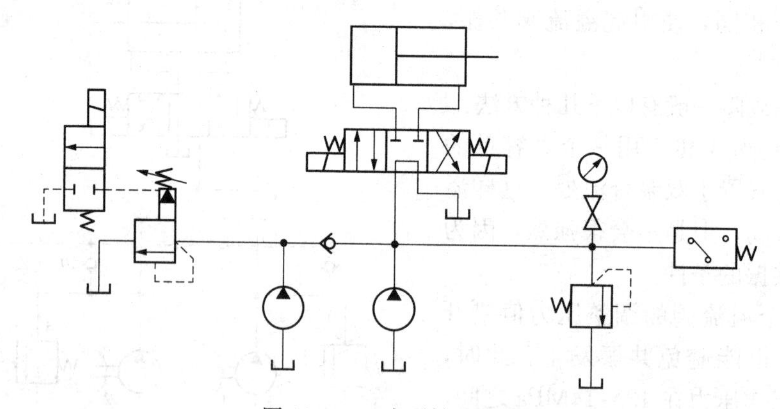

图 12－31　小泵补油回路

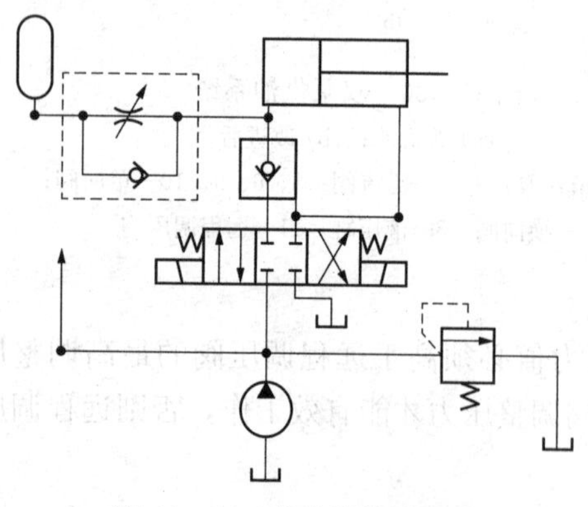

图 12－32　蓄能器补油回路

在图 12－31 中，快进时，两台泵一起向系统供油，保压时左边的大流量泵靠电磁溢流阀控制卸荷，仅右边小流量高压泵（保压泵）单独提供压力油以补偿系统泄漏，实现保压。

在图 12－32 中，蓄能器的高压油与液压缸相通，补偿系统的泄漏。蓄能器出口前单向节流阀的作用是防止换向阀切换时，蓄能器突然卸压而造成冲击。一般用小型皮囊式蓄能器，这种方法节省功率，保压 24h，压力下降不超过 0.1～0.2MPa。

12－34　保压过程中出现冲击、振动和噪声的故障是如何排除的？

图 12－33 所示为采用液控单向阀的保压回路，在小型液压机和注塑机上优势明显，但在大型液压机和注塑机的液压缸上行或回程时，会产生振动、冲击和噪声。

产生这一故障的原因是：在保压过程中，油的压缩、管道的膨胀、机器的弹性变形储存的能量及在保压终了返回过程中，上腔压力储存的能量在短暂的换向过程中很难释放完，而液压缸下腔的压力已升高。这样，液控单向阀的卸荷阀和主阀芯同时被顶开，引起液压缸上腔突然放油，由于流量大，卸压又过快，导致液压系统的冲击振动和噪声。

解决办法是必须控制液控单向阀的卸压速度，即延长卸压时间。此时可在图 12－33 中的液控单向阀液控油路上增加一单向节流阀，通过调节节流阀的控制液控流量的大小，以降低控制活塞的运动速度，也就延长了液控单向阀主阀的开启时间。先顶开主阀芯上的小卸荷阀，再顶开主阀，卸压时间便得以延长，可消除振动、冲击和噪声。

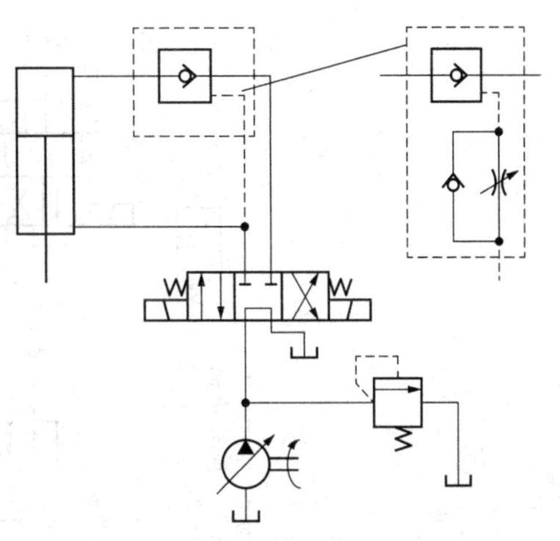

图 12－33　采用液控单向阀的保压回路

12－35　保压时间越长，系统发热越厉害，甚至经常需要换泵的故障是如何排除的？

如图 12－34 所示的回路，为了克服负载 F，并需要保压时，系统需使用大的工作压力，并且 1YA 连续通电，液压泵要不停机连续向液压缸左腔（无杆腔）供给压力油实现保压。

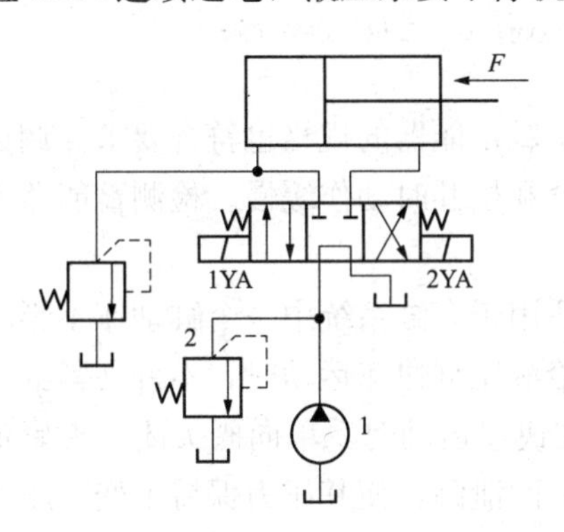

图 12－34　采用三位四通电磁阀的保压回路
1—液压泵；2—溢流阀

此时，泵的流量除了补充液压缸泄漏外，绝大部分液压泵来油要通过溢流阀 2 返回油箱，即溢流损失掉。这部分损失掉的油液必然产生发热，时间越长则发热越厉害。

解决办法：可以将定量泵 1 改为变量泵（例如恒压变量的压力补偿变量泵），保压时泵自动回到负载零位，仅供给基本上等于系统泄漏量的最小流量而使系统保压，并能随泄漏量的变化自动调整，没有溢流损失，所以能减少系统发热。另外在保压时间需要特别长时，可用自动补油系统（即采用电触点压力表）控制压力变动范围和进行补压动作。当压力上升到电触点高触点时，系统卸荷；反之当压力下降到低触点时，泵又补油，这样可减少发热。此外，也可在保压期间仅用一台很小的泵向主缸供油，可减少发热。

12－36　蓄能器不起保压作用的故障是如何排除的？

在图 12－35 所示的回路中，采用蓄能器 6 和单向阀 4 起保压作用，使夹紧液压缸 7 维持夹紧工件所需的夹紧压力。夹紧压力值由减压阀 3 调定。阀 2 为主油路的溢流阀，与节流阀 9、二位二通阀 10 组成卸荷回路。

回路故障是当主油路进给液压缸快速进给时，发生工件松动现象。

工件松动说明夹紧液压缸不能保压。单向阀 4 密封不严、夹紧缸内泄漏、蓄能器容量小

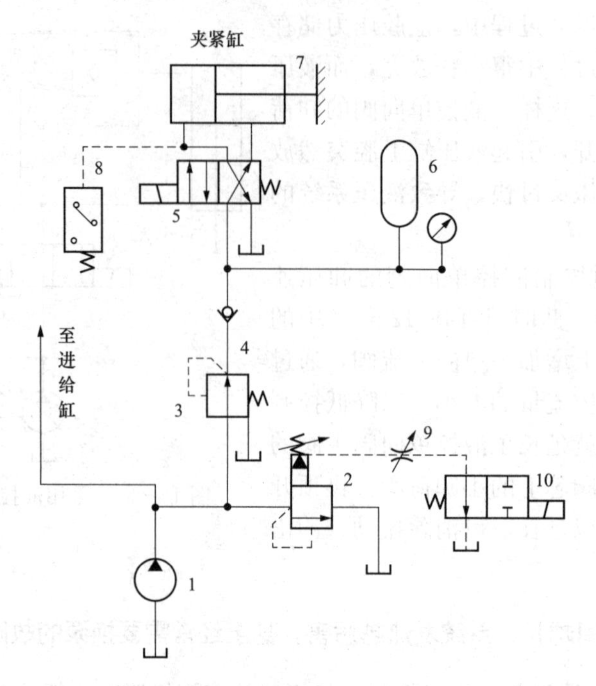

图 12-35　采用蓄能器的保压回路

1—液压泵；2—溢流阀；3—减压阀；4—单向阀；5—电磁换向阀；
6—蓄能器；7—夹紧缸；8—压力继电器；9—节流阀；10—二位二通换向阀

都易形成夹不紧的故障。检查单向阀、液压缸工作正常、蓄能器的规格也符合要求。调试系统时发现在电磁换向阀 5 换向时，夹紧缸 7 在完成夹紧和松开时动作缓慢。检测蓄能器发现进气阀漏气，造成气囊内气压很低。

这个回路是利用蓄能器和单向阀的保压回路，它适用于多缸系统中一个缸动作不影响其他缸压力的场合。例如，在组合机床液压系统中，进给液压缸快速运动时，不许夹紧缸压力下降。回路中设置蓄能器 6 和单向阀 4，当进给液压缸快速运动时，单向阀关闭，夹紧油路和进给油路隔开，蓄能器的压力油就能补偿夹紧油路中的泄漏，使其压力保持不变。压力继电器 8 起顺序控制作用，即在夹紧油路压力上升到设定压力值时，发出电气信号使主油路中换向阀工作，液压泵 1 输出的压力油进入进给液压缸。这种回路保压时间长，压力稳定性也好。但在整个工作循环过程中，必须要有一定的时间向蓄能器内充压力油。

当蓄能器不起作用，主油路快速运动时，系统压降很大。由于单向阀和保压有关元件内外泄漏，造成夹紧压力降低。此时减压阀前压力较低，不能保证减压阀的正常调节作用，致使工件松动。

对损坏的蓄能器要进行修复，拆卸修复时一定要按操作规程进行，不能修复应更换新件。在拆下蓄能器前一定要打开截止阀，将其内的压力油放出来再拆。

蓄能器、单向阀组成的保压回路是一种较好的保压方法。比较简单的保压方法还可用液控单向阀组成保压回路，但这种办法保压时间短，压力稳定性不好。因为利用油液的压缩性和油管、液压缸的弹性保持该密封空间的压力，不可避免地会因泄漏而使压力逐渐降下来，所以长时间保压必须采用补油的办法维持回路中的压力稳定。

12－37　减压不稳定的故障是如何排除的？

在图 12－36 所示的系统中，液压泵为定量泵，主油路中液压缸 7 和 8 分别由二位四通电液换向阀 5 和 6 控制运动方向，电液换向阀的控制油液来自主油路。减压回路与主油路并联，经减压阀 3 减压后，由二位四通电磁换向阀 4 控制液压缸 9 的运动方向。电液换向阀控制油路的回油路与减压阀的外泄油路合流后通入油箱。系统的工作压力由溢流阀 2 调节。

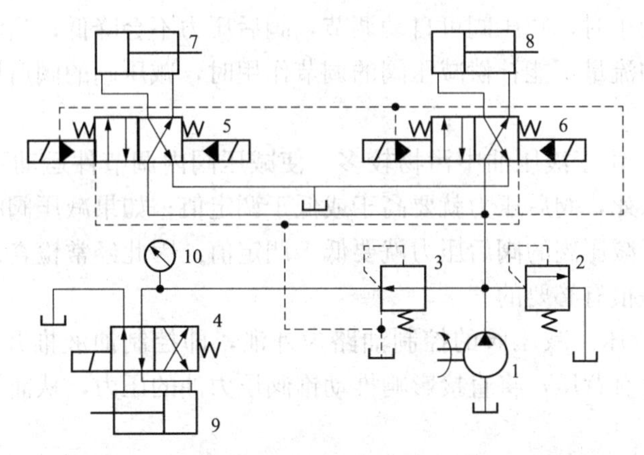

图 12－36　减压阀出口压力不稳定系统示例图

1—定量泵；2—溢流阀；3—减压阀；4—二位四通电磁换向阀；
5、6—二位四通电液换向阀；7、8、9—液压缸；10—压力表

系统中主油路工作正常，但在减压回路中，减压阀的阀后压力波动较大，使液压缸 9 的工作压力不能稳定在调定的 1MPa 压力值上。

在减压回路中，减压阀的阀后压力（即减压回路的工作压力）波动较大是经常出现的故障现象，其主要原因有以下几个方面：

① 减压阀的阀前压力起伏变化。减压阀阀后压力能稳定在设定压力值上的前提条件是减压阀的阀前压力要高于阀后压力，否则阀后压力就不可能稳定。由于液压系统主油路中执行机构的工况不同，工作压力变化较大，变化的最低压力值高于减压阀的阀后调定压力值时，不会对减压阀的阀后压力产生影响。因为在减压阀的阀前压力提高时，可能要使减压阀的阀后压力瞬时提高，但经减压阀的调节作用，能迅速恢复到减压阀的阀后调定压力值；反之，当减压阀的阀前压力降低时，却会使减压阀的阀后压力瞬间降低，但减压阀将迅速调节，使阀后压力升到调定值。如果减压阀的阀前压力的最低值低于阀后压力值，则阀后压力就要相应降低，而不能稳定在调定压力值上。所以，当主油路执行机构的最低工作压力低于减压阀的阀后压力时，回路设计就应采取必要措施，如在减压阀的阀前增设单向阀，单向阀与减压阀之间还可以增设蓄能器等，以防止减压阀的阀前压力低于阀后压力。

② 在执行机构负载不稳定的减压回路中，执行机构具有足够负载的前提下，减压阀的阀后压力才能保持稳定值。也就是说，减压阀的阀后压力仍然要遵循压力取决于负载这一规律。没有负载就没有压力；负载低，压力也低。如果阀后压力按某种负载工况调定，但在工作过程中，负载降低了，阀后压力就要降低，甚至可降为零压。负载增大时阀后压力随之增大，当阀后压力随负载增大到减压阀的调定压力时，阀后压力就不再增大，而是保持在减压

阀的调定压力值上。所以在变负载的工况下，减压阀的阀后压力值是变化的，其变化范围在零压和调定值之间。

③ 液压缸的内外泄漏。在减压回路中，压力油经减压阀减压后，再由换向阀控制压力油的流动方向，进入液压缸推动负载运动完成一定的动作。这时，如果液压缸内外泄漏，特别是内泄漏，即高压腔的液压油经活塞与缸筒的间隙或渗漏孔洞流入低压腔，再由管道流入油箱。此时，虽然负载未变，但是泄漏也会影响阀后压力的稳定。影响的程度，要看泄漏量的大小。当泄漏量较小时，减压阀可自动调节，阀后压力不会降低；当泄漏量较大，而且液压系统的工作压力和流量不能补偿减压阀的调节作用时，减压阀的阀后压力就不能保持在稳定的压力值上。

④ 液压油污染。由于液压油中污物较多，使减压阀内调节件运动不畅，甚至卡死。如果减压阀的主阀芯卡死，阀后压力就要高于或低于调定值；如果减压阀的先导锥阀与阀座由于污物而封闭不严，减压阀的阀后压力就要低于调定值。因此经常检查油液的污染状况以及检查、清洗减压阀是很有必要的。

⑤ 外泄油路有背压。减压阀的控制油路为外泄，即控制油液推开锥阀后单独回油箱。如果这个外泄油路上有背压，将直接影响推动锥阀压力油的压力，从而导致减压阀的阀后压力的变化。

不难看出，系统中电液换向阀 5 和 6 在换向过程中，控制油路的回油量和压力是变化的。而减压阀的外泄油路的油液也是波动的，两股油液合流后产生不稳定的背压。经调试发现，当电液换向阀 5 和 6 同时动作时，压力表 10 的读数达 1.5MPa，这是因为电液换向阀在高压控制油液的作用下瞬时流量较大，在泄油管较长的情况下产生较高的背压。背压增高，使减压阀的主阀口开度增大，阀口的局部压力减小，所以减压阀的阀后压力降不下来。

为了排除这一故障，应将减压阀的外部泄油管与电液换向阀 5 和 6 的控制油路回油管分别单独接回油箱（见图 12 - 37），这样减压阀的外泄油液便稳定地流回油箱，不会产生干扰与波动，阀后压力就会稳定在调定的压力值上。

通过以上分析可以看出，在系统设计、安装的过程中，在了解各元件工作性能的同时，认真考虑元件之间的各种关系（如是否会相互干扰）是非常重要的。

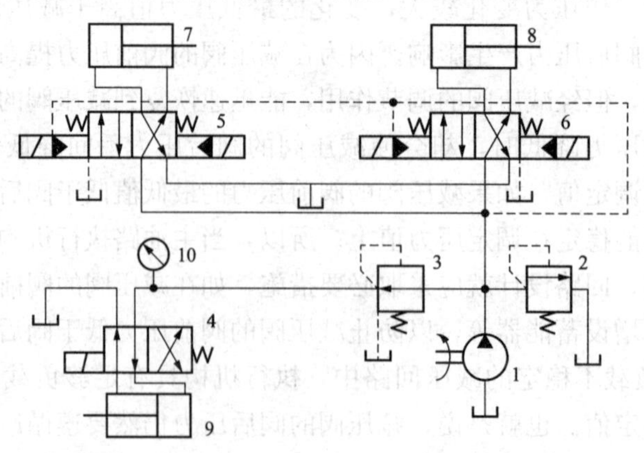

图 12 - 37　减压回路

1—定量泵；2—溢流阀；3—减压阀；4—二位四通电磁换向阀；
5、6—二位四通电液换向阀；7、8、9—液压缸；10—压力表

12-38　多级减压回路在压力转换时产生冲击现象的故障是如何排除的?

如图 12-38 所示的双级减压回路，在先导式减压阀 3 遥控油路上接入调压阀 4，使减压回路获得两种预定的压力。如果将阀 5 接在调压阀 4 的前，两级压力转换时会产生压力冲击现象（与图 12-23 所示采用溢流阀和远程调压阀的二级调压回路的故障原因类似，请读者注意分析对比）。

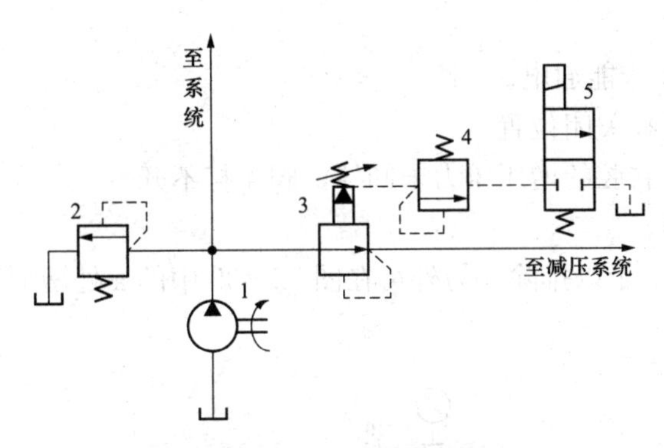

图 12-38　双级减压回路

1—液压泵；2—溢流阀；3—先导式减压阀；4—远程调压阀；5—二位二通换向阀

12-39　增压回路的故障是如何排除的?

增压回路（见图 12-39）中采用单作用增压器或双作用连续增压器，构成增压回路，以提高系统中某一支路压力，此压力高于液压泵提供的压力。

当 1YA 通电时，泵 1 来油经阀 3 左位→阀 4→工作液压缸 9 右腔→增压缸 8 左腔，推动缸 9 活塞左移和缸 8 活塞右移，缸 8 与缸 9 左腔相通的回油经阀 3 左位流往油箱。缸 8 右腔回油经阀 5→阀 4→缸 9 右腔，加快缸 9 活塞左移速度。

当缸 9 活塞左移到位时，压力升高，顺序阀 6 打开，缸 8 活塞左移，使缸 9 右腔增压，此时阀 5、阀 4 关闭，实现增压动作。

当 2YA 通电时，缸 8、缸 9 作返回动作。

调节减压阀 7，可调节增压压力的大小。这种增压回路出现的故障与排除方法如下。

1. 不增压，或者达不到所调增压压力

① 增压缸 8 故障:

a. 缸 8 活塞严重卡死，不能移动。

b. 缸 8 活塞密封严重破损，造成增压缸高低压腔串腔。

通过拆修与更换密封予以排除。

② 液控单向阀故障：由于阀芯卡死等导致增压时阀 4 未能关闭。此时应拆修液控单向阀 4。

a. 缸 9 活塞密封破损，造成缸 9 左右腔串腔。此时应拆开缸 9，更换密封。

b. 溢流阀 2 故障，无压力油进入系统。可参阅溢流阀的故障原因与排除方法的相关内容。

2. 不能调节增压压力的大小

这主要是由于减压阀 7 的故障引起的，可参阅减压阀的故障原因与排除方法的相关内容。

3. 增压后，压力缓慢下降

① 阀 4 的阀芯与阀座密合不良，密合面之间有污物粘住。此时可拆开清洗并研合。

② 缸 9 与缸 8 活塞密封轻度磨损。此时可更换密封。

4. 缸 9 无返回动作

① 因断线等，2YA 未能通电。

② 阀 4 的阀芯卡死在关闭位置。

③ 增压后由于缸 9 右腔的增压压力未卸掉，阀 4 打不开。

④ 油源无压力油等。

可根据上述情况一一予以排除，另外可在图 12－39 中的 a 处增加卸荷回路，卸荷后阀 4 便可打开回油。

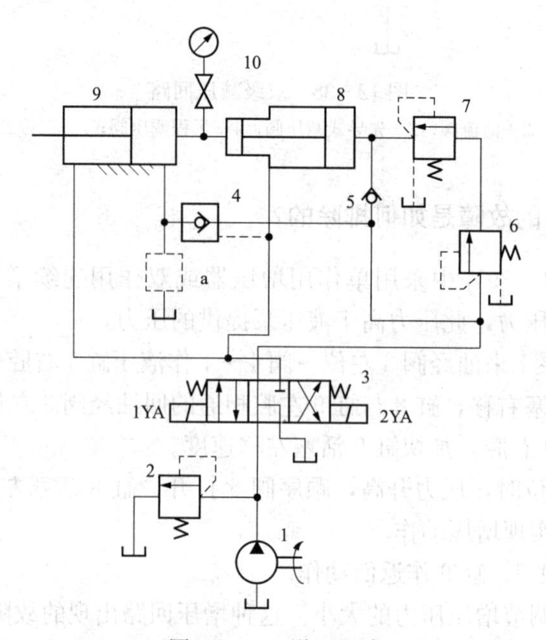

图 12－39　增压回路

1—液压泵；2—溢流阀；3—换向阀；4—液控单向阀；5—单向阀；6—顺序阀；7—减压阀；8—增压缸；9—工作液压缸；10—电触点压力表

12－40　采用换向阀的卸荷回路的故障是如何排除的？

1. 不卸荷

如图 12－40（a）所示，可能因为二位二通电磁阀的阀芯卡死在通电位置，或者因复位弹簧弹簧力（错装弹簧）不够、折断或漏装，不能使阀芯复位；图 12－40（b）则可能是因为电路故障，电磁铁未能通电。应分别查明原因，酌情予以处理。

2. 不能彻底卸荷

产生这一故障原因是阀 2 的规格（通径、公称流量）选择过小。如阀 2 为手动换向阀则可能是因为几个工作位置的定位（钢球定位）不准，换向不到位，使 P→T 的油液不能彻底畅通无阻，背压大。可酌情处理。

3. 需要卸荷时有压，需要有压时却卸荷

如图 12-40（a）、（b）所示，产生原因是阀 2 的阀芯装倒一头，即图（a）的阀 2 错装成 O 型，图（b）的阀 2 则错装成 H 型。此时可拆开阀 2，将阀芯调头装配即可。

4. 产生冲击

图 12-40（c）的三位四通阀用在高压大流量系统中，容易产生冲击。此时阀 2 应选用带阻尼的电液阀，通过对阻尼的调节减慢换向阀的换向速度，可减少冲击。

5. 影响执行元件换向

图 12-40（c）所示为采用 M 型电液换向阀并利用中间位置卸荷的回路。由于中位时系统压力卸掉，再换向时，会因控制压力油的压力不够而使电液阀 2 本身不能换向，从而影响执行元件 4 的换向。为确保一定控制压力，可在图（c）中的 A 处加装一背压阀，以保证阀 2 能有一定的控制油压力，使换向可靠。但这样也增大了功率损失。

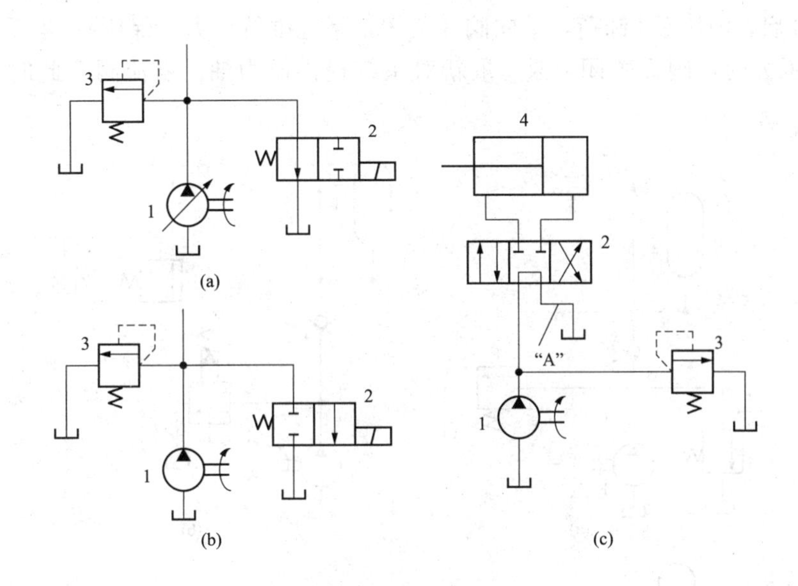

图 12-40　卸荷回路

(a) 电磁阀（H 型）不通电时卸荷；(b) 电磁阀（O 型）通电时卸荷；

(c) 三位阀中位时卸荷（M 型、K 型、H 型）

1—液压泵；2—换向阀；3—溢流阀；4—液压缸

12-41　电磁溢流阀使液压泵卸荷的回路的故障是如何排除的?

如图 12-41 所示，这种情况与上述采用二位二通换向阀卸荷回路情况基本相似，只是此处采用电磁溢流阀方式卸荷时，二位二通电磁阀接在先导式溢流阀的遥控口上而不是接在主油路上，其规格可选得小一些。产生的故障（不卸荷、卸荷不充分、产生冲击、影响执行元件换向）和排除方法基本同上所述。

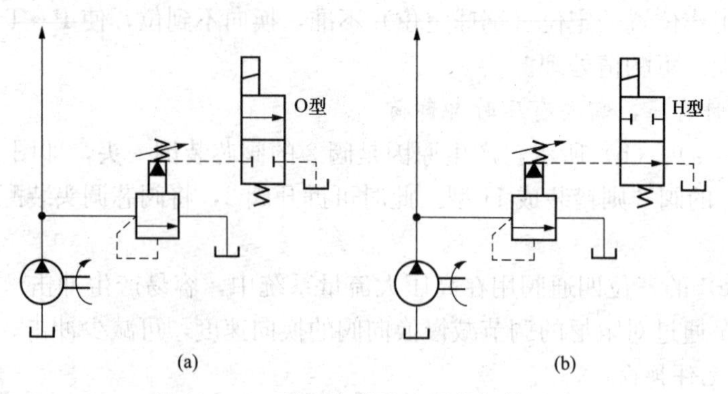

图 12 - 41　采用电磁溢流阀的卸荷回路

12 - 42　用蓄能器保压、液压泵卸荷的回路的故障是如何排除的？

如图 12 - 42（a）所示，当蓄能器 4 的压力上升达到卸荷阀（液控顺序阀）2 的调定压力时，阀 2 开启，液压泵 1 卸荷，单向阀 3 关闭，系统维持压力（保压）；当系统压力低于阀 2 的调定压力时，阀 2 关闭，泵 1 重新对系统提供压力油。溢流阀 5 此时起安全阀的作用。

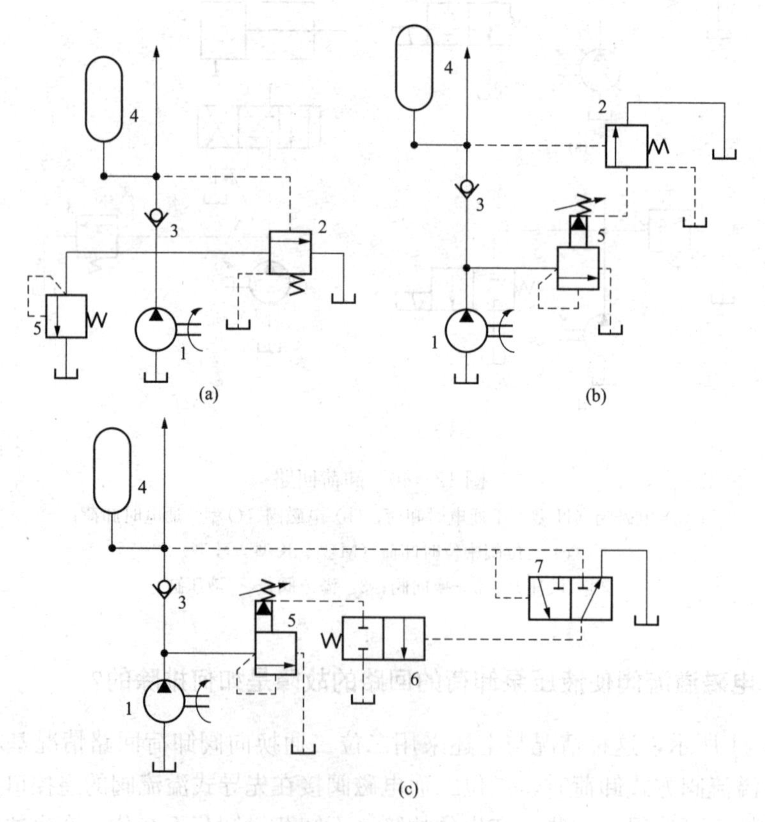

图 12 - 42　采用蓄能器保压的液压泵卸荷回路

1—液压泵；2—液控顺序阀；3—单向阀；4—蓄能器；5—溢流阀；6—二位二通液控换向阀；7—二位三通液动换向阀

这种回路的故障主要是卸荷不彻底，存在功率损失而使系统发热。

产生原因是当压力升高时，卸荷阀 2 如同溢流阀一样仅部分地开启，开启不到位，自然就不能彻底卸荷。

解决办法主要是解决阀 2 的彻底开启问题，除了消除阀 2 的卡阀现象外，在回路上可做些改正。

① 采用图 12－42（b）所示的卸荷回路，利用一小型液控顺序阀 2 作先导阀，用来控制主溢流阀 5 的开启；可以用小一些的先导压力控制主阀，主阀自然能保证阀 5 卸荷时的全开。

② 采用图 12－42（c）所示的回路，靠蓄能器（系统）的压力先打开二位三通液动换向阀 7，然后使二位二通液动换向阀 6 完全开启，从而保证了主溢流阀 5 完全开启的可靠性，使泵 1 充分卸荷。

另外，要注意溢流阀卡阀（如因油中污物）造成的系统不卸荷的现象。

12－43　“蓄能器＋压力继电器＋电磁溢流阀”构成的卸荷回路的故障是如何排除的?

图 12－43（a）所示的蓄能器回路中采用压力继电器 3 控制液压泵的卸荷或工作，是常用的回路之一。然而这种回路容易出现在工作过程中，产生系统压力在压力继电器 3 调定的压力值附近来回波动的现象，造成泵 1 频繁地“卸荷→工作→卸荷”的故障，使泵和阀的工作不能稳定，这样会大大缩短液压泵的使用寿命。

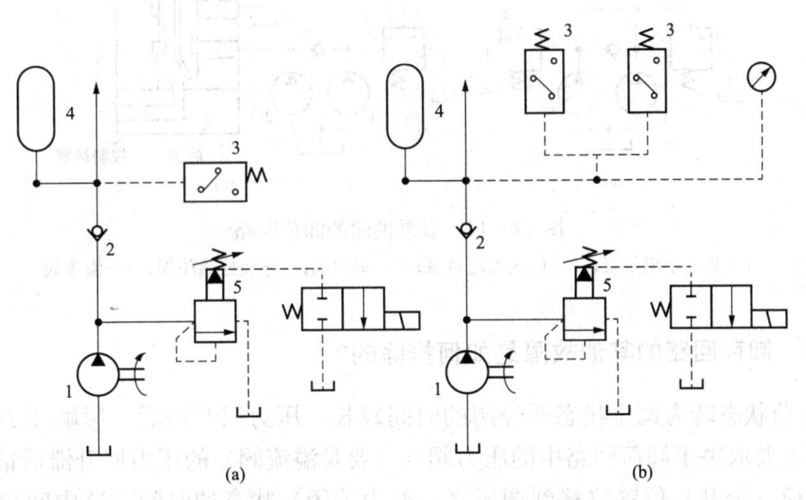

图 12－43　采用蓄能器＋压力继电器＋电磁溢流阀组成的卸荷回路

1—液压泵；2—单向阀；3—压力继电器；4—蓄能器；5—电磁溢流阀

解决办法是采用图 12－43（b）所示的双压力继电器进行差压控制。压力继电器 3 与 3′ 分别调为高低压两个调定值，液压泵的卸荷由高压调定值控制，而泵重新工作却由低压调定值控制。这样当液压泵 1 卸荷后，蓄能器继续放油直至压力逐渐降低到低于低压调定值时，液压泵才重新启动工作，其间有一段间隔，因此防止了液压泵频繁切换的现象。

12-44　双泵供油的卸荷回路的故障是如何排除的？

如图 12-44（a）所示，系统快速行程时由两泵同时供油，工作行程时低压大流量泵 2 卸荷，高压小流量泵 1 供油。采用这种回路的液压设备会产生下述故障。

1. 电动机严重发热甚至烧坏

产生原因是在工作时，即由高压小流量泵 1 供油时，单向阀 3 未很好关闭，高压油反灌，负荷大，电动机超载而发热，甚至烧坏电动机。

2. 系统压力不能上升到最高

产生原因：一个是单向阀 3 未好好关闭；另一个是卸荷阀 4 的控制活塞磨损导致控制压力油经控制活塞外径间隙进入阀 4 的主阀芯下腔，将阀芯向上推而打开了泵 2 出油口与回油 O 的通路，泵 1、泵 2 联合供油时压力上不去。一般更换控制活塞后，故障便可解决，如图 12-44（b）所示。

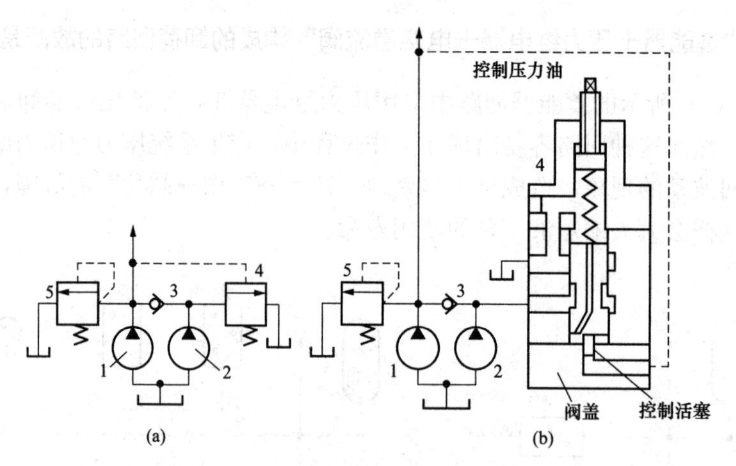

图 12-44　双泵供油的卸荷回路

1—高压小流量泵；2—低压大流量泵；3—单向阀；4—液控顺序阀；5—溢流阀

12-45　卸荷回路的其他故障是如何排除的？

① 从卸荷状态转为调压状态所经历的时间较长，压力回升滞后。影响压力回升滞后的因素很多，主要取决于卸荷回路中的压力阀（主要是溢流阀）的压力回升滞后情况，即压力阀阀芯从卸荷（全开）位置位移到调压（一般为关闭）状态的时间，这中间包括阀芯行程 S、主阀芯关闭速度、阀芯阻尼孔尺寸和流量的大小及阀的其他参数和因素。

② 卸荷工作过程中产生不稳定现象的原因主要出在遥控管路（如长度、大小等）以及阀芯间隙磨损情况，可查明原因进行排除。

12-46　顺序动作不正常的故障是如何排除的？

在图 12-45（a）所示的系统中，液压泵 1 为定量泵，液压缸 A 所属回路为进油节流调速回路。液压缸 A 的载荷为液压缸 B 载荷的二分之一。液压缸 B 前设置顺序阀 4，其压力调定值比溢流阀 2 低 1MPa。要求液压缸动作的顺序是缸 A 动作完了缸 B 再动作。但当启动液压泵并使电磁换向阀 3 通电以左位工作时，出现液压缸 A 和 B 基本同时动作的故障，不能实现缸 A 先动作、缸 8 后动作的顺序。

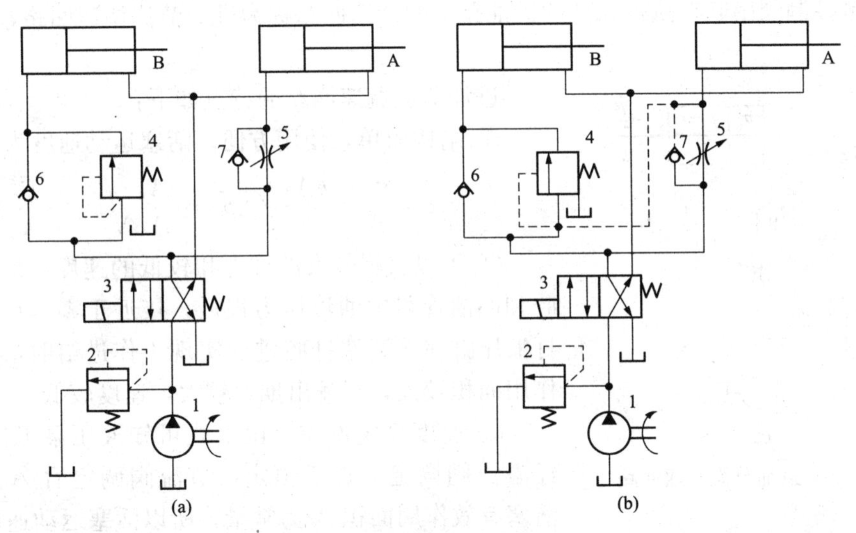

图 12－45　顺序阀选择不当的系统示例

1—定量泵；2—溢流阀；3—电磁换向阀；4—顺序阀；5—节流阀；6、7—单向阀

在系统中，虽然液压缸 A 的载荷是液压缸 B 载荷的二分之一，并且液压缸 B 前安装了顺序阀，好像应该能实现液压缸 A 先动作、液压缸 B 后动作的顺序。但其实不然，因为通向液压缸 A 的油路为节流阀进油节流调速回路，系统中的溢流阀 2 起定压和溢流作用。因此溢流阀的阀前压力是恒定的，并总有一部分油液从溢流阀溢回油箱。改变节流阀 5 的开口度，进入液压缸 A 的流量相应改变，于是液压缸 A 的运动速度得到调节。由于液压泵为定量泵，一部分油液经节流阀进入液压缸，另一部分油液必然要溢回油箱。

液压缸 B 前安装的是直控顺序阀，也称内控式顺序阀。在溢流阀溢流时，系统工作压力已达到打开顺序阀的压力值，所以在液压缸 A 运动时，液压缸 B 也开始动作。这说明直控顺序阀 4 在回路中只能起到液压缸 B 不先动作的作用，而不能起到后动作的作用。

如果将回路改进一下［见图 12－45（b）］，将直控顺序阀 4 换成它控顺序阀，并且将顺序阀的它控油路接在液压缸 A 与节流阀之间的油路上，这样控制顺序阀启闭由液压缸 A 的负载压力决定，与顺序阀的入口压力无关。所以将它控顺序阀的控制压力调得比液压缸 A 的负载压力稍高，就能实现缸 A 先动作、缸 B 后动作的顺序。动作过程是：启动液压泵，调节溢流阀的阀前压力，电磁换向阀通电后左位工作，压力油一部分通过节流阀进入液压缸 A，推动液压缸 A 运动，另一部分由溢流阀溢回油箱。当液压缸 A 运动到终点时，其载荷压力迅速增高，并达到它控顺序阀的控制压力时，它控顺序阀主油路接通，液压缸 B 开始动作。

这里有两点应该注意：一是它控顺序阀的控制油路不能接在节流阀前；二是液压系统中溢流阀的调定压力应按液压缸 B 的载荷压力调定，否则将不能排除上述故障。原因是液压缸 B 载荷是液压缸 A 载荷的 2 倍，液压缸 B 的工作压力是液压系统的最高压力，因此整个液压系统的工作压力应按液压缸 B 能正常动作调定。

12-47 什么是进油节流调速回路？进油节流调速回路有哪些特点？

把流量控制阀串联在执行元件的进油路上的调速回路称为进油节流调速回路，如图 12-46 所示。

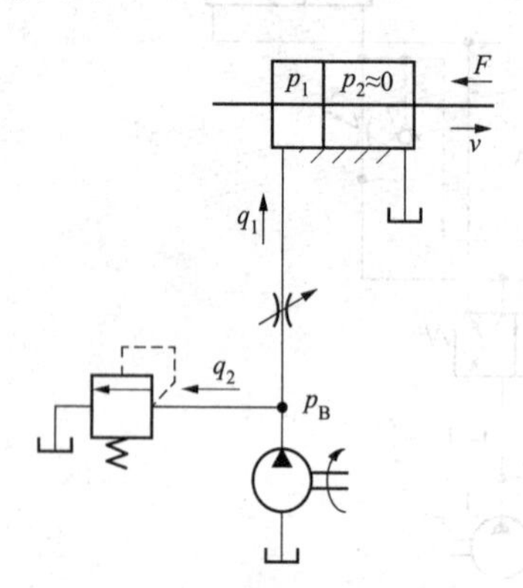

图 12-46　进油节流调速回路

进油节流调速回路的特点如下：

① 结构简单，使用方便。活塞运动速度为

$$v=\frac{q_1}{A}=\frac{kA_0}{A}\sqrt{\Delta p}=\frac{kA_0}{A}\sqrt{p_B-\frac{F}{A}}$$

② 可以获得较大的推力和较低的速度。液压缸回油腔和回油管路中油液压力很低，接近于零，且当单活塞杆液压缸在无活塞杆腔进油实现工作进给时，活塞有效作用面积较大，故输出推力较大，速度较低。

③ 速度稳定性差。由上式可知液压泵工作压力 p_B 经溢流阀调定后近于恒定，节流阀调定后 A_0 也不变，活塞有效作用面积 A 为常量，所以活塞运动速度 v 将随负载 F 的变化而波动。

④ 运动平稳性差。由于回油路压力为零，即回油腔没有背压力，当负载突然变小、为零或为负值时，活塞会产生突然前冲。为了提高运动的平稳性，通常在回油管路中串接一个背压阀（换装大刚度弹簧的单向阀或溢流阀）。

⑤ 系统效率低，传递功率小。因为液压泵输出的流量和压力在系统工作时经调定后均不变，所以液压泵的输出功率为定值。当执行元件在轻载低速下工作时，液压泵输出功率中有很大部分消耗在溢流阀和节流阀上，流量损失和压力损失大，系统效率很低。功率损耗会引起油液发热，使进入液压缸的油液温度升高，导致泄漏增加。

采用节流阀的进油节流调速回路一般应用于功率较小、负载变化不大的液压系统中。

12-48 什么是回油节流调速回路？回油节流调速回路有哪些特点？

把流量控制阀安装在执行元件通往油箱回油路上的调速回路称为回油节流调速回路，如图 12-47 所示。

活塞运动速度的计算与进油节流调速回路所得的公式完全相同，因此两种回路具有相似的调速特点。但回油节流调速回路有两个明显的优点：一是节流阀装在回油路上，回油路上有较大的背压，因此在外界负载变化时可起缓冲作用，运动的平稳性比进油节流调速回路要好；二是在回油节流调速回路中，经节流阀阀后压力损耗而发热，导致温度升高的油液直接流回油箱，容易散热。

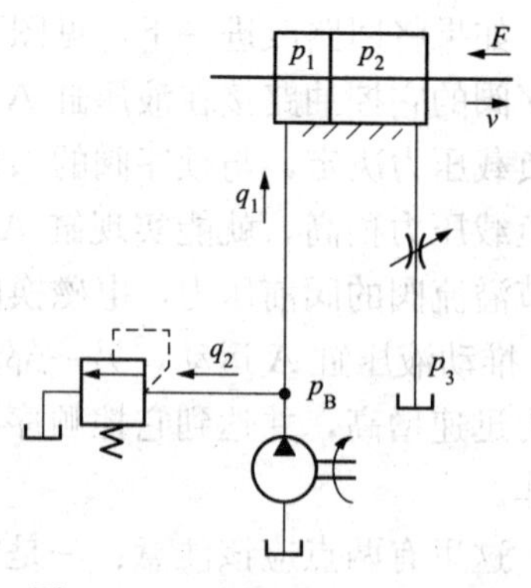

图 12-47　回油节流调速回路

回油节流调速回路广泛应用于功率不大、负载变化较大或运动平稳性要求较高的液压系统中。

12-49 什么是旁油路节流调速回路?

如图 12-48 所示，将节流阀设置在与执行元件并联的旁油路上，即构成了旁油路节流调速回路。在该回路中，节流阀调节了液压泵溢回油箱的流量 q_2，从而控制了进入液压缸的流量 q_1，调节流量阀的通流面积即可实现调速。这时，溢流阀作为安全阀，常态时关闭。回路中只有节流损失，无溢流损失，功率损失较小，系统效率较高。

旁油路节流调速回路主要用于高速、重载、对速度平稳性要求不高的场合。

使用节流阀的节流调速回路，速度受负载变化的影响比较大，亦即速度稳定性都较差。为了克服这个缺点，在回路中可用调速阀替代节流阀。

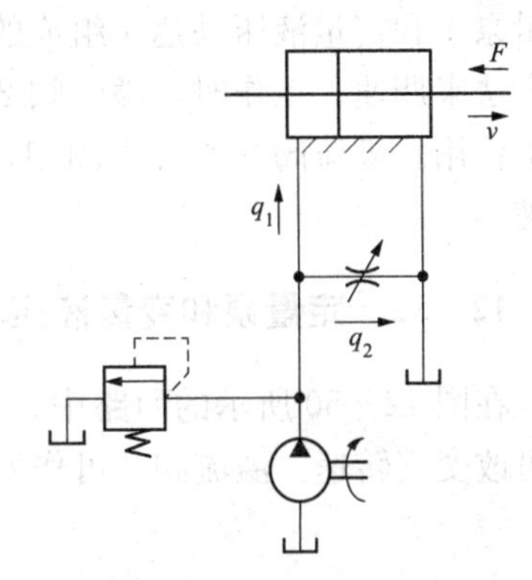

图 12-48 旁油路节流调速回路

12-50 什么是容积调速回路？容积调速回路是如何分类的?

容积调速回路通过改变变量泵或变量马达排量以调节执行元件的运动速度。

按油液的循环方式不同，容积调速回路可分为开式和闭式。图 12-49 (a) 所示的是开式回路，泵从油箱吸油，执行元件的油液返回油箱，油液在油箱中便于沉淀杂质、析出空气，并得到良好的冷却，但油箱尺寸较大，污物容易侵入。图 12-49 (b) 所示的是闭式回路，液压泵的吸油口与执行元件的回油口直接连接，油液在系统内封闭循环，其结构紧凑、油气隔绝、运动平稳、噪声小，但散热条件较差。闭式回路中需设置补油装置，由辅助泵及与其配套的溢流阀和油箱组成，绝大部分容积调速回路的油液循环采用闭式循环方式。

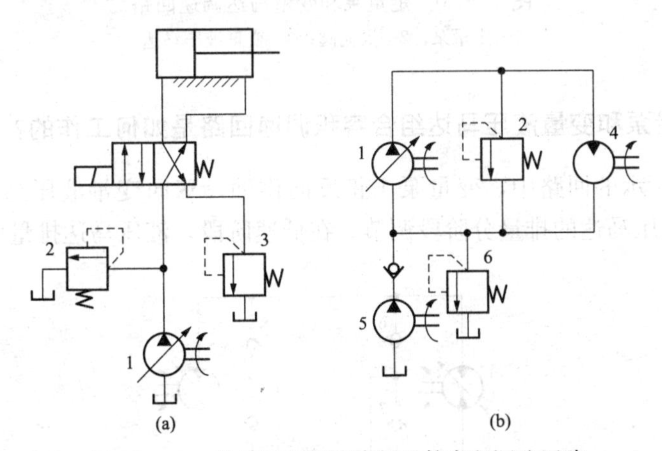

图 12-49 变量泵和定量执行元件容积调速回路

(a) 开式回路；(b) 闭式回路

1—变量泵；2—安全阀；3—背压阀；4—定量液压马达；5—辅助泵；6—溢流阀

根据液压泵和执行元件组合方式不同，容积调速回路有以下三种形式：变量泵和定量执行元件组合容积调速回路、定量泵和变量液压马达组合容积调速回路、变量泵和变量液压马达组合容积调速回路。

12－51　变量泵和定量执行元件组合容积调速回路是如何工作的？

图 12－49（a）所示为变量泵 1 和液压缸组成的容积调速回路，图 12－49（b）所示为变量泵 1 和定量液压马达 4 组成的容积调速回路。这两种回路均采用改变变量泵 1 输出流量的方法来调速。工作时，溢流阀 2 作安全阀用，它可以限定液压泵的最高工作压力，起过载保护作用。溢流阀 3 作背压阀用，溢流阀 6 用于调定辅助泵 5 的供油压力，补充系统泄漏油液。

12－52　定量泵和变量液压马达组合容积调速回路是如何工作的？

在图 12－50 所示的回路中，定量泵 1 的输出流量不变，调节变量液压马达 3 的流量，便可改变其转速。溢流阀 2 可作安全阀用。

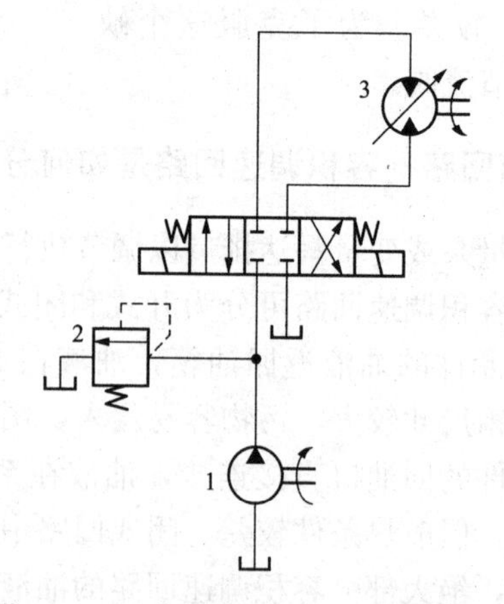

图 12－50　定量泵和变量马达调速回路

1—定量泵；2—溢流阀；3—变量液压马达

12－53　变量泵和变量液压马达组合容积调速回路是如何工作的？

在图 12－51 所示的回路中，变量泵 1 正反向供油，双向变量液压马达 3 正反向旋转，调速时液压泵和液压马达的排量分阶段调节。在低速阶段，液压马达排量保持最大，由改变

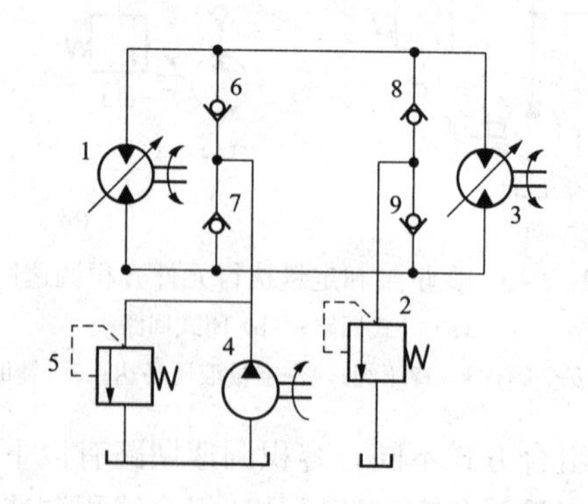

图 12－51　变量泵和变量液压马达调速回路

1—变量泵；2、5—溢流阀；3—双向变量液压马达；4—辅助泵；6～9—单向阀

液压泵的排量来调速；在高速阶段，液压泵排量保持最大，通过改变液压马达的排量来调速。这样就扩大了调速范围。单向阀6、7用于使辅助泵4双向补油，单向阀8、9使溢流阀2（作安全阀用）在两个方向都能起过载保护作用，溢流阀5用于调节辅助泵的供油压力。

12-54　什么是容积节流调速回路？由限压式变量叶片泵和调速阀组成的容积节流调速回路是如何工作的？

用变量液压泵和节流阀（或调速阀）相配合进行调速的回路称为容积节流调速回路。

图12-52所示为由限压式变量叶片泵和调速阀组成的容积节流调速回路。调节调速阀节流口的开口大小，就能改变进入液压缸的流量，从而改变液压缸活塞的运动速度。如果变量液压泵的流量大于调速阀调定的流量，由于系统中没有设置溢流阀，多余的油液没有排油通路，势必使液压泵和调速阀之间油路的油液压力升高，但是当限压式变量叶片泵的工作压力增大到预先调定的数值后，泵的流量会随工作压力的升高而自动减小。

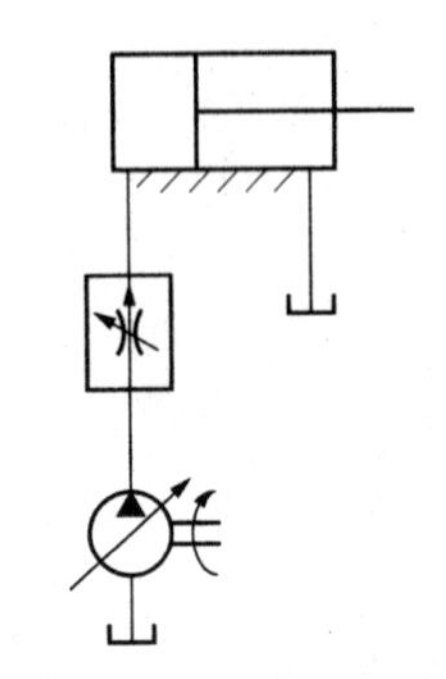
图12-52　容积节流调速回路

在这种回路中，泵的输出流量与通过调速阀的流量是相适应的，因此效率高，发热量小。同时采用调速阀，液压缸的运动速度基本不受负载变化的影响，即使在较低的运动速度下工作，运动也较稳定。

12-55　差动连接快速运动回路是如何工作的？

图12-53所示的差动回路是利用差动液压缸的差动连接来实现的。当二位三通电磁换向阀处于右位时，液压缸呈差动连接，液压泵输出的油液和液压缸小腔返回的油液合流，进入液压缸的大腔，实现活塞的快速运动。

这种回路比较简单、经济，但液压缸的速度加快有限，差动连接与非差动连接的速度之比等于活塞与活塞杆截面积之比。若仍不能满足快速运动的要求，则可与限压式变量泵等其他方法联合使用。

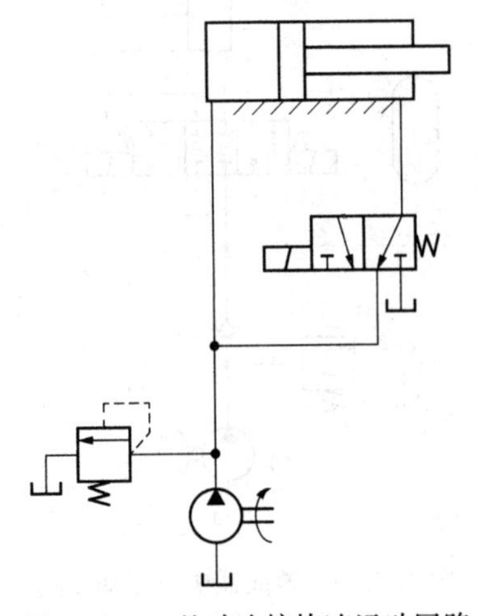
图12-53　差动连接快速运动回路

12－56　双泵供油快速运动回路是如何工作的?

在图 12－54 所示的回路中采用了低压大流量泵 1 和高压小流量泵 2 并联，它们同时向系统供油时可实现液压缸的空载快速运动；进入工作行程时，系统压力升高，液控顺序阀 3（卸荷阀）打开，使大流量液压泵 1 卸荷，仅由小流量液压泵 2 向系统供油，液压缸的运动变为慢速工作行程，工进时压力由溢流阀 5 调定。

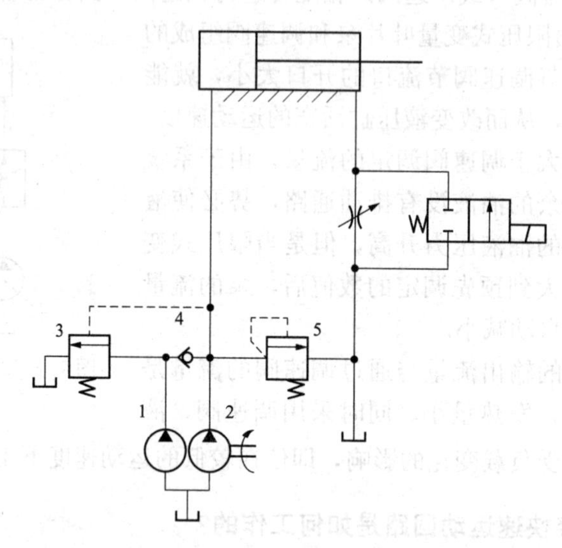

图 12－54　双泵供油快速运动回路

1—低压大流量泵；2—高压小流量泵；3—液控顺序阀；4—单向阀；5—溢流阀

12－57　蓄能器快速运动回路是如何工作的?

在图 12－55 所示的用蓄能器辅助供油的快速回路中，用蓄能器使液压缸实现快速运动。

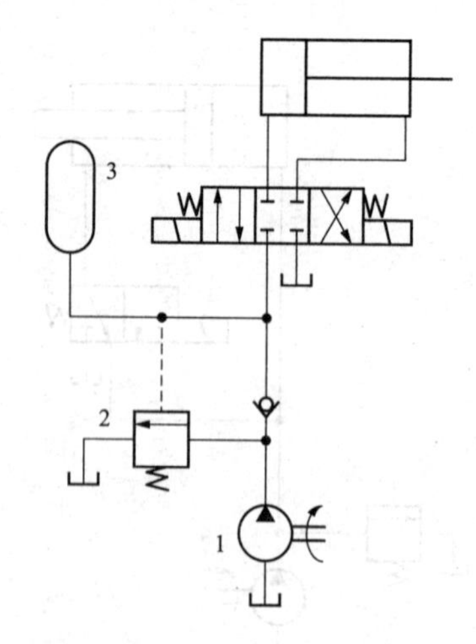

图 12－55　蓄能器快速运动回路

1—液压泵；2—液控顺序阀；3—蓄能器

当换向阀处于左位或右位时，液压泵1和蓄能器3同时向液压缸供油，实现快速运动。当换向阀处于中位时，液压缸停止工作，液压泵经单向阀向蓄能器供油，随着蓄能器内油量的增加，压力亦升高，至液控顺序阀2的调定压力时液压泵卸荷。

这种回路适用于短时间内需要大流量的场合，并可用小流量的液压泵使液压缸获得较大的运动速度，但蓄能器充油时，液压缸必须有足够的停歇时间。

12－58 快速与慢速的速度换接回路是如何工作的?

如图12－56所示，在用行程阀控制的快慢速换接回路中，活塞杆上的挡块未压下行程阀时，液压缸右腔的油液经行程阀回油箱，活塞快速运动；当挡块压下行程阀时，液压缸回油经节流阀回油箱，活塞转为慢速工进。

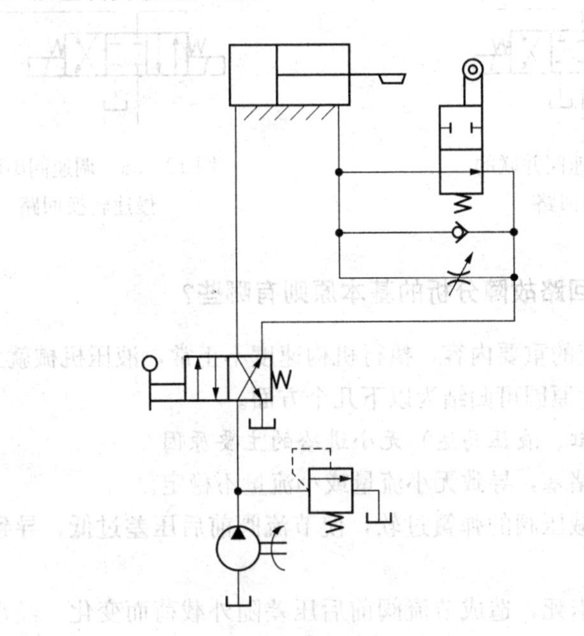

图12－56 快慢速的速度换接回路

此换接过程比较平稳，换接点的位置精度高，但行程阀的安装位置不能任意布置，管路连接较为复杂。

若将行程阀改为电磁阀，则安装连接方便，但速度换接的平稳性、可靠性和换接精度都较差。

12－59 两种慢速的速度换接回路是如何工作的?

如图12－57所示，在两个调速阀并联实现两种进给速度的换接回路中，两调速阀由二位三通换向阀换接，它们各自独立调节流量，互不影响（一个调速阀工作时，另一个调速阀没有油液通过）。在速度换接过程中，由于原来没工作的调速阀中的减压阀处于最大开口位置，速度换接时大量油液通过该阀，将使执行元件突然前冲。

如图12－58所示，用两调速阀串联的方法实现两种不同速度的换接回路中，两调速阀由二位二通换向阀换接，但后接入的调速阀的开口要小，否则换接后得不到所需要的速度，起不到换接作用。该回路的速度换接平稳性比调速阀并联的速度换接回路好。

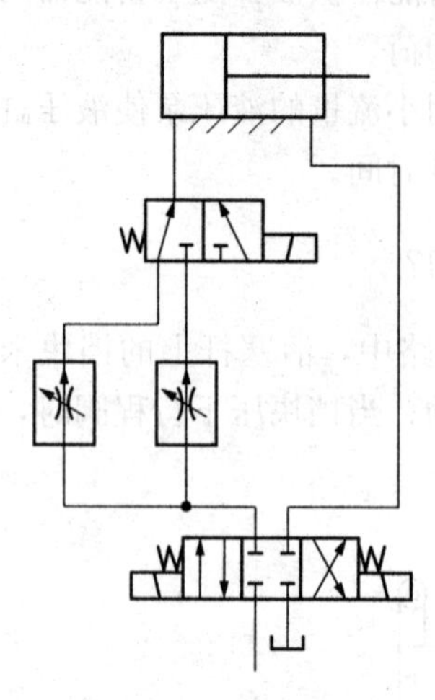

图 12-57　调速阀并联的慢速转换回路

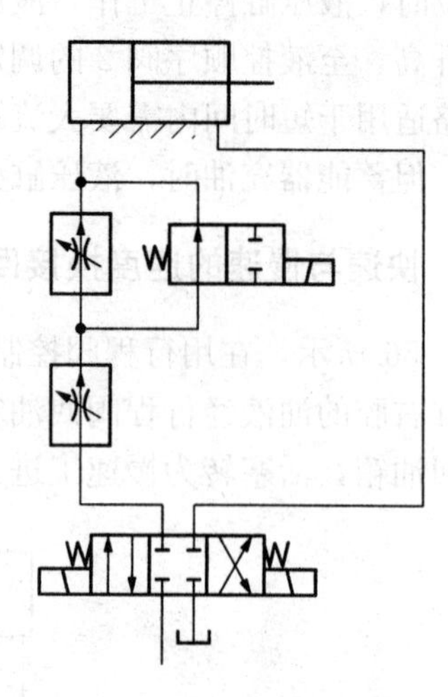

图 12-58　调速阀串联的慢速转换回路

12-60　速度控制回路故障分析的基本原则有哪些？

速度调节是液压系统的重要内容，执行机构速度不正常，液压机械就无法工作。速度控制系统主要故障及其产生原因可归结为以下几个方面。

1. 执行机构（液压缸、液压马达）无小进给的主要原因

① 节流阀的节流口堵塞，导致无小流量或小流量不稳定。

② 调速阀中定差式减压阀的弹簧过软，使节流阀前后压差过低，导致通过调速阀的小流量不稳定。

③ 调速阀中减压阀卡死，造成节流阀前后压差随外载荷而变化。经常见到的是由于小进给时载荷较小，导致最小进给量增大。

2. 载荷增加时进给速度显著下降的主要原因

① 液压缸活塞或系统中某个或几个元件的泄漏随载荷、压力增高而显著加大。

② 调速阀中的减压阀卡死在打开位置，则载荷增加时通过节流阀的流量下降。

③ 液压系统中油温升高使油液黏度下降，导致泄漏增加。

3. 执行机构爬行的主要原因

① 系统中进入空气。

② 由于导轨润滑不良、导轨与液压缸轴线不平行、活塞杆密封压得过紧、活塞杆弯曲变形等，导致液压缸工作行程时摩擦阻力变化较大而引起爬行。

③ 在进油节流调速系统中，液压缸无背压或背压不足，外载荷变化时导致液压缸速度变化。

④ 液压泵流量脉动大，溢流阀振动造成系统压力脉动大，使液压缸输入压力油波动而引起爬行。

⑤ 节流阀的阀口堵塞，系统泄漏不稳定，调速阀中减压阀不灵活，造成流量不稳定而

引起爬行。

12-61　节流调速回路中速度不稳定的故障分析与排除方法如何？

图 12-59（a）所示的回路采用节流阀进油节流调速。回路设计时是按液压缸载荷变化不大考虑的。实际使用时，液压缸的外载荷变化较大，致使液压缸运动速度不稳定。速度不稳定的原因是显而易见的，即节流阀调速速度是随外载荷而变化的。

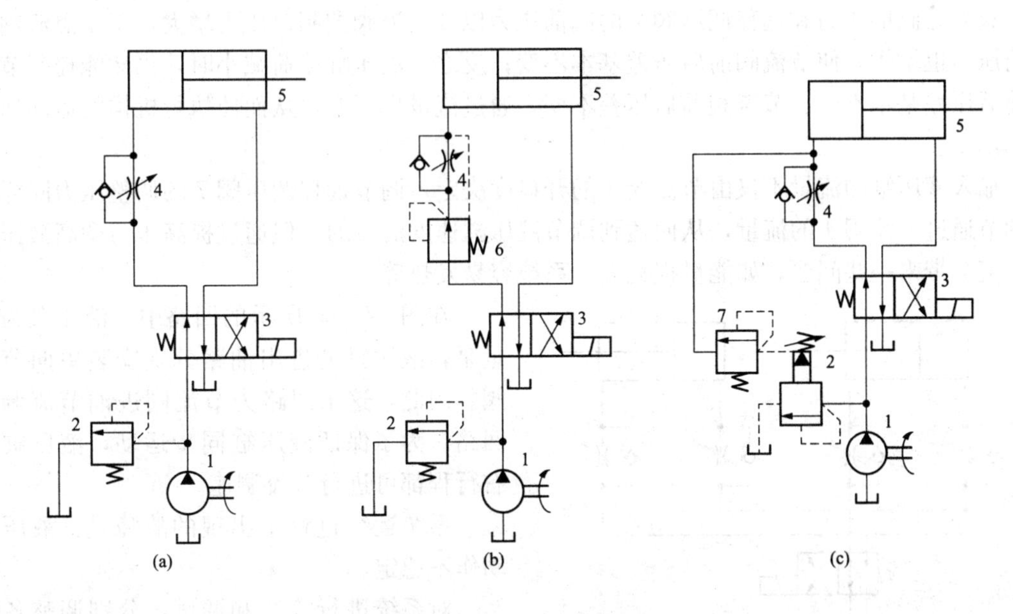

图 12-59　进油节流调速回路示例

（a）改进前；（b）改进方案Ⅰ；（c）改进方案Ⅱ

1—液压泵；2—溢流阀；3—换向阀；4—节流阀；5—液压缸；6—减压阀；7—远程调压阀

解决这个问题方法是用调速阀代替节流阀。但有时因没有合适的调速阀而使设备不能运行，从而影响生产。此外，还可以由以下方法来解决：

① 如图 12-59（b）所示，在节流阀前安装一个减压阀 6，并将减压阀的泄油口接到液压缸和节流阀之间的管路上。这样处理可获得如下效果：减压阀 6 能控制其阀后压力为稳定值。由于减压阀的泄油口接到节流阀与液压缸之间的管路上，这样当液压缸外载荷增大时，液压缸的载荷压力也就增大，于是减压阀的泄油口压力增大，减压阀的阀后调整压力也增大，所以节流阀前后压差基本不变；当液压缸载荷减小时，其载荷压力减小，于是减压阀泄油口压力减小，减压阀阀后调整压力也减小，所以节流阀前后压差仍基本不变。因此在外载荷变化时，节流阀仍可获得稳定的流量，从而使执行机构速度稳定。

在液压缸退回运动行程中，减压阀 6 的泄油口压力比出油口压力高，减压阀的主阀芯处于完全打开状态，液压缸无杆腔的油液可以自由反向流动，所以单向阀不必和减压阀并联。

② 如图 12-59（c）所示，在溢流阀 2 的远程控制口上安装一个远程调压阀 7，并将其回油口接到节流阀与液压缸之间的管路上，使远程调压阀 7 的调节压力低于溢

流阀的调整压力。节流阀进油节流调速回路中，外载荷增大，节流阀的压差减小，因此通过的流量也减小，液压缸的运动速度就减小；反之，外载荷减小，液压缸的速度就增大。在外载荷变化的系统中，用调速阀代替节流阀就能使执行机构的速度稳定。

当液压缸外载荷增大时，其载荷压力增大，远程调压阀 7 的出口压力也增大。由于远程调压阀 7 的出油口与液压缸入口连接，所以远程调压阀的出油口压力也增大，导致远程打开调压阀先导阀的压力和远程调压阀 7 的阀前压力以及溢流阀控制口压力增大，于是溢流阀的阀前压力也增大，使节流阀前后压差基本不变；反之，液压缸载荷减小时，仍然能控制节流阀前后压差基本不变。节流阀前后压差不变，通过流量也不变，从而使执行机构的运动速度基本不变。

输入液压缸的流量不仅由节流阀 4 的开口度决定，调节远程调压阀 7 的调整压力同样可以调节通过节流阀 4 的流量，从而达到调节液压缸速度的目的。但通过提高压力调高液压缸的速度会带来一些问题，如能量损耗大、系统容易发热等。

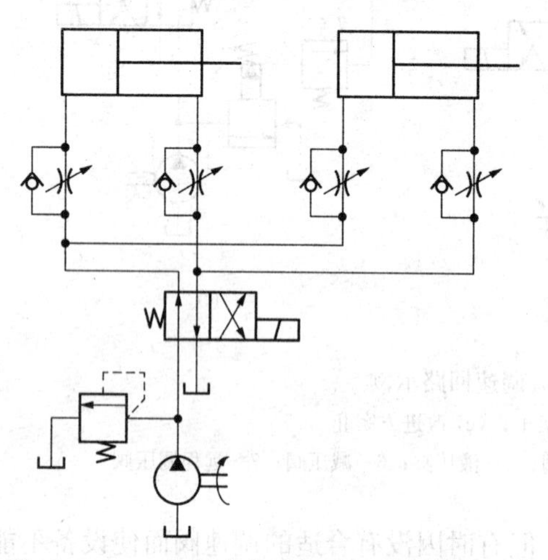
图 12 - 60 双缸同步节流阀进油节流调速回路

在图 12 - 60 所示的回路中，液压泵为定量泵，液压缸的进出油路分别安装单向节流阀。因此，这个回路为节流阀进油节流调速回路。为了保证液压缸同步运动，液压缸左右行程都可进行节流调速。

系统运行过程中出现的故障是：液压缸动作不稳定。

对系统进行检测和调试，分别调整各节流阀后，液压缸单独动作时运动正常，同时调整并控制两个缸运动速度同步节流阀时，发现液压缸运动中压力变化较大。检测溢流阀没有发现问题，测量流入两缸中的流量与泵的出口流量基本相等。不难分析出故障是由于液压泵的容量小造成的。

在进油节流调速回路中，系统运行时溢流阀是常开的。由于泵为定量泵，调节节流阀就能控制输入液压缸中的流量，定量泵输出的多余流量必须从溢流阀溢回油箱。因此选用液压泵时，必须考虑溢流阀的溢流量。同时，先导式溢流阀还要有一定的压力油推开先导阀泄回油箱，换向阀也有一定的内泄漏，所以选择液压泵时其流量应为如下数值：

$$q_{泵}=q_{缸}+q_{溢}+q_{泄1}+q_{泄2}$$

式中 $q_{泵}$——液压泵的输出流量；

$q_{缸}$——输入液压缸的流量；

$q_{溢}$——进油节流调速回路溢流阀的正常溢流量；

$q_{泄1}$——溢流阀先导阀正常工作的泄油量；

$q_{泄2}$——换向阀内部及其他元辅件的内外泄漏量。

溢流阀泄漏量的大小，随溢流阀规格、主回路的流量、调节压力、滑阀中央弹簧特性和滑阀上阻尼小孔直径的不同而不同。所以选择液压泵的流量时，必须满足系统的正常工作要求。液压泵流量小，向系统的执行机构供油不足，便产生压力、流量不稳定，使系统无法正常工作。

排除上述故障的方法：可更换容量较大的泵，以满足系统流量要求，或在系统工作允许的工况下，选用规格较小的溢流阀，以减小溢流量和泄漏量。

这个回路采用节流调速来实现两缸同步，在同步要求不高的条件下还是可以应用的。但对于同步要求较高的液压系统，比较可靠的是用电液比例调速阀或用机械同步保证（将两活塞杆机械地固定成整体）。

12－62　节流调速回路中节流阀前后压差过小的故障分析与排除方法如何？

在图12－61所示的系统中，液压泵为定量泵，节流阀在液压缸的进油路上，所以系统是进油节流调速系统。液压缸为单出杆液压缸，换向阀采用三位四通O型电磁换向阀。系统回油路上的单向阀作背压阀用。由于是进油节流调速系统，所以在调速过程中溢流阀是常开的，起定压与溢流作用。

系统的故障现象是：液压缸推动载荷运动时，运动速度达不到设定值。

经检查系统中各元件工作正常，油液温度为40℃，属正常温度范围。溢流阀的调节压力比液压缸工作压力高0.3MPa，这个压力差值偏小，即溢流阀的调节压力较低是产生上述故障的主要原因。

在节流阀进油节流调速回路中，液压缸的运动速度是由通过节流阀的流量决定的。通过节流阀的流量又取决于节流阀的通流截面和节流阀的前后压差（一般要达到0.2～0.3MPa），再调节节流阀的通流截面，就能使通过节流阀的流量稳定。

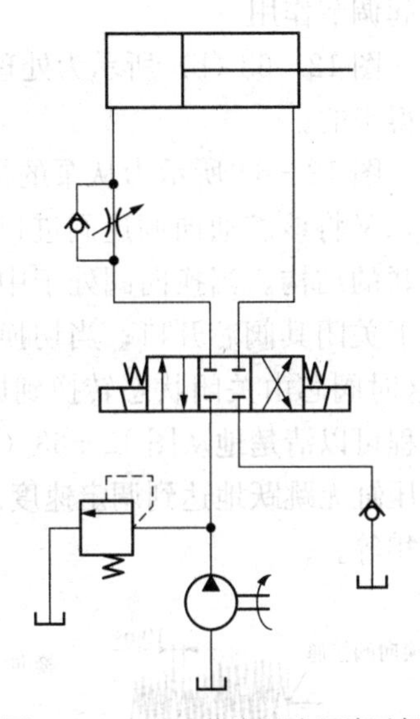

图12－61　进油节流调速回路示例

在上述回路中，油液通过换向阀的压力损失为0.2MPa，溢流阀的调定压力只比液压缸的工作压力高0.3MPa，这样就造成节流阀前后压差低于允许值（只有0～0.1MPa），通过节流阀的流量就达不到设计要求的数值，于是液压缸的运动速度就不可能达到设定值。

故障的排除方法：提高溢流阀的调节压力到0.5～1.0MPa，使节流阀的前后压差达到合理的压力值，再调节节流阀的通流截面，液压缸的运动速度就能达到设定值。

从以上分析不难看出，节流阀调速回路一定要保证节流阀前后压差达到一定数值，低于合理的数值，执行机构的运动速度就不稳定，甚至造成液压缸爬行。

12－63　调速回路中调速阀调速的前冲现象的故障分析与排除方法如何？

图12－62所示为调速阀进油调速回路，在液压缸停止运动后再启动时出现跳跃式的前冲现象。

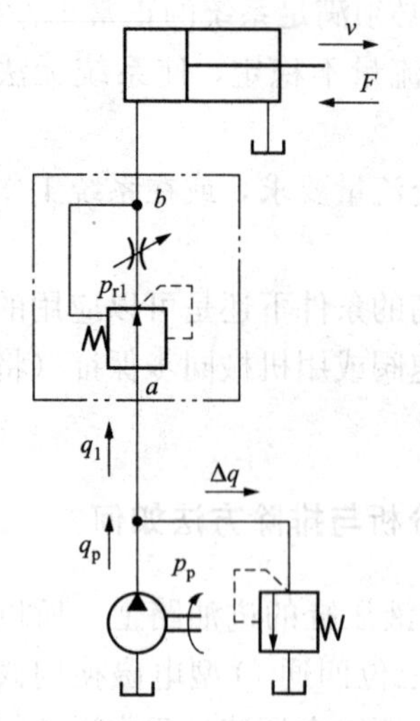

图 12-62 调速阀进油节流调速回路

回路中液压缸停止运动时，调速阀中无油液通过。在压差为零的情况下，减压阀阀芯在弹簧力作用下将阀口全部打开。当液压缸再次启动时，减压阀阀口处的压降很小，节流阀受到一个很大的瞬时压差，通过了较大的瞬时流量，呈现出液压缸跳跃式的前冲现象。液压缸必须在减压阀重新建立起平衡后才会按原来调定的速度运动。

经检测，调速阀进油节流调速回路中液压缸的启动过程如图 12-63（a）所示，图中横坐标为时间 t，纵坐标为液压缸行程 L，液压缸的运动速度为 $v=L/t=\tan\alpha$（α 越大表示速度越快）。

图中曲线表明：液压缸从静止到达其调定速度（用 α 表示）之前，出现一个瞬时高速度（用 α' 表示），它跳跃了 0.7mm，经过 20ms 后才达到调定速度，即减压阀才起调节作用。

图 12-63（b）所示为处理后获得的无跳跃过程，它是通过给调速阀添加一条控制油路后得来的。

图 12-64 所示为从泵的出口处引出一条控制油路 a，在 x 处与减压阀的无弹簧腔连接，又将该腔通向调速阀进口 P 的控制油路在 y 处断开，并做成一个可切换的、与换向阀关联的结构。当换向阀处于中位，液压缸停止运动时，y 处断开，减压阀在泵的压力油作用下关闭其阀芯开口；当切换换向阀使液压缸启动时，y 处接上，减压阀又恢复原有功能（这时阀芯由关闭状态转换到原来的调节状态，即使液压缸以调定速度移动的状态）。这个过程可以清楚地从图 12-63（b）的曲线中看出来，阀芯用了 70ms 的时间转换其状态才使液压缸无跳跃地达到调定速度。使用这种控制方式时，必须注意使接头 x 和 y 处的压力接近于相等。

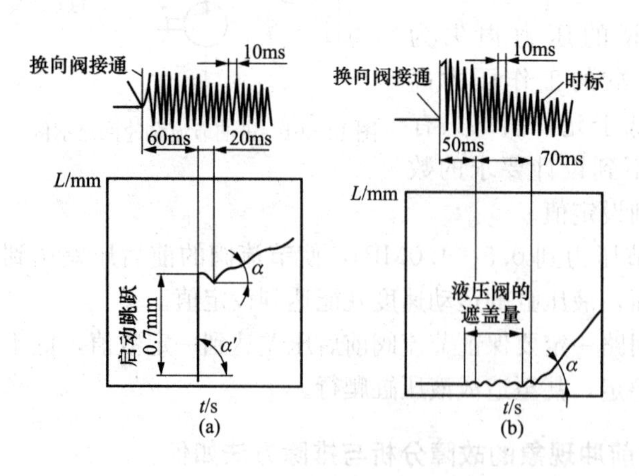

图 12-63 液压缸启动过程

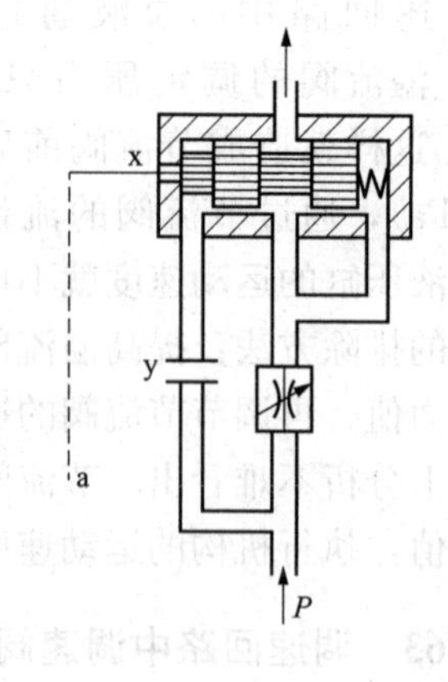

图 12-64 泵的出口处控制油路

又如图 12-65 为调速阀回油节流调速回路。液压缸在停歇后开动时，出现跳跃式前冲现象，比调速阀进油节流调速更严重。

出现前冲现象的基本原因及消除措施与调速阀进油节流调速完全相同。这里对前冲现象严重的原因及消除方法作进一步的分析。

经调查、调试和分析，发现液压缸停歇运动的时间越长，开动时前冲现象就越厉害。其原因是液压缸回油腔中油液有泄漏现象。当液压缸停歇越长，回油腔中的油液漏得越多，于是回油腔中的背压就越小，调速阀中减压阀压力调整越困难，所以液压缸前冲现象越严重。因此消除液压缸回油腔中油液的泄漏将会大大减少液压缸启动时的前冲现象。

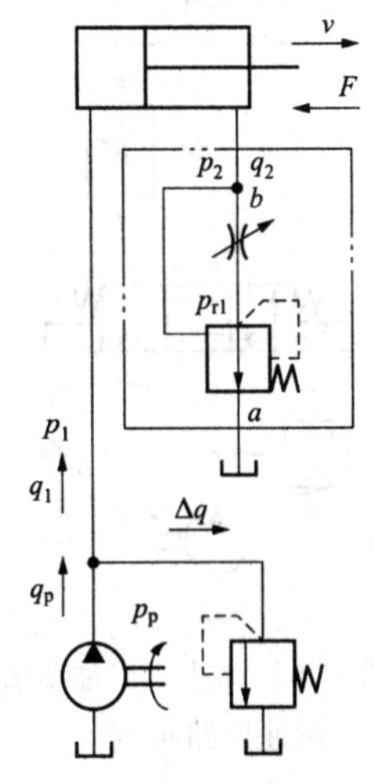

图 12－65　调速阀回油节流调速回路

调速阀进油路、回油节流调速回路的工作情况与节流阀进油、回油节流调速回路基本相同。但由于回路中采用了调速阀代替节流阀，回路的速度稳定性大大提高。当然液压阀和液压缸的泄漏、调速阀中减压阀阀芯处的弹簧力以及液压力变化等情况，实际上还是会因载荷的变化对速度产生一些影响，但在全载荷下这种调速回路的速度波动量不会超过±4％。

在调速阀进油节流调速回路中，调速阀大都制成减压阀在前、节流阀在后的结构形式。这样做的优点是：液压缸工作压力 p_1（无杆腔压力）随载荷所发生的变化直接作用在减压阀上，调节作用快。缺点是：油液通过减压阀阀口时发热，热油进入节流阀，油温又随着减压阀压降的变化而变化，因而使节流的系数 C 值不能保持恒定。

在调速阀回油节流调速回路中，以采用节流阀在前、减压阀在后的结构形式为好。因为这种形式不仅使压力 p_2（有杆腔压力）的变化直接作用在减压阀上，调节作用快，而且通过节流阀的油液温度不受减压阀阀口节流作用的影响。

调速阀进油和回油节流调速回路适用于对运动平稳性要求较高的小功率系统，如镗床、车床和组合机床的进给系统，回油节流调速还适用于铣床的进给系统。

12－64　调速回路中调速阀前后压差过小的故障分析与排除方法如何？

在图 12－66 所示的系统中，液压泵为定量泵，换向阀为三位四通 O 型电磁换向阀，调速阀装在液压缸的回油路上，所以这个回路是调速阀回油节流调速回路。

系统的故障现象是：在外载荷增加时，液压缸的运动速度出现明显的下降趋势。这个现象与调速阀的调速特性显然是不一致的。

检测与调试发现，系统中液压元件工作正常。液压缸运动在低载时，速度基本稳定，增大载荷时速度明显下降。将溢流阀的压力调高时，故障现象基本消除；将溢流阀的压力调低时，故障现象表现非常明显。

调速阀用于系统调速，其主要原理是利用一个能自动调整的可变液阻（串联在节流阀前的定差式减压阀）保证另一个固定液阻（串联在减压阀后的节流阀）前后压差基本不变，从而使经过调速阀的流量在调速阀前后压差变化的情况下保持恒定，于是执行机构运动速度在外载荷变化的工况下仍能保持匀速。

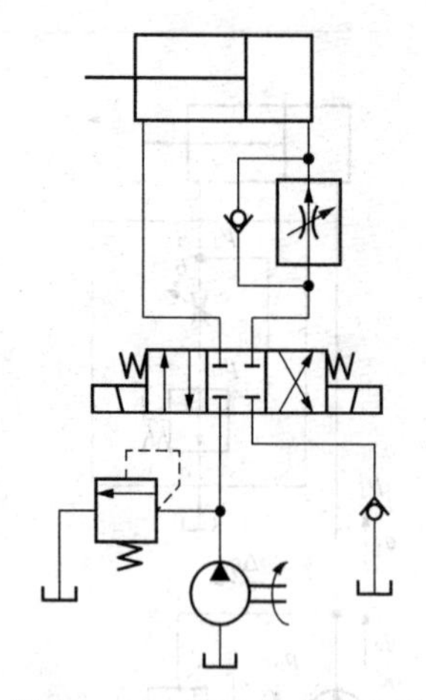
图 12-66　调速阀出油节流调速回路示例

在调速阀中，由于两个液阻是串联的，所以要保持调速阀稳定工作，其前后压差要高于节流阀作调速用时的前后压差。一般，调速阀前后压差应保持在 0.5～0.8MPa 压力值范围，若小于 0.5MPa 则定差式减压阀不能正常工作，也就不能起压力补偿作用。显然节流阀前后压差也就不能恒定，于是通过调速阀的流量便随外载荷变化而变化，执行机构的速度也就不稳定。

要保证调速阀前后压差在外载荷增大时仍保持在允许的范围内，必须提高溢流阀的调定压力值。另外，这种系统执行机构的速度刚性，也要受到液压缸和液压阀的泄漏、减压阀中的弹簧力、液动力等因素变化的影响。在全载荷下的速度波动值最高可达 4%。

在图 12-67（a）所示回路中，液压油经单向阀进入液压缸无杆腔顶起重物上升，有杆腔的油液直通油箱。液压缸下降行程靠自重下降，无杆腔的油液经调速阀回油箱，即相当于调速阀回油节流调速，因此液压缸下降速度应该稳定。但这个回路的液压缸下降时速度不稳定。

液压缸下降时液压泵已卸荷，液压缸无杆腔的压力只取决于重物，与液压泵输出压力无关，因此无杆腔油液压力取决于载荷和活塞面积。

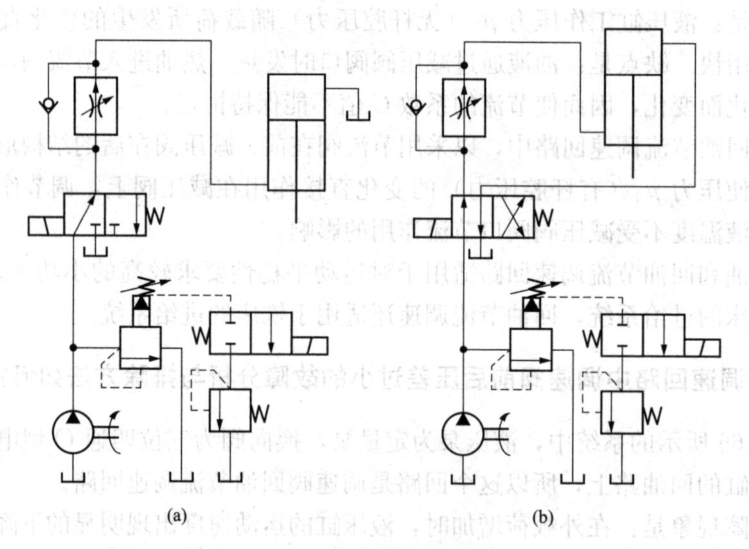

图 12-67　调速阀节流调速回路

(a) 改进前；(b) 改进后

调速阀中定差式减压阀要能正常工作，调速阀前后压差必须达到 0.5～0.8MPa。显然上述回路速度不稳定的原因是调速阀前后压差较低。要提高调速阀前后压差，可减小液压缸活塞的面积，但这往往比较困难。如图 12-67（b）所示，将二位三通阀改为二位四通阀，使液压缸下降时，有杆腔输入压力油，这时系统压力由溢流阀调定，液压泵输出的压力油一部分进入液压缸，一部分由溢流阀溢回油箱。液压缸下降的速度由调速阀调定，调高溢流阀的调定压力，调速阀前后压差也相应增大，保证了调速阀正常工作的压差，液压缸的速度就符合调速阀回油节流调速的规律，不会随载荷变化而变化，液压缸就能稳定下降。

12－65　调速回路中液压缸回程时速度缓慢的故障分析与排除方法如何？

在图12－68所示的系统中，液压泵为定量泵，换向阀为二位四通电磁换向阀，节流阀在液压缸的回油路上，因此系统为回油节流调速系统。液压缸回程时液压油由单向阀进入液压缸的有杆腔。溢流阀在系统中起定压和溢流作用。

系统故障现象是：液压缸回程时速度缓慢，没有最大回程速度。

对系统进行检查和调试，发现液压缸快进和工作运动都正常，只是快退回程时不正常，检查单向阀，其工作正常。液压缸回程时无工作载荷，此时系统压力比较低，液压泵的出口流量全部输入液压缸有杆腔，应使液压缸产生较高的速度。但发现液压缸回程速度不仅缓慢，而且此时系统压力还很高。

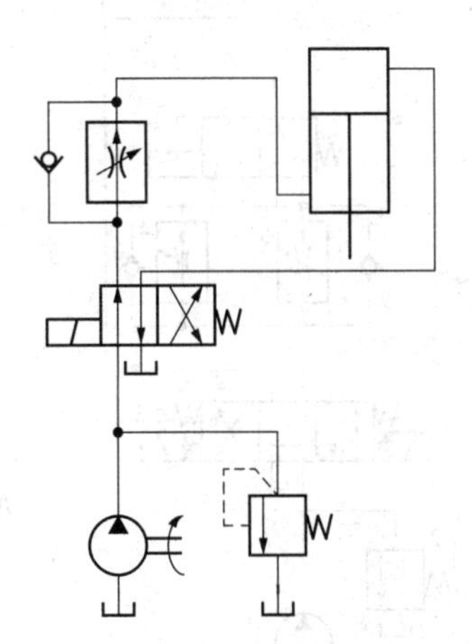

图12－68　调速阀回油节流调速回路

拆检换向阀发现，换向阀复位弹簧不仅弹力不足，而且存在歪斜现象，导致换向阀的阀芯在断电后未能回到原始位置，于是滑阀的开口量过小，对通过换向阀的油液起节流作用。液压泵输出的压力油大部分由溢流阀溢回油箱，此时换向阀阀前压力已达到溢流阀的调定压力，这就是液压缸回程时压力升高的原因。

由于大部分压力油溢回油箱，经过换向阀进入液压缸有杆腔的油液必然较少，因此液压缸回程无最大速度。

这种故障排除的方法是：滑阀不能回到原位属于弹簧原因，应更换合格的弹簧。如果由于滑阀精度差而产生径向卡紧，应对滑阀进行修磨或重新配制。一般阀芯的圆度和锥度的允差为0.003～0.005mm。最好使阀芯有微量的锥度（可为最小间隙的四分之一），并且使它的大端在低压腔一边，这样可以自动减小偏心量，也减小摩擦力，从而减小或避免径向卡紧力。

引起阀芯回位阻力增大的原因还可能有：脏物进入滑阀缝隙中而使阀芯移动困难；阀芯和阀孔间的间隙过小，以致当油温升高时阀膨胀而卡死；电磁铁推杆的密封圈处阻力过大；安装紧固电磁阀时使阀孔变形等。只要能找出卡紧的真实原因，相应的排除方法就比较容易了。

12－66　调速回路中速度换接时产生冲击的故障分析与排除方法如何？

在图12－69（a）所示回路中，泵1为定量泵，换向阀3采用M型电液换向阀。液压缸执行工作进给时，由调速阀4、5经换向阀6对液压缸进行速度换接。

回路故障是在速度换接时液压缸产生较大液压冲击。检测有关元件并调试系统，各元件工作正常，系统中无过量的气体。

由于冲击发生在液压缸由一种速度向另一种速度换接时，可以分析出故障是由于调速阀使用不当造成的，即在速度换接时调速阀的压力补偿装置的跳跃现象引起的。

在调速阀正常工作时，串联于节流阀前的定差式减压阀自动调节成适当开度，使节流阀

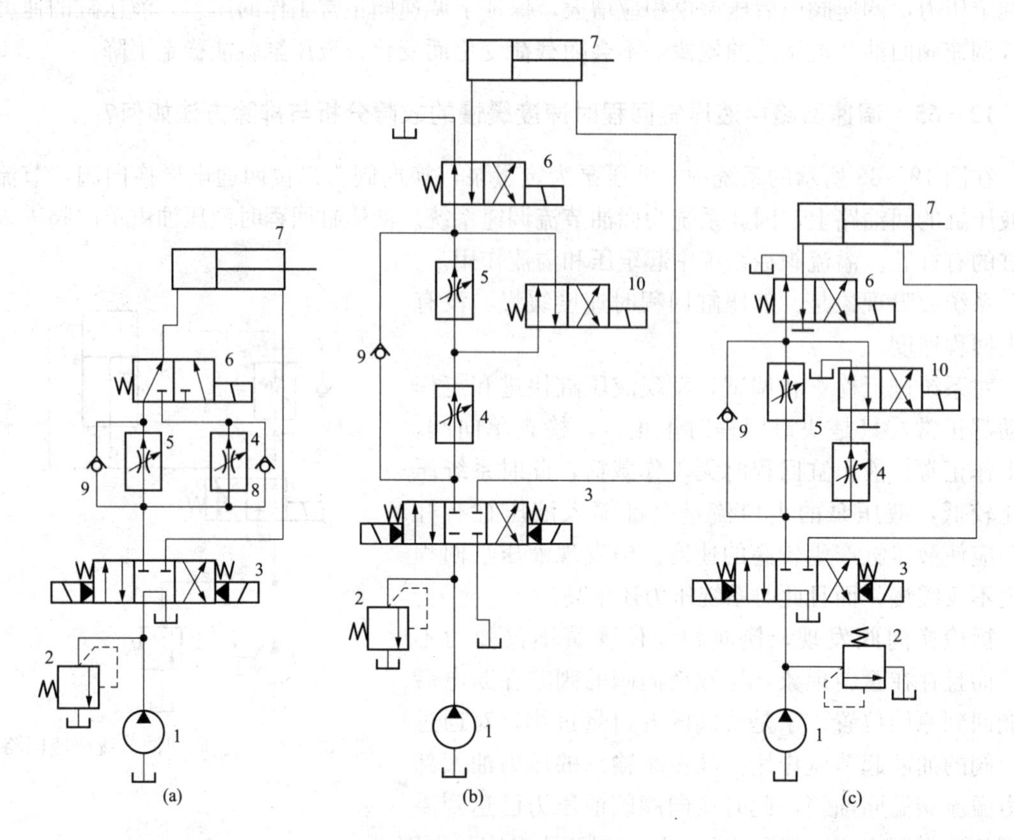

图 12－69　速度换接回路

1—液压泵；2—溢流阀；3—电液换向阀；4、5—调速阀；6、10—电磁换向阀；

7—液压缸；8、9—单向阀

两端压差为定值。在图 12－69（a）所示的回路中，速度换接前没有压力油通过调速阀，减压阀在阀芯弹簧作用下开度最大，这时由换向阀 6 开始速度换接，压力油急速流入调速阀，使减压阀阀后压力瞬时增大，节流阀两端的压差很大，流过的流量也很大，这样液压缸就急速运动。经过一瞬间后，定差减压阀在阀后压力作用下，使滑芯的开度达到最小，流过减压阀的流量也降到最小，此时液压缸又急速慢下来。这个过程往复多次才能使流量达到稳定的数值。这就是上述回路在换向阀 6 换向过程中，液压缸速度换接时发生液压冲击的原因。

将上述回路结构改进为图 12－69（b）或图 12－69（c）所示形式，故障便立即消除。

在图 12－69（b）所示回路中，调速阀为串联形式。在图示位置时，压力油经调速阀 4、5 和换向阀 6 回油箱。换向阀 6 与 10 通电后右位工作，调速阀 4 开始工作，液压缸的速度由调速阀 4 调节。当换向阀 10 不通电而换向阀 6 通电时，调速阀 4 与 5 均进入工作状态。很明显，在液压缸运行速度换接过程中的每一时刻，两个调速阀都有压力油通过，这样便避免了上述故障的发生。在这样的调速回路，调速阀 5 的通流截面要调得小于调速阀 4，否则就不能进行速度换接。

在图 12－69（c）所示回路中，调速阀 4 和 5 并联。在图示位置，两调速阀都有压力油通过，当换向阀 6 和 10 接通时，调速阀 4 工作；当换向阀 6 接通、换向阀 10 切断时，调速阀 5 工作。不难看出，调速阀在速度换接的每一时刻也同样都有压力油通过，从而也可避免发生上述故障。

12-67 调速回路中油温过高引起速度降低的故障分析与排除方法如何？

在图 12-70（a）所示回路中，液压泵为定量泵，装在回油路上，所以该回路为回油节流调速回路。

系统启动工作时，液压泵的出口压力上升不到设定值，执行机构速度上不去。

检测并调试系统，发现油箱内油液温度很高，液压泵外泄油管异常发热。检测液压泵时发现容积效率较低，说明泵内泄漏严重。检测其他元件均未发现异常。

液压泵外泄漏严重，一定压力的油液泄漏回油箱，压力降为零。根据能量转换原理，液体的压力能主要转换成热能，使油液温度升高。又由于油箱散热效果差，且没有专门冷却装置，使油温超过了允许值范围。油液的温度升高，使其黏度大大降低，系统中各元件内外泄漏加剧，如此恶性循环，导致系统压力和流量上不去。

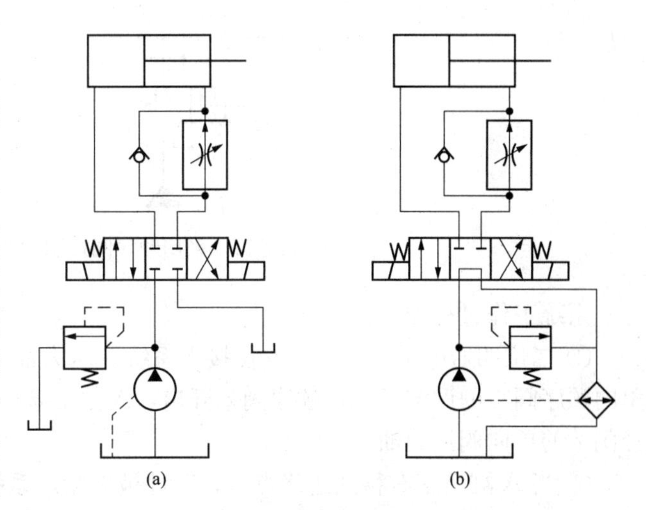

图 12-70 调速阀回油节流调速回路

（a）改进前；（b）改进后

在液压传动中，节流调速是能量损失较大的一种调速方法，损失的能量使油液温升而散失。该回路采用调速阀回油节流调速，调速阀中的减压阀阀口和节流阀的节流口都将造成压力损失。

回路中换向阀中位机能为 O 型，液压油不能卸荷，而以较高的压力由溢流阀流回油箱，也造成油箱油液温度升高。

液压系统的温升原因有些是不可克服的，有些是可以消除的。本回路的温升消除方法可从以下几方面着手：

① 加大油箱容量，改善散热条件。

② 增设冷却器，如图 12-70（b）所示。也可将换向阀的中位机能改为 M 型。

③ 更换容积效率较高的液压泵。

解决了温升问题，就能减少系统的内外泄漏，特别是液压泵的泄漏。泄漏减少了，液压泵的输出压力就能达到设计要求。

12-68 采用顺序阀控制的顺序动作回路是如何工作的？

图 12-71 为采用顺序阀控制的顺序动作回路。阀 1 和阀 2 是由顺序阀与单向阀构成的组合阀——单向顺序阀。系统中有两个执行元件：夹紧液压缸 A 和加工液压缸 B。两液压缸

按夹紧→工作进给→快退→松开的顺序动作。

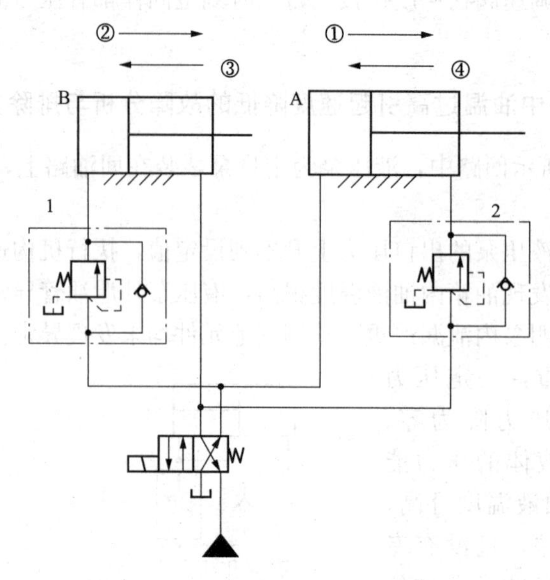

图 12-71 采用顺序阀控制的顺序动作回路

系统工作过程如下：

① 二位四通电磁阀通电，左位接入系统，压力油液进入A缸左腔，由于系统压力低于单向顺序阀1的调定压力，顺序阀未开启，A缸活塞向右运动实现夹紧，完成动作①，回油经阀2的单向阀流回油箱。

② 当A缸活塞右移到达终点时，工件被夹紧，系统压力升高。超过阀1中顺序阀调定值时，顺序阀开启，压力油液进入加工液压缸B左腔，活塞向右运动进行加工，回油经换向阀回油箱，完成动作②。

③ 加工完毕后，二位四通电磁阀断电，右位接入系统（如图示位置），压力油液进入B缸右腔，阀2的顺序阀未开启，回油经阀1的单向阀流回油箱，活塞向左快速运动实现快退，完成动作③。

④ 到达终点后，油压升高，使阀2的顺序阀开启，压力油液进入A缸右腔，回油经换向阀流回油箱，活塞向左运动松开工件，完成动作④。

用顺序阀控制的顺序动作回路，其顺序动作的可靠程度主要取决于顺序阀的质量和压力调定值。为了保证顺序动作的可靠准确，应使顺序阀的调定压力大于先动作的液压缸的最高工作压力（$8\times10^5\sim1\times10^6$Pa），以避免因压力波动使顺序阀先行开启。

这种顺序动作回路适用于液压缸数量不多、负载阻力变化不大的液压系统。

12-69 采用压力继电器控制的顺序动作回路是如何工作的？

图12-72是采用压力继电器控制的顺序动作回路。按下按钮，使二位四通换向阀1电磁铁通电，左位接入系统，压力油液进入液压缸A左腔，推动活塞向右运动，回油经换向阀1流回油箱，完成动作①；当活塞碰上定位挡铁时，系统压力升高，使安装在液压缸A进油路上的压力继电器动作，发出电信号，使二位四通换向阀2电磁铁通电，左位接入系

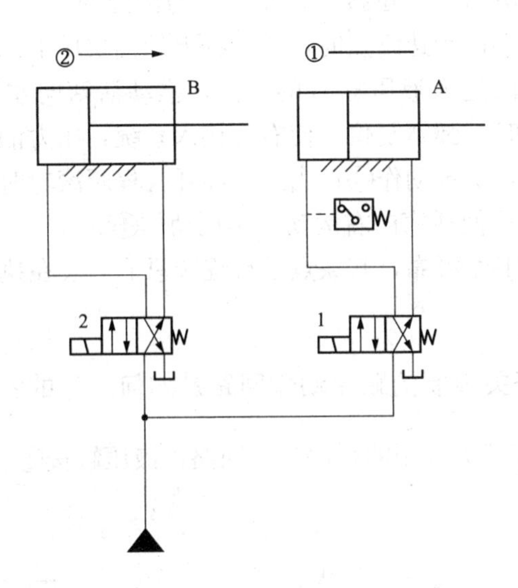

图 12-72　采用压力继电器控制的顺序动作回路

统，压力油液进入液压缸 B 左腔，推动活塞向右运动，完成动作②；实现 A、B 两液压缸先后顺序动作。

采用压力继电器控制的顺序动作回路，简单易行，应用较普遍。使用时应注意，压力继电器的调定压力值应比先动作的液压缸 A 的最高工作压力高 $3\times10^5\sim5\times10^5$ Pa，同时又应较溢流阀调定压力低 $3\times10^5\sim5\times10^5$ Pa，以防止压力继电器误发信号。

12-70　采用行程阀控制的顺序动作回路是如何工作的？

图 12-73 是采用行程阀控制的顺序动作回路。循环开始前，两液压缸活塞如图示位置。

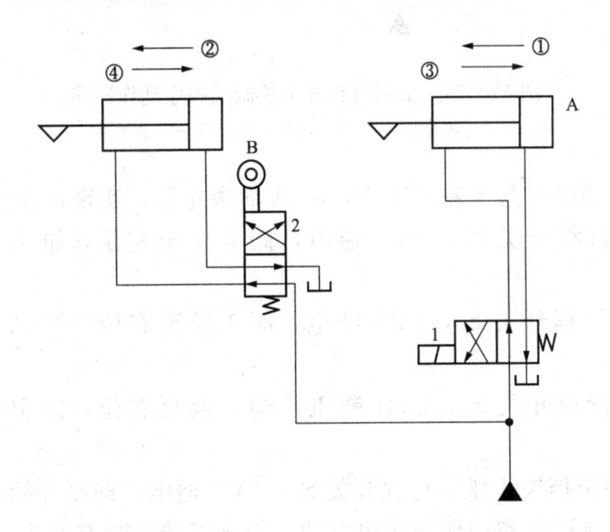

图 12-73　采用行程阀控制的顺序动作回路

1—二位四通换向阀；2—二位四通行程阀

二位四通换向阀电磁铁通电后，左位接入系统，压力油经换向阀进入液压缸A右腔，推动活塞向左移动，实现动作①；到达终点时，活塞杆上的挡块压下二位四通行程阀的滚轮，使阀芯下移，压力油经行程阀进入液压缸B的右腔，推动活塞向左运动，实现动作②；当二位四通换向阀电磁铁断电时，弹簧复位，使右位接入系统，压力油液经换向阀进入液压缸A左腔，推动活塞向右退回，实现动作③；当挡块离开行程阀滚轮时，行程阀复位，压力油经行程阀进入液压缸B左腔，使活塞向右运动，实现动作④。

这种回路动作灵敏，工作可靠，其缺点是行程阀只能安装在执行元件的附近，调整和改变动作顺序也较为困难。

12-71　采用行程开关控制的顺序动作回路是如何工作的？

图12-74为采用行程开关控制的顺序动作回路，液压缸按①→②→③→④的顺序动作，其工作过程如下。

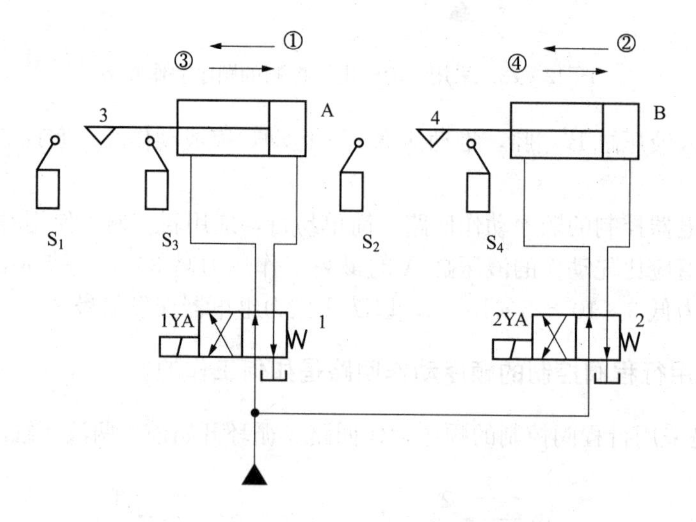

图12-74　采用行程开关控制的顺序动作回路

1、2—换向阀；3、4—挡块；S_1～S_4—行程开关

① 电磁铁1YA通电，阀1左位工作，缸A活塞左移，实现动作①。

② 挡块3压下行程开关S_1，2YA通电，阀2换至左位，缸B活塞左移，实现动作②。

③ 挡块4压下行程开关S_2，1YA断电，阀1换至右位，缸A活塞右移，实现动作③。

④ 挡块3压下行程开关S_3，2YA断电，阀2换至右位，缸B活塞右移，实现动作④。

当缸B活塞运动至挡块4压下行程开关S_4，1YA通电，即可开始下一个工作循环。这种回路使用方便，调节行程和动作顺序也方便，但顺序转换时有冲击，且电气线路比较复杂，回路的可靠性取决于电器元件的质量。

12－72　采用液压缸机械连接的同步回路是如何工作的？

图 12－75 所示为采用液压缸机械连接的同步回路，这种同步回路是用刚性梁、齿轮、齿条等机械零件在两个液压缸的活塞杆间实现刚性连接以实现位移同步的回路，此方法比较简单经济，能基本上保证位置同步的要求，但由于机械零件在制造、安装上的误差，同步精度不高；同时，两个液压缸的负载差异不宜过大，否则会造成卡死现象。

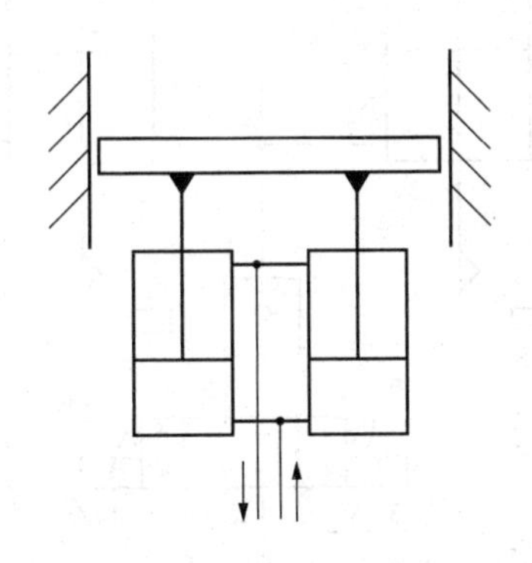

图 12－75　采用液压缸机械连接的同步回路

12－73　采用调速阀的同步回路是如何工作的？

图 12－76 所示是采用调速阀的单向同步回路。两个液压缸是并联的，在它们的进（回）油路上分别串接一个调速阀，调节两个调速阀的开口大小，便可控制或调节进入或流出液压缸的流量，使两个液压缸在一个运动方向上实现同步，即单向同步。这种同步回路结构简单，但是两个调速阀的调节比较麻烦，而且还受油温、泄漏等的影响，故同步精度不高，不宜用在偏载或负载变化频繁的场合。

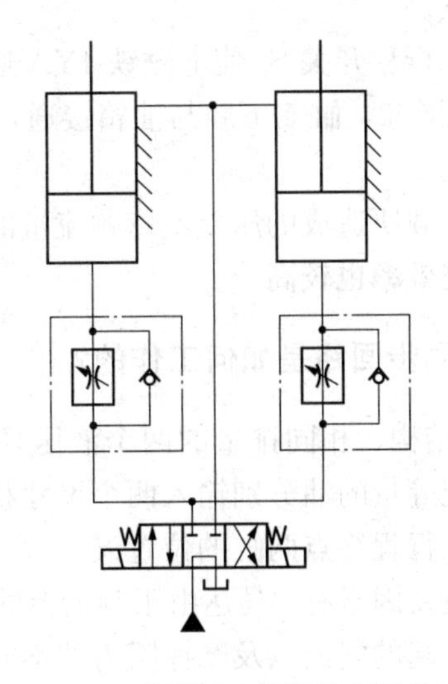

图 12－76　采用调速阀的单向同步回路

12－74 采用串联液压缸的同步回路是如何工作的？

图 12－77 所示为带有补偿装置的两个液压缸串联的同步回路。

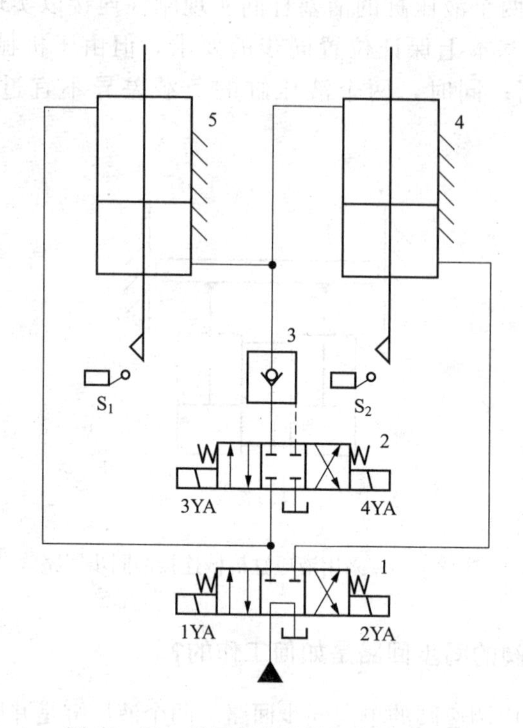

图 12－77 采用串联液压缸的同步回路
1、2—换向阀；3—液控单向阀；4、5—液压缸

当两缸同时下行时，若缸 5 活塞先到达行程终点，则挡块压下行程开关 S_1，电磁铁 3YA 通电，换向阀 2 左位工作，压力油经换向阀 2 和液控单向阀 3 进入缸 4 上腔进行补油，使其活塞继续下行到达行程端点。

如果缸 4 活塞先到达终点，行程开关 S_2 使电磁铁 4YA 通电，换向阀 2 右位工作，压力油进入液控单向阀控制腔，打开阀 3，缸 5 下腔与油箱接通，使其活塞继续下行到达行程终点，从而消除累积误差。

这种回路允许较大偏载，偏载所造成的压差不影响流量的改变，只会导致微小的压缩和泄漏，因此同步精度较高，回路效率也较高。

12－75 采用同步马达的同步回路是如何工作的？

图 12－78 所示为采用相同结构、相同排量的两个液压马达作为等流量分流装置的同步回路。两个马达轴刚性连接，把等量的油分别输入两个尺寸相同的液压缸中，使两液压缸实现同步。图中的节流阀用于消除行程终点两缸的位置误差。

影响这种回路同步精度的主要因素有：马达由于制造上的误差而引起排量上的差别，作用于液压缸活塞上的负载不同引起的漏油以及摩擦阻力的不同等。

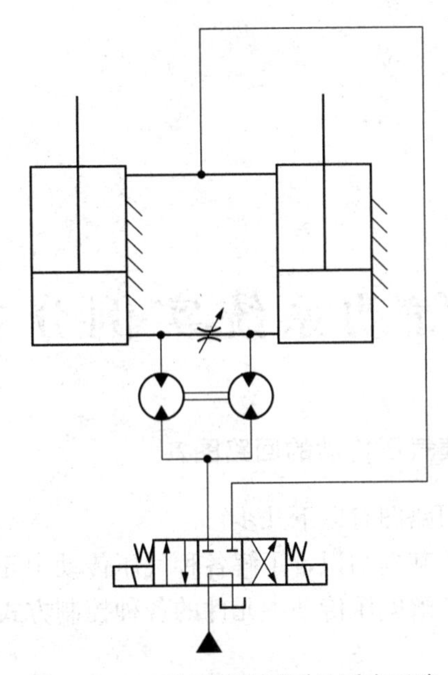

图 12-78　采用同步马达的同步回路

气动系统实例分析

13-1 如何分析和阅读气压传动的回路图?

分析和阅读气压传动的回路图有以下几步:

第一步,掌握气压传动的基本知识,了解各种气压传动中元件的名称、工作原理、功能特性以及它们的图形符号;了解气压传动中元件的各种控制方式,掌握气压传动的基本回路及工作原理。

第二步,初步阅读系统图。分析整个系统中包含了哪些元件,如果遇到较为复杂的系统图可以将系统划分为若干个子系统。

第三步,分析系统各个元件的功用、元件与元件之间的相互关系以及各元件组成的基本回路的功能及动作情况。根据执行元件的动作要求,按照元件的动作顺序逐步地搞清楚各个行程的动作和工作介质的流动路线。

第四步,根据系统中对执行元件间的要求,分析各个子系统之间的联系及如何实现这些要求。

第五步,根据对整个系统的分析,归纳总结整个系统的特点,以加深对系统的理解和掌握。

13-2 气液动力滑台气压传动系统是如何工作的?

气液动力滑台是采用气液阻尼缸作为执行元件。由于在它的上面可以安装单轴头、动力箱或工件,因而在机床上常用来作为实现进给运动的部件。

图 13-1 为气液动力滑台的回路原理图。图中阀 1、2、3 和 4、5、6 实际上分别被组合在一起,成为两个组合阀。

该气液动力滑台能完成下面的两种工作循环。

1. 快进→慢进→快退→停止

当阀 4 处于图示状态时,就可实现上述循环的进给程序。具有动作原理为:当手动阀 3 切换至右位时,实际上就是给予进刀信号,在气压作用下,气缸中活塞开始向下运动,液压缸中活塞下腔油液经行程阀 6 的左位和单向阀 7 进入液压缸活塞的上腔,实现了快进;当快进到活塞杆上的挡铁 B 切换行程阀 6(使它处于右位)后,油液只能经节流阀 5 进入活塞上腔,调节节流阀的开度,即可调节气液阻尼缸运动速度。所以,这时开始慢进(工作进给)。当慢进到挡铁 C 使行程阀 2 切换至左位时,输出气信号使阀 3 切换至左位,这时气缸活塞开始向上运动。液压缸活塞上腔的油液经阀 8 至图示位置而使油液通道被切断,活塞就停止运

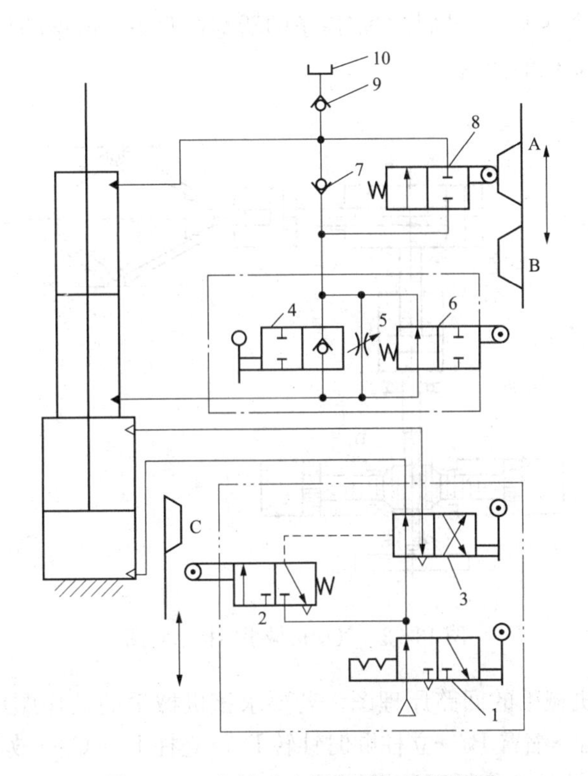

图 13-1　气液动力滑台的回路原理图

1、3、4—手动换向阀；2、6、8—行程阀；5—节流阀；7、9—单向阀；10—补油箱

动。所以改变挡铁 A 的位置，就能改变“停”的位置。

2. 快进→慢进→慢退→快退→停止

把手动阀 4 关闭（处于左位）时就可实现上述的的双向进给程序。具体动作原理为：其动作循环中的快进→慢进的动作原理与上述相同。当慢进至挡铁 C 切换行程阀 2 至左位时，输出气信号使阀 3 切换至左位，气缸活塞开始向上运动，这时液压缸上腔的油液经行程阀 8 的左位和节流阀 5 进入液压缸活塞下腔，亦即实现了慢退（反向进给）；当慢退到挡铁 B 离开阀 6 的顶杆而使其复位（处于左位）后，液压缸活塞上腔的油液就经阀 8 的左位、阀 6 的左位进入液压缸活塞下腔，开始快退；快退到挡铁 A 切换阀 8 至图示位置时，油液通路被切断，活塞就停止运动。

图中补油箱 10 和单向阀 9 仅仅是为了补偿系统中的漏油而设置的，因而一般可用油杯代替。

13-3　气动机械手是如何工作的?

气动机械手具有结构简单和制造成本低等优点，并可以根据各种自动化设备的工作需要，按照设定的控制程序动作。因此，它在自动生产设备和生产线上被广泛采用。

图 13-2 所示是用于某专用设备上的气动机械手结构示意图。气动机械手由四个气缸组成，可在三个坐标内工作。图中缸 A 为夹紧缸，其活塞杆退回时夹紧工件，活塞杆伸出时松开工件。缸 B 为长臂伸缩缸，可实现伸出和缩回动作。缸 C 为立柱升降缸。缸 D 为立柱

回转缸，该气缸有两个活塞，分别装在带齿条的活塞杆两头，齿条的往复运动带动立柱上的齿轮旋转，从而实现立柱的回转。

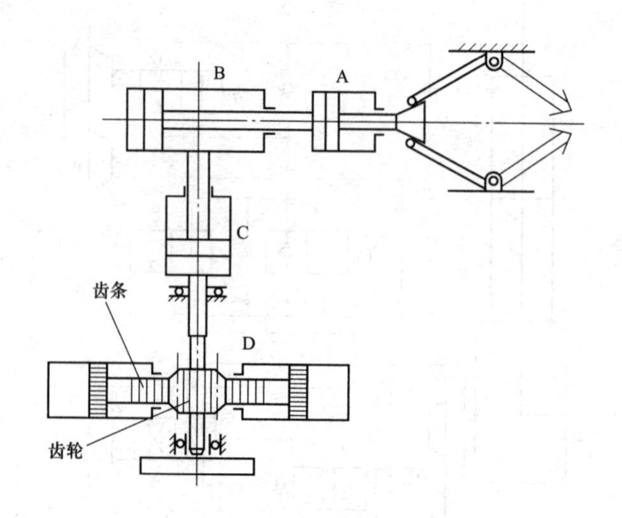

图 13－2　气动机械手结构示意图

图 13－3 是气动机械手的回路原理图。若要求该机械手的动作顺序为：立柱下降 C_0→伸臂 B_1→夹紧工件 A_0→缩臂 B_0→立柱顺时针转 D_1→立柱上升 C_1→放开工件 A_1→立柱逆时针转 D_0，则该传动系统的工作循环分析如下：

① 按下启动阀 q，主控阀 C 将处于 C_0 位，活塞杆退回，即得到 C_0。

② 当缸 C 活塞杆上的挡铁碰到 c_0，则控制气将使主控阀 B 处于 B_1 位，使缸 B 活塞杆伸出，即得到 B_1。

③ 当缸 B 活塞杆上的挡铁碰到 b_1，则控制气将使主动阀 A 处于 A_0 位，缸 A 活塞杆退回，即得到 A_0。

④ 当缸 A 活塞杆上的挡铁碰到 a_0，则控制气将使主动阀 B 处于位 B_0 位，缸 B 活塞杆退回，即得到 B_0。

⑤ 当缸 B 活塞杆上的挡铁碰到 b_0，则控制气使主动阀 D 处于 D_1 位，缸 D 活塞杆往右，即得到 D_1。

⑥ 当缸 D 活塞杆上的挡铁碰到 d_1，则控制气使主控阀 C 处于 C_1 位，使缸 C 活塞杆伸出，得到 C_1。

⑦ 当缸 C 活塞杆上的挡铁碰到 c_1，则控制气使主控阀 A 处于 A_1 位，使缸 A 活塞杆伸出，得到 A_1。

⑧ 当缸 A 活塞杆上的挡铁碰到 a_1，则控制气使主控阀 D 处于 D_0 位，使缸 D 活塞杆往左，即得到 D_0。

⑨ 当缸 D 活塞杆上的挡铁碰到 d_0，则控制气经启动阀 q 又使主控阀 C 处于 C_0 位，于是又开始新的一轮工作循环。

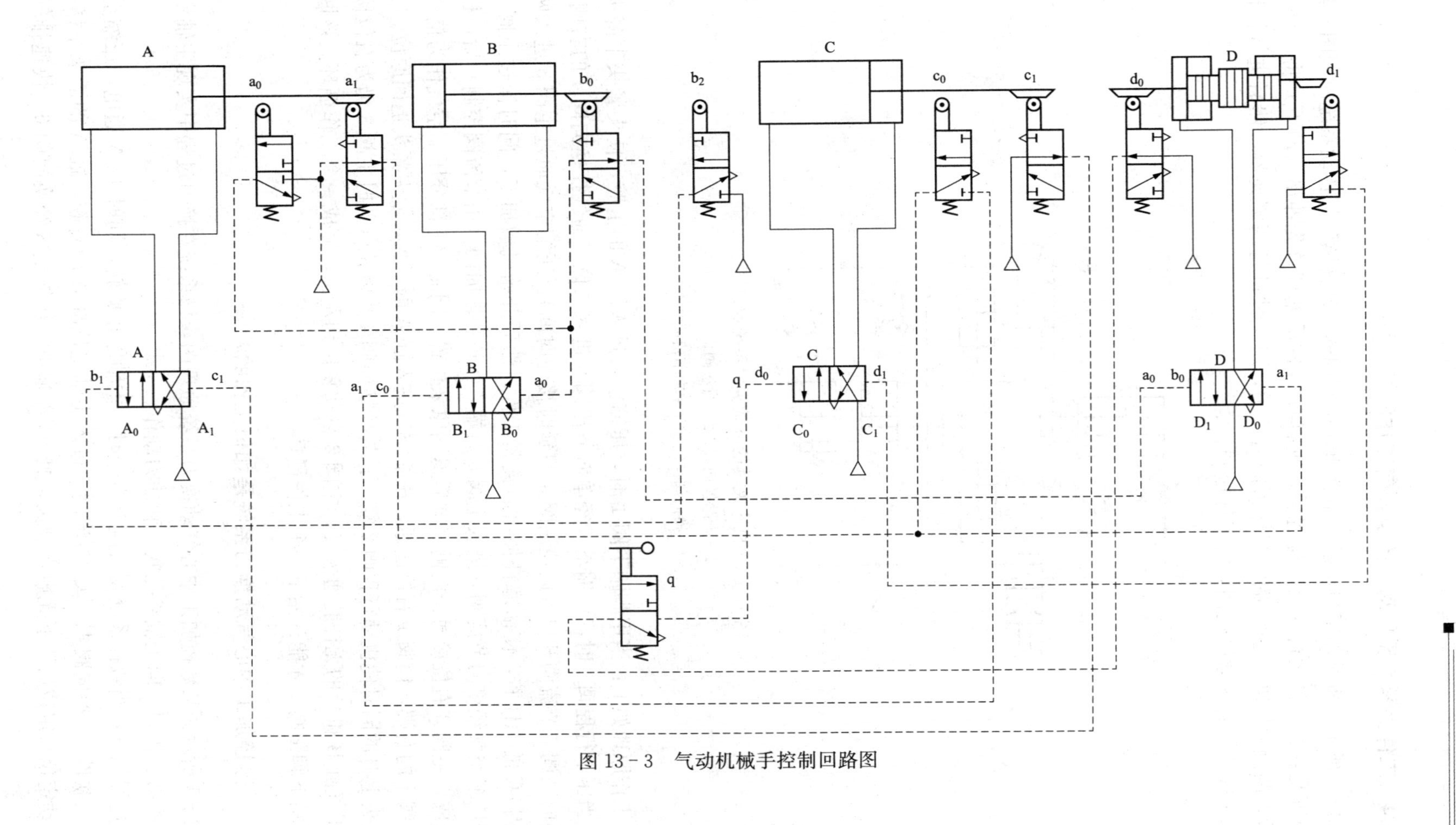

图 13-3　气动机械手控制回路图

13-4　工件夹紧气压传动系统是如何工作的？

图 13-4 所示为机械加工自动线、组合机床中常用的工件夹紧气压传动系统原理图。具体工作原理是：当工件运行到指定位置后，垂直缸 A 的活塞杆首先伸出（向下）将工件定位锁紧后，两侧的气缸 B 和 C 的活塞杆再同时伸出，对工件进行两侧夹紧，然后进行机械加工，加工完成后各夹紧缸退回，将工件松开。

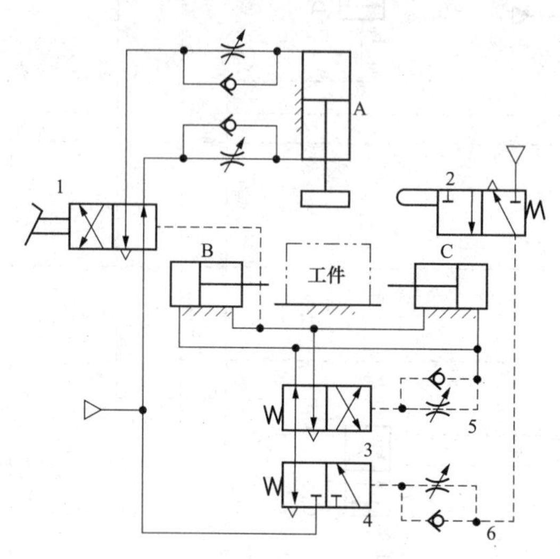

图 13-4　机床夹具的气动夹紧系统原理图

1—脚踏换向阀；2—行程阀；

3、4—换向阀；5、6—单向节流阀

具体工作原理如下：当用脚踏下阀 1 时，压缩空气进入缸 A 的上腔，使夹紧头下降夹紧工件，当压下行程阀 2 时，压缩空气经单向节流阀 6 进入二位三通气控换向阀 4 的右侧，使阀 4 换向（调节节流阀开口可以控制阀 4 的延时接通时间）。压缩空气通过主阀 3 进入两侧气缸 B 和 C 的无杆腔，使活塞杆伸出而夹紧工件。然后开始机械加工，同时流过主阀 3 的一部分压缩空气经单向节流阀 5 进入主阀 3 右端，经过一段时间（由节流阀控制）后，机械加工完成，主阀 3 右位接通，两侧气缸后退到原来位置。同时，一部分压缩空气作为信号进入脚踏阀 1 的右端，使阀 1 右位接通，压缩空气进入缸 A 的下腔，使夹紧头退回原位。

夹紧头上升的同时使机动行程阀 2 复位，气控换向阀 4 也复位（此时主阀 3 仍为右位接通）。由于气缸 B 和 C 的无杆腔通大气，主阀 3 自动复位到左位，完成一个工作循环。该回路只有再踏下脚踏阀 1 才能开始下一个工作循环。

13-5　数控加工中心气动换刀系统是如何工作的？

图 13-5 所示为某数控加工中心气动换刀系统原理图，该系统在换刀过程中实现主轴定位、主轴松刀、拔刀、向主轴锥孔吹气和插刀动作。

动作过程如下：当数控系统发出换刀指令时，主轴停止旋转，同时 4YA 通电，压缩空气经气动三联件 1、换向阀 4、单向节流阀 5 进入主轴定位缸 A 的右腔，缸 A 的活塞左移，使主轴自动定位。定位后压下无触点开关，使 6YA 通电，压缩空气经换向阀 6、快速排气阀 8 进入气液增压缸 B 的上腔，增压腔的高压油使活塞伸出，实现主轴松刀。同时使 8YA 通电，压缩空气经换向阀 9、单向节流阀 11 进入缸 C 的上腔，缸 C 下腔排气，活塞下移实现拔刀。由回转刀库交换刀具，同时 1YA 通电，压缩空气经换向阀 2、单向节流阀 3 向主轴锥孔吹气。稍后 1YA 断电、2YA 通电，停止吹气，8YA 断电、7YA 通电，压缩空气经换向阀 9、单向节流阀 10 进入缸 C 的下腔，活塞上移，实现插刀动作。6YA 断电、5YA 通电，压缩空气经阀 6、快速排气阀 7 进入气液增压缸 B 的下腔，使活塞退回，主轴的机械机构使刀具夹紧。4YA 断电、3YA 通电，缸 A 的活塞靠弹簧力作用复位，恢复到开始状态，换刀结束。

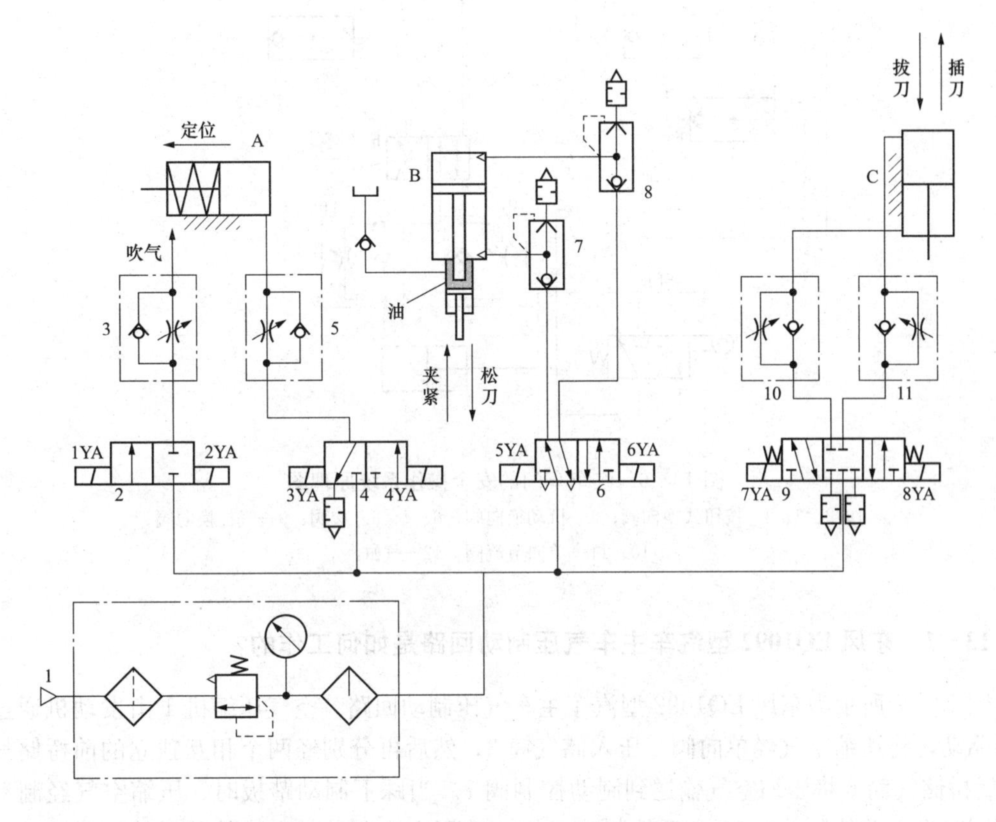

图 13-5 数控加工中心气动换刀系统原理图

1—气动三联件；2、4、6、9—换向阀；3、5、10、11—单向节流阀；7、8—梭阀

13-6 汽车车门的安全操作系统是如何工作的？

图 13-6 所示为汽车车门的安全操作系统原理图。该安全操作系统用来控制汽车车门开关，且当车门在关闭中遇到障碍时，能使车门再自动开启，起安全保护作用。车门的开关靠气缸 12 实现，气缸由气控换向阀 9 控制。而气控换向阀又由 1、2、3、4 四个按钮式换向阀操纵，气缸运动速度的快慢由单向节流阀 10 和 11 调节。通过阀 1 或阀 3 使车门开启；通过阀 2 或阀 4，使车门关闭。起安全保护的机动控制换向阀 5 安装在车门上。

当操纵手动换向阀 1 或 3 时，压缩空气便经阀 1 或阀 3 到梭阀 7 和 8，把控制信号送到阀 9 的 a 侧，使阀 9 向车门开启方向切换。压缩空气便经阀 9 左位和阀 10 中的单向阀到气缸有杆腔，推动活塞而使车门开启。当操纵阀 2 或阀 4 时，压缩空气则经阀 6 到阀 9 的 b 侧，使阀 9 向车门关闭方向切换，压缩空气则经阀 9 右位和阀 11 中的单向阀到气缸的无杆腔，使车门关闭。车门在关闭过程中若碰到障碍物，便推动机动换向阀 5，使压缩空气通过阀 5 把控制信号经阀 8 送到阀 9 的 a 端，使车门重新开启。但是，若阀 2 或阀 4 仍然保持按下状态，则阀 5 起不到自动开启车门的安全作用。

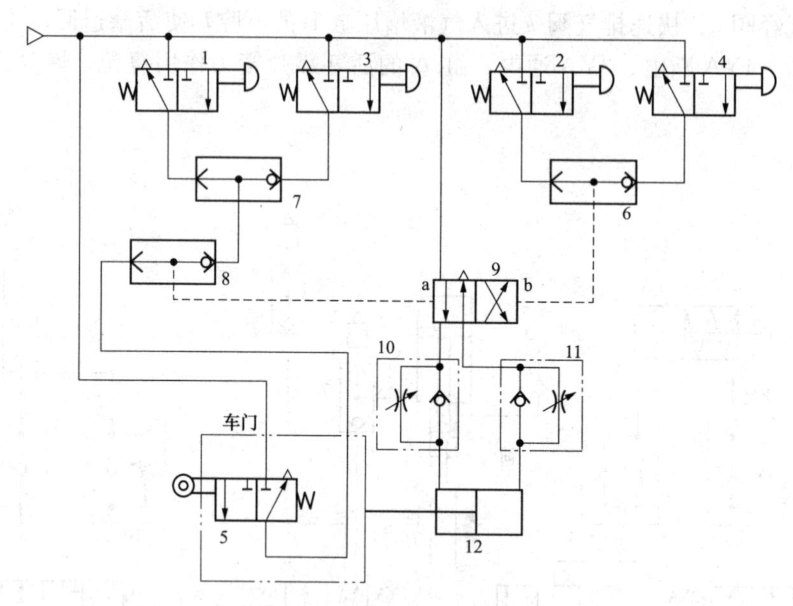

图 13－6　汽车车门的安全操作系统原理图

1、2、3、4—按钮式换向阀；5—机动换向阀；6、7、8—梭阀；9—气控换向阀；10、11—单向节流阀；12—气缸

13－7　东风 EQ1092 型汽车主车气压制动回路是如何工作的？

图 13－7 所示为东风 EQ1092 型汽车主车气压制动回路。空气压缩机 1 由发动机通过传动带驱动，将压缩空气经单向阀 2 压入储气筒 3，然后再分别经两个相互独立的前桥储气筒 5 和后桥储气筒 6 将压缩空气输送到制动控制阀 7。当踩下制动踏板时，压缩空气经制动控制阀同时进入前轮制动缸 11 和后轮制动缸 10（实际上为制动气室）使前后轮同时制动。松开制动踏板，前后轮制动室的压缩空气则经制动控制阀排入大气，解除制动。

该车使用的是风冷单缸空气压缩机。缸盖上设有卸荷装置。空气压缩机与储气筒之间还装有调压阀和单向阀。当储气筒气压达到规定值后，调压阀就将进气阀打开，使空气压缩机卸荷。一旦调压阀失效，则由安全阀 4 起过载保护作用。单向阀可防止压缩空气倒流。该车采用双腔膜片式并联制动控制阀（踏板式）。踩下踏板，使前后轮制动。当前后桥回路中有一回路失效时，另一回路仍能正常工作，实现制动。在后桥制动回路中安装了膜片式快速放气阀，可使后桥制动迅速解除。压力表 8 指示后桥制动回路中的气压。该车采用膜片式制动室，利用压缩空气的膨胀力推动制动臂及制动凸轮，使车轮制动。

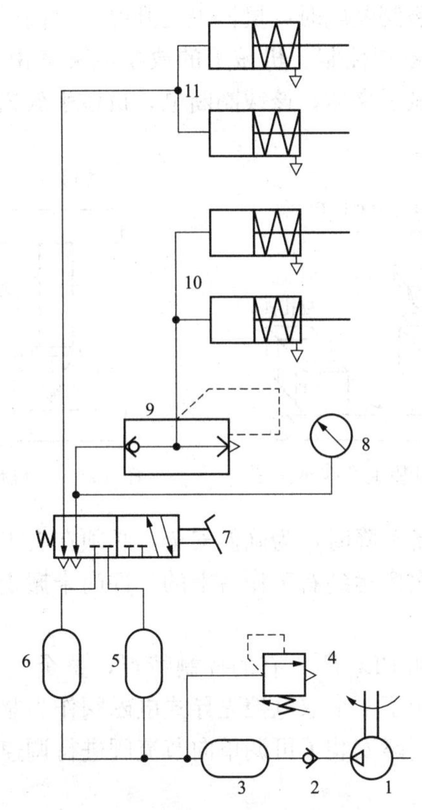

图 13-7 东风 EQ1092 型汽车主车气压制动回路

1—空气压缩机；2—单向阀；3—储气筒；4—安全阀；5—前桥储气筒；6—后桥储气筒；7—制动控制阀；8—压力表；9—快速排气阀；10—后轮制动缸；11—前轮制动缸

13-8 气动搬运机械手是如何工作的?

爆破器材行业作为基础性产业，肩负着为国民经济建设服务的重要任务。同时，爆破器材具有易燃易爆危险属性，确保安全生产和保障社会公共安全十分重要。随着科学技术的发展，有必要提升爆破器材行业产品的技术含量和质量水准、采用现代成熟技术及自动化生产和包装设备，以增强产品竞争能力。电雷管是爆破工程的主要起爆材料，它的作用是引爆各种炸药及导爆索、传爆管。电雷管自动包装生产线是集机、电、液和气于一体的爆破器材行业装备。在 PLC 程序控制下，整套包装生产设备可自动完成电雷管的包装、打包和成品运输等生产工序。

1. 系统概况

电雷管自动包装系统作用是将检验合格的产品装盒并打包。控制检测对象包括搬运机械手、装盒机械手、捆扎机等，如图 13-8 所示。

2. 气动搬运系统的结构分析

机械手动作示意图如图 13-9 所示。机械手全部动作由气缸驱动，而气缸又由相应的电磁阀控制。其中，上升或下降、伸出或缩回和左旋或右旋分别由双线圈二位电磁阀控制。下降电磁阀通电时，机械手下降；下降电磁阀断电时，机械手下降停止。只有上升电磁阀通电时，机械手才上升；上升电磁阀断电时，机械手上升停止。同样，伸出或缩回和左旋或右旋分别由伸出电磁阀和缩回电磁阀控制。机械手的放松或夹紧由一个单线圈（称为夹紧电磁阀）控制。该线圈通电，机械手夹紧；该线圈断电，机械手放松。

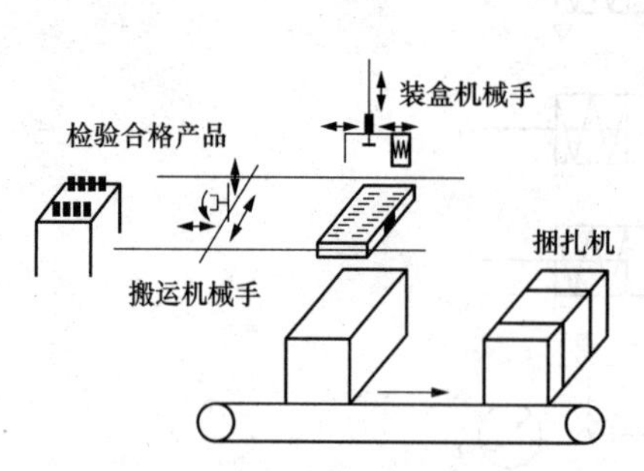

图 13-8　电雷管自动包装生产线示意图

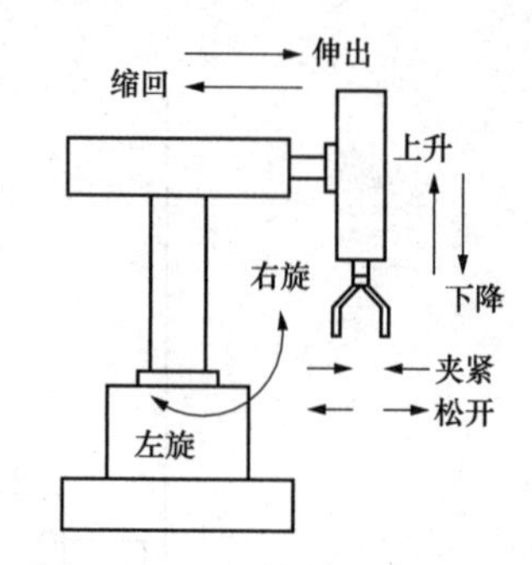

图 13-9　机械手动作示意图

当机械手伸出到位并准备下降时，为确保安全，必须在右工作台上无工作时才允许机械手下降。也就是说，若上一次搬运到右工作台上的工件尚未搬走，机械手自动停止下降。

3. 气动系统原理

根据机械手的动作要求和 PLC 所具有的控制特点，整个气动系统就是要对 4 个气缸的动作进行顺序控制，这里采用了 4 个双电控先导式电磁阀作为驱动气缸的主控阀。另外，为便于控制各动作的速度，各气路安装了可调单向节流阀进行调速。机械手的气动原理图如图 13-10 所示。

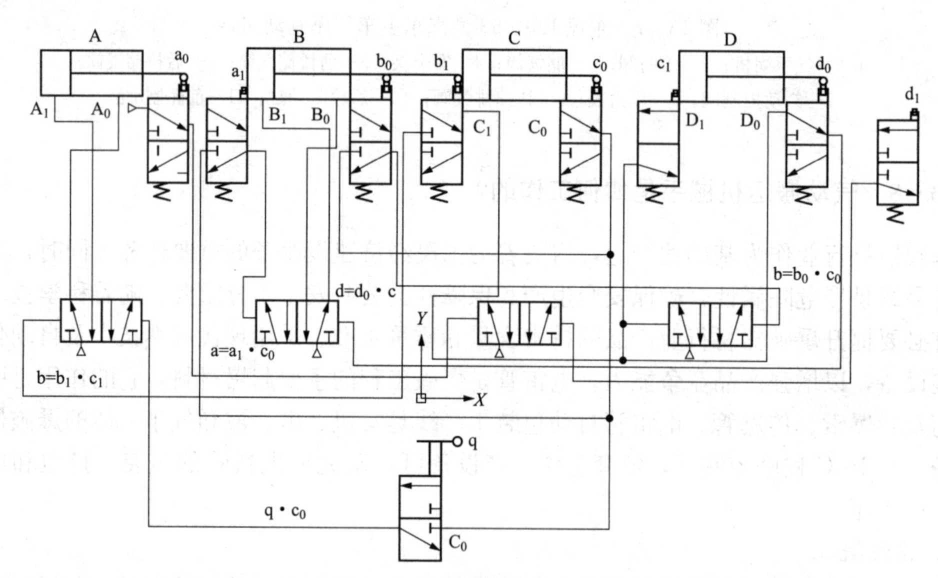

图 13-10　机械手气动原理图

4. 控制系统分析

气动搬运系统采用以 FX2 系列 PLC 为核心的控制系统，通过对 4 个三位五通电磁换向阀和 4 个二位三通换向阀的控制，实现气动搬运系统的动作循环。根据系统工作环境的特殊要求，所有的电气驱动器件均采用 24V 直流驱动器件，并采用本案设计，以保证系统的安全防爆要求。

(1) 气动搬运系统的动作顺序。

该机械手在 PLC 控制下可实现手动、自动循环、单步运行、单周期运行和回原点 5 种执行方式。

手动：每按一下 g 按钮，机械手可实现“正旋”“下降”“伸出”“反旋”“上升”“缩回”等顺序动作。气动搬运系统的动作顺序如图 13-11 所示。

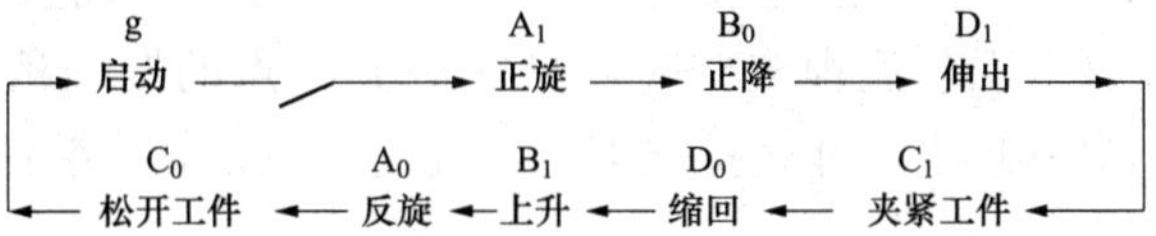

g 启动 → A_1 正旋 → B_0 正降 → D_1 伸出 → C_1 夹紧工件 → D_0 缩回 → B_1 上升 → A_0 反旋 → C_0 松开工件

图 13-11　动作顺序图

自动循环：按下启动按钮后，机械手从第一个动作开始自动延续到最后一个动作，然后重复循环以上过程，如图 13-12 所示。

手动控制功能主要是为了进行工艺参数的模索研究，程序简单。当然，正常生产中采用的是自动控制方式。

(2) 控制系统软件应用分析。

采用 FXGP/WIN-C 软件进行编程，它支持梯形图、指令表、顺序功能图等多种编程语言。

在该机械手中，需要以下输入信号端：8 个行程开关发出的信号，分别用来检测机械手的升降极限、伸缩极限和转动极限。另外根据系统控制的要求，需要 START、RESET 和 POSITION 3 个按钮信号，1 个 STOP 按钮信号，还需要 1 个用来控制机械手运行方式的 AUTO /MAN 旋动开关。

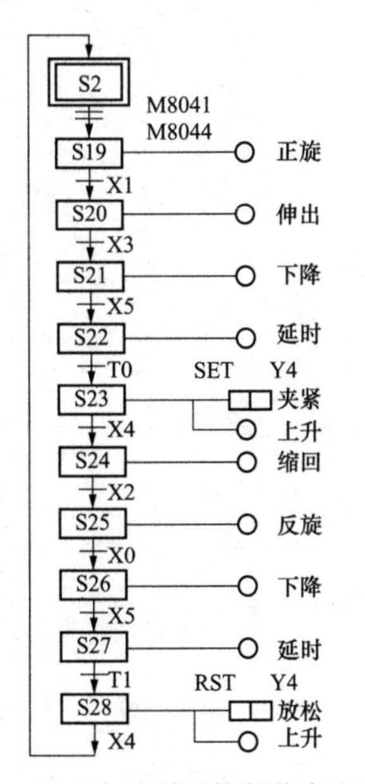

图 13-12　自动循环控制状态流程图

PLC 所需要的输出信号端：用来驱动 4 个气缸的电磁阀需要 8 个输出信号，3 个用来显示工作状态的 START、RESET、POSITION 信号指示灯。所以选用输入点的个数≥13、输出点的个数≥11 的 PLC。

(3) 控制面板的应用。

搬运机械手 PLC 控制面板如图 13-13 所示。接通 PLC 电源，特殊辅助继电器 M8000 闭合。

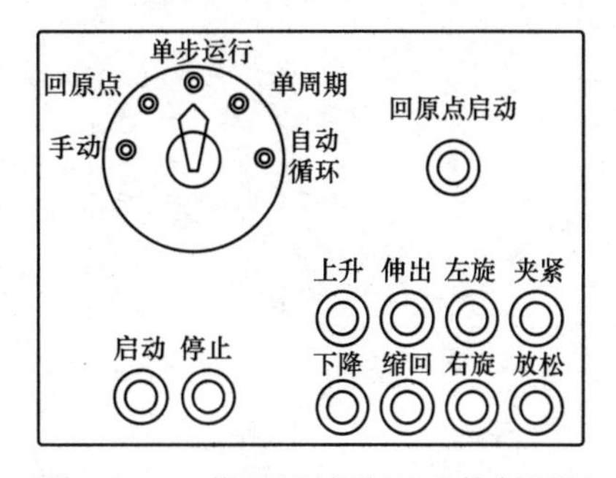

图 13-13　搬运机械手 PLC 控制面板

① 将选择开关 SA 扳到手动方式分别按下点动按钮上升、伸出、左旋、夹紧，机械手分别执行上升、伸出、左旋、夹紧动作。

② 将选择开关 SA 扳到回原点方式，完成特殊继电器 M8043 的置位和机械手回原点的动作。

③ 将选择开关 SA 扳到自动循环方式，初始状态 IST 指令使转移开始辅助继电器 M8041 一直保持 ON，机械手回原点后 M8044＝ON，所以自动循环工作能一直连续运行。

基于 PLC 控制的气动机械手能够实现物体的自动循环搬运，而且 PLC 有着很大的灵活性，易于模块化。当机械手工艺流程改变时，只要对 I/O 点的接线稍作修改，或 I/O 继电器重新分配，程序中作简单修改，补充扩展即可。提高了电雷管包装的自动化程度和生产安全性。

液压传动系统实例分析

14-1　分析液压系统实例的基本步骤有哪些?

液压系统是根据液压设备的工作要求，选用各种不同功能的基本回路构成的。液压系统一般用图形的方式来表示。液压系统图表示了系统内所有各类液压元件的连接情况以及执行元件实现各种运动的工作原理。对液压系统进行分析，最主要的就是阅读液压系统图。阅读一个复杂的液压系统图，大致可以按以下几个步骤进行：

① 了解机械设备的功用、工况及其对液压系统的要求，明确液压设备的工作循环。

② 初步阅读液压系统图，了解系统中包含哪些元件；根据设备的工况及工作循环，将系统分解为若干个子系统。

③ 逐步分析各子系统，了解系统中基本回路的组成情况。分析各元件的功用以及各元件之间的互相关系。根据执行机构的动作要求，参照电磁铁动作顺序表，搞清楚各个行程的动作原理及油路的流动路线。

④ 根据系统中对各执行元件间的互锁、同步、防干扰等要求，分析各个子系统之间的联系以及如何实现这些要求。

⑤ 在全面读懂液压系统图的基础上，根据系统所使用的基本回路的性能，对系统作出综合分析并归纳总结出整个液压系统的特点，以加深对液压系统的理解，为液压系统的调整、维护、使用打下基础。

14-2　组合机床的主要组成、液压动力滑台的功能结构是什么? YT4543 型动力滑台的液压系统的组成和工作参数是什么?

组合机床是一种高效率的专用机床，它由具有一定功能的通用部件（包括机械动力滑台和液压动力滑台）和专用部件组成。组合机床加工范围较广，自动化程度较高，多用于大批量生产中。液压动力滑台由液压缸驱动，根据加工需要可在滑台上配置动力头、主轴箱或各种专用的切削头等工作部件，以完成钻、扩、铰、铣、镗、刮端面、倒角、加工螺纹等加工工序，并可实现多种进给工作循环。

根据组合机床的加工特点，动力滑台液压系统应具备性能要求是：在变负载或断续负载的条件下工作时，能保证动力滑台的进给速度稳定，特别是最小进给速度的稳定性；能承受规定的最大负载，并具有较大的工进调速范围以适应不同工序的需要；能实现快速进给和快速退回；效率高、发热少，并能合理利用能量以解决工进速度和快进速度之间的矛盾；在其他元件的配合下方便地实现多种工作的循环。

液压动力滑台是系列化产品，不同规格的滑台，其液压系统的组成和工作原理基本相同。现以 YT4543 型动力滑台为例分析液压系统的工作原理和特点。图 14－1 所示为 YT4543 型液压动力滑台的液压系统图。YT4543 型动力滑台要求进给速度范围为（0.11～10）$\times10^{-3}$m/s，最大移动速度为 0.12m/s，最大进给力为 4.5×10^{4}N。该液压系统的动力元件和执行元件为限压式变量泵和单杆活塞式液压缸，系统中有换向回路、速度回路、快速运动回路、速度换接回路、卸荷回路等基本回路。回路的换向由电液换向阀完成，同时其中位机能具有卸荷功能，快速进给由液压缸的差动连接来实现，用限压式变量泵和串联调速阀来实现二次进给速度的调节，用行程阀和电磁阀实现速度的换接，为了保证进给的尺寸精度，采用止位钉停留来限位。该系统能够实现的自动工作循环为：快进→第一次工进→第二次工进→止位钉停留→快退→原位停止，该系统中电磁铁和行程阀的动作顺序如表 14－1 所示。

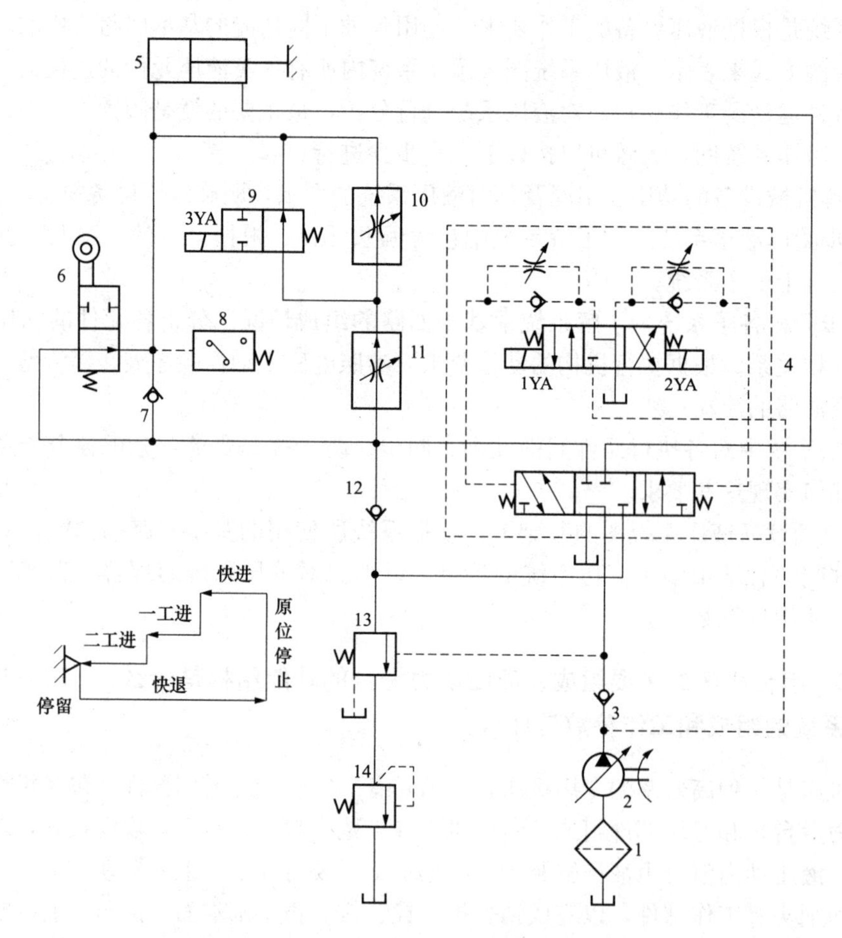

图 14－1　YT4543 型液压动力滑台的液压系统

1—过滤器；2—变量叶片泵；3、7、12—单向阀；4—电液换向阀；5—液压缸；6—行程阀；8—压力继电器；9—二位二通电磁换向阀；10、11—调速阀；13—液控顺序阀；14—背压阀

表 14-1　　YT4543 型动力滑台液压系统电磁铁和行程阀动作顺序表

工作循环	1YA	2YA	3YA	行程阀
快进	+	−	−	−
一工进	+	−	−	+
二工进	+	−	+	+
止位钉停留	+	−	+	+
快退	−	+	−	+−
原位停止	−	−	−	−

注　表中"+"表示电磁铁通电或行程阀被压下；"−"表示电磁铁断电或行程阀抬起，后同。

14-3　YT4543 型动力滑台液压系统的工作原理是什么？

1. 快进

按下启动按钮，电液换向阀 4 的电磁铁 1YA 通电，使电液换向阀 4 的先导阀左位工作，控制油液经先导阀左位经单向阀进入主液动换向阀的左端使其左位接入系统，泵 2 输出的油液经主液动换向阀左位进入液压缸 5 的左腔（无杆腔），因为此时为空载，系统压力不高，液控顺序阀 13 仍处于关闭状态，故液压缸右腔（有杆腔）排出的油液经主液动换向阀左位也进入了液压缸的无杆腔。这时液压缸 5 为差动连接，限压式变量泵输出流量最大，动力滑台实现快进。系统控制油路和主油路中油液的流动路线如下：

（1）控制油路中油液的流动路线。

进油路：过滤器 1→变量泵 2→阀 4 的先导阀的左位→左单向阀→阀 4 的主阀的左端。

回油路：阀 4 的右端→右节流阀→阀 4 的先导阀的左位→油箱。

（2）主油路中油液的流动路线。

进油路：过滤器 1→变量泵 2→单向阀 3→阀 4 的主阀的左位→行程阀 6 下位→液压缸 5 左腔。

回油路：液压缸 5 右腔→阀 4 的主阀的左位→单向阀 12→行程阀 6 下位→液压缸 5 左腔。

2. 第一次工进

当快进终了时，滑台上的挡块压下行程阀 6，行程阀上位工作，阀口关闭，这时液动换向阀 4 仍工作在左位，泵输出的油液通过阀 4 后只能经调速阀 11 和二位二通电磁换向阀 9 右位进入液压缸 5 的左腔。由于油液经过调速阀而使系统压力升高，于是将液控顺序阀 13 打开，并关闭单向阀 12，液压缸差动连接的油路被切断，液压缸 5 右腔的油液只能经液控顺序阀 13、背压阀 14 流回油箱，这样就使滑台由快进转换为第一次工进。由于工作进给时液压系统油路压力升高，所以限压式变量泵的流量自动减小，滑台实现第一次工进，工进速度由调速阀 11 调节。此时控制油路不变，其主油路中油液的流动路线如下。

进油路：过滤器 1→泵 2→单向阀 3→阀 4 的主阀的左位→调速阀 11→换向阀 9 右位→液压缸 5 左腔。

回油路：液压缸 5 右腔→阀 4 的主阀的左位→液控顺序阀 13→背压阀 14→油箱。

3. 第二次工进

第二次工进时的控制油路和主油路的回油路与第一次工进时的基本相同，所不同之处是当第一次工进结束时，滑台上的挡块压下行程开关，发出电信号使电磁换向阀 9 的电磁铁

3YA 通电，阀 9 左位接入系统，切断了该阀所在的油路，经调速阀 11 的油液必须通过调速阀 10 进入液压缸 5 的左腔。此时液控顺序阀 13 仍开启。由于调速阀 10 的阀口开口量小于调速阀 11，系统压力进一步升高，限压式变量泵的流量进一步减小，使得进给速度降低，滑台实现第二次工进。工进速度可由调速阀 10 调节。系统主油路中油液的流动路线如下。

进油路：过滤器 1→变量泵 2→单向阀 3→阀 4 的主阀的左位→调速阀 11→调速阀 10→液压缸 5 左腔。

回油路：液压缸 5 右腔→阀 4 的主阀的左位→液控顺序阀 13→背压阀 14→油箱。

4. 止位钉停留

当滑台完成第二次工进时，动力滑台与止位钉相碰撞，液压缸停止不动。这时液压系统压力进一步升高，当达到压力继电器 8 的调定压力后，压力继电器动作并发出电信号传给时间继电器，由时间继电器延时控制滑台停留时间。在时间继电器延时结束之前，动力滑台将停留在止位钉限定的位置上，且停留期间液压系统的工作状态不变。停留时间可根据工艺要求由时间继电器调定。设置止位钉可以提高动力滑台行程的位置精度。这时的油路同第二次工进的油路，但实际上液压系统内的油液已停止流动，液压泵的流量已减至很小，仅用于补充泄漏油。

5. 快退

动力滑台停留时间结束后，时间继电器发出电信号，使电磁铁 2YA 通电，1YA、3YA 断电。这时阀 4 的先导阀右位接入系统，液动换向阀的主阀也换为右位工作，主油路换向。由于滑台返回时为空载，液压系统压力低，变量泵的流量又自动恢复到最大值，故滑台快速退回。系统控制油路和主油路中油液的流动路线如下：

(1) 控制油路中油液的流动路线。

进油路：过滤器 1→变量泵 2→阀 4 的先导阀的右位→右单向阀→阀 4 的主阀的右端。

回油路：阀 4 的主阀的左端→左节流阀→阀 4 的先导阀的右位→油箱。

(2) 主油路中油液的流动路线。

进油路：过滤器 1→变量泵 2→单向阀 3→阀 4 的主阀的右位→液压缸 5 右腔。

回油路：液压缸 5 左腔→单向阀 7→阀 4 的主阀的右位→油箱。

6. 原位停止

当动力滑台快退到原始位置时，挡块压下行程开关，使电磁铁 2YA 断电，这时电磁铁 1YA、2YA、3YA 都断电，电液换向阀 4 的先导阀及主阀都处于中位，液压缸 5 两腔被封闭，动力滑台停止运动，滑台锁紧在启始位置上。变量泵 2 通过换向阀 4 的中位卸荷。系统控制油路和主油路中油液的流动路线如下。

(1) 控制油路中油液的流动路线。

回油路：阀 4 的主阀的左端→左节流阀→阀 4 的先导阀的中位→油箱。

阀 4 的主阀的右端→右节流阀→阀 4 的先导阀的中位→油箱。

(2) 主油路中油液的流动路线。

进油路：过滤器 1→变量泵 2→单向阀 3→阀 4 的先导阀的中位→油箱。

回油路：液压缸 5 左腔→阀 7→阀 4 的先导阀的中位（堵塞）。

液压缸 5 右腔→阀 4 的先导阀的中位（堵塞）。

14－4 YT4543 型动力滑台液压系统的特点有哪些？

通过对 YT4543 型动力滑台液压系统的分析，可知该系统具有如下特点：

① 该系统采用了由限压式变量泵和调速阀组成的进油容积节流调速回路。这种回路能够使动力滑台得到稳定的低速运动和较好的速度负载特性，而且由于系统无溢流损失，系统效率较高。另外，回路中设置了背压阀，可以改善动力滑台运动的平稳性，并能使滑台承受一定的反向负载。

② 该系统采用了限压式变量泵和液压缸的差动连接回路来实现快速运动，使能量的利用比较经济合理。动力滑台停止运动时，换向阀使液压泵在低压下卸荷，减少了能量损失。

③ 系统采用了行程阀和液控顺序阀实现快进与工进的速度换接，动作可靠，速度换接平稳。同时，调速阀可起到加载的作用，可在刀具与工件接触之前就能可靠地转入工作进给，因此不会引起刀具和工件的突然碰撞。

④ 在行程终点采用了止位钉停留，不仅提高了进给时的位置精度，还扩大了动力滑台的工艺范围，更适合用于镗削阶梯孔、刮端面等加工工序。

⑤ 由于采用了调速阀串联的二次进油节流调速方式，可使启动和速度换接时的前冲量较小，并便于利用压力继电器发出信号进行控制。

14－5 MJ－50型数控机床液压系统的组成有哪些？能够实现哪些工作和运动？是如何实现这些工作和运动的？

装有程序控制系统的车床简称数控车床。在数控车床上进行车削加工时，其自动化程度高，能获得较高的加工质量。目前，在数控车床上大多采用了液压传动技术。下面介绍MJ－50型数控车床的液压系统，图 14－2 所示为该系统的原理图，液压系统各部分的组成

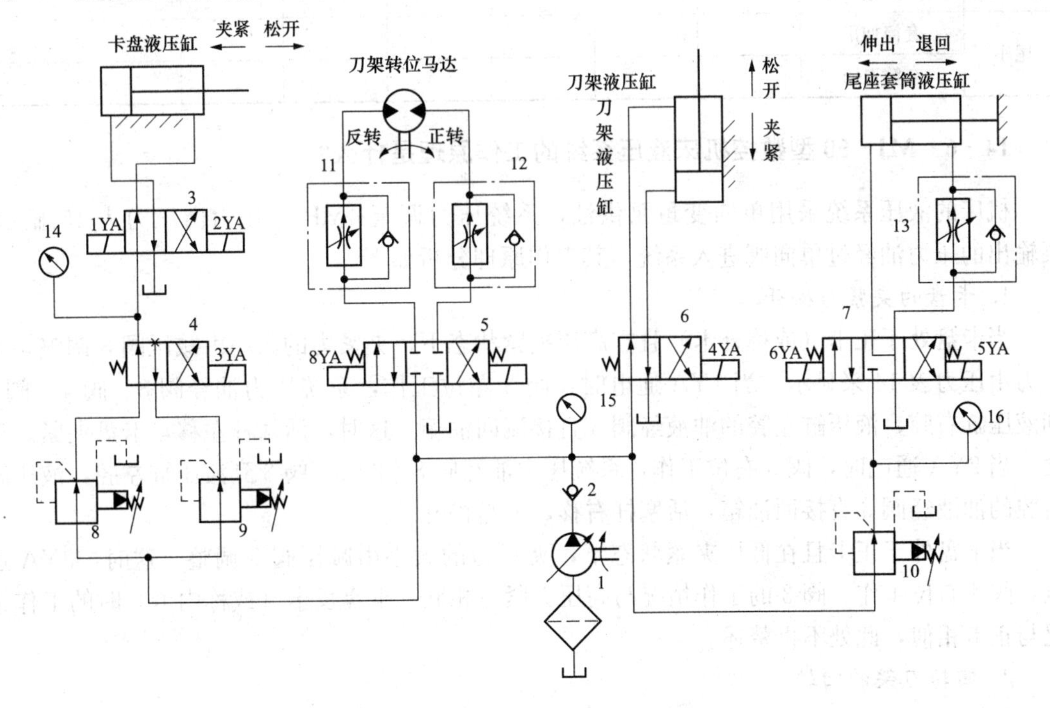

图 14－2 MJ－50 型数控车床的液压系统

1—变量泵；2—单向阀；3～7—换向阀；

8～10—减压阀；11～13—单向调速阀；14～16—压力表

从图中可清晰看出。

机床中由液压系统实现的动作有卡盘的夹紧与松开、刀架的夹紧与松开、刀架的正转与反转、尾座套筒的伸出与缩回。液压系统中各电磁阀的电磁铁动作由数控系统的PC控制实现，各电磁铁动作顺序如表14－2所示。

表14－2　　电磁铁动作顺序表

各种项目			电磁铁							
			1YA	2YA	3YA	4YA	5YA	6YA	7YA	8YA
卡盘正卡	高压	夹紧	+	−	−					
		松开	−	+	−					
	低压	夹紧	+	−	+					
		松开	−	+	+					
卡盘反卡	高压	夹紧	−	+	−					
		松开	+	−	−					
	低压	夹紧	−	+	+					
		松开	+	−	+					
刀架	正转								−	+
	反转								+	−
	松开					+				
	夹紧					−				
尾座	套筒伸出						−	+		
	套筒退回						+	−		

14－6　MJ－50型数控机床液压系统的工作原理是什么？

机床的液压系统采用单向变量泵供油，系统压力调至4MPa，压力由压力表15显示。泵输出的压力油经过单向阀进入系统，其工作原理分析如下。

1．卡盘的夹紧与松开

当卡盘处于正卡（或称外卡）且在高压夹紧状态下，夹紧力的大小由减压阀8调整，夹紧力由压力表14来显示。当1YA通电时，阀3左位工作，系统压力油经阀8、阀4、阀3到液压缸右腔，液压缸左腔的油液经阀3直接流回油箱。这时，活塞杆左移，卡盘夹紧。反之，当2YA通电时，阀3右位工作，系统压力油经阀8、阀4、阀3到液压缸左腔，液压缸右腔的油液经阀3直接回油箱，活塞杆右移，卡盘松开。

当卡盘处于正卡且在低压夹紧状态下，夹紧力的大小由减压阀9调整。这时，3YA通电，阀4右位工作。阀3的工作情况与高压夹紧时相同。卡盘反卡（或称内卡）时的工作情况与正卡相似，此处不再赘述。

2．回转刀架的回转

回转刀架换刀时，首先刀架松开，然后刀架转位到指定的位置，最后刀架复位加紧。当4YA通电时，阀6右位工作，刀架松开。当8YA通电时，液压马达带动刀架正转，转速由单向调速阀11控制。当7YA通电时，液压马达带动刀架反转，转速由单向调速阀12控制。

当4YA断电时，阀6左位工作，液压缸使刀架夹紧。

3. *尾坐套筒的伸缩运动*

当6YA通电时，阀7左位工作，系统压力油经减压阀10、换向阀7到尾座套筒液压缸的左腔，液压缸右腔油液经单向调速阀13、阀7流回油箱，缸筒带动尾座套筒伸出，伸出时的预紧力大小通过压力表16显示。反之，当5YA通电时，阀7右位工作，液压系统压力油经减压阀10、换向阀7、单向调速阀13到液压缸右腔，液压缸左腔的油液经阀7流回油箱，套筒缩回。

14-7 MJ-50型数控机床液压系统的特点有哪些？

① 采用单向变量液压泵向系统供油，能量损失小。

② 用换向阀控制卡盘，实现高压夹紧和低压夹紧的转换，并且分别调节高压夹紧压力或低压夹紧压力的大小。这样可根据工作情况调节夹紧力，操作方便且简单。

③ 用液压马达实现刀架的转位，可实现无级调速，并能控制刀架正反转。

④ 用换向阀控制尾座套筒液压缸的换向，以实现套筒的伸出或缩回，并能调节尾座套筒伸出工作时的预紧力大小，以适应不同的需要。

⑤ 压力表14～16可分别显示系统相应的压力，以便于故障诊断和调试。

14-8 万能外圆磨床的主要用途和运动是什么？外圆磨床工作台往复运动的要求有哪些？

万能外圆磨床是工业产生应用极为广泛的一种精加工机床。主要用途是磨削各种圆柱面、圆锥面及阶梯轴等零件，采用内圆磨头附件还可以磨削内圆及内锥孔等。为了完成上述零件的加工，磨床必须具有砂轮旋转、工件旋转、工作台带动工件的往复直线运动和砂轮架的周期切入运动等，此外，还要求砂轮架快速进退和尾座顶尖的伸缩等辅助运动。在这些运动中，除砂轮旋转、工件旋转运动由电动机驱动外，其余则采用液压传动方式。根据磨削工艺的结构特点，机床对工作台的往复运动性能要求较高。

对外圆磨床工作台往复运动的要求如下：

① 工作台运动精度能在0.05～4m/min范围内实现无级调速，若在高精度磨床上进行镜面磨削，其修整砂轮的速度最低为10mm/min，并要求运动平稳、无爬行现象。

② 在上述的速度变化范围内能够自动换向，换向过程要平稳，冲击要小，启动、停止要迅速。

③ 换向精度要高。在同一速度下，换向点变动量（同速换向精度）应小于0.02mm；在不同速度下，换向点变动量（异速换向精度）应小于0.2mm。

④ 换向前工作台在两端能够停留。因为磨削时砂轮在工件两端一般不越出工件，为了避免工件两端因磨削时间短而引起尺寸偏大，故在换向时要求两端有停留，停留时间能在0～5s内调节。

⑤ 工作台可作微量抖动。切入磨削或磨削工件长度略大于砂轮宽度时，为了提高生产效率和改善表面粗糙度，工作台需做短距离（1～3mm）频繁的往复运动，其往复频率为1～3次/s。

14－9 外圆磨床工作台换向回路是如何工作的？

为了使外圆磨床工作台的运动获得良好的换向性能，提高换向精度，其液压系统选用合适的换向回路。

外圆磨床工作台的换向回路一般分为两类：一类是时间控制制动式换向回路；另一类是行程控制制动式换向回路。在时间控制制动式换向回路中，主换向阀切换油口使工作台制动的时间为一调定数值，因此工作台速度大时，其制动行程的冲击量就大，换向点的位置精度较低。时间控制制动式换向回路一般只适用于换向精度要求不高的机床，如平面磨床等。对于外圆磨床和内圆磨床，为了使工作台获得较高的换向精度，通常采用行程控制制动式换向回路，如图 14－3 所示。

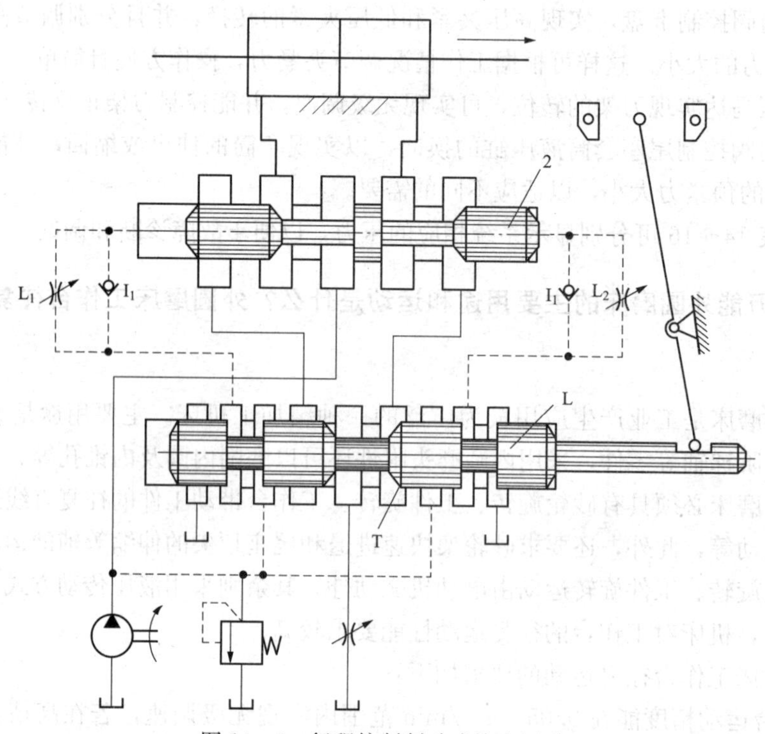

图 14－3 行程控制制动式换向回路

在图 14－3 中，换向回路主要由起先导作用的机动先导阀 1 和液动主换向阀 2 组成（二阀组合成机液动阀），其特点是先导阀不仅对操纵主阀的控制压力油起控制作用，还直接参与工作台换向制动过程的控制。当图示工作台向右移动的行程即将结束时，挡块拨动先导阀拨杆，使先导阀阀芯左移，其右边的制动锥 T 便将液压缸右腔回油路的通流面积逐渐关小，对工作台起制动作用，使其速度逐渐减小。当液压缸回油通路接近于封闭（只留下很小的开口量），工作台速度已变得很小时，主换向阀的控制油路开始切换，使主换向阀阀芯左移，导致工作台停止运动并换向。在此情况下，不论工作台原来的速度快慢如何，总是在先导阀阀芯移动一定距离，即工作台移动某一确定行程之后，主换向阀才开始换向，所以称这种换向回路为行程控制制动式换向回路。

行程控制制动式换向的整个过程可分为制动、端点停留和反向启动三个阶段。工作台制动过程又分为预制动和终制动两步：第一步是先导阀 1 用制动锥关小液压缸回油通路，使工作台急剧减速，实现预制动；第二步是主换向阀 2 在控制压力油作用下移到中间位置，这时液压缸两腔同时通入压力油，工作台停止运动，实现终制动。工作台的制动分两步进行，可避免发生大的换向冲击，实现平稳换向。工作台制动完成之后，在一段时间内，主换向阀使液压缸两腔互通压力油，工作台处于停止的状态，直至主换向阀阀芯移动到使液压缸两腔油路隔开、工作台开始反向启动为止，这一阶段称为工作台端点停留阶段。停留时间可以用阀 2 两端的节流阀 L_1 或 L_2 调节。

由上述可知，行程控制制动式换向回路能使液压缸获得很高的换向精度，适于外圆磨床加工阶梯轴的需要。

14-10　M1432A 型万能外圆磨床液压系统的工作原理是什么?

M1432A 型万能外圆磨床主要用来磨削圆柱形（包括阶梯形）或圆锥形外圆柱面，在使用附加内圆磨具时还可磨削圆柱孔和圆锥孔。该机床的液压系统能够完成的主要任务是：工作台的往复运动、砂轮架的横向快速进退运动和周期进给运动、尾座顶尖的退回运动、工作台手动与液压的互锁、砂轮架丝杠螺母间隙的消除及机床的润滑等。

1. 工作台的往复运动

M1432A 型万能外圆磨床工作台的往复运动用 HYY21/3P－25T 型专用液压操纵箱进行控制，该操纵箱主要由开停阀 A、节流阀 B、先导阀 C、换向阀 D 和抖动缸等元件组成，如图 14－4 所示。在此操纵箱中，机动先导阀和液动主换向阀构成行程控制制动式换向回路，它可以提高工作台的换向精度；开停阀的作用是操纵工作台的运动或停止；抖动缸的主要作用是使先导阀快跳，从而消除工作台慢速时的换向迟缓现象，提高换向精度，并使机床具备短距离频繁往复运动（抖动）的性能，以提高切入式磨削的表面加工质量和生产效率。

工作台往复运动的油路工作原理如下。

(1) 往复运动时油流路线。

本机床的工作液压缸为活塞杆固定、缸体移动的双杆活塞式液压缸。在图 14－4 所示状态下，开停阀 A 处于右位，先导阀 C 和换向阀 D 都处于右端位置，工作台向右运动，主油路的油流路线如下。

进油路：液压泵→阀 D→工作台液压缸右腔。

回油路：工作台液压缸左腔→阀 D→阀 C→阀 A→阀 B→油箱。

当工作台右移到预定位置时，工作台上的左挡块拨动先导阀阀芯，并使它最终处于左端位置上。这时控制油路 a_2 点接通压力油，a_1 点接通油箱，使换向阀 D 亦处于左端位置，于是主油路的油流路线如下。

进油路：液压泵→阀 D→工作台液压缸左腔。

回油路：工作台液压缸右腔→阀 D→阀 C→阀 A→阀 B→油箱。

这时，工作台向左运动，并在其右挡块碰上拨杆后发生与上述情况相反的变换，使工作台又改变方向向右运动。如此不停地反复进行下去，直到开停阀 A 拨到左位时才使运动停止下来。

(2) 工作台换向过程。

工作台换向时，先导阀 C 先受到挡块的操纵而移动，接着又受到抖动缸的操纵而产生

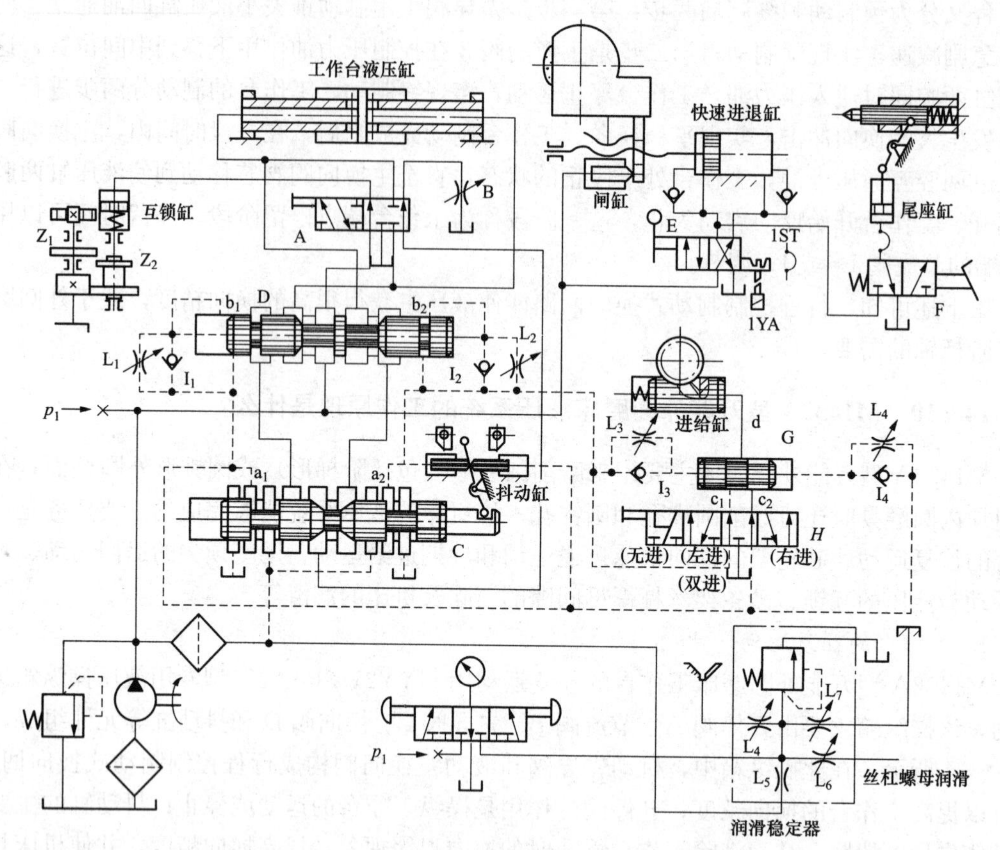

图 14－4　M1432A 型万能外圆磨床的液压系统

快跳；换向阀 D 的控制油则先后三次变换通流情况，使其阀芯产生第一次快跳、慢速移动和第二次快跳。这样就使工作台的换向经历了迅速制动、停留和迅速反向启动的三个阶段。具体情况如下：当图 14－4 中的先导阀 C 阀芯被拨杆推着向左移动时，它的右制动锥逐渐将通向节流阀 B 的通道关小，使工作台逐渐减速，实现预制动。当工作台挡块推动先导阀阀芯直到其右部环形槽使 a_2 点接通压力油、左部环形槽使 a_1 点接通油箱时，控制油路被切换。这时，左、右抖动缸便推动先导阀阀芯向左快跳，此时抖动缸的进油路、回油路变换如下。

进油路：液压泵→过滤器→阀 C→左抖动缸。

回油路：右抖动缸→阀 C→油箱。

可以看出，抖动缸的作用引起先导阀快跳，就使换向阀两端的控制油路一旦切换就迅速打开，为换向阀阀芯快速移动创造了条件。

换向阀阀芯向左移动，其进油路线如下：

液压泵→过滤器→阀 C→单向阀 I_2→阀 D 右端。

换向阀左端通向油箱的回油路则先后出现三种连通情况。开始阶段的情况如图 14－4 所示，回油的流动路线如下：

阀 D 左端→阀 C→油箱。

因换向阀的回油路通畅无阻，其阀芯移动速度很大，出现第一次快跳。第一次快跳使换向阀阀芯中部的台肩移到阀体中间沉割槽处，导致液压缸两腔油路相通，工作台停止运动。此后，由于换向阀阀芯自身切断了左端直通油箱的通道，回油的流动路线便改为：

阀 D 左端→节流阀 L_1→阀 C→油箱。

这时，换向阀阀芯按节流阀（也称作停留阀）L_1 调定的速度慢速移动。由于阀体沉割槽宽度大于阀芯中部台肩的宽度，液压缸两腔油路在阀芯慢速移动期间继续保持相通，使工作台的停止状态持续一段时间（可在 0～5s 内调整），这就是工作台反向前的端点停留。最后，当阀芯慢速移动到其左部环形槽通道 b_1 和直通油箱的通道连通时，回油的流动路线又改变为：

阀 D 左端→通道 b_1→阀芯左部环形槽→阀 C→油箱。

这时，回油路又通畅无阻，换向阀阀芯便第二次快跳到底，主油路迅速切换，工作台迅速反向启动，最终完成全部换向过程。

在反向时，先导阀 C 和换向阀 D 自左向右移动的换向过程与上相同，但这时 a_2 点接通油箱，而 a_1 点接通压力油。

(3) 工作台液动与手动的互锁。

此动作是由互锁缸来实现的。当开停阀 A 处于如图 14－4 所示位置时，互锁缸通入压力油，推动活塞使齿轮 Z_1 和 Z_2 脱开，工作台运动就不会带动手轮转动。当开停阀 A 的左位接入系统时，互锁缸接通油箱，活塞在弹簧作用下移动，使齿轮 Z_1 和 Z_2 啮合，工作台就可以通过摇动手轮移动，以调整工件的加工位置。

2. 砂轮架的快速进退运动

这个运动由砂轮架快动阀 E 操纵，由快动缸实现。在图 14－4 所示的状态下，阀 E 右位接入系统，砂轮架快速前进到最前端位置，此位置是靠活塞与缸盖的接触来保证的。为防止砂轮架在快速运动终点处引起冲击和提高快进终点的重复位置精度，快动缸的两端设置有缓冲装置（图中未画出），并设有抵住砂轮架的闸缸，用以消除丝杠、螺母间的间隙。快动阀 E 的左位接入系统时，砂轮架后退到最后端位置。

砂轮架进退与头架、冷却泵电动机之间可以联动。当将快动阀 E 的手柄扳至图示位置，使砂轮架快进至加工位置时，行程开关 1ST 触头闭合，主轴电动机和冷却泵电动机随即同时启动，使工件旋转，并送出冷却液。

为了保证机床的使用安全，砂轮架快速进退与内圆磨头使用位置之间实现了互锁。当磨削内圆时，将内圆磨头翻下，压住微动开关，使电磁铁 1YA 通电吸合。快动阀 E 的手柄即被锁在快进后的位置上，不允许在磨削内圆时砂轮架有快退动作而引起事故。

为了确保操作安全，砂轮架快速进退与尾座顶尖的动作之间也实现了互锁。当砂轮架处于快进后的位置时，如果操作者误踏尾座阀 F，则因尾座液压缸无压力油通入，故尾座顶尖不会退回。

3. 砂轮架的周期进给运动

此运动由进给阀 G 操纵，由砂轮架进给缸通过其活塞上的拨爪、棘轮、齿轮、丝杠螺母等传动副来实现。砂轮架的周期进给运动可以在工件左端停留或右端停留时进行，也可以在工件两端停留时进行，还可以在无进给运动，这些都由选择阀 H 所在位置决定。进给阀 G 和选择阀 H 组合成周期进给操纵箱，如图 14－4 所示。在图示状态下，选择阀选定的是“双向进给”，进给阀在控制油路的 a_1 和 a_2 点每次相互变换压力时，向左或向右移动一次

（因为通道 d 与通道 c_1 和 c_2 各接通一次），于是砂轮架便做一次间歇进给。进给量大小由拨爪棘轮机构调整，进给快慢及平稳性则通过调整节流阀 L_3、L_4 来保证。

14-11　M1432A 型万能外圆磨床液压系统的主要特点有哪些？

① 采用了活塞杆固定的双杆液压缸，可减小机床占地面积，同时也能保证左右两个方向运动速度一致。

② 系统采用了简单节流阀式调速回路，功率损失小，这对调速范围不需要很大、负载较小且基本恒定的磨床来说是很相宜的。此外，回油节流的形式在液压回油腔中造成的背压有助于工作台的制动，也有助于防止空气渗入系统。

③ 系统采用 HYY21/3P-25T 型快跳式操纵箱，结构紧凑，操纵方便，换向精度和换向平稳性都较高。此外，此操纵箱还能使工作台高频抖动，有利于提高切入磨削时的加工质量。

14-12　汽车起重机主要有哪些组成部分？Q2-8 型汽车起重机的外形结构组成有哪些？

汽车起重机是一种安装在汽车底盘上的起重运输设备。它主要由起升机构、回转机构、变幅机构、伸缩机构和支腿部分等组成，这些工作机构动作的完成由液压系统来驱动。一般要求输出力大，动作平稳，耐冲击，操作灵活、方便、安全、可靠。

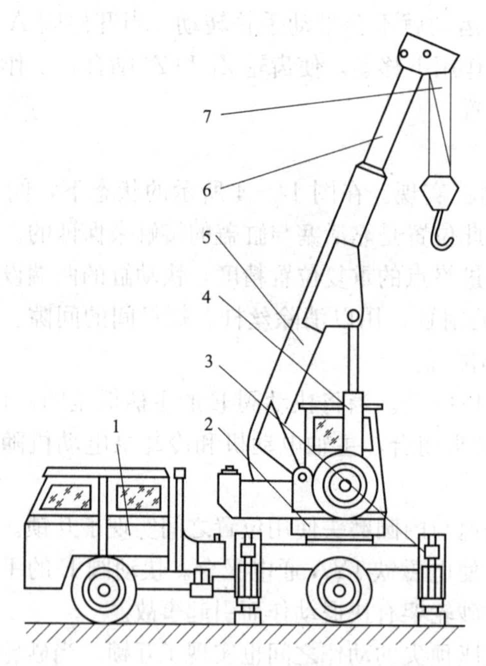

图 14-5　Q2-8 型汽车起重机的外形结构
1—汽车；2—转台；3—支腿；4—吊臂变幅液压缸；5—基本臂；6—吊臂伸缩液压缸；7—起升结构

Q2-8 型汽车起重机的外形结构如图 14-5 所示。它由汽车 1、转台 2、支腿 3、吊臂变幅液压缸 4、基本臂 5、吊臂伸缩液压缸 6 和起升机构 7 等组成。该起重机采用液压传动，最大起重量为 80kN，最大起重高度为 11.5m，起重装置可连续回转。由于起重机具有较高的行走速度和较大的承载能力，所以其调动与使用起来非常灵活，机动性能也很好，并可在有冲击、振动、温度变化较大和环境较差的条件下工作。起重机一般采用中高压手动控制系统。对于汽车起重机来说，无论在机械方面或在液压方面，对工作系统的安全和可靠性要求都是特别重要的。

14-13　分析 Q2-8 型汽车起重机液压系统的工作原理是怎样的？

Q2-8 型汽车起重机液压系统的工作原理如图 14-6 所示。该系统为中高压系统，动力源采用轴向柱塞泵，由汽车发动机通过汽车底盘变速箱上的取力箱驱动。液压泵的工作压力为 21MPa，排量为 40mL，转速为 1500r/min。液压泵通过中心回转接头从油箱中吸油，输出的液压油经手动阀组 1（由换向阀 A 和 B 组成）和手动阀组 2（由换向阀 C、D、E、F 组成）输送到各个执行元件。整个系统由支腿收放、吊臂变幅、吊臂伸缩、转台回转和吊重起升五个工作回路组成，且各部分都具有一定的独立性。整个系统分为上、下车两部分，除液压泵、溢流阀、阀组 1 及支腿部分外，其余元件全部装在可回转的上车部分。油箱装在上车部分，兼作配重。上、下车两部分油路通过中心回转接头 9 连通。支腿收放回路和其他动作回路均采用一个 M 型中位机能三位四通手动换向阀进行切换。各个手动换向阀相互串联组合，可实现多缸卸荷。根据起重工作的具体要求，操纵各阀不仅可以分别控制各执行元件的运动方向，还可以通过控制阀芯的位移量实现节流调速。

1. 支腿收放回路

由于汽车车轮胎支撑能力有限，且为弹性变形体，作业时不安全，故在起重作业前必须放下前后支腿，用支腿承重使汽车轮胎架空。在行驶时又必须将支腿收起，轮胎着地。为此，在汽车的前后两端各设置两条支腿，每条支腿均配置有液压缸。前支腿两个液压缸同时用一个三位四通手动换向阀 A 控制其收、放动作，而后支腿两个液压缸则用另一个三位四通手动换向阀 B 控制其收、放动作。为确保支腿能停放在任意位置并能可靠锁住，在支腿液压缸的控制回路中设置了双向液压锁 4。

当三位四通手动换向阀 A 工作在左位时，前支腿放下，其进、回油路线如下。

进油路：液压泵→阀 A 左位→液控单向阀→前支腿液压缸无杆腔。

回油路：前支腿液压缸有杆腔→液控单向阀→阀 A→阀 B→阀 C→阀 D→阀 E→阀 F→油箱。

当三位四通手动换向阀 A 工作在右位时，前支腿收回，其进、回油路线如下。

进油路：液压泵→阀 A 右位→液控单向阀→前支腿液压缸有杆腔。

回油路：前支腿液压缸无杆腔→液控单向阀→阀 A→阀 B→阀 C→阀 D→阀 E→阀 F→油箱。

后支腿液压缸用阀 B 控制，其油流路线与前支腿相同。

2. 转台回转回路

转台的回转由一个大转矩液压马达驱动，它能双向驱动转台回转。通过齿轮、蜗杆机构减速，转台的回转速度为 1～3r/min。由于速度较低，惯性较小，一般不设缓冲装置。回转液压马达的回转由三位四通手动换向阀 C 控制，当三位四通手动换向阀 C 工作在左位或右位时，分别驱动回转液压马达正向或反向回转，其油流路线如下。

进油路：液压泵→阀 A→阀 B→阀 C→回转液压马达。

回油路：回转液压马达→阀 C→阀 D→阀 E→阀 F→油箱。

3. 吊臂伸缩回路

吊臂由基本臂和伸缩臂组成，伸缩臂套装在基本臂内，由吊臂伸缩液压缸驱动进行伸缩运动。为使其伸缩运动平稳可靠，并防止在停止时自重而下滑，在油路中设置了平衡阀 5（外控式单向顺序阀）。吊臂伸缩运动由三位四通手动换向阀 D 控制，使其具有伸出、缩回和停止三种工况。当三位四通手动换向阀 D 工作在左位、右位或中位时，分别驱动伸缩液压缸伸出、缩回或停止。当阀 D 右位时，吊臂伸出，其油流路线如下。

进油路：液压泵→阀 A→阀 B→阀 C→阀 D→平衡阀 5 中的单向阀→伸缩液压缸无杆腔。

回油路：伸缩液压缸有杆腔→阀 D→阀 E→阀 F→油箱。

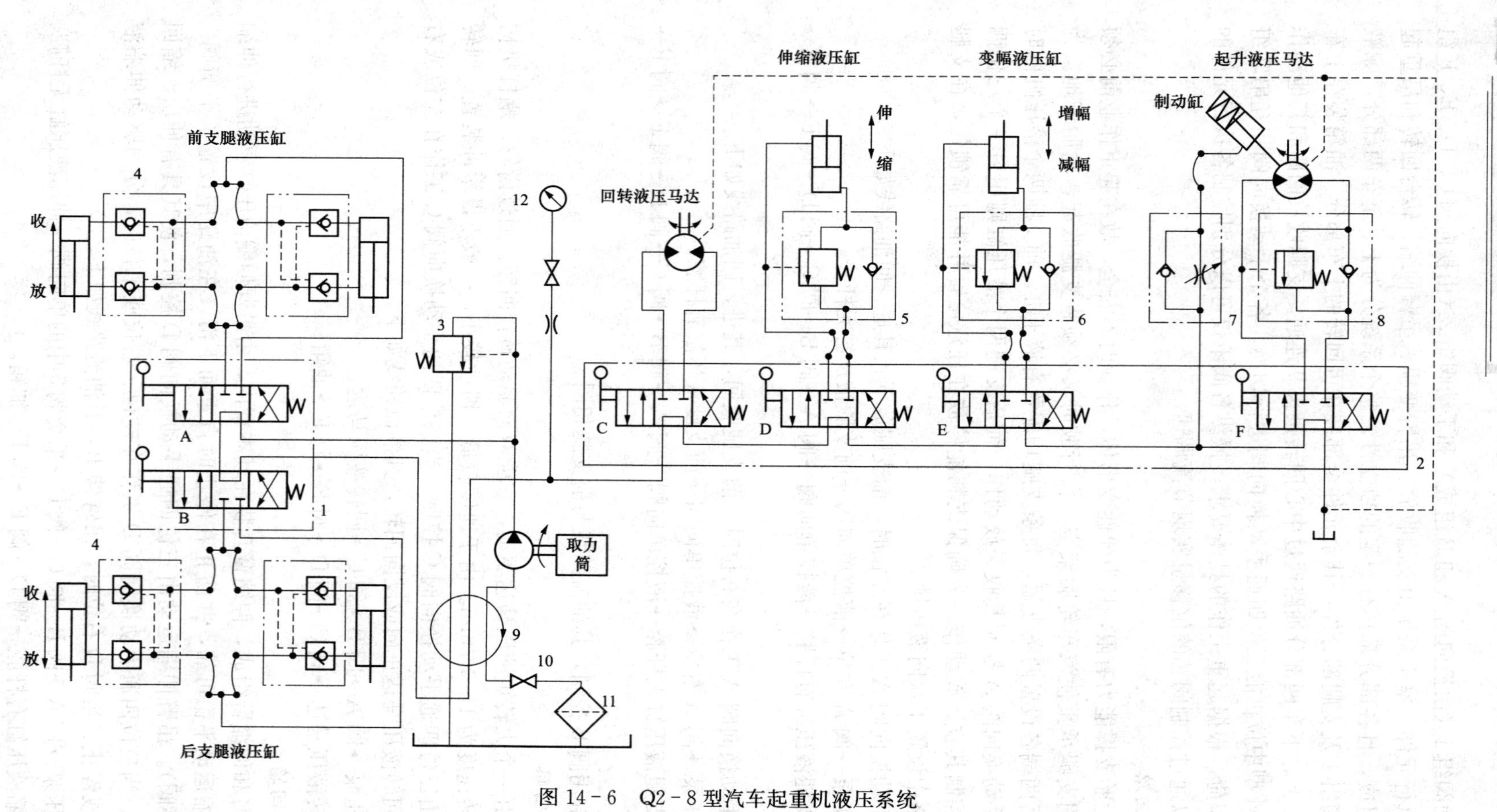

图14-6　Q2-8型汽车起重机液压系统

1—手动阀组（由换向阀A和B组成）；2—手动阀组（由换向阀C、D、E、F组成）；3—溢流阀；4—双向液压锁；5、6、8—平衡阀（外控式单向顺序阀）；7—单向节流阀；9—中心回转接头；10—截止阀；11—滤油器；12—压力表当阀D左位时，吊臂缩回，其油流路线如下。

进油路：液压泵→阀A→阀B→阀C→阀D→伸缩液压缸有杆腔。

回油路：伸缩液压缸无杆腔→平衡阀5中的顺序阀→阀D→阀E→阀F→油箱。

4. 吊臂变幅回路

吊臂变幅是通过改变吊臂的起落角度改变作业高度的。吊臂的变幅运动由变幅液压缸驱动，变幅要求能带载工作，动作要平稳可靠。为防止吊臂在停止阶段因自重而减幅，在油路中设置了平衡阀6，提高了变幅运动的稳定性和可靠性。吊臂变幅运动由三位四通手动换向阀E控制，在其工作过程中，通过改变手动换向阀E开口的大小和工作位，即可调节变幅速度和变幅方向。

吊臂增幅时，三位四通手动换向阀E右位工作，其油流路线如下。

进油路：液压泵→阀A→阀B→阀C→阀D→阀E→阀6中的单向阀→变幅液压缸无杆腔。

回油路：变幅液压缸有杆腔→阀E→阀F→油箱。

吊臂减幅时，三位四通手动换向阀E左位工作，其油流路线如下。

进油路：液压泵→阀A→阀B→阀C→阀D→阀E→变幅液压缸有杆腔。

回油路：变幅液压缸无杆腔→平衡阀6中的顺序阀→阀E→阀F→油箱。

5. 吊重起升回路

吊重起升回路是系统的主要工作回路。吊重的起吊和落下作业由一个大转矩液压马达驱动卷扬机来完成。起升液压马达的正反转由三位四通手动换向阀F控制。液压马达转速的调节（即起吊速度）可通过改变发动机转速及手动换向阀F的开口来调节。回路中设有平衡阀8，用以防止重物因自重而下滑。由于液压马达的内泄漏比较大，当重物吊在空中时，尽管回路中设有平衡阀，重物仍会向下缓慢滑落，为此在液压马达的驱动轴上设置了制动器。当起升机构工作时，在系统油压的作用下，制动器液压缸使闸松开；当液压马达停止转动时，在制动器弹簧的作用下，闸块将轴抱死进行制动。当重物在空中停留的过程中重新起升时，有可能出现在液压马达的进油路还未建立起足够的压力以支撑重物时，制动器便解除了制动，造成重物短时间失控而向下滑落。为避免这种现象的出现，在制动器油路中设置了单向节流阀7。通过调节该阀7中节流阀开口的大小，能使制动器抱闸时迅速，而松闸时则能缓慢进行。

14-14　Q2-8型汽车起重机液压系统有哪些特点？

Q2-8型汽车起重机的液压系统有如下几个特点：

① 该系统为单泵、开式、串联系统，采用了换向阀串联组合，不仅各机构的动作可以独立进行，而且在轻载作业时，可实现起升和回转复合动作，以提高工作效率。

② 系统中采用了平衡回路、锁紧回路和制动回路，保证了起重机的工作可靠，操作安全。

③ 采用了三位四通手动换向阀换向，不仅可以灵活方便地控制换向动作，还可通过手柄操纵控制流量，实现节流调速。在起升工作中，将此节流调速方法与控制发动机转速的方法结合使用，可以实现各工作部件微速动作。

④ 各三位四通手动换向阀均采用了M型中位机能，使换向阀处于中位时能使系统卸荷，可减少系统的功率损失，适合用于起重机进行间歇性工作。

14－15 专用铣床的液压传动系统组成有哪些？动作顺序如何？

专用铣床可以按照一定的顺序要求完成切削加工，专用铣床液压传动系统是以顺序动作变换为主的典型液压系统。

图 14－7 所示为多缸顺序专用铣床的液压传动系统。铣床工作时，铣刀只做回转运动，工件被夹紧在工作台上，工作台在水平和垂直两个方向的进给运动由液压传动系统的液压缸Ⅰ、Ⅱ带动执行。

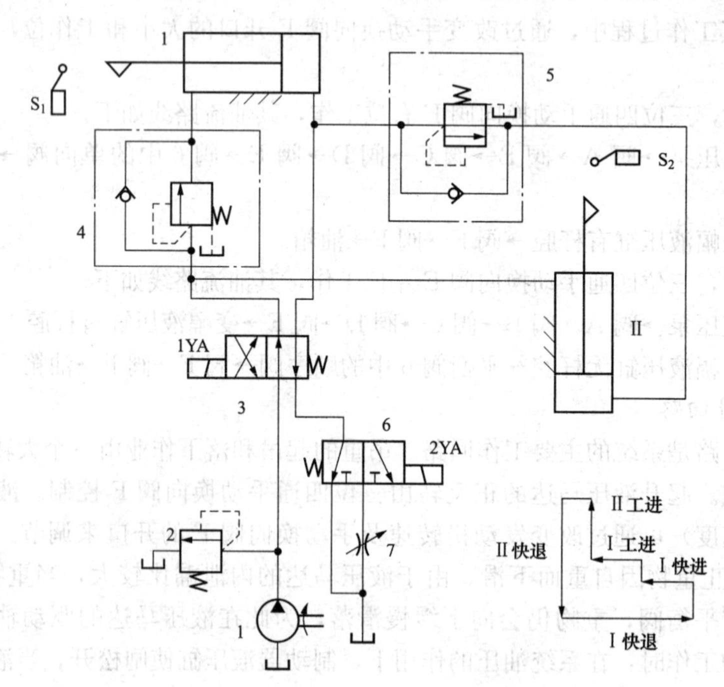

图 14－7 专用铣床的液压传动系统

1—液压泵；2—溢流阀；3、6—换向阀；4、5—单向顺序阀

动作顺序为：液压缸Ⅰ的活塞水平向左快进→液压缸Ⅰ的活塞水平向左慢进（工进）→液压缸Ⅱ的活塞垂直向上慢进（工进）→液压缸Ⅱ的活塞垂直向下快退→液压缸Ⅰ的活塞水平向右快退。

换向阀电磁铁和单向顺序阀的工作状态如表 14－3 所示。

表 14－3 换向阀电磁铁和单向顺序阀的工作状态

工作循环	电磁铁		单向顺序阀 4	单向顺序阀 5	S_1	S_2
	1YA	2YA				
缸Ⅰ活塞向左快进	＋	－				
缸Ⅱ活塞向左慢进	＋	＋			发信号	
缸Ⅱ活塞向向慢进	＋	＋		打开		
缸Ⅱ活塞向下快退	－	－				发信号
缸Ⅰ活塞向右快退	－	－	打开			

14-16 专用铣床的液压传动系统工作原理是什么?

1. 液压缸Ⅰ的活塞水平向左快进

启动液压泵1，控制二位四通换向阀3电磁铁通电，左位接入系统。压力油液进入液压缸Ⅰ的右腔；左腔的油液经单向顺序阀4的单向阀、换向阀3和换向阀6直接流回油箱，实现水平向左快进。

2. 液压缸Ⅰ的活塞水平向左慢进

当液压缸Ⅰ的活塞快进至一定位置时，活塞杆上的挡块触动行程开关S_1，使换向阀6电磁铁通电，右位接入系统。此时液压缸Ⅰ左腔的油液只能经节流阀7回油箱，从而实现液压缸Ⅰ的活塞水平向左慢进。慢进的速度由节流阀7调节。

3. 液压缸Ⅱ的活塞垂直向上慢进

液压缸Ⅰ的活塞水平向左慢进一定行程后碰到固定挡铁停止运动，系统压力迅速升高。当压力值超过单向顺序阀5预先调定的压力值后，阀5打开，压力油液进入液压缸Ⅱ的下腔，上腔的油液经换向阀3、换向阀6和节流阀7流回油箱，实现垂直向上慢进。

4. 液压缸Ⅱ的活塞垂直向下快退

液压缸Ⅱ的活塞垂直向上慢进至一定位置时，活塞杆上的挡块触动行程开关S_2，使换向阀3和换向阀6的电磁铁均断电，复位到图示位置。压力油液经换向阀3进入液压缸Ⅱ的上腔，下腔的油液经单向顺序阀5的单向阀、换向阀3和换向阀6直接流回油箱，实现垂直向下快退。

5. 液压缸Ⅰ的活塞水平向右快退

液压缸Ⅱ的活塞垂直向下快退到底，活塞停止运动，系统压力升高，打开单向顺序阀4，压力油液进入液压缸Ⅰ的左腔，右腔的油液经换向阀3和换向阀6直接流回油箱，实现水平向右快退。

若再次按下电钮，使换向阀3电磁铁通电，则系统便可重复上述工作循环。

附录　常用液压与气动元件图形符号（GB/T 786.1—2009 摘录）

符号要素、管路见附表 1。控制机构和控制方法见附表 2。泵、马达和缸见附表 3。控制元件见附表 4。辅助元件见附表 5。

附表 1　符号要素、管路

名称	符号	名称	符号
工作管路		液压	
控制管路		气压	
组合元件框线	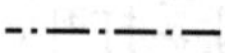	管口在液面以下的油箱	
连接管路	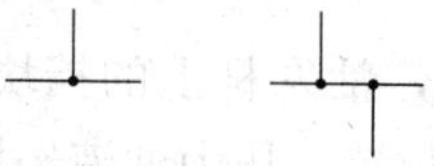	管口在液面以上的油箱	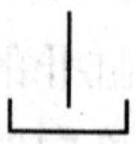
交叉管路		直接排气	
柔性管路		带连接措施的排气口	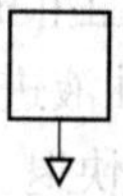
控制元件		管端连接于油箱底部	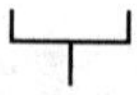
能量转换元件	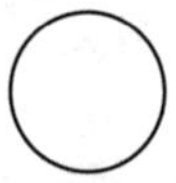	调节器件	

附表 2　控制机构和控制方法

名称		符号	名称		符号
机械控制	弹簧式	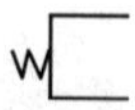	电气控制	单作用电磁铁	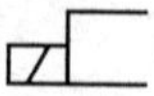
	滚轮式	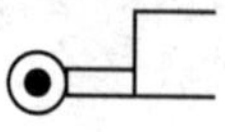		双作用电磁铁	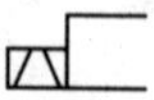
	顶杆式	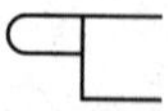		比例电磁铁	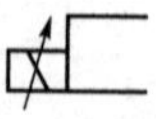

续表

名称		符号	名称		符号
人力控制	按钮式	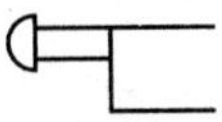	先导控制	液压（加压）	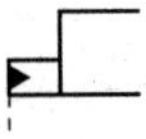
	手柄式	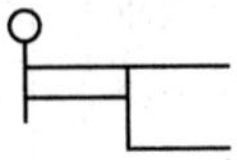		液压（卸压）	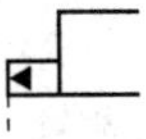
	踏板式	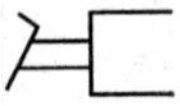		气压（加压）	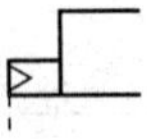
压力控制	加压或卸压	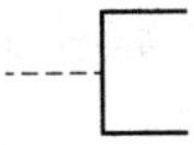		电液（加压）	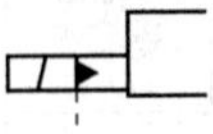
	内部	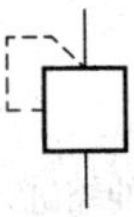		电气（加压）	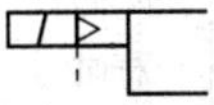
	外部	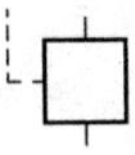		电反馈	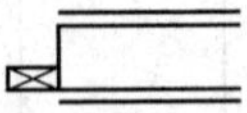

附表 3　　**泵、马达和缸**

名称		符号	名称		符号
定量泵	单向		定量马达	单向	
	双向	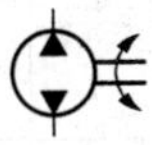		双向	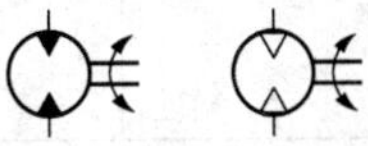
变量泵	单向		变量马达	单向	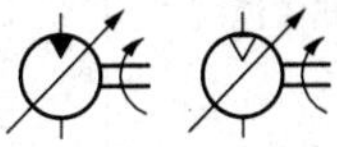
	双向	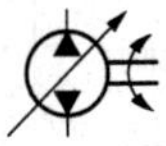		双向	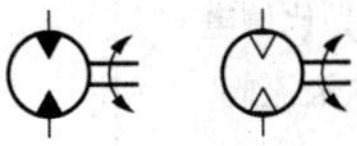

续表

名称		符号
摆动马达		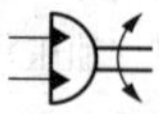
单作用缸	弹簧复位缸	详细符号 简化符号 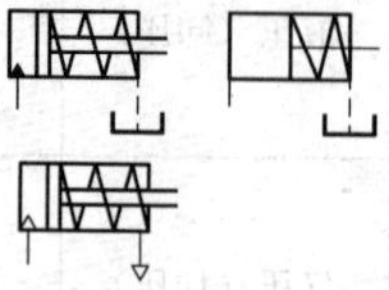
单作用缸	伸缩缸	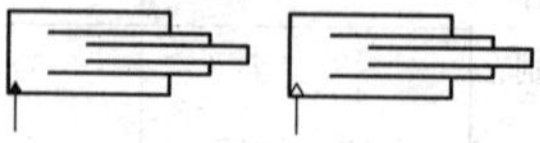
双作用缸	单活塞杆缸	详细符号 简化符号 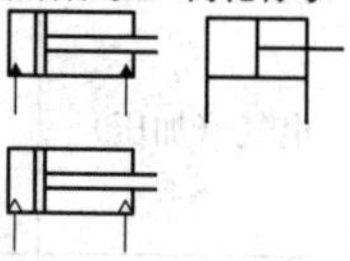
双作用缸	双活塞杆缸	详细符号 简化符号 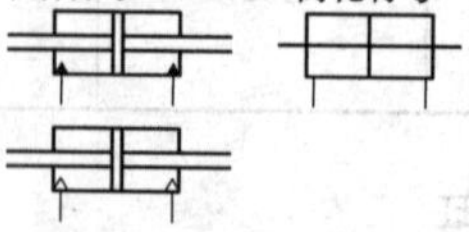

名称		符号
双作用缸	双向可调缓冲缸	详细符号 简化符号 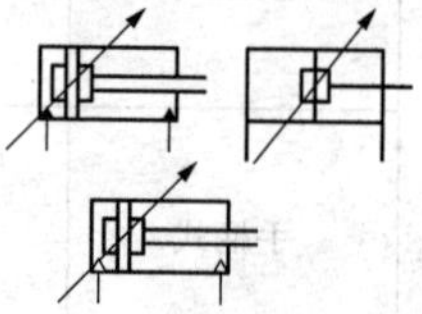
双作用缸	单向可调缓冲缸	详细符号 简化符号 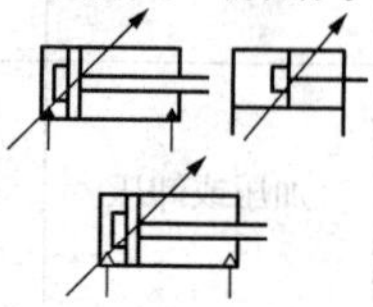
双作用缸	伸缩缸	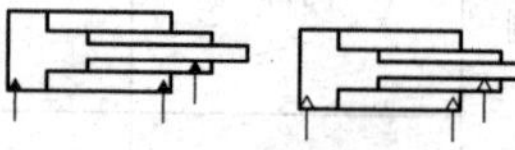
双作用缸	增压器	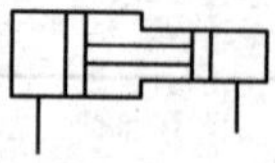

附表 4

控 制 元 件

名称	符号	名称	符号
直动式溢流阀	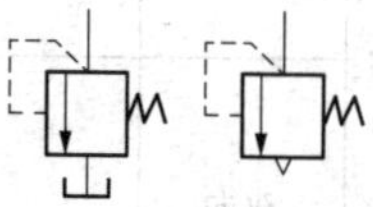	双向溢流阀	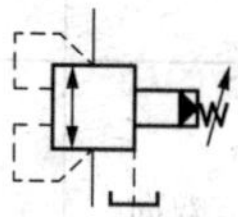
先导式溢流阀	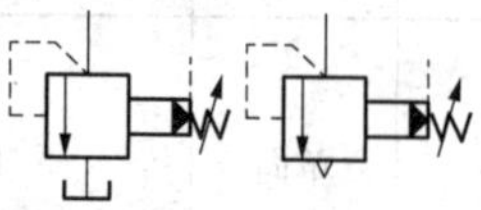	单向顺序阀	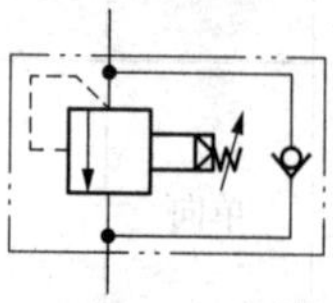
先导型比例电磁式溢流阀	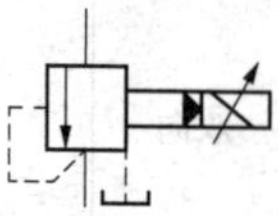	不可调节流阀	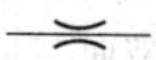

续表

名称	符号	名称	符号
与门型梭阀		可调节流阀	
快速排气阀		单向节流阀	
直动式减压阀		截止阀	
先导式减压阀		减速阀	
溢流式减压阀		调速阀	
定差式减压阀		温度补偿性调速阀	
直动式顺序阀		旁通型调速阀	
先导式顺序阀		单向调速阀	
直动式卸荷阀		分流阀	

续表

名称	符号	名称	符号
集流阀	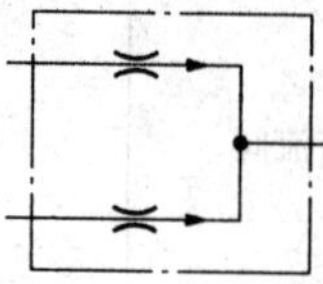	二位三通换向阀	
或门型梭阀	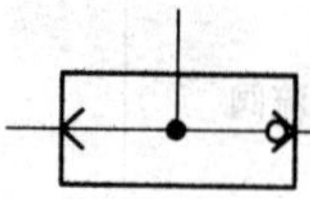	二位四通换向阀	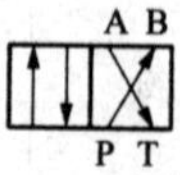
带消声器节流阀	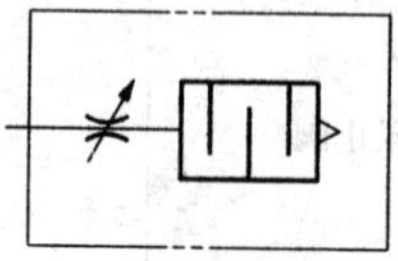	二位五通换向阀	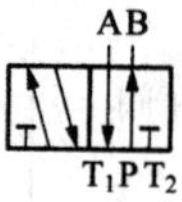
单向阀		分流集流阀	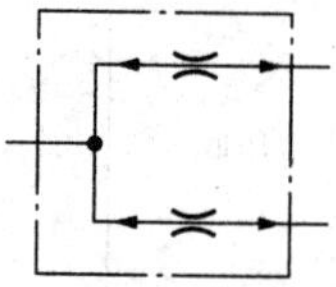
液控单向阀		四通节流型换向阀	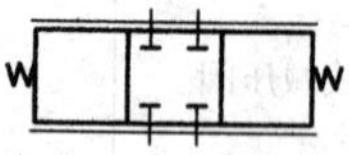
双向液压锁	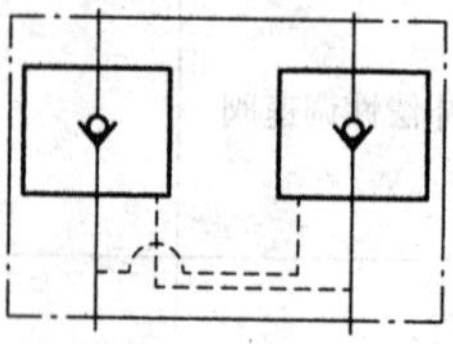	三位四通换向阀	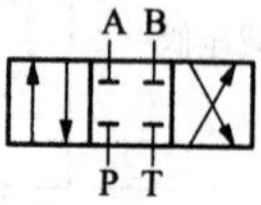
二位两通换向阀	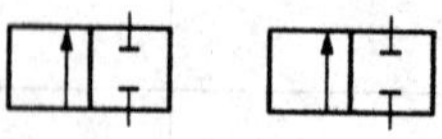	三位五通换向阀	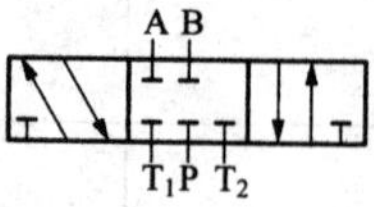

附表 5　　辅　助　元　件

名称	符号	名称	符号
过滤器	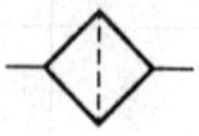	磁性滤芯过滤器	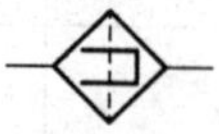
气液转换器	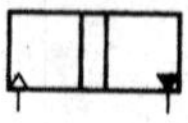	污染指示过滤器	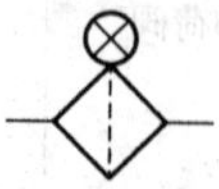

续表

名称	符号	名称	符号
空气干燥器		气源调节装置	
空气过滤器（人工排出、自动排出）		压力计	
分水排水器（人工排出、自动排出）		冷却器	
油雾器		加热器	
消声器		液面计	
压力继电器	详细符号　简化符号	温度计	
行程开关	详细符号　简化符号	马达	M
液压源		原动机	M
带单向阀的快换接头		密闭式油箱	
储气罐		气压源	
蓄能器一般符号		不带单向阀的快换接头	
蓄能器隔离式		辅助气瓶（垂直绘制）	

参 考 文 献

[1] 李新德．液压传动实用技术．北京：中国电力出版社，2015.
[2] 李新德．气动元件与系统（原理　使用　维护）．北京：中国电力出版社，2015.
[3] 孙兵．气液动控制技术．北京：科学出版社，2008.
[4] 李新德．液压与气压技术．北京：清华大学出版社，2015.
[5] 蒋映东，袁媛．气马达间隙泄漏及其控制．山西机械，2001（12）.
[6] 温惠清．气动马达缸体失效分析与热处理工艺改进．胜利油田职工大学学报，2001（4）.
[7] 林茂．活塞式气动马达曲轴断裂分析．山东农机，2002（5）.
[8] 张文建．阀岛技术在轴承自动化清洗线的应用．液压与气动，2011（2）.
[9] 吕世霞．总线型阀岛在自动化生产线实训台中的应用．机床与液压，2009（10）.
[10] 施柏平．汽车起重机变幅液压缸爬行振动与维修．起重运输机械，2010（2）.
[11] 雷天觉．新编液压工程手册．北京：北京理工大学出版社，1998.
[12] 李新德．液压与气压传动．北京：中国商业出版社，2006.
[13] 李新德．液压系统故障诊断与维修技术手册．2 版．北京：中国电力出版社，2013.
[14] 徐国强，李新德．液压传动与气压传动．郑州：河南科学技术出版社，2010.
[15] 赵波，王宏元．液压与气压技术．北京：机械工业出版社，2005.
[16] 马振福．液压与气压传动．北京：机械工业出版社，2004.
[17] 张宏民．液压与气压技术．大连：大连理工大学出版社，2004.
[18] 李芝．液压传动．北京：机械工业出版社，2002.
[19] 李新德．液压与气压技术．北京：清华大学出版社，2009.
[20] 李新德．液压与气压传动．北京：北京航空航天出版社，2013.
[21] 章宏甲．液压与气压传动．北京：机械工业出版社，2003.
[22] 袁承训．液压与气压传动．北京：机械工业出版社，2000.
[23] 刘延俊．液压元件使用指南．北京：化学工业出版社，2008.
[24] 张应龙．液压维修技术问答．北京：化学工业出版社，2008.
[25] 张利平．液压阀原理、使用与维护．北京：化学工业出版社，2005.
[26] 刘延俊．液压系统使用与维修．北京：化学工业出版社，2007.
[27] 陆望龙．实用液压机械故障排除与修理大全．湖南：湖南科学技术出版社，1995.
[28] 李新德．气泡对液压系统的危害及预防．液压气动与密封，2003（6）.
[29] 李新德．液压系统噪声的分析与控制．矿山机械，2005（8）.
[30] 张育益，韩佑文．汽车起重机．装载机故障诊断与排除．北京：机械工业出版社，1998.
[31] 蔡永泽，赵辉，吴建成，等．浅谈对大型液压缸的现场修复．液压与气动，2009（2）.
[32] 刘伟．浅析 ZDY500/22S 全液压钻机液压缸活塞杆失效原因及防止措施．煤矿安全，2008（10）.
[33] 段立霞，邵立新．浅析液压缸的修复．农机使用与维修，2006（6）.
[34] 赵虹辉．浅析液压缸活塞杆密封泄漏的原因及改进方法．液压气动与密封，2006（4）.
[35] 胡礼广，沈建国．液压捣固机夹实液压缸漏油的原因分析及改进．工程机械，2010（2）.
[36] 彭太江，杨志刚，阚君武，等．电气比例/伺服技术现状及其发展．农业机械学报，2005（6）.
[37] 于今，谢朝夕．气动伺服定位系统在机间输送机上的研制．液压与气动，2005（3）.
[38] 丁晓东．气动技术在电子设备上的应用．流体传动与控制，2007（9）.
[39] 李家书．气动技术的应用．液压气动与密封，2006（4）.

[40] 慕悦．气动技术在叠层薄膜电容生产设备中的应用．电子工业专用设备，2009（10）．
[41] 陶明元，曹彪，吴澄．气动技术在汽车车身焊装生产线上的应用．液压与气动，2002（12）．
[42] 何春艳．气动加压系统在轴承超精技术上的应用．哈尔滨轴承，2006（3）．
[43] 张长征．气动控制技术在雷管装药机上的应用．煤矿爆破，2006（4）．
[44] 王勇，李铁．403 型气动比例积分调节器故障分析．烟草科技，2005（7）．
[45] 杨春霞．COMFLEX－1 卷烟贮存输送系统的技术升级．烟草科技，2007（8）．
[46] 唐英．DDS 开铁口机气动系统的改进．液压气动与密封，2007（1）．
[47] 刘红普，彭二宝，刘保军．数控机床气动回路的调试与故障排除．液压与气动，2011（11）．
[48] 王宏颖，张国同，刘保军．数控机床气动系统常见故障分析及排除．液压与气动，2011（6）．
[49] 石金艳，范芳洪，罗友兰．数控机床中气动系统的故障诊断与维修．液压气动与密封，2010（11）．
[50] 张海军，唐小鹤．气动技术故障诊断与处理．现代零部件，2006（7）．
[51] 范淇元．气动夹紧与气动送料在数控车床的改装和应用．中国高新技术企业，2008（9）．
[52] 王宗来．接料小车气动系统故障分析与改进．液压气动与密封，2000（12）．
[53] 何淼，边鑫．基于更换法的气动操作手的故障诊断．轻工科技，2013（6）．
[54] 李永强，王娟．气动摩擦式飞剪常见故障处理．设备管理与维修，2011（7）．
[55] 唐英．DDS 开铁口机小车进退回路的改进．中国重型装备，2008（2）．
[56] 李树强，王晓红，董新宇．板坯二次火焰切割机气动系统的改进．液压与气动，2008（9）．
[57] 梅明友，罗廷鉴．板坯自动火焰切割机气动系统的改进．液压与气动，2001（11）．
[58] 张禹，李正勇．板坯去毛刺机的故障分析与处理．中国高新技术企业，2008（9）．
[59] 张敬高．烟草设备气动装置的维护与保养．中国设备管理，2001（2）．
[60] 魏新峰，鲁中甫，吴亚东．WZ1134D 型真空回潮机主传动系统的改进．产业与科技论坛，2013（8）．
[61] 刘进．智能气动打标记 BJ－GXKL 系统维修实例．装备维修技术，2004（4）．
[62] 舒服华．真空挤出机气动离合器故障与改造．砖瓦世界，2008（1）．
[63] 刘武斌，王新林．混凝土拌和站气动系统五故障的排除．工程机械与维修，2009（3）．
[64] 相鑫海，王玉科，杨峰，等．搅拌站气路系统日常维护保养要点．机械，2011（5）．
[65] 刘延俊，骆艳洁．对引进自动旋木机气控系统的研究与改进．液压与气动，2000（5）．
[66] 王滨，孔明．袋笼生产线压缩空气系统改进．中国设备工程，2011（8）．
[67] 杜玉恒，韩学胜．船舶气动控制系统的故障分析与维护．世界海运，2002（2）．
[68] 文利兴．木工机械气动元件故障分析及处理．木材加工机械，2003（4）．
[69] 陈能军，陈榕光．硝氨膨化中气动系统故障分析与改进．设备管理与维修，2004（2）．
[70] 邬国秀．压力表密封性检测设备气动系统的改进．液压与气动，2001（5）．
[71] 张西亚．医用气动物流传输系统的改进．中国医疗设备，2008（5）．
[72] 季宏．医院气动物流传输系统的日常保养和故障排除．中国医学装备，2008（12）．
[73] 王峰．JKG－1A 型空气干燥器故障分析及对策．铁道机车车辆工人，2006（3）．
[74] 邱效果，尹星．DF_{10D}型机车空气干燥器排风不止的原因与检修方法．内燃机车，2008（3）．
[75] 马原兵．SS_4改型机车空气干燥器干燥剂粉尘化原因分析及防治措施．电力机车与城轨车辆，2008（1）．
[76] 钟健，李振义，黄绪海．DJKG－A 型机车空气干燥器典型故障的原因分析．铁道机车车辆，2003（6）．
[77] 支剑锋．工程机械液压阀的气蚀及对策．机床与液压，2008（7）．
[78] 王海兰，陶新良．降低液压阀噪声的探讨．流体传动与控制，2005（9）．
[79] 李焱．降低液压伺服阀的故障率的措施．冶金设备，2009（2）．
[80] 胡建华．气动技术在端子压接模具中的应用．汽车电器，2010（9）．

[81] 孙玉秋. 气动技术在印刷机械中的应用研究. 液压与气动，2008 (4).
[82] 马明东. 液压柱塞泵噪声剖析. 工程机械与维修，2009 (12).
[83] 张红军. DCY900 运梁车液压马达故障分析及改进. 建筑机械，2010 (6).
[84] 李建湘，邓锋. DF_4 型机车静液压马达油封漏油的原因分析及对策. 内燃机车，2002 (7).
[85] 韩建勇，耿雷，赵存友，等. NJM－10 型液压马达前盖板损坏原因分析及修复. 矿山机械，2000 (5).
[86] 马春峰，李新德. 液压与气压技术. 北京：人民邮电出版社，2007.
[87] 李新德. 工程机械液力传动系统油温过高的原因及对策. 工程机械，2007 (2).
[88] 李新德. 工程机械液压系统漏油预防措施. 液压气动与密封，2005 (2).
[89] 李新德. 工程机械液压缸漏油原因分析及对策. 液压气动与密封，2005 (3).
[90] 邓劭华. 气囊式蓄能器及其常见故障. 流体传动与控制，2011 (6).
[91] 卫顺. 工程机械液压管接头的防漏措施. 工程机械与维修，2001 (5).
[92] 万九龙. 铲车巧换液压油. 南钢科技，2000 (1).
[93] 钟志全. 盾构液压油的净化技术. 建筑机械化，2010 (6).
[94] 李克忠. 工程机械液压油污染及预防措施. 工程机械与维修，2011 (9).
[95] 张晨. 混凝土输送泵使用过程液压油的作用及注意事项. 建设机械技术与管理，2008 (4).
[96] 郎丽，赵香福. 机械设备中液压油油温过高的原因及预防措施. 农机使用与维修，2009 (2).
[97] 张亚萍. 液腈纶成品打包机液压柱塞泵的故障诊断与排除. 液压与气动，2009 (6).
[98] 祁玉宁. 气动系统在防爆胶轮车上的应用研究. 液压与气动，2012 (12).
[99] 郝振英. 气动技术在落板机上的应用. 砖瓦，2006 (9).
[100] 冯永保，张宝民. 摆线液压马达端面划伤的修复. 工程机械与维修，2002 (6).
[101] 谢哲德. 船用绞缆（锚）机液压马达壳体破裂事故分析. 液压与气动，2001 (11).
[102] 刘长灼，李勇庆. 小松 PC 系列挖掘机液压马达故障一例. 工程机械与维修，2000 (12).
[103] 张希海. TY220 型推土机松土器液压缸漏油故障分析一例. 工程机械，2009 (11).
[104] 张德全. 电刷镀结合钎焊修复拉伤液压缸. 工程机械与维修，2004 (3).
[105] 张红军，王慧基. 多级套筒伸缩式双作用液压缸故障分析及改进. 建筑机械，2010 (3).
[106] 李杰峰，郑建红. 农业工程机械液压缸“爬行”故障分析. 农业机械，2009 (7).
[107] 施柏平. 汽车起重机变幅液压缸爬行振动与维修. 起重运输机械，2010 (2).
[108] 孙毅刚，李龙岩. 电磁换向阀卡死现象分析与校正. 液压与气动，1997 (1).
[109] 叶荣科. 电液换向阀使用故障分析. 液压与气动，2000 (5).
[110] 张韶华，张韶光. 进口设备液压油国产化替代应注意的问题. 设备管理与维修，2007 (2).
[111] 郭善新. 齿轮泵结合面漏油问题的解决. 液压气动与密封，2010 (9).
[112] 张昌福，胡清远，陈伟，等. 齿轮泵使用寿命的影响原因及预防措施. 四川兵工学报，2009 (9).
[113] 岳彩霞. 消除齿轮泵内泄漏的方法与措施. 林业机械与木工设备，2005 (6).